조경기술사의 길을 제시해주는

조경기술사
Mind Map Book

I권

김 보 미

조경기술사
문화재수리기술자
자연환경관리기술사

PROFESSIONAL
ENGINEER

이 책의 구성

 예문사

Professional Engineer Landscape Architecture

조경기술사의 길을 제시해주는

조경기술사

Mind Map Book

I권

김 보 미

조경기술사
문화재수리기술자
자연환경관리기술사

PROFESSIONAL ENGINEER

이 책의 구성

예문사

PREFACE 머리말

조경기술사 마인드맵 북이 나온 지 벌써 5년여가 지나 개정판을 출간하게 되었습니다. 그간 조경계는 침체된 사회적 분위기에서 조경의 업역을 다지기 위해 인접분야에서 협력과 경쟁 속에 전문성 확보를 위한 노력을 기울이고 있습니다.

현재는 기후변화와 동반된 미세먼지와 열섬현상의 저감, 낙후된 도시의 재활성화, 장기 미집행 도시공원 해지에 관한 대책 등과 관련하여 조경의 면모를 발휘할 시기입니다. 그러므로 더욱더 조경업에 대한 책임감과 권리 등을 다지며 전문성을 갖춘 인재상이 필요하다는 점에서 조경기술사는 새로운 대안이 될 수 있습니다.

조경기술사는 조경 자체가 자연환경 전반을 아우르면서 정원, 공원, 녹색도시기반시설, 역사문화유산, 산업유산, 교육공간, 주거단지, 여가관광공간 등을 다루기 때문에 다양한 분야의 지식을 섭렵해야 한다는 점에서 어렵게 느낄 수 있습니다. 그러나 조경은 우리 주변에서 흔하게 접할 수 있는 어린이놀이터, 역사공원, 식물원, 동물원 등 눈으로 확인 가능하고, 유추할 수 있는 분야이기도 합니다. 이처럼 조경기술사는 광범위하지만 쉽게 생각하면 뉴스나 신문에서 나오는 이슈들, 일상생활에서 늘 부딪히는 문제들, 나의 업무분야까지도 포함하는 공부의 연속체라고도 할 수 있습니다.

이러한 맥락에서 조경기술사 마인드맵 북은 조경기술사를 처음 공부하거나 어떤 것부터 시작해야 할지 두려워하는 분들에게 가시적으로 공부방향을 제시해주는 가이드라인이 되고자 기획되었습니다. 이 책은 저자의 공부 노하우와 수많은 조경서적의 핵심내용, 다년간의 강의경험 등을 정리한 결정체라고 할 수 있습니다.

단편 지식의 축적이 아닌 꼬리에 꼬리를 무는 연계식 공부법에 초점을 맞추었기에 잘 활용한다면 큰 어려움 없이 공부의 방향을 잡을 수 있을 것이라 자신합니다.

이 책의 구성

❶ 각론

1편 조경사	한국의 전통사상, 왕궁, 주택정원, 서원과 향교, 별서, 묘원, 기타
2편 조경계획학	조경학이란, 도시계획변천사, 조경계획방법, 기타
3편 조경관계법규	국토관련, 산림관련, 자연환경관련, 기타
4편 조경설계론	설계용어, 실내조경, 공원, 단지개발, 레크리에이션시설, 도로조경, 기타 교통계 조경, 인공지반
5편 조경시공학	총론, 조경시공일반, 공종별 조경시공, 조경시설공사, 조경식재공사
6편 조경관리학	조경관리, 조경식물의 관리, 조경시설물의 관리
7편 생태학	일반생태학, 경관생태학, 생태조사론, 비탈면녹화, 산림과 숲, 습지, 생태하천

❷ 별책

과년도문제 용어해설(96~115회)

※ 최대한 출제자의 의도에 맞게 풀이하려고 하였으나 정확히 일치하지 않을 수 있음을 양해 바랍니다.

마지막으로, 물심양면으로 지원해준 사랑하는 남편과 엄마의 빈자리에도 심적으로 든든한 지원자 역할을 해준 아들 우리, 딸 누리에게 고마움을 전하며, 이 책이 출간되도록 많은 도움을 주신 도서출판 예문사에 감사의 뜻을 전합니다.

조경기술사를 공부하는 모든 분들에게
마인드맵을 그려 줄 수 있는
진정한 참고서가 되기를 바라며

김 보 미

국가기술 자격제도 및 응시자격

I 자격제도

❶ 필기시험

① 응시 제한 없음

② 면접 시 1차 시험 합격자에 한하여 검증 실시

※ 경력 제한 없이 응시 가능

❷ 응시료

① 필기 : 67,800원

② 면접 : 87,100원

II 응시자격

❶ 자격제한

① 기사＋실무 4년

② 산업기사＋실무 5년

③ 전문대 졸업＋실무 8년

④ 기능사＋실무 7년

⑤ 실무경력 9년

※ 2010년 12월 17일부터 실무경력 1~2년 단축됨(기사 제외)

❷ 기술사 시험 응시자격 자가진단

큐넷 홈페이지(http://www.q-net.or.kr/main.jsp) 로그인 ➡ 자격정보 검색란 '조경 기술사' 입력 ➡ 조경기술사 시험 응시조건 및 정보 열람 ➡ 해당 자료 참조하여 응시 가능 여부 확인

기술사 시험 응시

I 시험시간 및 장소

① 일요일 오전 9시부터 오후 5시 20분(8시 30분까지 입실)
② 입실시간 이후 시험장 입실 불가능
③ 시험응시장소는 주로 중·고등학교
④ 시험은 100분씩 4교시

구 분	시 간	비 고
입실 및 시험안내	08:30~09:00	늦지 말 것/ 미리 입실
1교시	09:00~10:40	
2교시	11:00~12:40	
중식	12:40~13:40	도시락, 과일
3교시	13:40~15:20	
4교시	16:40~17:20	

II 시험접수

• www.q-net.or.kr 큐넷 접속
• 인터넷 접수만 가능

기술사 답안지

I 수검자 유의사항

1. 답안지는 **총7매(14면)**이며, 교부받는 즉시 매수, 페이지 순서 등 정상여부를 반드시 확인하고 1매라도 분리되거나 훼손하여서는 안 됩니다.

2. 시행 회, 종목명, 수험번호, 성명을 정확하게 기재하여야 합니다.

3. 수험자 인적사항 및 답안작성(계산식 포함)은 **검정색 또는 청색 필기구 중 한 가지 필기구만**을 계속 사용하여야 합니다.(그 외 연필류 · 유색필기구 · 2가지 이상 색 혼합사용 등으로 작성한 답항은 0점 처리됩니다.)

4. 답안정정 시에는 두 줄(=)을 긋고 다시 기재 가능하며, 수정테이프(액) 등을 사용했을 경우 채점상의 불이익을 받을 수 있으므로 사용하지 마시기 바랍니다.

5. 연습지에 기재한 내용은 채점하지 않으며, 답안지(연습지포함)에 답안과 관련 없는 **특수한 표시를 하거나 특정인임을 암시하는 경우 답안지 전체가 0점** 처리됩니다.

6. 답안작성 시 **홈(구멍)이나 도형 등 그림이 없는 직선자(탬플릿 사용금지)만** 사용할 수 있습니다.

7. 문제의 순서에 관계없이 답안을 작성하여도 되나 주어진 문제번호와 문제를 기재한 후 답안을 작성하고 전문용어는 원어로 기재하여도 무방합니다.

8. 요구한 문제수보다 많은 문제를 답하는 경우 기재 순으로 요구한 문제수까지 채점하고 나머지 문제는 채점대상에서 제외됩니다.

9. 답안작성 시 답안지 양면의 페이지 순으로 작성하시기 바랍니다.

10. 기 작성한 문항 전체를 삭제하고자 할 경우 반드시 해당 문항의 답안 전체에 대하여 명확하게 **X표시**(X표시 한 답안은 채점대상에서 제외) 하시기 바랍니다.

11. 시험시간이 종료되면 즉시 답안작성을 멈춰야 하며, 종료시간 이후 계속 답안을 작성하거나 감독위원의 **답안제출 지시에 불응할 때에는 채점대상에서 제외**됩니다.

12. 각 문제의 답안작성이 끝나면 "**끝**"이라고 쓰고 다음 문제는 두 줄을 띄워 기재하여야 하며 최종 답안작성이 끝나면 그 다음 줄에 "**이하여백**"이라고 써야 합니다.

Ⅱ 앞 세 줄의 의미

- 노트정리를 생각해보기
- 줄 수 맞추는 연습하기

답안예시

국가기술자격 기술사 시험문제

기술사 　제96회　　　　　　　　　　　제1교시(시험시간 : 100분)

분야	국토 개발	종목	조경기술사	수험 번호		성명	

문	제	1)	전면 책임감리 대상 건설공사
Ⅰ	개	요	
		1.	책임감리란 시공감리와 관계 법령에 따라 발주청으로서의 감독권한을
			대행하는 것을 말하며 전면책임감리와 부분책임감리로 구분함
		2.	전면책임감리는 계약단위별 공사전부에 대하여 책임감리업무를 수행
			하는 것으로 총공사비 200억원 이상이어야 함
		3.	대상 공사는 교량, 공항 등 22개 공종 및 감리 적정성 검토에 따른
			대상 건설공사, 발주청이 필요하다고 인정하는 공사임
Ⅱ	전	면	책임감리 대상 건설공사
		1.	100m 이상의 교량이 포함된 공사
		2.	공항

－이하 생략－

기술사 공부해보기

I 무엇부터 시작해볼까?

❶ 기출문제 분석해보기

① 남이 해주는 기출문제 분석 말고, 수험자 스스로 최근 10회분(5년) 문제 분석 후 엑셀 정리
  - 스스로 시험범위를 정해서 공부할 범위 결정

② 기출문제 답안 6줄 정의해보기

❷ 체력관리

① 보약, 건강보조제 등 섭취

② 시험날 목 통증 완화를 위해 냄새 없는 파스를 미리 붙이고 가는 것도 Tip

③ 귀마개, 집중력 향상 기계 등 집중력 향상에 도움을 주는 도구 이용

④ 손목 힘 기르기(100분 14p, 총 64p 쓰는 것이 고통이 되어서는 안 됨)

❸ 공부시간

① 기술사 합격자를 대상으로 조사한 결과, 평균 1,000시간 투자

② 평일 4시간씩 5일, 주말 10시간씩 2일간 열심히 한다면 일주일 총 40시간 투자
  - 6개월 열심히 공부하면 1,000시간 투자
  - 의자에 앉아 있는 시간이 중요한 것이 아니라 실질적 공부시간 체크가 중요

③ 본인의 학습유형을 제대로 파악한 후 공부 시작(아침형 · 저녁형, 암기형 · 이해형 등)

❹ 학습도구 준비

① 일자 자 : 용어형, 서술형 문제풀이 시 표 처리 시 사용

② 볼펜 : 본인 타입에 맞는 볼펜 찾기
  ※ 1.0mm 이상의 볼펜심 사용 권장

Ⅱ 답안 작성 요령

- 한 페이지당 22줄로 구성된 14페이지, 총 줄 수는 308줄
- 기술사 답안의 줄 수는 매우 중요!!

❶ 단답형

① 첫째, 문제의 키워드를 중심으로 Ⅰ 개요 / Ⅱ 문제에서 요구하는 답을 깔끔하게 기술
  - 자신 있는 문제나 문제에서 요구하는 내용이 많을 경우 : 1.5페이지 답안 작성
  - 표처리 문제나 일반적 문제일 경우 : 1.0페이지

② 둘째, 1교시 단답형은 10문제 다 풀도록 시간배분할 것
  - 아무리 잘 쓴 내용이라 할지라도 10문제를 풀지 못할 경우 과락이나 일정점수 이상을 받기는 어려우므로 반드시 10문제 풀기

〈답안지 예시〉

> 문제 1. 생태연못의 방수공법
> Ⅰ. 개요(0.2p)
>   1. 생태연못이란 … 2줄
>   2. 방수공법에는 … 2줄
> Ⅱ. 방수공법(0.8p)

❷ 서술형

① 문제가 요구하는 것을 첫째, 시험 문제지에 직접 /(슬래시)를 이용하여 서언 / 내용 1 / 내용 2~3 / 발전방향 또는 결언의 4단계로 정리하여 기술
  - 결론에 자신 있는 문제나 문제에서 요구하는 내용이 많을 경우 : 3.5페이지
  - 일반적 문제일 경우 : 3.0페이지

② 둘째, 문제를 명확히 이해하고, 각 세부단계 제목은 문제에서 제시하는 용어를 사용하여 풀이

기술사 공부해보기

－아무리 잘 쓴 내용이라 할지라도 4문제를 풀지 못할 경우 과락이나 일정점수
이상을 받기는 어려우므로 반드시 4문제 풀기

〈답안지 예시〉

문제 1. 생태연못의 조성목적, 조성방향, 방수공법에 대해 서술하시오.

Ⅰ. 서언(0.3p)

1. 생태연못은 어떤 목적으로 조성되는지 … 2줄
2. 조성방향은 … 2줄
3. 방수공법에는 … 2줄

Ⅱ. 조성목적(0.7p)

Ⅲ. 조성방향(1.0p)

Ⅳ. 방수공법(0.7p)

Ⅴ. 결론(0.3p)

1. 본문요약 … 2줄
2. (그럼에도 불구하고) 실무에서 직접 일을 해 보니 어떤 문제점이 있는지
   … 2줄
3. 따라서, 내가 생각하는 생태연못의 방향은 … 2줄

❸ 기출문제 풀이 연습

① 단답형 문제당 10~15분(실제시험 10분×10문항＝100분)

② 서술형 문제당 25~30분(실제시험 25분×4문항＝100분)

－문제를 많이 풀기보다는 초창기에는 단답형 1문제, 서술형 1문제 날마다 풀어보기
－시험 시행일 2주 전부터는 시간을 염두에 두고 문제풀이 연습하기(실전 익히기)

Ⅲ 뽐쌤 요약노트(Spring Summary Note)

① A4 바인더 이용(A4를 4면으로 나누자 ; 용어형, 서술형 1~4p 작성)

② 왼쪽 면, 오른쪽 면 사용, 왼쪽 면은 포스트잇 부착, 오른쪽 면은 요약정리

1차 써머리 노트

포스트잇

포스트잇

Spring Summary Note

1p 2p

3p 4p

뒷면   앞면

③ A4를 2면으로 나누어 답안지 암기(22줄씩 2쪽 한 면에 인쇄)

2차 써머리 노트

1p   2p

④ 시험 한 달 전(3차 써머리 노트)
 －최종 서머리 노트 만들기
 －22줄로 된 작은 수첩을 마련한 후 재정리(휴대용)
 －목차 위주로 정리

답안지 표현 연습

I 글씨

❶ 글씨 크기

① 가능한 답안지에 꽉 차게 쓸 것

② 자간 폭 너무 좁게 쓰지 말 것

③ 글씨는 가능한 명확하게, 알아보기 쉽게 쓸 것

　－보조도구 및 펜글씨 교본 이용

❷ 글자 수

① 용어형 개요(개념, 정의) 및 서술형 서언과 결언은 서술식 표현

② 나머지는 개조식, 글자 수를 최대한 줄이기

　－글자 수는 10~20자 내외

II 표 & 그림

❶ 표

① 반복의 글 회피

② 적은 글씨 수로 페이지가 꽉 차 보이게 하는 효과

③ 2010년 기준 ; 일자자는 허용, 템플릿자는 안 됨

　－표는 깔끔하게 자를 이용하여 처리

❷ 그림

① 글자 수가 적을 시 여백 확보 후 삽도 그림

　－이해하기 쉬운 삽도 그림(시각전달효과 그림＞표＞글씨)

　－단, 불필요한 그림은 그리지 말 것(시간낭비)

② 그림이 큰 경우 몇 칸을 할애해서 그림을 전반적으로 그릴 것

　－대신 인출선, 꼼꼼히 세부적으로 그릴 것

　－빈칸은 절대 안 됨(감점대상)

I 출제방침

① 당해 종목의 시험 과목별로 검정기준이 평가될 수 있도록 출제

② 주관식 논술형으로 출제

③ 이론 위주 출제는 가급적 지양

④ 산업현장에서의 직무수행능력 평가 중점

⑤ 과거에 출제된 문제는 가급적 재출제하지 말 것을 권장

　－기출문제를 분석하면 과거에 출제된 문제가 재출제되는 것을 많이 볼 수 있음

> ※ 세부적인 답안 내용은 문제의 요구에 따라 바뀌지만 기본적인 뼈대는 동일한 것이 대다수
> * 1교시－단답형 문제에서 기본적인 문제의 경우 매회 재출제 경향 보임
> * 2, 3, 4교시－논술형 문제의 경우 출제할 때마다 설명형, 견해 제시형, 프로젝트 해결 능력 및 경험 평가형 등으로 출제

II 출제 가이드라인－기출문제 분석 시

① 최근 사회적으로 이슈가 된 사건은 무엇인가?

② 학회지, 환경과 조경, 조경신문 등에서 특집으로 다루고 있는 주제는 무엇인가?

③ 각종 학회나 기관에서 주최되고 있는 세미나의 주요 키워드는 무엇인가?

④ 정부 및 관련단체에서 발간되고 있는 정기 간행물과 연구용역의 핵심은 무엇인가?

III 답안지 채점 메커니즘

① 채점위원 구성 : 국가기술자격법 의거 3인 이상 수행 후 산술평균으로 평가

② 채점 시 유의사항

　－채점위원 간 상호담합이나 의견조율 금지

　－각 채점위원의 신의성실과 전문적 식견으로 채점기준표를 기준하여 개별 채점

③ 채점대상 답안 : 수검자 인적사항 부위는 봉인 후 채점

CONTENTS 목차

CONTENTS 목차

Professional Engineer Landscape Architecture

CONTENTS 목차

PART 05　조경시공학

01 총론

02 조경시공 일반

03 공종별 조경시공

CONTENTS 목차

PART 06 조경관리학

PART 07 생태학

CONTENTS 목차

PART

01

조경사

CONTENTS

01 한국의 전통조경사상

PROFESSIONAL ENGINEER LANDSCAPE ARCHITECTURE

• 은일사상, 신선사상, 음양오행설, 풍수지리사상, 불교사상, 유교사상

Ⅰ 은일사상

1. 개념

1) 도가적 은일사상

① 은일사상 : 노장사상의 핵심은 도와 무위의 개념에서 비롯

② 도 : 주로 궁극적인 존재

③ 무위 : 인간이 따라야 할 행동에 관한 궁극적인 원칙

  → 자연에의 귀의

2) 은둔사상

① 은일사상과는 의미가 다름

② 참여를 거부하는 완전한 현실도피 의미

2. 조경문화영향

① **자연의 동경**

  ㉠ 자연과 동화되어 풍경 내 누·정을 짓고 귀의

  ㉡ 자연의 변화를 느낄 수 있는 상록수보다 낙엽수 선호

  ㉢ 자연의 섭리를 거스르지 않도록 분수 설치 ×

② **별서정원**(소쇄원, 경정서석지원, 다산초당원림 등)

  ㉠ 은일사상(자연에의 귀의) + 은둔사상(유배, 정치적 이유)

  ㉡ 자연의 순리에 따른 정원조성기법 반영

  • 자연풍경식 정원양식

Ⅱ 신선사상

1. 개념

① 도교적 사상으로 자연발생적으로 이루어진 종교 : 도교를 기반으로 불로장생 목적

② 고대민간신앙 기반(신선설) → 십장생, 석가산 배치

③ 신선사상 + 불교 → 유토피아(무릉도원-복숭아나무, 버드나무 식재)

2. 삼신사상

① 신선이 살고 있는 산을 모방하여 연못 내 섬으로 연출 → 봉래, 영주, 방장

② 안압지(원도), 광한루(1도, 봉래도), 경회루(방도)

3. 조경문화영향

1) 사상(신선설)

공간 내 무릉도원, 유토피아 표방

2) 식재

① 복숭아나무, 버드나무 식재

② 백제 무왕 궁남지(국내 최초 신선사상 도입)

   → 삼국사기 제 27, 백제본기 제 5 무왕조

> ▶▶ **참고**
>
> (백제 무왕) 35년(634)... 3월에 궁성(사비성) 남쪽에 못(궁남지)을 파고 물을 20여 리나 끌어들였으며 (못의) 네 언덕에는 버드나무를 심고 못 속에 섬을 만들어 방장선산으로 만들었다.

3) 시설물

① 십장생 무늬, 석가산, 괴석 등 배치

② 자경전 꽃담, 안압지, 낙선재 괴석(소영주)

Ⅲ 음양오행사상

1. 개념

① 고대중국 역(易)사상에서 비롯

② 우주, 자연의 일체현상을 음양의 원리로 해석

    ㉠ 음(땅, 달, 네모), 양(하늘, 해, 동그라미)

    ㉡ 오행설(화, 수, 목, 금, 토 – 방향과 색) 풀이

    ㉢ 우주와 민간생활의 모든 현상과 생성,

        소멸을 해석

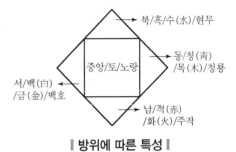

∥ 방위에 따른 특성 ∥

2. 조경문화영향

1) 사상

- **천원지방설**

    ㉠ 하늘은 둥글고, 땅은 네모지다는 뜻

    ㉡ 하늘을 양으로, 땅을 음으로 해석

2) 시설물

① 방지원도

    ㉠ 천원지방설을 연못에 적용

    ㉡ 연못의 형태는 사각형, 섬의 형태는 원형

    ㉢ 방지는 우리나라 고유의 양식

    ㉣ 방지방도와는 적용된 사상이 다름

② 주춧돌과 기둥

    ㉠ 사각형의 주춧돌과 원형의 기둥

    ㉡ 궁궐, 누와 정, 주택, 서원과 향교, 묘원 모두 적용

PLUS ⊕ 개념플러스

방지방도 & 방지원도 비교

Ⅳ 풍수지리사상

1. 개념

① 신라 이후 깊은 영향을 끼침

② 풍수지리설 + 한국의 샤머니즘 + 불교의 선근공덕

　→ 음양오행설과는 다름

2. 조경문화영향

1) 양택과 음택

① 양택(주거) : 배산임수(특히 우리나라에만 있는 후원양식 생김)

② 음택(묘자리) : 혈의 자리 중시

2) 비보와 엽승

① 비보(부족한 것을 보완) : 비보림, 비보수

② 엽승(강한 기운을 억누름) : 숭례문 현판, 소쇄원 닭뫼마을 명칭

▶▶ 참고

▶ 풍수의 술법

구분	내용
간룡법	풍수는 산을 용으로 보는데 이 용을 어떻게 보느냐가 관건 고저관계에서 높은 곳을 용, 낮은 곳을 물로 인식 명당주산까지 이르는 용맥의 상태를 살피는 것 → 건물의 성격에 따라 간룡의 방법이 달라짐
장풍법	용이 명당을 이룰 자세를 취하고 있는지 여부 판단 품 속에 앉을 자세(면), 거부의 자세(배)
정혈법	용이 사람을 끌어 앉을 자세 → 어머니가 아이에게 젖먹이는 것에 비유 어머니의 품이 명당, 젖무덤이 혈장, 젖꼭지가 혈처
득수법	물의 흐름으로 판단, 물이 없을 경우 도로가 대체 성국을 이루는 물(득수), 흘러가는 물(파)
좌향론	어느 방위를 주방향으로 할 것인가를 결정 땅의 기, 방위의 기, 사람의 기가 일치할 좌향 선택

Ⅴ 불교사상

1. 불교의 수용

1) 국내

① 고구려 : 소수림왕(4C, 전진/ 순도)

② 백제 : 침류왕(4C, 동진/ 마리난타 → 7C, 노리사치계, 일본전파)

③ 신라 : 눌지왕(5C, 고구려 묵호자에 의해 들어왔으나 수용 안 됨

　　→ 법흥왕(7C, 이차돈 순교에 의해 공인)

2) 전파순서

중국 → 한국 → 일본 순으로 전파

2. 변천사

① 절(사찰) : 호국정신으로 왕족, 귀족에 의해 번창

② 평지가람(사회 · 정치적, 왕실 · 귀족)

　→ 산지가람(통일신라 후기, 선종과 지방호족 결탁)

3. 조경문화영향

1) 석조미술품

① 석교

㉠ 불교에서 삼대공덕 중 하나가 만인이 편히 걸어다닐 수 있게 하는 것

㉡ 승려 가운데 다리축조 기술자 多

② 석련지

㉠ 백제 말 의자왕 때 정원을 장식하기 위한 점경물

㉡ 화강석으로 묵고기 모양의 석조를 만들고, 연꽃 식재

　→ 조선시대(수면반사효과) : 세섬석으로 발전

2) 수목식재

① 연꽃식재

　　⊙ 불교 : 부처님 → 창경궁의 통명전 앞 석지

　　⊙ 유교 : 주련이의 애련설 → 조선시대 서원

▶▶ 참고

진흙 속에 살지만 더러움에 물들지 않고,

맑은 물에 씻어도 요염하지 않으며,

속이 소통하고, 줄기가 곧다.(화통하지만 소신 있다.)

넝쿨에 엉킴이 없고, 가지가 없다.

향기는 멀수록 맑다.

→ 연은 꽃 가운데 군자다.

PLUS ➕ 개념플러스

▶ 현대조경에서 연꽃식재

• 큰 독에 백련과 홍련을 같이 식재하지 않음

• 같이 식재하면 홍련이 자라지 않음

② 화목류

　　⊙ 붉은 적색계열 수목 선정

　　⊙ 만다라 세계의 화려함 상징

　　⊙ 불두화, 배롱나무

③ 측백나무, 향나무

　　⊙ 향나무는 둥근 측백나무를 의미하는 원백으로도 불림

　　⊙ 제향공간의 제사용으로 사용

　　⊙ 힘, 젊음, 무병장수, 행복, 번영 등을 상징하는 나무

　　⊙ 고궁, 사원, 사찰, 왕족, 귀족의 무덤가 식재

④ 차나무

　　⊙ 중국에서 시작된 차 문화는 불교와 함께 전파

　　⊙ 부처님과 죽은 영혼에게 차를 공양 → 종교의식, 제물

　　⊙ 스님들이 음용하기 위해 식재

Ⅵ 유교사상

1. 유교의 수용

① 삼국시대에 전래되었으나 불교 육성으로 인해 전파 실패

② 조선시대 주자의 성리학이 정통사상으로 확립
- 유학의 발달로 향교와 서원이 전국적으로 세워지고, 선비계급 형성

2. 조경문화영향

1) 건축물 공간배치

① 향교와 서원의 공간배치

향교 : 전묘후학, 서원 : 전학후묘

② 궁궐이나 민간주거공간의 배치

㉠ 남녀, 신분상의 위계 공간 분할

㉡ 유학자들의 유배나 은둔생활↑ → 별서정원 多

2) 식재(상생조경 : 의(宜)와 기(룬)의 기법)

① 의(宜)의 기법 : 자연생태주의적 식재기법 → 권하는 것

② 기(룬)의 기법 : 자연배타주의적 식재기법 → 금기시하는 것

구분	의(宜)의 기법	기(룬)의 기법
문앞	회화나무 2그루, 대추나무	말라죽은 나무
중정	화초류, 4군자	큰 노거수
우물 옆	버드나무	복숭아
집 주위	울창한 소나무, 대나무	단풍, 사시나무, 가죽나무
울타리 옆	동쪽 국화	참죽나무

> **▶ 참고**
>
> **➤ 중정에 큰 나무를 심지 않는 이유**
> - 애니미즘, 샤머니즘의 사상 → 함부로 자르거나 훼손하지 않음
> - 뿌리, 가지에 의해 건물의 기초, 지붕을 상하게 함
> - 집안의 채광과 통풍을 막고, 음기 多
> - 한가로울 한(글자풀이) → 적재적소 식재 필요

02 한국의 왕궁

I 고조선 → 삼한시대

- 기록이 거의 남아 있지 않음
- 국가의 제사와 정치적 목적 동시 충족
- 한국의 고유한 자연숭배사상 의거(신림)
  → 조선시대(성황림, 당산목, 신목)

■ 경주계림

① 국가가 보호하는 신성한 신림 중 하나
② 상림원 기능 일부 수행
③ 주요 수종 : 느티나무, 은행나무, 푸조나무, 곰솔, 팽나무, 왕버들 등
④ 자연숭배사상 강 → 수목 위주에 의미 부여

▶▶ 참고

▶ 원(苑)과 유(囿)의 차이점

1 「설문해서」 조원의 종류
  ① 원(園 ; 동산) : 과수를 심는 곳
  ② 포(圃 ; 밭) : 채소를 심는 곳
  ③ 유(囿 ; 동산) : 짐승을 키우는 곳

2 원 : 담장에 의해 한계 지어진 동산이나 조경공간
  ① 광의적으로 조경공간 의미
  ② 한자로 풀이하면 울타리를 쳐 짐승, 나무 등을 기르는 곳

3 유 : 울타리를 짓고 새와 짐승을 기르는 광대한 원림
  ① 숲과 연못이 조성된 왕족의 사냥터
  ② 금수를 방사하기 위해 울타리 계획
  ③ 苑, 囿, 園의 혼용 : 苑囿, 園囿, 囿苑

Ⅱ 고구려

■ 안학궁

① 427년 장수왕

② 기록이 거의 남아 있지 않음

③ 후원 내 유수로와 곡수거 기능을 겸한 연못 조성

→ 곡수형 유수 효시

Ⅲ 백제

- 조원기술 발달(중국 → 한국 → 일본 순으로 전파)

- 백제가 일본에 조원기술 전파

  – 일본서기

  – 노자공이 왕궁 남쪽에 정원 조성 후 수미산과 오교 설치

1. 서울지역 유적

풍납토성, 몽촌토성, 웅진성(임류각)

2. 궁남지

① 백제무왕 35년

② 삼국사기 제27, 백제본기 제5 무왕조

③ 궁 남쪽 못을 파고, 주변 버드나무 식재, 못 내 방장선산 조영

→ 신선사상이 반영된 최초의 왕궁 조원

> ▶ 참고
>
> (백제 무왕) 35년(634)… 3월에 궁성(사비성) 남쪽에 못(궁남지)을 파고 물을 20여 리나 끌어들였으며 (못의) 네 언덕에는 버드나무를 심고 못 속에 섬을 만들어 방장선산으로 만들었다.

Ⅳ 신라시대

1. 안압지

1) 명칭

① 월지(신라시대) : 달빛이 아름다운 연못

② 안압지(조선시대) : 신라가 망한 후 고려시대 때 관리를 하지 않아 갈대가 무성하고, 그 수면이 기러기(안 ; 雁)와 오리(압 ; 鴨)로 가득찬 연못(지 ; 池)이라는 의미

2) 공간적 특징

① 남서쪽 경계 – 직선

   ㉠ 독립된 건물터 5개소

   ㉡ 각 건물을 연계한 회랑으로 구성

   ㉢ 가공된 장대석 이용

② 북동쪽 경계 – 자유곡선

   ㉠ 서해안의 리아스식 해안선 모방

   ㉡ 무산십이봉의 가산 축조

   ㉢ 기묘화초 식재

‖ 안압지 배치도 ‖

> ▶ 참고
>
> 「삼국사기」 문무왕 14년(674) 2월 궁 안에 못을 파고 산을 만들어 화초를 심고 귀한 새와 기이한 짐승을 길렀다.

③ 연못 내부

   ㉠ 봉래, 방장, 영주 삼신을 형상한 섬 축조

   ㉡ 동남쪽 모서리 : 수로와 입수구

   ㉢ 북쪽 호안 : 출수구(4단 조절장치)

PLUS ➕ 개념플러스

가산 축조 방식

2. 불국사

1) 백운교 & 청운교

① 국보 제23호

② 총 34단 = 청운교(16단) + 백운교(18단)

③ 청운교(푸른 청년의 모습) + 백운교(흰머리 노인의 모습) → 인생 상징

④ 대웅전을 향하는 자하문과 연결된 다리

⑤ 다리 아래의 속세와 다리 위의 부처님 세계 연결

⑥ 무지개형 아치교

> ▶▶ 참고
>
> 계단 수와 청운교, 백운교에 대한 해석은 논란의 대상
> 현 내용은 문화재청에서 제시한 내용

2) 구품연지

① 연지, 영지 모두 사용

② 극락정토를 모방한 타원형 연못

③ 「관무량수경」에 따르면 선근공덕한 사람 → 3생 3품 → 총 9품

> PLUS ➕ 개념플러스
>
> ➤ 연지와 영지
> • 연지 : 연꽃이 심겨진 연못으로 극락정토의 모습을 현실세계에 표현
> • 영지 : 주변 경관을 투영하기 위한 연못으로 불교의 세계관 반영

3. 이궁의 포석정(곡수거)

1) 뽕앙의 곡수거 변천사

① 중국의 유상곡수연(난정고사)

　㉠ 진나라 서기 353년 음력 3월 상사일(뱀날)

　　→ 계욕의례, 유상곡수연 개최

ⓛ 왕희지 나이 33세 난정이라는 정자를 세우고, 41인의 명사들과 더불어 시냇물에
술잔을 띄우고, 시를 읊는 연회 개최
→ 유상곡수연의 기원(왕희지의 "난정서")

ⓒ 1400년대 명시대 이후
→ 계욕이라는 제사의 의미가 퇴색되고, 봄놀이 행사로 전락

② 일본의 유상곡수연

㉠ 중국 → 한국 → 일본으로 전래

ⓛ 5C말 현종 천황이 음력 3월 상사일 곡수연 기록
→ 서기 728년 성무천황 음 3.3일에 개최

ⓒ 모월사 유상곡수연(최근)
→ 정토정원 연못에 입수를 위해 곡수로에서 매년 5월 마지막 넷째 일요일에 개최

▶▶ 참고

➤ **일본 곡수로의 특징**
• 정원조경의 일부로 건축
• 곡수로 길이 55m, 최대폭 5m, 평균폭 1.5m
• 정원이 자연의 축소판인 것처럼 곡수로를 따라 S자 물길 조성

③ 한국의 유상곡수연(포석정)

㉠ 금관가야 시조인 김수로왕 강림신화에서 처음
→ 3월 첫뱀날 계욕의례

ⓛ 신라패망의 상징장소로 신라왕국 멸망 이후 원형 퇴색
→ 현재 급수와 배수장치의 유실로 기능정지 상태

▶▶ 참고

➤ **포석정의 재해석 필요**

1 유상곡수연은 겨울에 술 마시고 흥청대며 노는 향락적 놀이문화×

2 11월에 경애왕이 포석정에 간 이유
① 국가의 안녕을 기원하는 제사를 지내기 위해
② 신라왕들의 퇴폐향락적인 장소가 아니라 제사 후 뒤풀이 풍류를 위해

3 잘못된 역사해석으로 한국만 유상곡수문화 단절
→ 전통계승을 위한 재평가 필요

2) 한국의 포석정(사적 1호)

① 전복형태로 굴곡진 타원형

② 그릇의 크기, 물의 양 등에 따라 유속이 달라짐

③ 총 46개의 가공석조로 구성

  ㉠ 입수구 6개, 출수구 4개, 안쪽 12개, 바깥쪽 24개 → 12개월 24절기 의미

  ㉡ 입수구 물을 토하는 용두 설치 → 현재는 없음

  ㉢ 수로길이 22cm, 폭 30cm, 깊이 21~23cm

  ㉣ 기울기 입수구 7~13°, 출수구 1°

   → 근처 개울에서 물을 끌어올리고, 용두에서 물이 쏟아짐(현폭기법)

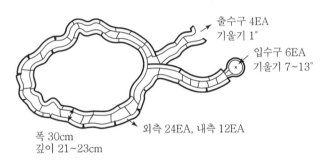

출수구 4EA
기울기 1°

입수구 6EA
기울기 7~13°

폭 30cm
깊이 21~23cm

외측 24EA, 내측 12EA

‖ 포석정 배치도 ‖

PLUS ➕ 개념플러스

➤ **유상곡수연 국내사례**
안학궁, 포석정, 창덕궁 옥류천, 외압리 이도선가

Ⅴ 고려시대

■ 만월대

① 919년 태조 궁궐 창건 이후 1361년 공민왕 시기의 왕터

② 현재 문과 문 사이를 연결하는 계단, 기단지, 초석 등만 남아 있음

Ⅵ 조선시대

- 5대 궁궐 : 경복궁, 창덕궁(후원), 창경궁, 덕수궁(경운궁), 경희궁
- 운현궁 − 흥선대원군이 거처한 양반집

1. 경복궁

1) 입지

① 좌묘우사 전조후시(중국의 주례고공기)

ㄱ 좌측 종묘, 우측 사직단

ㄴ 앞쪽은 관청, 뒤쪽 시가지

→ 배산임수에 따라 앞쪽에 관청+시가지 입지

→ 남북의 주작대로로 보완, 동서축 발달

② 천명사상에 의거한 정치이념 → 궁궐은 정치이념의 중심부

③ 사신과 12지신의 보호를 받는 음양오행사상에 의거 배치

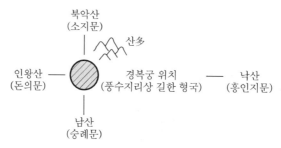

┃ 풍수지리사상에 의거한 경복궁 배치 ┃

2) 배치

① 광화문−홍예문−영제교−근정문−근정전−사정전−강령전−교태전−자경전

> ▶ 참고
>
> ➤ **궁궐의 다리**
> - 경복궁 − 영제교
> - 창덕궁 − 금천교
> - 창경궁 − 옥천교

② 궁제는 삼조삼문 양식 → 중국의 양식 모방

  ㉠ 삼조 : 외조, 치조, 연조

     • 외조 : 광화문에서 근정문 사이, 영추문 안과 건춘문 안

          국가의식, 신하하례, 사신을 맞는 곳

     • 치조 : 근정전과 사정전 회랑 및 행각 내의 공간

          왕과 신하가 정치를 하는 곳(편전 & 정전)

          조원× → 정치를 어지럽히지 않기 위해

     • 연조 : 사정전 행각의 향오문 북쪽 침전지역

          왕, 왕비, 대비의 침전과 본격적인 조원양식

  ㉡ 삼문 : 고문, 치문, 노문

     • 고문 : 외조의 정문

     • 치문 : 외조와 치조 사이

     • 노문 : 치조와 연조 사이

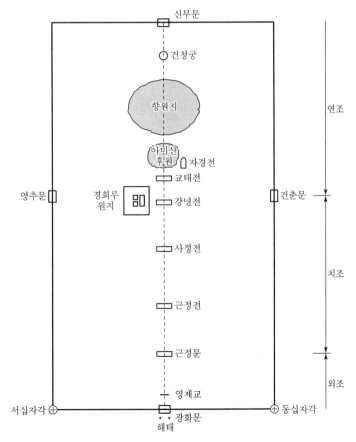

‖ 경복궁 배치도 ‖

3) 원형이 남아있는 원유

① 경회루 지원

ㄱ) 경회루

- 팔작지붕의 목조건물, 들창구조
- 기둥(음양오행) : 외주 방형, 내주 원형 총 48개 구성
- 외국사신 접대나 연회장소, 시험장소, 무예관람장소

ㄴ) 연못

- 방지방도(장대석 축조), 좌우대칭 섬에 소나무 식재
- 물 넣는 기법 : 잠류, 현폭, 자일

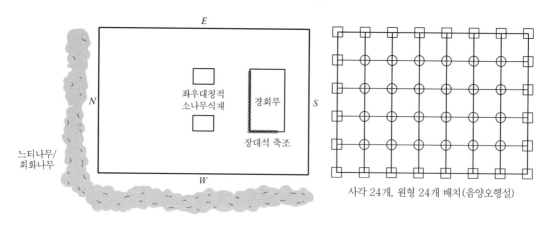

┃ 연못배치도 ┃   ┃ 경회루 기둥 ┃

② 교태전 후원(아미산원)

ㄱ) 교태전

- 왕비의 정침인 중궁전, 경복궁 동서남북의 중앙에 위치
- 경복궁의 침전 중 가장 중심이 되는 건물
- 용마루가 없는 것이 특징

ㄴ) 아미산

- 중국의 선산을 상징한 이름 → 천연두를 예방하는 아미신(벽사)
- 경회루원지에서 나온 흙을 가지고 인공산 축조
- 장방형의 4단을 쌓아 화계를 만들어 조영

➤ 아미산 화계

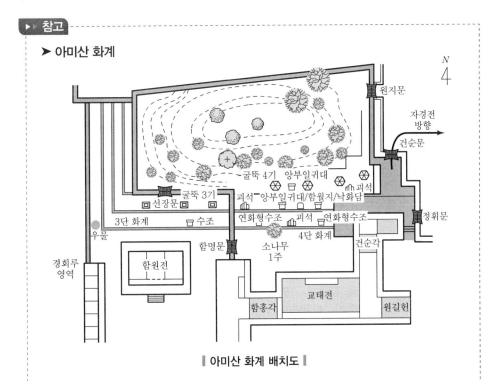

‖ 아미산 화계 배치도 ‖

- 1단 : 연화형 수조, 괴석
- 2단 : 괴석, 앙부일구(해시계), 함월지, 낙하담
- 3단 : 굴뚝 4기, 앙부일구
  [굴뚝 문양] : 육각형, 점토벽돌, 장식적+실용적 기능
  : 왕과 신하, 행복과 장수, 사군자의 선비적 고고함 상징
  : 당초문, 소나무, 매화, 모란, 국화, 용, 호랑이, 해태, 구름 등
- 4단 : 매화, 모란, 반송, 철쭉, 앵두 등의 화목(1~3단),
  뽕나무, 말채나무, 배나무, 느티나무 등 원림 조성

③ 자경전 후원

　㉠ 자경전 : 대비가 거처하는 침전

　㉡ 화담굴뚝 & 담장

- 우리나라의 가장 아름다운 꽃담과 굴뚝
- 사각형, 전돌, 장식적+실용적 기능
- 왕과 신하, 벽사, 자손 번성과 부귀(십장생 무늬), 만수무강(囍, 壽)기원

PLUS ➕ 개념플러스

아미산 굴뚝과 자경전 굴뚝의 비교

④ 향원정과 향원지

　㉠ 향원정

　　• 육각 2층 정자

　　• 향원은 연꽃의 별칭으로 주염계의 애련설에서 비롯된 명칭

　㉡ 향원지

　　• 방지원도 내 취향교(32m의 아름다운 목교)

　　• 열상진원(수원)에서 물이 잠겨드는 자일기법

　　• 섬 내 관목류의 화목 식재

　　• 연못가 느티나무, 회화나무, 소나무, 버드나무 등 원림 조성

▶▶ 참고

▶ 향원정, 취향교 → 연꽃상징

　㉠ 향원정 : 향기가 멀리 간다.

　㉡ 취향교 : 향기에 취한다.

　　→ 북송시대 학자 주돈이(1017~1073)가 지은 '애련설'에서 따온 말

---

2. 창덕궁

1) 입지

① 1405(태종 5년) 조선왕조 이궁

② 경복궁의 동쪽에 위치한다 하여 창경궁과 더불어 동궐이라 명칭

③ 조선의 궁궐 중 가장 오랜 기간 임금들이 거처했던 궁궐

④ 산자락을 따라 건물들을 골짜기에 안치

　→ 한국 궁궐건축의 비정형적 조형미 대표

　→ 경복궁(남북축), 창덕궁(동서축)

PLUS ➕ 개념플러스

> 1997년 유네스코 세계문화유산으로 등록
> 창덕궁의 가치, 유네스코 세계문화유산 등록기준, 절차 정리

2) 전각

돈화문－궐내각사－금천교－인정문－희정당－대조전

3) 후원

① 부용지역(부용지, 주합루 일원)

ㄱ 부용정

- 열십자 모양의 독특한 평면형태
- 부용지 내에 걸쳐 조영

ㄴ 사정기비각

- 부용지 서쪽 물가에 있는 비각
- 마니, 파려, 유리, 옥정(우물) 명명

ㄷ 어수문

- 2층 주합루로 올라가는 문
- 물고기와 물 : 임금과 신하에 비유

ㄹ 규장각

- 1층 규장각, 2층 주합루
- 왕실도서관 → 학술 및 정책연구기관으로 변화

ㅁ 영화당

- 부용정 맞은편 배치
- 건물 앞쪽 춘당대(마당) → 과거시험장

ㅂ 부용지

- 천원지방설에 의거 방지원도 조형원리에 따라 조성
- 둥근섬 내 소나무 식재

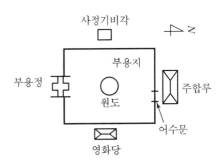

‖ 부용지역 배치도 ‖

② 애련지역(애련지, 연경당 일원)

ㄱ 불로문

- 조선시대 왕들의 무병장수 기원(신선사상)
- ㄷ자 형태의 화강석 통석

ㄴ 애련정

- 1×1 사각정자
- 평난간 : 시각적 프레임을 통한 차경기법 도입

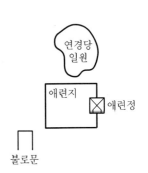

‖ 애련지역 배치도 ‖

ⓒ 애련지

- 방지무도, 장대석 축조
- 물 넣는 기법 : 현폭

ⓔ 연경당

- 순조를 위해 조영, 사랑채의 당호
- 궁궐 내 사대부 집이나 일반 사대부집과는 다름
  → 120여 칸의 민가형식의 집
  → 단청 생략, 사랑채와 안채의 구분이 있지만 가묘가 없음
- 선향재 : 서재 겸 응접실 역할을 한 벽돌건축물, 차양 설치
- 농수정 : 사모정자

③ **관람지역**(관람지, 존덕정 일원)

ⓐ 관람정 : 부채꼴 선형 기와지붕을 한 굴도리집

ⓑ 관람지(반도지)

- 한반도 형태를 본따 반도지라 불렸다가 관람지로 개명
- 동궐도상 호리병 모양이었으나 일제에 의해 모양 변형

ⓒ 존덕정

- 겹지붕 형태의 육각정자
- 과거 다리 남쪽 부근 일영대를 설치하여 시각 측정

▌관람지역 배치도 ▌

ⓓ 폄우사

- 순조의 아들 효명세자가 독서하던 곳
- '폄우'란 어리석음을 경계하여 고쳐준다는 뜻

④ **옥류천역**(옥류천 일원)

ⓐ 소요정 : 사각정자

ⓑ 취한정

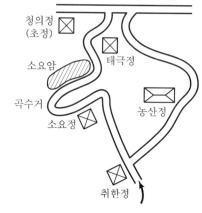

- 팔각정자
- 옥류천 정원 어귀
- 옥류천의 어정에서 약수를 마시고 휴식을 취한 정자

▌옥류천역 배치도 ▌

ⓒ 태극정
- 겹처마 사각정자
- 비나 추위를 피하도록 고안된 정자

ⓔ 청의정
- 옥류천 주변 정원의 가장 안쪽에 있는 정자
- 궁궐 내 유일한 초가지붕
- 정자 앞 논을 만들어 벼를 심고, 수확 후 볏집으로 지붕이엉을 만듦

ⓜ 소요암
- 인조가 쓴 옥류천 글씨
- 소요정 옆 유상곡수를 하는 소요암의 곡수거 有

PLUS ➕ 개념플러스

▶ **창덕궁 내 천연기념물로 지정된 식물 4종**
향나무, 다래나무, 회화나무, 뽕나무

3. 창경궁

1) 입지

① 성종 14년(1483) 정희왕후, 안순왕후, 소혜왕후 대비를 위한 궁
② 옛 수강궁 터에 창건
  → 세종이 상왕으로 물러난 태종의 거처로 마련한 궁
③ 창덕궁과 연결되어 동궐이라는 하나의 궁역 형성
  → 독립적인 궁궐 + 창덕궁의 부족한 주거공간 보충

2) 낙선재 후원

① 창경궁 건문에 속해 있었으나 창덕궁으로 이관
② 왕의 연침공간 조성
③ 창덕궁과 창경궁 경계에 위치
  → 우측으로 석복헌·수강재, 뒤편으로 화계·상량정·한정당·취운정

㉠ 석복헌 & 수강재
- 빈의 처소 → 왕비와 대왕대비의 처소
- 사대부 주택양식

㉡ 화계
- 4~5단의 장대석 축조
- 소나무 교목식재구간 + 매화, 살구, 철쭉 등 화관목 식재구간
- 괴석(소영주), 굴뚝, 꽃담

▶ 참고

➤ 낙선재 화계

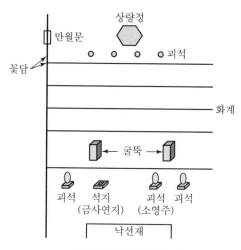

‖ 낙선재 화계 모식도 ‖

1 1단 : 괴석(소영주), 석지(금사연지)
  ① 소영주 : 신선사상
  ② 금사연지 : 거문고를 연주하고, 역사책을 읽는 벼루 같은 연못

2 2단 : 굴뚝 2기

3 3~5단 : 화계, 전돌꽃담

4 상단부 : 괴석, 한정당, 상량정, 만월문
  ① 괴석 : 일제 초 덕수궁에서 옮겨 옴
  ② 한정당 : 별당
  ③ 상량정 : 육각형 정자, 시원한 곳에 오른다는 뜻
            평원루(먼 나라와 가까이 지낸다) → 일제 때 개명
  ④ 만월문 : 현존하는 궁궐의 샛문 중 유일하게 원형 보존

03 주택정원

I 기본내용

1. 경관의 도입

- 유경(遊景) : 인간이 자연경관 속에 직접 들어가서 살거나 돌아다니면서 즐기는 방식
- 취경(取景) : 유경과 대비하여 자연경관을 인간 가까이 끌어오는 방식

　　　　　→ 산수화, 대부분의 정원이나 주택정원의 경관

1) 차경(借景)

① 경관을 빌어쓰는 방법

② 가장 적게 인공을 가하고, 가장 쉽게 취경하는 방법

③ 기법 : 원차, 인차, 앙차, 부차, 응시이차

　ㄱ 원차 : 먼 곳의 경을 빌리는 것

　ㄴ 인차 : 가까운 곳의 경을 빌리는 것

　ㄷ 앙차 : 눈 위에 전개되는 폭포, 절벽의 경을 빌리는 것

　ㄹ 부차 : 눈 아래에 전개되는 낮은 곳의 경을 빌리는 것

　ㅁ 응시이차 : 바라보는 시간 차이에 따라 바뀌는 경을 빌리는 것

> **PLUS ➕ 개념플러스**
>
> 중국의 누창과 영벽 비교

2) 사경(寫景)

① 집밖의 자연경관과 거의 비슷하게 꾸미는 방법

　→ 중국 多, 면적이 넓은 경우

② 자연경관을 베끼는 방법

3) 선경(選景)

① 면적이 좁아 사경의 도입이 어려울 때

② 자연요소 중 형태가 좋거나 의미가 좋은 것만 취사선택

③ 작고 인공적인 정원, 대부분의 주택정원에 해당

④ 산수화나 정원에서 매우 중요시 → 자연경관이라기보다 문화경관

4) 축경(縮景)

① 자연경관과 형태는 비슷하나 규모를 축소하는 방법

② 석가산, 수석, 분재

PLUS ➕ 개념플러스

차경과 축경

5) 의경(意景)

수목, 사물을 두고 자연경관의 의미를 추상화, 상징화

PLUS ➕ 개념플러스

일본의 고산수 정원 특징

2. 정원의 재식

1) 상생조경 배식기법

의와 기의 기법

2) 조선시대 10대 정원수

① 우리가 일반적으로 잘 알고 있는 수목

② 사군자, 사절우, 유실수, 제사용

③ 매화나무, 대나무, 소나무, 배나무, 감나무, 대추나무, 밤나무, 향나무, 자두나무, 회화나무, 은행나무, 살구나무, 느티나무, 뽕나무 등

3) 재식방법

① 화계

㉠ 경사진 땅을 몇 개의 단으로 조성할 때 생기는 단차에 꾸민 화단

㉡ 한국 정원에서 특이한 점

㉢ 단차를 토목구조물인 옹벽으로 처리하지 않음

　→ 옹벽과 화단을 겸한 과학적인 미적 조형물로 처리

㉣ 조성목적 : 경사 극복, 시각중단, 경계, 심리적 완화, 공간활용

㉤ 조성기법 : 수목 종류, 단의 높이, 첨경물

> **PLUS ➕ 개념플러스**
>
> ➤ **우리나라 화계 조성사례**
> 소쇄원 매대(최초), 경복궁 아미산 후원, 창덕궁 낙선재

② 분재

㉠ 면적이 좁거나 기후가 적합하지 않은 지형에서 많이 이용

㉡ 일정장소에서 정연하게 배치

③ 취병

㉠ 관목류, 넝쿨성 식물의 가지를 틀어 올려 병풍모양으로 만든 울타리

㉡ 밖에서 내부가 직접 들여다 보이는 것 방지

㉢ 공간분할 역할과 경관조성 기능

㉣ 대나무, 향나무, 등나무 등 가지가 연한 수종

> **PLUS ➕ 개념플러스**
>
> ➤ **취병과 판장**
> • 취병 : 살아 있는 식물을 이용하여 만든 병풍형태 시설물
> • 판장 : 판자로 만든 담으로 목재로 구성된 가변형 가림시설

3. 물로 만든 경치

▶▶ 참고

➤ **지당(池塘, 연못) – 고여 있는 물**

1 지당 또는 원지

2 형태 다양 → 원형, 타원형, 부정형, 사각형, 직사각형, 사다리꼴 등

3 방지가 많으나 조선 후기부터 부정형의 연못도 많아짐

4 지당을 구성하는 3요소

① 섬 : 방지원도 – 음양오행사상, 방지방도 – 토지숭배사상

: 삼신산 – 신선사상

② 수목 : 복숭아, 수양버들(무릉도원, 신선사상)

: 소나무(선비의 고고함 – 유교사상)

: 연꽃(향기) – 불교(부처님) + 유교(주돈이의 애련설)

③ 시설물 : 석가산, 괴석, 석함 – 신선사상

: 정자(기둥) – 음양오행사상

1) 물을 끌어오는 방법(외부 → 연못)

① 수로 조성

② 나무홈대 연결(소쇄원 : 비구)

2) 연못에 물 빼는 방법(연못 → 외부)

① 무너미 시설 : 물이 차면 넘쳐 흘러나가도록 조성

② 수위조절장치 : 출수구 물구멍 상, 중, 하단 구성(안압지)

3) 물 입수 방법

① 현폭(떨어지는 물)

㉠ 물이 요란하게 소리를 내며 폭포로 들어감

㉡ 신라의 안압지, 창덕궁 애련지

② 자일(흐르는 물)

㉠ 물이 조용히 자연스럽게 흘러들어감

㉡ 익산 미륵사지 연못, 경복궁 향원지

③ 잠류(솟구치는 물)

 ㉠ 물이 지하로 잠겨 스며들게 하여 연못 바닥에서 솟아나게 하는 방법

 ㉡ 수면 고요, 물보라×, 영상효과↑

 ㉢ 불국사 구품연지, 경복궁 경회루원지

▶▶ 참고

▶ **동양 3국의 물감상법**
- 중국 : 건물과 건물로 연결하는 회랑에서 감상(이화원)
- 일본 : 회유식 정원에서 연못 주위를 돌면서 감상, 규모↑
- 한국 : 회유식보다는 정원 한쪽에 정자 위치(관념적, 추상적 의미)
   → 즐기는 물이 아니라 보고, 느끼는 물

---

4. 돌로 만든 경치

1) 자연석 조합 · 배치

① **석가산**(石假山)

 ㉠ 자연석을 쌓아올려 산의 모양 축소

 ㉡ 수목이나 수경을 곁들임

② **치석**(置石)

 ㉠ 수목의 밑이나 물가 등에 자연석을 여러 개 배치

 ㉡ 중심석, 보조석 구분 → 크기, 외형, 위치 등 주변 환경과 조화

 ㉢ 군치시 주석과 부석 2석조 기본, 3석조, 5석조, 7석조 등 조합

 ㉣ 3석조 조합 시 삼재미 원리적용, 중앙(천, 중심석), 좌우(지, 인)

 ㉤ 5석 이상 배치 시 음양오행원리 적용하여 각각의 돌 의미 부여

2) 자연석 단독배치

① **괴석**(怪石)

 ㉠ 기이한 형태의 자연석 한 덩어리 홀로 있힘

 ㉡ 석함에 심어 세워 둠

 ㉢ 창덕궁 낙선재, 석함에 소영주라고 새김

② **수석**(壽石)

 실내조경용, 평반에 배치

3) 인공석 단독배치

① 식석(飾石)

추상적 상징을 나타내는 소형 석조물

② 석탑

㉠ 사찰의 석탑을 옮겨놓았거나 축소, 모방

㉡ 원래 정원용은 아니나 일부 사용

㉢ 일본의 다정양식 – 아기자기한 정원양식, 디딤석, 석등 등

PLUS ➕ 개념플러스

산치, 군치, 첩치, 특치

4) 편평한 면 사용

① 석상(石床)

탁자나 평상으로 활용

② 하마석(下馬石)

말이나 가마를 타고 내리는 디딤돌

③ 석련지(石蓮池)

㉠ 넓고, 두꺼운 돌을 큰 수조로 다듬어 작은 연지, 어항으로 사용

㉡ 수면 반영효과(세심석)

5) 그릇/도구/구조물

① 돌확(물확)

㉠ 절구나 도가니처럼 다듬어 석련지나 물거울로 사용

㉡ 교태전 아미산 후원의 낙하담, 함월지

② 석분(石盆) : 괴석을 받쳐놓게끔 다듬은 작은 돌그릇

③ 석등 : 야간의 조명을 위해 만든 등

④ 대석(臺石) : 화분, 조명, 해시계, 석함 등을 얹어 놓게끔 다듬은 받침돌

⑤ 석주 : 시구(詩句)나 장소명을 새겨 세워 놓은 기둥

Ⅱ 기술서적

1. 택리지(이중환)

- 복거총론
- 살 곳을 택할 때 살펴볼 내용 : 지리, 생리, 인심, 산수
    → 한 가지만 부족해도 살기 어려운 지역

1) 지리

① 지리, 생리, 인심, 산수 중 가장 먼저 고려해야 하는 인자

② 수구, 야세, 산형, 토색, 수리, 조산조수 6가지 요소 설명

> ▶ **참고**
>
> ▶ **지리편의 주요 내용**
>
> **1** 수구
> ① 물어귀가 막힌 곳에 터잡기
> ② 탁 트인 들에 입지시 물의 방향과 반대로 터의 판국 막기
>
> **2** 야세
> ① 사방의 높은 산, 해의 출몰이 짧은 곳
> ② 북두칠성이 보이지 않는 곳 등 흉터
> ③ 높은 산중이라도 넓은 들을 보유한 곳
>
> **3** 산형
> ① 주산이 높고, 단정하며 맑고, 부드러운 산형
> ② 집터를 위요하는 형태
> ③ 산맥이 둔하고 약하거나 생기가 없고, 무너짐, 비뚤어짐, 기울어짐은 좋지 않음
>
> **4** 토색
> ① 모래흙
> ② 붉은 진흙, 검은 자갈밭, 누런 가루흙은 죽은 흙
>
> **5** 수리
> ① 땅속에 흐르는 물의 이치
> ② 물의 흐름이 지리형국에 맞게 분포
> ③ 물이 모이는 장소는 부유한 집과 명망 높은 마을 분포
>
> **6** 조산조수
> ① 배산임수 형국 으뜸
> ② 앞산이 멀면 맑고, 우뚝할 것, 가까우면 밝고, 깨끗할 것
> ③ 물의 흐름은 산맥과 방향이 같고 조화될 것

2) 생리

① 인적 · 물적 자원이 집중되어 교환이 용이한 장소

② 생활을 윤택하게 하기 위한 유리한 위치

③ 비옥한 토지, 곡물과 면화의 교역 위치, 해운과 하운의 요지 등 강조

3) 인심

① 자신과 자녀교육을 위해 지방풍습이 순후한 곳

② 세상 풍속이 아름다운 곳

③ 사대부의 경우 당색(黨色)이 더 중요

4) 산수

① 정신을 즐겁게 하고, 감정을 화창하게 하는 곳

② 아름다운 산수를 찾기 위해 국내 주요 산계와 수계 언급

▶▶ **참고**

▶ **택리지 주요 내용**

1 개념
① 조선시대 실학파 학풍의 대표적인 지리서
② 국내를 총체적으로 다룬 팔도총론, 도별지지
③ 주제별로 다룬 인문지리적 접근을 갖춘 지리지 효시

2 구성
① 팔역지, 동국산수록, 동국총화록 등의 필사본 多
② 사민총론, 팔도총론, 복거총론, 총론

3 사민총론(四民總論)
① 사농공상의 유래, 사대부의 역할과 사명
② 사대부가 지켜야 할 관혼상제

4 팔도총론(八道總論)
① 팔도 : 평안도 · 함경도 · 황해도 · 강원도 · 경상도 · 전라도 · 충청도 · 경기도
② 국내 산세와 위치를 중국의 고전 산해경을 인용하여 비교
③ 팔도의 위치와 역사적 배경 요약, 도별로 서술한 지지

5 복거총론(卜居總論)
① 책의 절반 분량 정도로 가장 많은 비중 차지
② 18세기 한국인이 가지고 있던 주거지 선호 기준 설명
③ 주거 선정 기준으로 지리, 생리, 인심, 산수 중요

2. 산림경제(홍만선)

- 농업과 일반생활 기반한 기술서적
- 4권, 4책, 16지로 구성

1) 복거의 문로조

① 똑바로 오는 길이 좋지 않다고 생각

  ㉠ 굴리고, 휘어지게

  ㉡ 전통저 설계기법에서 중요시한 것은 시선표적과 시각변화

② 시선표적

  ㉠ 건축을 공간예술에서 시각예술로 승화

  ㉡ 주변의 다른 물체보다 크거나 높은 것을 주로 이용

③ 시각변화

  ㉠ 길, 다리, 계단, 대문 등을 이용, 율동의 극적 효과

  ㉡ 외부공간 : 우리나라 건축의 가장 특이한 점(담의 문화 형성)

2) 복거의 방앗간조

① 주택에서 사신의 비호를 받는 땅은 길지

  ㉠ 좌(청룡) – 흐르는 물, 산언덕

  ㉡ 우(백호) – 긴 길, 둔덕

  ㉢ 북(현무) – 높은 진산

  ㉣ 남(주작) – 호수, 연못

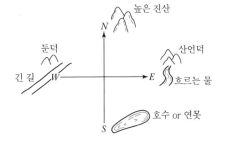

‖ 주택의 길지 ‖

② 이를 대체할 수 없는 경우 식재로 보완 가능

  ㉠ 좌(청룡) – 복숭아나무, 버드나무

  ㉡ 우(백호) – 치자나무, 느릅나무

  ㉢ 북(현무) – 살구나무, 벚나무

  ㉣ 남(주작) – 매화나무, 대추나무

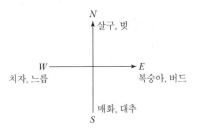

‖ 사신보완 식새 ‖

③ 집 앞 서쪽 언덕에 대나무 숲이 푸르면 재물운이 있음

④ 문 앞에 대추나무 두 그루, 당 앞에 석류나무가 있으면 길함

  → 제사용 수목으로 민가에서 식재 빈번, 열매 多(다산 의미)

⑤ 집마당 한가운데 나무를 심으면 한 달 내 천금의 재물이 흩어짐

3. 양화소록(강희안)

① 우리나라 최초의 원예전문서

② 정원식물 특성 및 기르는 법

③ 특히 연꽃에 대해서는 흰 것, 붉은 것 가릴 필요는 없으나

　㉠ 흰 것이 성하면 붉은 것이 쇠하니 간격을 두고, 갈라 심을 것

　㉡ 연못을 조성할 수 없는 공간에는 큰 독 두 개를 땅에 묻어 홍련, 백련 식재

> ▶ **참고**
>
> **▶ 양화소록(養花小綠) 화목구등품제**
> ① 풍수지리설이나 지식인들의 유교적 규범에 따라 의와 기의 식재 도입
> ② 비경제적 · 형이상학적 · 경제적 기준에 의거하여 식물의 등급 적용
> 　→ 구할 수 있는 식물 식재
>
> | 등급 | 기준 | 화목 |
> |:---:|:---:|:---|
> | 1 | 높은 운치 | 매화나무, 연꽃, 대나무, 소나무, 국화 |
> | 2 | 부귀 | 모란, 작약, 파초, 왜홍, 해류 |
> | 3 | 운치 | 치자나무, 사계화, 동백나무, 종려나무, 만년송 |
> | 4 | 운치 | 화리, 소철, 서향화, 포도, 유자나무 |
> | 5 | 화려 | 장미, 수양버들, 해당화, 복숭아나무, 석류나무 |
> | 6 | 화려 | 오동나무, 백일홍, 살구나무, 감나무, 두견화 |
> | 7 | 장점 | 단풍나무, 정향나무, 앵도나무, 목련, 배나무 |
> | 8 | 장점 | 무궁화, 석죽, 두충나무, 옥잠화, 봉선화 |
> | 9 | 장점 | 금전화, 전추라, 해바라기, 창잠, 화양목 |

4. 임원십육지(서유구)

① 농업백과사전

② 임원경제십육지, 임원경제지로도 불림

③ 장소, 방위에 따른 의와 기 식재방법 기술

④ 조경시방서 역할

　㉠ 예원지 : 화훼류 재배법, 재배시기

　㉡ 만학지 : 과실류, 과류, 목류, 초목잡류의 재배법

　㉢ 이운지 : 선비들의 취미생활(정원, 연못, 울타리 등 제작방법)

　㉣ 상택지 : 우리나라 지리 전반(집터)

Ⅲ 주택정원

1. 주택 일반내용

1) 최초의 정착주거

① 통일신라시대

② 움집이나 귀틀집 대신 땅 위에 제대로 지은 기와집과 초가집 등장

③ 나무로 짠 집의 형식, 목가구조방식 정착

2) 집의 구조

① 온돌과 마루의 조화

② 바닥에 구들을 놓은 방이 주가 되는 대륙성 저상식 온돌(겨울)

③ 지면으로부터 약간 띄운 위치에 마루가 주가 되는 해양성 고상식 마루(여름)

　→ 계절의 변화에 대비하는 지혜!

3) 집의 배치

① 일(一)자형

　㉠ 남북방향으로 길게 배치

　㉡ 장방형, 정방형으로 짜여진 건물과 마당이 두 개 연접할 때

② 전(田)자형

　㉠ 동서방향으로 길게 배치

　㉡ 동쪽에 사랑채, 서쪽에 안채를 두는 방식

　㉢ 경사가 심하여 등고선과 평행한 방향으로 집터를 닦는 경우

　㉣ 농촌의 주택이나 큰 저택에 적합

　　→ 안채와 사랑채 모두 집 밖의 세계와 출입 가능

> ▶▶ 참고
>
> ▶ 인원신육지
> ① 남북으로 길고, 동서가 좁은 일자형이 더 좋은 것
> ② 뒤쪽의 경사가 완만해야 주택의 환경에 더 좋기 때문

2. 전통사상

1) 유교사상

① 남녀의 구분 : 안채, 사랑채

② 신분의 구분 : 단청의 유무, 담장의 높이, 칸 수, 돌의 종류

③ 서열의 구분 : 방의 크기, 위치

2) 풍수지리사상

① **양택, 음택** → 부족 시 보완(비보와 엽승)

　㉠ 배산임수 지역 내 주거 입지

　㉡ 산능성이 입지 시 높은 곳에 서열이 높은 집안 위치

② **향 : 남향, 동향, 서향** → 동향 중시

　㉠ 태양이 떠오르는 방위

　㉡ 집안 어른 남자의 공간배치

PLUS ➕ 개념플러스

양택의 3요결 : 배산임수, 전저후고, 전착후관

3. 99칸 집의 구성

1) 6. 6. 12

① 6채 6마당 12대문집

② 6채 건물로 구성(사당채, 사랑채, 안채, 행랑채, 별당채, 고방채)

③ 6채의 담에 둘러싸인 마당 － 여섯 마당 집(우리나라 고유양식)

④ 각 마당 내 평균적으로 양쪽의 2개 문 － 열두 대문 집

　→ 건물과 마당이 하나의 짝을 이루면서 단위공간 형성

2) 마당

① 바깥마당 : 대문 밖, 평범한 공간, 방지 有

② 행랑채 + 행랑마당

　㉠ 대문을 열고 처음 들어서는 공간

ⓛ 번잡한 공간으로 별다른 조경× (하인들이 주로 생활)

ⓒ 풍수설에서 중문 앞에 괴목이 있으면 3대에 걸쳐 정승이 나옴

　　→ 회화나무(학자수), 느티나무 식재

③ 안채 + 안마당

　ⓐ 여주인의 일상적 공간, 침실

　ⓑ 가장을 제외한 금남의 공간

　ⓒ 대청 – 안방과 건넌방(며느리방) 사이 위치, 거실 역할

　ⓓ 별당 – 여성 사용 시(안방 용도), 바깥주인 사용 시(사랑방 용도)

　ⓔ 안마당

　　• 극도로 폐쇄된 공간(ㅡ < ㄷ < ㅁ자형으로 갈수록 ↑)

　　• 실용적 공간(텃밭, 고추 말리기)

　　• 안사람 중심의 가사활동에 관련되는 작업이 이루어짐

　　• 공간 협소 – 가리는 목적 이외에 큰 나무 식재 금지

④ 사랑채 + 사랑마당

　ⓐ 사랑채의 중심이 되는 사랑방은 바깥주인의 일상적 공간

　ⓑ 대청(여름철 시원한 거처, 마루)

　ⓒ 누마루(권위와 위엄의 상징적 공간, 서고가 있기도 함)

　ⓓ 사랑마당

　　• 어떤 형태로든 정원 형성, 본격적인 조경 형태가 나타남

　　• 공간이 넓을 경우 연못 조성

　　• 좁을 경우 장대석을 이용하여 50~60cm 높이의 화단 형성

　　　→ 초화, 낙엽수를 심어 단풍이나 꽃감상

　　　→ 사군자, 사절우 식재하여 선비의 절개 상징

⑤ 후원

　ⓐ 건물의 뒤쪽을 의미하는 것이 아니라 부속된, 부차된 공간이라는 뜻

　　→ 위치나 방위상 결정되는 것은 아님

　ⓑ 기화진수는 피하고 자생수 꽃나무 식재, 채원 조성

　ⓒ 생기 · 활기가 넘치지만 사람이 없을 때는 정적이고 유연한 분위기

- 성격 비슷
- 서원 : 사학교육기관(서당, 정사)
- 향교 : 공공교육기관

I 시대별 변천사

1. 삼국시대

1) 고구려

① 사학교육기간이 있었는지 문헌상으로 확실하지 않음

② 공공기관 소수림왕

ㄱ 태학(수도) : 미혼의 자재를 뽑아 글을 가르치고 무예를 연마시키던 기관

ㄴ 경당(지방) : 지방의 촌락에까지 분포

2) 백제

일본에 박사들을 유학 보낸 것으로 봐서 교육기관이 있었을 것으로 유추

3) 신라

① 화랑도(관학 · 사학 성격)

② 서원은 확실치 않음

2. 고려시대

1) 관학

국자감, 향교, 동서학당, 오부학당

2) 사학

① 십이도 : 최충(무신의 난 ; 100일 천하)이 관직에서 물러나면서 세움

→ 국자감 버금가는 고등 교육기관

② 서당 : 서민계급 자제 수용, 교육

→ 조선시대 계승

3. 조선시대

1) 관학

① 향교 : 성균관, 사부학당, 지방의 향교

② 성균관 : 조선시대 최고의 교육기관, 경술과 무예

③ 지방의 향교

    ㉠ 태조 때부터, 서울의 사학 수준

    ㉡ 소과 → 생원, 진사 → 성균관 자격 취득

2) 사학

① 서원, 서당, 정사 有

② 서당 : 초기 과거시험 → 점차 초등교육기관으로 변모

③ 정사 : 명망 높은 분이 산수 좋은 곳에 은거하면서 교육하는 곳

④ 서원

    ㉠ 세종 때부터 세워짐

    ㉡ 단순 자재 교육장소

    ㉢ 선현의 신위를 모시지는 않음

    ㉣ 최초 사원 : 주세붕의 백운동 서당(사학＋사묘)

    ㉤ 사액서원 : 퇴계의 소수사원

▶ 참고

> ➤ 세계유산 잠정목록에 등재된 서원
> 1. 돈암서원(충남 논산) : 김장생
> 2. 도동서원(대구 달성) : 김굉필
> 3. 남계서원(경남 함양) : 정여창
> 4. 소수서원(경북 영주) : 주세붕이 안향 배향, 최초의 사액서원
> 5. 옥산서원(경북 경주) : 이제민과 이언적
> 6. 도산서원(경북 안동) : 퇴계 이황
> 7. 병산서원(경북 안동) : 류성룡과 류신, 붕악서낭을 모체로 건립
> 8. 필암서원(전남 장성) : 김인후
> 9. 무성서원(전북 정읍) : 최치원

Ⅱ 입지환경

1. 공통점

① 사상 : 풍수지리사상, 종교사상, 유교사상

② 배산임수의 명당지 위치

③ 뛰어난 자연환경과 좋은 교육환경 : 고려 말 객사로 많이 이용

2. 차이점

구분	서원	향교
문화권	유교문화권 형성 → 종가, 정자	유교문화권 형성 → 지방의 독특한 제도적 교육 형식 → 지방의 권위적인 상징물
위치	읍에서 원거리 위치(5리 이상)	시 중심에서 5리 안팎
입지	선현과 인연이 깊은 곳	경치가 좋고 한적한 곳
건물배치	전학후묘 문 → 강당 → 사당 순	전묘후학 문 → 사당 → 강당 순

서원	향교
사당(대성전) / 서무 ─ 동무 / 강당(명륜당) / 서제 ─ 동제 / 문	강당(명륜당) / 서제 ─ 동제 / 사당(대성전) / 서무 ─ 동무 / 문

PLUS ➕ 개념플러스

서원을 구성하는 건축물과 그에 따른 기능

Ⅲ 누와 정

1. 공통점

서원과 향교의 변천사와 비슷

① 서원과 향교가 많아짐에 따라 → 누와 정 조성공간이 늘어남

② 붕당정치 활발 → 누와 정 개수 증가

③ 서원철폐령 → 누와 정 개수 감소

▶▶ 참고

➤ 서원배치 및 변화과정

구분	내용
1기	학문연구에 맞게 건축계획(강학공간 비율↑) 16C 후반 서원건축은 초기와 달리 일정유형이 존재 공간의 분화 및 계층적 질서가 자연스럽게 이루어짐
2기	서원의 증가, 교육적 기능 → 추모기능
3기	대원군의 서원철폐령(전국 47개만 존립) 기능면에서 제향공간, 교육기능은 명목상 유지

2. 차이점

구분	누	정
입지	공공적, 군사적, 관내에 설치	개인적, 휴식, 아무데나 설치
성격	연회, 군사, 감시, 모임(대규모)	경치(감상용), 휴식, 모임(소규모)
이용자	공공기관	남녀노소
규모	2층(계단 이용) 1층 : 문의 성격, 2층 : 관망	1층으로 된 고상식 마루
형태	장방형	사각(애련정), 부채꼴(관람정) 아형(부용정), 육각형(향원정), 청의정(초정), 팔각형(죽국품)
단청의 유무	○	궁 ○ / 민가×
설치위치	궁궐, 도성(방화수류정), 관아, 서원, 사찰	강, 계곡, 산마루, 못 주위, 못 안, 집안
글자	光, 風, 觀, 望 (널리 이롭게 하라는 뜻)	愛, 松 (군자의 도)

05 별서

I 개념

① 별장 : 농장에 지어 놓은 건축물, 농사철에 와서 지냄
② 별업 : 선영 아래 한가롭게 지낼 거처로 꽃과 나무 배치
③ 별서는 별업의 개념과 유사
④ 조영목적에 따라 별서원림, 별서정원, 별서서원 등으로 명칭

II 별서

1. 담양 독수정원림

1) 조영배경

고려 말 전신민이 이성계가 조선을 건국하자 두 임금을 섬길 수 없다 하여 숨어 살기 위해 세운 곳

2) 주 건축물

독수정 : 3×3 팔작지붕

3) 주변 원림

① 진입로 : 회화나무, 배롱나무 등의 노거수
② 정자 앞 : 배롱나무, 매화나무 등
③ 고려시대 유행했던 산수원림 기법 도입

2. 담양 명옥헌

1) 조영배경

기존 오희도가 광해군의 정치를 개탄하며 조성한 곳
→ 넷째 아들인 오이정이 벼슬할 뜻을 버리고 은거하면서 지은 정자

2) 주 건축물(명옥헌)

① "명옥"은 계류에 흐르는 물소리가 구슬이 구르고 깨지는 소리 같다 하여 명칭

② 3×2 홑처마 팔작지붕

③ 가운뎃방, 주변을 우물마루로 배치 → 사방이 트일 수 있게

3) 주변 조경

① 전면 : 소나무, 향나무, 측백나무, 매화나무, 은행나무, 배롱나무

　→ 향나무, 측백나무, 은행나무는 최근 식재, 주변과 이질감

② 동쪽 : 배롱나무 군식

③ 서쪽 : 느티나무, 팽나무, 회화나무, 벽오동

④ 동남쪽 : 장방형 상지, 서북쪽 : 사다리꼴 하지

　→ 섬 내 배롱나무, 못 가 배롱나무, 소나무 식재

3. 담양 소쇄원

1) 조영배경

① 기묘사화로 스승 조광조가 화를 입자 출세의 꿈을 버리고 조영

② 일동지삼승 : 식영정(김성원) + 환벽당(정철) + 소쇄원

③ 소쇄옹 양산보의 조촐한 집이라는 뜻 → 소쇄 : 깨끗하고 시원함을 의미

> **PLUS ＋ 개념플러스**
>
> 조선시대 4대 사화 : 무오사화, 갑자사화, 기묘사화, 을사사화

2) 주 건축물

① 대봉대

　㉠ 봉황을 기다리는 누대, 사모정자 → 봉황처럼 소중한 손님을 기다려 맞이한다는 의미

　㉡ 봉황새가 둥지를 틀고 산다는 벽오동나무, 먹이식물로 대나무 식재

② 애양단

　㉠ 겨울철에도 따뜻한 햇빛 누림 → 겨울북풍을 막기 위해 조영

　㉡ 부모에게 효를 나한나는 뜻

　㉢ 소쇄원 지네형국 → 강한 기를 누르기 위한 방편(엽승)

③ 오곡문

　　㉠ 계곡물이 다섯 번 굽이쳐 흘러가는 문

　　㉡ 오곡문을 지나 상지와 하지로 물이 흘러감

④ 매대

　　㉠ 우리나라 최초의 직선화계

　　㉡ 뒷 담 "소쇄처사 양공지려" 송시열 글씨 → 양산보의 조촐한 집으로 문패 역할

⑤ 광풍각

　　㉠ 3×1 팔작지붕, 사랑방 기능의 공간

　　㉡ 시냇물이 흐르는 계곡 가까이 위치

　　㉢ 뒷산(복사동산) : 도연명의 무릉도원 재현

⑥ 제월당

　　㉠ 3×2 팔작지붕, 주인이 거처하며 조용히 책을 읽는 정사

　　㉡ 소쇄원의 가장 높은 곳에 위치

　　㉢ 광풍과 제월의 명칭 : 주돈이의 인물됨을 칭하는 말에서 유래

⑦ 고암정사와 부훤당

　　㉠ 제월당 옆 공지가 옛터

　　㉡ 학생들의 공부장소

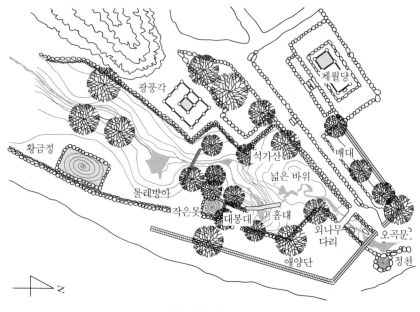

‖ 소쇄원 배치도 ‖

4. 남원 광한루

1) 조영배경

① 조선시대 황희가 남원 유배시절 광통루를 세우고 산수를 즐기던 곳

→ 1444년 정인지가 광한루라 개명

② 1582년 부사 장의국과 정철에 의해 재건

㉠ 하천을 크게 넓혀 평호 조성

㉡ 오작교를 축조하여 은하수 상징

㉢ 못 내에 세 개의 섬 축조

③ 인조 4년(1626) 부사 신감 → 정유재란으로 황폐화된 광한루 중수

④ 정조 18년(1794) 영주각 복원, 1964년 방장정 건립

2) 주 건축물

① 광한루 : 2층으로 구성된 누마루, 연못에 면하여 남향 배치

② 방장정 : 오작교 측 서쪽섬 내 위치, 육각형 정자

3) 주변 조경

① 연지

㉠ 광한루 남쪽 은하 상징

㉡ 동서 약 98m, 남북 약 58m

㉢ 서쪽부 남북으로 연결된 오작교 위치

㉣ 못 내 ∴형 삼도 배치

② 오작교

㉠ 4개의 홍예를 짜 연결한 홍예교

㉡ 길이 약 58m, 폭 2.4m

㉢ 원래 남원읍성 남문으로 통하는 석교

> ▶▶ **참고**
>
> 광한루 복원과 관련된 문제점 정리
> • 규모, 못의 선형, 다리 등 모두 잘못 고증되어 복원됨

5. 안동 도산서당

1) 조영배경

① 퇴계 이황이 건강이 악화되자 토지를 마련하고 5년간에 걸쳐 조영

② 도산서당(퇴계가 거처하는 주거공간)＋농운정사(후학들을 가르치는 강당) 조영

2) 주 건축물

① 도산서당

㉠ 3×1 민도리집(홑처마, 맞배지붕)

㉡ 골방 딸린 부엌(서쪽), 완락재(중앙의 온돌방), 암서헌(동쪽 대청마루)

> ▶ **참고**
>
> ➤ **완락재 명칭**
> 중국 주자가 쓴 명당실기
> '놀고 즐기니 내 인생을 여기에다 만족하며 살더라도 싫지 않겠다.'

② 농운정사

㉠ 工자형 평면구성 → 부수고 깨는 의미 강조

• 심체공부를 존중하는 퇴계선생의 정신 반영

㉡ 학도들의 강의실

• 시습재(공부방)

• 지숙료(잠자는 방)

• 관란헌(경관감상 및 심신수양)

3) 도산잡영

① 정우당

㉠ 서당의 동쪽으로 치우친 곳에 작은 연못 조성

㉡ 깨끗한 벗

② 몽천 : 그 동쪽에 샘물 배치

③ 절우사(사절우)

㉠ 샘 위 산기슭에 평평한 단 쌓음

㉡ 매화나무, 대나무, 소나무, 국화 식재

㉢ 선비의 절개를 나타내는 4개의 벗

㉣ 동쪽 울타리에 국화 식재

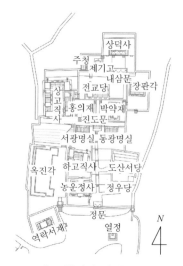

┃ 도산서당 배치도 ┃

6. 영양 경정서석지원

1) 조영배경

정영방은 성균관 진사에 합격하였으나 벼슬을 하지 않고, 학문과 제자 양성에 힘씀

2) 주 건축물

① 주일제

ㄱ 못의 북동편, 3칸 홑처마 맛배집

ㄴ 주인이 거처하는 방

② 경정

ㄱ 못의 북서편, 4×2

ㄴ 강론과 휴식을 취하는 방

3) 주변 조경

① 사우단

ㄱ 못과 주일제 사이

ㄴ 소나무, 대나무, 매화나무, 국화

ㄷ 절개와 지조 상징

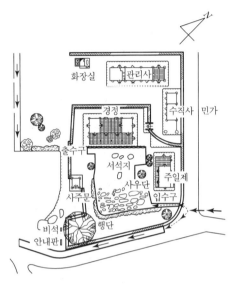

‖ 경정서석지원 배치도 ‖

② 서석지

ㄱ 연꽃이 심겨져 있는 방지, ㄷ자형 돌출

ㄴ 입수구(읍청거) : 산에서 끌어오는 유입수 도랑

ㄷ 출수구(토예거) : 물이 흘러나가게 무너미 도랑

ㄹ 석영맥 발달 → 하늘, 땅, 동물, 꽃, 신선 등 명칭 부여

ㅁ 못 둑(영귀제), 행단(약 400년 된 은행나무)

▶ **참고**

➤ **경정잡영 19종**

경정 밑의 열석(옥정대), 그 북쪽의 세 돌(상경석), 동쪽돌(낙성석), 사우단 앞의 돌(조천촉)
동편 수중석(수륜석, 어상석, 봉운석, 선유석, 쇄설강, 탁영석, 와용암, 희접암, 분수석,
통진고, 난가암, 관란석, 화예석, 기평석, 상운석)

7. 보길도 부용동원림

1) 조영배경

① 병자호란 삼전도 굴욕에 윤선도는 세상을 등지고 숨어 살기를 자청

② 제주도로 가던 중 보길도 지세에 도취되어 머물러 터를 잡음

2) 원림 구성

① **누정공간**(세연정 일원)

ㄱ) 세연정

- 세연지 중앙에 위치한 정방형 정자

- 사방으로 경관을 감상하는 데 용이한 구조

ㄴ) 세연지

- 방지방도

- 계담 + 인공적인 방지 = 약 3,000평

- 동쪽 못가에는 돌을 쌓아 올려 두 개의 네모 단

　→ 동대와 서대

- 개울에 보(판석보)를 막아 논에 물을 대는 원리로 조성

- 입수구(터널식), 수출구(무너미시설) → 일정 수면 유지

┃ **세연지 평면도** ┃

② **주거공간**(낙서재 일원)

ㄱ) 초가집이었으나 후손에 의해 기와집으로 개축, 현재는 터만 남음

ㄴ) 낙서재 남쪽 무민당(잠자는 방)

③ 선계공간(동천석실 일원)

㉠ 동천석실 : 방형 돌정자, 현재 복원

• 동천 : 산천의 경치 좋은 곳, 신선이 사는 곳, 하늘로 통하는 길

• 석실 : 석조로 된 거실, 산중에 은거하는 방이나 책 보관장소

㉡ 석제, 석문, 석담, 석천, 석폭, 석대, 희황교 등

→ 모양과 기능에 따라 자연암석과 계곡부에 명칭 부여

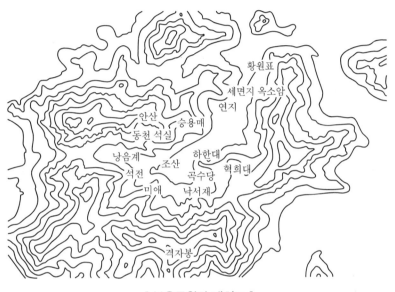

┃ 부용동원림 배치도 ┃

▶▶ **참고**

➤ **별서의 지역적 입지**

1 공통점

일반적으로 수려한 산수의 자연경관을 갖춘 깊숙한 곳에 위치

2 차이점

① 경상도 별서

• 담장으로 둘러싼 네모의 공간 속에 거의 여백을 두지 않고 못으로 채움

• 정원(Yard, Garden)적인 성격이 강하고, 폐쇄적인 분위기 연출

예 도산서당, 경정서식지원, 화환정 국담원

② 전라도 별서

• 연못이 조경의 일부로서 적용

• 자연과 경계를 이루는 담장이 없어 개방적 분위기

예 소쇄원, 광한루, 독수정 원림

• 조선시대 기준

Ⅰ 명칭

① 능 : 추존왕, 추존왕비를 포함한 왕과 왕비의 무덤

② 원 : 왕세자와 왕세자비, 왕의 사친 무덤

　→ 사친 : 종실로서 임금의 자리에 오른 임금의 생가 어버이

③ 묘 : 왕족(대군, 공주, 군과 옹주, 후궁, 귀인), 폐왕의 무덤

④ 현재 온전하게 남아 있는 서울 근교의 왕릉은 40기, 원 13기

Ⅱ 입지

1. 조선왕릉 분포

① 서울 시내 : 정릉, 선릉, 태릉

② 동구릉 : 건원릉, 현릉, 목릉, 휘릉, 숭릉, 혜릉, 원릉, 수릉, 경릉

③ 서오릉 : 경릉, 창릉, 익릉, 명릉, 홍릉

④ 서삼릉 : 희릉, 효릉, 예릉

‖ 조선왕릉 분포도 ‖

✽ 조선왕릉 리스트

사적명	지정번호	능호
구리 동구릉	사적 제193호	건원릉(제1대 태조) / 현릉(제5대 문종, 현덕왕후 권씨) 목릉(제14대 선조, 원비 의인왕후 박씨, 계비 인목왕후 김씨) 휘릉(제16대 인조계비 장렬왕후 조씨) 숭릉(제18대 현종, 명성왕후 김씨) 혜릉(제20대 경종원비 단의왕후 심씨) 원릉(제21대 영조, 계비 정순왕후 김씨) 수릉(추존 문조, 신정황후 조씨) 경릉(제24대 헌종, 원비 효현황후 김씨, 계비 효정황후 홍씨)
남양주 광릉	사적 제197호	광릉(제7대 세조, 정희왕후 윤씨)
남양주 홍릉과 유릉	사적 제207호	홍릉(대한제국 1대 고종, 명성황후 민씨) 유릉(대한제국 2대 순종, 원후 순명황후 민씨, 계후 순정황후 윤씨)
남양주 사릉	사적 제209호	사릉(제6대 단종비 정순왕후 송씨)
서울 태릉과 강릉	사적 제201호	태릉(제11대 중종2계비 문정왕후 윤씨) 강릉(제13대 명종, 인순왕후 심씨)
서울 정릉	사적 제208호	정릉(제1대 태조계비 신덕왕후 강씨)
서울 의릉	사적 제204호	의릉(제20대 경종, 계비 선의왕후 어씨)
서울 선릉과 정릉	사적 제199호	선릉(제9대 성종, 계비 정현왕후 윤씨) / 정릉(제11대 중종)
서울 헌릉과 인릉	사적 제194호	헌릉(제3대 태종, 원경왕후 민씨) 인릉(제23대 순조, 순원황후 김씨)
고양 서오릉	사적 제198호	경릉(추존 덕종, 소혜왕후 한씨) 창릉(제8대 예종, 계비 안순왕후 한씨) 명릉(제19대 숙종, 1계비 인현왕후 민씨, 2계비 인원왕후 김씨) 익릉(제19대 숙종원비 인경왕후 김씨) 홍릉(제21대 영조원비 정성왕후 서씨)
고양 서삼릉	사적 제200호	희릉(제11대 중종계비 장경왕후 윤씨) 효릉(제12대 인종, 인성왕후 박씨) 예릉(제25대 철종, 철인황후 김씨)
양주 온릉	사적 제210호	온릉(제11대 중종원비 단경왕후 신씨)
화성 융릉과 건릉	사적 제206호	융릉(추존 장조, 헌경황후 홍씨) 건릉(제22대 정조, 효의황후 김씨)
파주 삼릉	사적 제205호	공릉(제8대 예종원비 장순왕후 한씨) 순릉(제9대 성종원비 공혜왕후 한씨) 영릉(추존 진종, 효순황후 조씨)
파주 장릉	사적 제203호	장릉(제16대 인조, 원비 인렬왕후 한씨)
김포 장릉	사적 제202호	장릉(추존 원종, 인헌왕후 구씨)
여주 영릉과 영릉	사적 제195호	영릉(제4대 세종, 소헌왕후 심씨) / 영릉(제17대 효종, 인선왕후 장씨)
영월 장릉	사적 제196호	장릉(제6대 단종)

2. 왕릉의 입지조건

1) 풍수사상 기초

① 조선 왕실과 국가의 번영을 위해 자연지형을 고려한 터 선정

 ㉠ 지형을 거스르지 않는 원칙 고수

 ㉡ 자연친화적인 크기나 구성

 ㉢ 주변 경관과 잘 어울리는 특징

② 한양 주변의 한강기준 한북정맥과 한남정맥을 중심으로 택지

 ㉠ 배산임수 지형을 갖춘 곳

 ㉡ 사신(좌청룡, 우백호, 남주작, 북현무)의 보호를 받는 곳

③ 임금의 시신은 혈처에 위치

 ㉠ 혈처는 땅의 기운이 집중되어 있는 곳

 ㉡ 비산비야(非山非野)의 자리에 입지 → 고려왕릉과의 차이점

2) 도성과 가까운 입지

접근성이 중요한 입지조건

→ 후왕들이 선왕의 능을 자주 참배하고자 하는 효심의 실천

▶▶ **참고**

➤ **묘지의 풍수**

1 보급

 ① 한국에서의 묘지풍수는 유교진흥

 ② 유교를 가장 중시한 조선시대 때 일반적으로 보급

2 묘지풍수가 중점을 이룬 이유

 ① 중국에서 수입한 풍수서의 영향

 ② 불교의 영향

  • 숭유억불정책으로 사회적으로 승려 냉대

  • 개인적인 묘지풍수로 치우침

 ③ 사자나 묘지에 대한 관념이나 신앙을 풍수로 받아들임

 ④ 묘지는 후손을 이롭게 한다는 신념

Ⅲ 왕릉의 형식

1. 단릉

① 왕과 왕비의 봉분을 조성한 단독형태

② 건원릉, 정릉, 장릉 등 15기

‖ 단릉 ‖

2. 쌍릉

① 평평하게 조성된 언덕에 위치

② 하나의 곡장으로 둘러진 공간에 왕과 왕비의 봉분 배치

　　→ 우왕좌비(右王左妃 ; 오른쪽 왕, 왼쪽 왕비)

③ 후릉, 효릉, 강릉 등 10기

‖ 쌍릉 ‖

3. 합장릉

① 왕과 왕비를 하나의 봉분에 합장하고 상설한 형태 → 최초 영릉

② 왕, 원비, 계비를 하나의 봉분에 합장한 동봉삼실 릉 → 유릉

③ 인릉, 수릉, 홍릉 등 7기

‖ 합장릉 ‖

4. 동원이강릉

① 하나의 정자각 뒤로 다른 줄기 언덕에 별도 봉분과 상설 배치

② 광릉, 경릉, 창릉 등 5기

‖ 동원이강릉 ‖

5. 동원상하릉

① 왕과 왕비의 능이 같은 언덕 왕상하비(王上下妃)의 형태로 배치

② 곡장은 왕의 능침공간에만 설치

③ 영릉, 의릉 2기

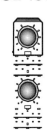

‖ 동원상하릉 ‖

6. 삼연릉

① 한 언덕에 왕, 왕비, 계비 세 봉분을 나란히 배치

② 하나의 곡장으로 둘러싸임

③ 우왕좌비(右王左妃) 원칙에 따라 왕의 봉분 좌측

　　→ 중국은 왕의 봉분 가운데 배치

④ 경릉 유일

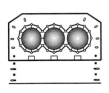

‖ 삼연릉 ‖

＊ 조선왕릉의 형식

대	능명	능주	조성 연대	형태
1	건원릉(健元陵)	제1대 태조고황제	1408년	단릉
	제릉(齊陵)	제1대 태조 원비 신의고황후	1391년 1392년(봉릉)	단릉
	정릉(貞陵)	제1대 태조 계비 신덕고황후	1409년(이장)	단릉
2	후릉(厚陵)	제2대 정종과 정안왕후	왕:1420년 / 비:1412년	쌍릉
3	헌릉(獻陵)	제3대 태종과 원경왕후	왕:1422년 / 비:1420년	쌍릉
4	영릉(英陵)	제4대 세종과 소헌왕후	1469년(이장)	합장릉
5	현릉(顯陵)	제5대 문종과 현덕왕후	왕:1452년 / 비:1513년(이장)	동원이강릉
6	장릉(莊陵)	제6대 단종	1698년(봉릉)	단릉
	사릉(思陵)	제6대 단종비 정순왕후	1531년 1698년(봉릉)	단릉
7	광릉(光陵)	제7대 세조와 정희왕후	왕:1468년 / 비:1483년	동원이강릉
추존	경릉(敬陵)	추존 덕종과 소혜왕후	왕:1457년 / 비:1504년	동원이강릉
8	창릉(昌陵)	제8대 예종과 계비 안순왕후	왕:1470년 / 비:1499년	동원이강릉
	공릉(恭陵)	제8대 예종 원비 장순왕후	1461년 1471년(봉릉)	단릉
9	선릉(宣陵)	제9대 성종과 계비 정현왕후	왕:1495년 / 비:1530년	동원이강릉
	순릉(順陵)	제9대 성종 원비 공혜왕후	1474년	단릉
10	연산군묘	제10대 연산군과 거창군부인	왕:1512년(이장) / 비:1537년	쌍분
11	정릉(靖陵)	제11대 중종	1562년(이장)	단릉
	온릉(溫陵)	제11대 중종 원비 단경왕후	1557년 1739년(봉릉)	단릉
	희릉(禧陵)	제11대 중종1계비 장경왕후	1537년(이장)	단릉
	태릉(泰陵)	제11대 중종2계비 문정왕후	1565년	단릉
12	효릉(孝陵)	제12대 인종과 인성왕후	왕:1545년 / 비:1578년	쌍릉
13	강릉(康陵)	제13대 명종과 인순왕후	왕:1567년 / 비:1575년	쌍릉
14	목릉(穆陵)	제14대 선조와 원비 의인왕후, 계비 인목왕후	왕:1630년(이장) / 원비:1600년 계비:1632년	동원이강릉
15	광해군 묘	제15대 광해군과 문성군부인	왕:1641년 / 비:1623년	쌍분
추존	장릉(章陵)	추존 원종과 인헌왕후	왕:1627(이장) / 비:16261632년(봉릉)	쌍릉

대	능명	능주	조성 연대	형태
16	장릉(長陵)	제16대 인조와 원비 인렬왕후	1731년(이장)	합장릉
	휘릉(徽陵)	제16대 인조 계비 장렬왕후	1688년	단릉
17	영릉(寧陵)	제17대 효종과 인선왕후	왕:1673년(이장) / 비:1674년	동원상하릉
18	숭릉(崇陵)	제18대 현종과 명성왕후	왕:1674년 / 비:1684년	쌍릉
19	명릉(明陵)	제19대 숙종과 1계비 인현왕후, 2계비 인원왕후	왕:1720년 1계비:1701년 2계비:1757년	동원이강릉
	익릉(翼陵)	제19대 숙종 원비 인경왕후	1680년	단릉
20	의릉(懿陵)	제20대 경종과 계비 선의왕후	왕:1724년 / 비:1730년	동원상하릉
	혜릉(惠陵)	제20대 경종 원비 단의왕후	1718년 1720년(봉릉)	단릉
21	원릉(元陵)	제21대 영조와 계비 정순왕후	왕:1776년 / 비:1805년	쌍릉
	홍릉(弘陵)	제21대 영조 원비 정성왕후	1757년	단릉
추존	영릉(永陵)	추존 진종소황제와 효순소황후	왕:1728년 / 비:1751년 1776년(봉릉)	쌍릉
추존	융릉(隆陵)	추존 장조의황제와 헌경의황후	왕:1789년(이장) / 비:1815년 1899년(봉릉)	합장릉
22	건릉(健陵)	제22대 정조선황제와 효의선황후	왕:1821년(이장) / 비:1821년	합장릉
23	인릉(仁陵)	제23대 순조숙황제와 순원숙황후	왕:1856년(이장) / 비:1857년	합장릉
추존	수릉(綏陵)	추존 문조익황제와 신정익황후	왕:1855년(이장) / 비:1890년	합장릉
24	경릉(景陵)	제24대 헌종성황제와 원비 효현성황후와 계비 효정성황후	왕:1849년 원비:1843년 / 계비:1904년	삼연릉
25	예릉(睿陵)	제25대 철종장황제와 철인장황후	왕:1864년 / 비:1878년	쌍릉
26	홍릉(洪陵)	대한제국 1대 고종태황제와 명성태황후	제:1919년 후:1919년(이장)	합장릉
27	유릉(裕陵)	대한제국 2대 순종효황제와 원후 순명효황후와 계후 순정효황후	제:1926년 원후:1926년(이장) 계후:1966년	합장릉

PLUS ➕ 개념플러스

현인릉, 광릉, 서삼릉, 홍유릉의 조영적 차이점

Ⅳ 왕릉의 공간구성

1. 진입공간(능역의 시작공간)

① 관리자의 거처공간, 제향준비공간(재실), 외홍살문

② 능침공간을 보호하기 위한 풍부한 수목식재

③ 지당

ㄱ 풍수적 비보

ㄴ 참배자의 휴식

ㄷ 능역의 수리관리

ㄹ 산불방지 등

④ 금천교

ㄱ 금천 : 건너가는 것을 금하는 시내

ㄴ 금천교 건너편은 임금의 혼령이 머무는 신성한 영역 상징

2. 제향공간(산 자와 죽은 자의 만남의 공간)

① 정자각을 중심으로 제사를 지내는 공간

② 내홍살문

ㄱ 신성한 지역임을 알리는 문

ㄴ 참배자에게 제향의식이 본격적으로 시작되는 시점

③ 판위

ㄱ 홍살문 옆 돌을 깔아놓은 지점

ㄴ 참배자가 능주를 향해 절을 하는 곳

④ 신도와 어도

ㄱ 신도 : 혼령이 이용하는 길

ㄴ 어도 : 왕이 사용하는 길

⑤ 예감 & 소전대

ㄱ 축문을 소각시키는 시설물

ㄴ 바닥에 방전을 깔고 석계를 덮거나 송판뚜껑을 만들어 잠금

⑥ 산신석

　　㉠ 산을 주관하는 신에게 예를 올리는 자리

　　㉡ 인간에게 자리를 내어 준 것에 감사하는 예 표시

3. 능침공간(죽은 자의 공간)

① 봉분이 있는 왕릉의 핵심공간

② 봉분 좌우, 뒷면 3면 곡장,
　그 주변 소나무 위요식재

③ 제1단 : 상계(上階)

　　㉠ 봉분, 둘레 하단 12각으로
　　　구성된 병풍석

　　　→ 장식과 보호

　　㉡ 난간석(석주, 동자석주, 죽석)

　　㉢ 난간석 바깥으로 2쌍 or
　　　4쌍의 석호와 석양 배치

　　㉣ 봉분 앞 혼유석, 좌우 망주석

④ 제2단 : 중계(中階)

　　㉠ 장명등 : 불을 밝히는 목적

　　㉡ 그 좌우 문석인 1쌍 대칭적
　　　배치

　　㉢ 뒤나 옆 석마 한 필

⑤ 제3단 : 하계(下階)

　　㉠ 무인석 1쌍, 말 1쌍

　　㉡ 영조의 원릉부터 중계와
　　　하계의 구분이 없어짐

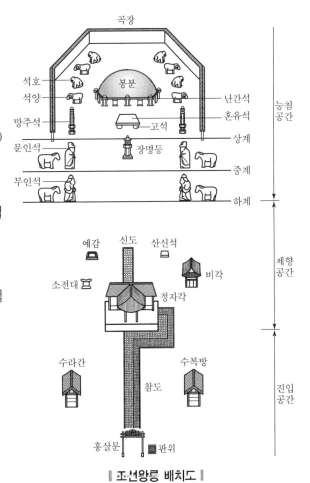

‖ 조선왕릉 배치도 ‖

V 왕릉의 석물

1. 사상

구분	특성
유교사상	• 문무석의 배치 • 남성 중심적인 경향(대부분의 동물과 인물이 남성상)
불교사상	• 장명등(사찰에서 중요한 역할을 하는 석등) • 세부조각 연꽃장식, 영탁과 영저(불구 ; 佛具) → 불교의 내세관
도교사상	• 석양과 석호 교차배치(음양사상 반영) • 태극문양, 병풍석의 12지신상, 구름문양 반복표현

2. 가치

구분	특성
배치	• 잔디 언덕 위에 조각을 배치하여 자연경관과 조화 • 모든 조각을 봉분 주변에 집중시켜 화려한 공간 구성 • 모든 배치와 조각을 대칭 구도로 하여 엄숙함 강조 • 석수를 바깥으로 향하게 배치하여 봉분수호 의미 강조
고유장식	• 병풍석과 난간석 조각으로 잔디 봉분 장식 • 12지신상 부조를 인신수관의 형태로 병풍석에 장식 • 독특한 망주석 형태로 봉분 앞 설치 • 망주석에 세호 장식
예술성	• 오랜 세월 이미지 반복을 통한 형식 창출 • 화강석의 색상과 질감으로 은은하며 신비한 분위기 창출 • 머리를 크게 과장한 인체조각으로 능묘의 수호신상 성격 부여 • 과감한 단순화와 사각기둥 형태로 장중미 연출 • 석호의 인상을 한국 민화의 그림과 같이 해학적으로 표현
상징성	• 모든 석물이 고유의 상징성 내포 • 석물을 상징성 있게 체계적으로 배치
재료와 규모	• 영구적인 화강석 사용 • 휴먼스케일로 조성하여 애민사상 부여
역사 / 기록	• 의궤를 통한 제작 과정 기록과 도상 존재 • 규범서, 역사서, 문집 등 다양한 기록 존재
보존 상태	• 600년 동안 두 번의 큰 전쟁에도 불구하고 양호

I 명승

1. 지정기준

① 자연경관이 뛰어난 산악 · 구릉 · 고원 · 평원 · 화산 · 하천 · 해안 · 하안(河岸) · 섬 등

② 동식물의 서식지로서 경관이 뛰어난 곳
  ㉠ 아름다운 식물의 저명한 군락지
  ㉡ 심미적 가치가 뛰어난 동물의 저명한 서식지

③ 저명한 경관의 전망 지점, 조형물 또는 자연물로 이룩된 조망지
  ㉠ 일출 · 낙조 및 해안 · 산악 · 하천 등의 경관 조망 지점
  ㉡ 마을 · 도시 · 전통유적 등을 조망할 수 있는 저명한 장소

④ 역사 · 문화 · 경관적 가치가 뛰어난 명산, 협곡, 해협, 곶, 급류, 심연, 폭포, 호수와 늪, 사구, 하천의 발원지, 동천, 대, 바위, 동굴 등

⑤ 저명한 건물 또는 정원 및 중요한 전설지 등으로서 종교 · 교육 · 생활 · 위락 등과 관련된 경승지
  ㉠ 정원, 원림, 연못, 저수지, 경작지, 제방, 포구, 옛길 등
  ㉡ 역사 · 문학 · 구전 등으로 전해지는 저명한 전설지

⑥ 자연유산에 해당하는 곳 중 관상 · 미적으로 현저한 가치를 갖는 것

2. 등록현황

① 명승 총 112개(부속문화재 포함) − 2018년 12월 기준
② 명승 제4호 해남 대둔산 일원은 사적 및 명승 제9호 대둔산 대흥사 일원으로 지정되어 명승에서 해제(1998.12.23)
③ 명승 제5호 승주 송광사 선암사 일원은 사적 및 명승 제8호 조계산 송광사 · 선암사 일원으로 지정되어 명승에서 해제(1998.12.23)

✱ 명승 리스트

연번	종목	명칭	소재지	지정일
1	명승 제1호	명주 청학동 소금강	강원 강릉시 연곡면 부연동길 753-13 등(삼산리)	1970-11-23
2	명승 제2호	거제 해금강	경남 거제시 남부면 갈곶리 산1번지 외 2필	1971-03-23
3	명승 제3호	완도 정도리 구계등	전남 완도군 완도읍 정도리 151, 앞해면 일대	1972-07-24
4	명승 제6호	울진 불영사 계곡일원	경북 울진군 근남면 수곡리 산121번지 외 855필	1979-12-11
5	명승 제7호	여수 상백도 · 하백도 일원	전남 여수시 삼산면 거문리 산30번지 외 35필	1979-12-11
6	명승 제8호	옹진 백령도 두무진	인천 옹진군 백령면 연화리 255-1번지 외	1997-12-30
7	명승 제9호	진도의 바닷길	전남 진도군 고군면 · 의신면 일원 해역	2000-03-14
8	명승 제10호	삼각산	경기 고양시 덕양구 북한동 산1-1번지 서울시 강북구 우이동 산68-1	2003-10-31
9	명승 제11호	청송 주왕산 주왕계곡 일원	경북 청송군 부동면 상의리 산24번지 등 120필	2003-10-31
10	명승 제12호	진안 마이산	전북 진안군 진안읍 마이산로 258 등 2필(단양리)	2003-10-31
11	명승 제13호	부안 채석강 · 적벽강 일원	전북 부안군 변산면 격포리 301-1번지 등	2004-11-17
12	명승 제14호	영월 어라연 일원	강원 영월군 영월읍 거운리 산40번지 등	2004-12-07
13	명승 제15호	남해 가천마을 다랑이 논	경남 남해군 남면 홍현리 777번지 등	2005-01-03
14	명승 제16호	예천 회룡포	경북 예천군 지보면 마산리 883-18번지 등	2005-08-23
15	명승 제17호	부산 영도 태종대	부산 영도구 동삼동	2005-11-01
16	명승 제18호	소매물도 등대섬	경남 통영시 한산면 매죽리	2006-08-24
17	명승 제19호	예천 선몽대 일원	경북 예천군 호명면 백송리 75번지 외	2006-11-16
18	명승 제20호	제천 의림지와 제림	충북 제천시 모산동 241번지 외	2006-12-04
19	명승 제21호	공주 고마나루	충남 공주시	2006-12-04
20	명승 제22호	영광법성 진숲쟁이	전남 영광군 법성면 법성리 821-1번지 등	2007-02-01
21	명승 제23호	봉화 청량산	경북 봉화군 명호면 북곡리 산74번지 등	2007-03-13
22	명승 제24호	부산 오륙도	부산 남구 용호동 936번지 등	2007-10-01
23	명승 제25호	순천 초연정 원림	전남 순천시 송광면 삼청리 766번지 등	2007-12-07
24	명승 제26호	안동 백운정 및 개호송 숲 일원	경북 안동시 임하면 천전리 93-1번지 등	2007-12-07
25	명승 제27호	양양 낙산사 의상대와 홍련암	강원 양양군 강현면 전진리 산5-2번지 등	2007-12-07
26	명승 제28호	삼척 죽서루와 오십천	강원 삼척시 성내동 28번지 등	2007-12-07
27	명승 제29호	구룡령 옛길	강원 양양군 서면 갈천리 산1-1번지	2007-12-17
28	명승 제30호	죽령 옛길	경북 영주시 풍기읍 수철리 산86-2번지 등	2007-12-17
29	명승 제31호	문경 토끼비리	경북 문경시 마성면 신현리 산41번지 등	2007-12-17
30	명승 제32호	문경 새재	경북 문경시 문경읍 새재로 1156 등(상초리)	2007-12-17
31	명승 제33호	광한루원	전북 남원시 요천로 1447 등(천거동)	2008-01-08
32	명승 제34호	보길도 윤선도 원림	전남 완도군 보길면 부황길 57 등(부황리)	2008-01-08
33	명승 제35호	성락원	서울 성북구 선잠로2길 47(성북동)	2008-01-08
34	명승 제36호	서울 부암동 백석동천	서울 종로구 부암동 115번지 등	2008-01-08
35	명승 제37호	동해 무릉계곡	강원 동해시 무릉로 584 등(삼화동)	2008-02-05
36	명승 제38호	장성 백양사 백학봉	전남 장성군 북하면 약수리 산115-1번지 등	2008-02-05
37	명승 제39호	남해 금산	경남 남해군 상주면 보리암로 691 등(상주리)	2008-05-02
38	명승 제40호	담양 소쇄원	전남 담양군 남면 소쇄원길 17 등(지곡리)	2008-05-02
39	명승 제41호	순천만	전남 순천시 안풍동 1176번지 등	2008-06-16
40	명승 제42호	충주 탄금대	충북 충주시 칠금동 산1-1번지 등	2008-07-09

연번	종목	명칭	소재지	지정일
41	명승 제43호	제주 서귀포 정방폭포	제주 서귀포시 칠십리로 156-8(서귀동)	2008-08-08
42	명승 제44호	단양 도담삼봉	충북 단양군 단양읍 도담리 195번지 등	2008-09-09
43	명승 제45호	단양 석문	충북 단양군 매포읍 하괴리 산20-35번지 등	2008-09-09
44	명승 제46호	단양 구담봉	충북 단양군 단성면 장회리 산32번지 등	2008-09-09
45	명승 제47호	단양 사인암	충북 단양군 대강면 사인암리 산27번지	2008-09-09
46	명승 제48호	제천 옥순봉	충북 제천시 수산면 괴곡리 산9번지 등	2008-09-09
47	명승 제49호	충주 계립령로 하늘재	충북 충주시 수안보면 미륵리 산8번지 등	2008-12-26
48	명승 제50호	영월 청령포	강원 영월군 남면 광천리 산67-1번지 등	2008-12-26
49	명승 제51호	예천 초간정 원림	경북 예천군 용문면 죽림리	2008-12-26
50	명승 제52호	구미 채미정	경북 구미시 남통동 249번지 등	2008-12-26
51	명승 제53호	거창 수승대	경남 거창군 위천면 황산리 890번지	2008-12-26
52	명승 제54호	고창 선운산 도솔계곡 일원	전북 고창군 아산면 도솔길 294 등(삼인리)	2009-09-18
53	명승 제55호	무주 구천동 일사대 일원	전북 무주군 설천면 구천동로 1868-30 등(두길리)	2009-09-18
54	명승 제56호	무주 구천동 파회 · 수심대 일원	전북 무주군 설천면 심곡리 산13-2번지 등	2009-09-18
55	명승 제57호	담양 식영정 일원	전남 담양군 남면 가사문학로 859 등(지곡리)	2009-09-18
56	명승 제58호	담양 명옥헌 원림	전남 담양군 고서면 후산길 103 등(산덕리)	2009-09-18
57	명승 제59호	해남 달마산 미황사 일원	전남 해남군 송지면 서정리 247 등	2009-09-18
58	명승 제60호	봉화 청암정과 석천계곡	경북 봉화군 봉화읍 유곡리 산131번지 등	2009-12-09
59	명승 제61호	속리산 법주사 일원	충북 보은군 속리산면 사내리 산1-1번지 등	2009-12-09
60	명승 제62호	가야산 해인사 일원	경남 합천군 가야면 치인리 산1-1번지 등	2009-12-09
61	명승 제63호	부여 구드래 일원	충남 부여군 부여읍 쌍북리 산1번지 등	2009-12-09
62	명승 제64호	지리산 화엄사 일원	전남 구례군 마산면 화엄사로 539 등(황전리)	2009-12-09
63	명승 제65호	조계산 송광사 · 선암사 일원	전남 순천시 승주읍 죽학리 산48번지 송광면 산평리 1번지 등	2009-12-09
64	명승 제66호	두륜산 대흥사 일원	전남 해남군 삼산면 구림리 산8-1번지	2009-12-09
65	명승 제67호	서울 백악산 일원	서울 종로구 청운동 산2-27번지 성북구 성북동 산87-1번지 등	2009-12-09
66	명승 제68호	양양 하조대	강원 양양군 현남면 조준길 99 일원(하광정리)	2009-12-09
67	명승 제69호	안면도 꽃지 할미 할아비 바위	충남 태안군 안면읍 승언리 산27번지 등	2009-12-09
68	명승 제70호	춘천 청평사 고려선원	강원 춘천시 북산면 청평리 산189-2번지 등	2010-02-05
69	명승 제71호	남해 지족해협 죽방렴	경남 남해군 창선면 지족해협 일원	2010-08-18
70	명승 제72호	지리산 한신계곡 일원	경남 함양군 마천면 강청리 산100번지	2010-08-18
71	명승 제73호	태백 검룡소	강원 태백시 창죽동 산1-1번지 등	2010-08-18
72	명승 제74호	대관령 옛길	강원 강릉시 성산면 삼포암길 133 등(어흘리)	2010-11-15
73	명승 제75호	영월 한반도 지형	강원 영월군 한반도면 옹정리 180번지 일원	2011-06-10
74	명승 제76호	영월 선돌	강원 영월군 영월읍 하송로 64(하송리)	2011-06-10
75	명승 제77호	제주 서귀포 산방산	제주 서귀포시 안덕면 사계리 산16번지 일원	2011-06-30
76	명승 제78호	제주 서귀포 쇠소깍	제주 서귀포시 쇠소깍로 128 일원(하효동)	2011-06-30
77	명승 제79호	제주 서귀포 외돌개	제주 서귀포시 서홍동 791번지 일원	2011-06-30
78	명승 제80호	진도 운림산방	전남 진도군 의신면 운림산방로 315 등(사천리)	2011-08-08
79	명승 제81호	포항 용계정과 덕동숲	경북 포항시 북구 기북면 덕동문화길 26 등(오덕리)	2011-08-08
80	명승 제82호	안동 만휴정 원림	경북 안동시 길안면 묵계하리길 42 등(묵계리)	2011-08-08
81	명승 제83호	사라오름	제주 서귀포시 남원읍 신례리 산2-1번지	2011-10-13

연번	종목	명칭	소재지	지정일
82	명승 제84호	영실기암과 오백나한	제주 서귀포시 하원동 산1-4번지, 도순동 산1-1번지 일원	2011-10-13
83	명승 제85호	함양 심진동 용추폭포	경남 함양군 안의면 상원리 산 16-4번지 등	2012-02-08
84	명승 제86호	함양 화림동 거연정 일원	경남 함양군 서하면 봉전리 877 번지 등	2012-02-08
85	명승 제87호	밀양 월연대 일원	경남 밀양시 용평동 2-1 등	2012-02-08
86	명승 제88호	거창 용암정 일원	경남 거창군 북상면 농산리 63-0 일원	2012-04-10
87	명승 제89호	화순 임대정 원림	전남 화순군 남면 사평리 601-0	2012-04-10
88	명승 제90호	한라산 백록담	제주특별자치도 서귀포시 토평동 산 15-1	2012-11-23
89	명승 제91호	한라산(漢拏山) 선작지왓	제주특별자치도 서귀포시 영남동 산 1-0	2012-12-17
90	명승 제92호	제주 방선문	오등동 1907번지, 오라2동 3819-11	2013-01-04
91	명승 제93호	포천 화적연	경기도 포천시 영북면 산 115-0 자일리	2013-01-04
92	명승 제94호	포천 한탄강 멍우리 협곡	경기도 포천시 관인면 574-1번지 일원	2013-02-06
93	명승 제95호	설악산 비룡폭포 계곡 일원	강원도 속초시 설악동 산 41-0	2013-03-11
94	명승 제96호	설악산 토왕성폭포	강원도 속초시 설악동 산 41-0	2013-03-11
95	명승 제97호	설악산 대승폭포	강원도 인제군 북면 한계리 산 1-67	2013-03-11
96	명승 제98호	설악산 십이선녀탕 일원	강원도 인제군 북면 남교리 산 12-21	2013-03-11
97	명승 제99호	설악산 수렴동 · 구곡담 계곡 일원	강원도 인제군 북면 용대리 산 12-21	2013-03-11
98	명승 제100호	설악산 울산바위	강원도 속초시 설악동 / 강원도 고성군 토성면 원암리 산 40-0 / 산1-2	2013-03-11
99	명승 제101호	설악산 비선대와 천불동계곡 일원	강원도 속초시 설악동 산 41-0	2013-03-11
100	명승 제102호	설악산 용아장성	강원도 인제군 북면 용대리 산 12-21	2013-03-11
101	명승 제103호	설악산 공룡능선	–	2013-03-11
102	명승 제104호	설악산 내설악 만경대	강원도 인제군 북면 용대리 산 12-21 / 산75	2013-03-11
103	명승 제105호	청송 주산지 일원	경상북도 청송군 부동면 이전리 산 41-1	2013-03-21
104	명승 제106호	강릉 용연계곡 일원	강원도 강릉시 사천면 사기막리 산 1-0	2013-03-21
105	명승 제107호	광주 환벽당 일원	충효동 387번지 18필지 일원	2013-11-06
106	명승 제108호	강릉 경포대와 경포호	저동 94번지 일원	2013-12-30
107	명승 제109호	남양주 운길산 수종사 일원	경기도 남양주시 조안면 송촌리 1060 외 7필지	2014-03-12
108	명승 제110호	괴산 화양구곡	충청북도 괴산군 청천면 화양리 456	2014-08-28
109	명승 제111호	구례 오산 사성암 일원	전라남도 구례군 문척면 죽마리 189 등	2014-08-28
110	명승 제112호	화순 적벽	전라남도 화순군 이서면 장학리 산 14	2017-02-09
111	명승 제113호	군산 선유도 망주봉 일원	전라북도 군산시 선유도1길 106-4 (옥도면) 등	2018-06-04
112	명승 제114호	무등산 규봉 주상절리와 지공너덜	전남 화순군	2018-12-20

PLUS ➕ 개념플러스

- 국가문화재로 지정된 명승 20개소 정리
- 명승관리에 관한 문제점 및 대책방안
- 팔경의 의미와 현대적 적용방안

Ⅱ 천연기념물

1. 동물

① 지정기준

ㄱ 한국 특유동물로서 저명한 것 및 그 서식지 · 번식지

ㄴ 특수한 환경의 동물, 동물군 및 서식지 · 번식지, 도래지

ㄷ 보존이 필요한 진귀한 동물 및 서식지 · 번식지

ㄹ 한국 특유의 축양동물과 서식지, 동물자원 · 표본 및 자료

ㅁ 분포범위가 한정되어 있는 고유동물이나 서식지 · 번식지

② 지정내용

ㄱ 광릉 크낙새 서식지, 진천 왜가리 번식지, 정암사 열목어 서식지

ㄴ 종(種) 자체 지정

- 크낙새, 따오기, 황새, 두루미, 흑두루미, 백조, 흑비둘기
- 사향노루, 산양, 장수하늘소, 진돗개 등

2. 식물

① 지정기준

ㄱ 한국 자생식물로서 저명한 것 및 그 생육지

ㄴ 특수지역이나 특수환경에서 자라는 식물 · 식물군 · 식물군락 · 숲

ㄷ 보존이 필요한 진귀한 식물 및 생육지 · 자생지

ㄹ 생활문화 등과 관련된 가치가 큰 인공 수림지, 유용식물, 생육지

ㅁ 문화 · 과학 · 경관 · 학술적 가치가 큰 수림, 명목, 노거수, 기형목

ㅂ 식물 분포의 경계가 되는 곳, 자연유산에 해당되는 곳

② 지정내용

ㄱ 달성 측백수림(천연기념물 1호), 상록수림(주도, 미조리), 영천리 측백수림

ㄴ 식물단위 지정

- 동백나무, 은행나무, 향나무, 소나무, 팽나무, 느티나무
- 이팝나무, 주엽나무, 후박나무 등

3. 지질 · 광물

① 지정기준

    ㉠ 지각의 형성과 관련되거나 한반도 지질계통을 대표하는 암석과 지질구조의 주요
       분포지와 지질 경계선

- 지판 이동의 증거가 되는 지질구조나 암석

- 지구 내부 구성물질로 해석되는 암석이 산출되는 분포지

- 각 지질시대를 대표하는 전형적인 노두와 그 분포지

- 한반도 지질계통의 전형적인 지질 경계선

    ㉡ 지질시대와 생물역사 해석에 관련된 주요 화석과 그 산지

- 각 지질시대를 대표하는 표준화석과 그 산지

- 지질시대 퇴적환경을 해석 시 주요한 시상화석과 그 산지

- 화석 중 보존 가치가 있는 화석의 모식표본과 그 산지

- 학술적 가치가 높은 화석과 그 산지

    ㉢ 한반도 지질현상 해석 시 주요한 지질구조 · 퇴적구조, 암석

- 지질구조 : 습곡, 단층, 관입, 부정합, 주상절리 등

- 퇴적구조 : 연흔, 건열, 사층리, 우흔 등

- 특이한 구조의 암석 : 베개 용암, 어란암 등

    ㉣ 학술적 가치가 큰 자연지형

- 구조운동에 의하여 형성된 지형 : 고위평탄면, 해안단구, 폭포 등

- 화산활동에 의하여 형성된 지형 : 화구, 칼데라, 기생화산 등

- 침식 및 퇴적 작용에 의하여 형성된 지형 : 사구, 갯벌, 사주 등

- 풍화작용과 관련된 지형 : 토르, 타포니, 암괴류 등

- 그 밖에 한국 지형현상을 대표할 수 있는 전형적 지형

    ㉤ 그 밖에 학술적 가치가 높은 지표 · 지질 현상

- 얼음골, 풍혈, 샘(온천, 냉천, 광천), 특이한 해양 현상 등

② 지정내용

    ㉠ 운평리 구상화강암

    ㉡ 울진 성류굴, 영월고씨굴, 초당굴 등

4. 천연보호구역

① 지정기준

　㉠ 보호할 만한 천연기념물이 풍부하거나 다양한 생물적 · 지구과학적 · 문화적 · 역사적 · 경관적 특성을 가진 대표적인 일정 구역

　㉡ 지구의 주요한 진화단계를 대표하는 일정 구역

　㉢ 중요한 지질학적 과정, 생물학적 진화 및 인간과 자연의 상호작용을 대표하는 일정 구역

② 지정내용

　한라산 · 설악산 · 홍노 등

5. 자연현상

① 지정기준

　관상적 · 과학적 · 교육적 가치가 현저한 것

② 지정내용

　의성 얼음골

▶ 참고

➤ **국내 천연기념물 보존관리 문제점 & 대책방안**

1 천연기념물에 대한 관심과 정책 소홀
　① 천연기념물 관련 예산 증액과 조직 확대
　② 지방자치단체 전문인력 확보
　③ 민간단체 및 자원봉사자 참여방안 마련

2 조사자료의 편중
　① 식물＞동물＞지질 · 광물＞천연보호구역
　② 지역별로 지정 건수에 많은 편차
　③ 취약지역과 훼손이 심각한 지역을 우선적으로 조사 · 지정
　④ 식물 · 동물의 경우 종 위주로 편중 지정

3 천연기념물 자연적 · 인위적 훼손 심각
　① 자연적인 피해 : 낙뢰, 태풍(강풍), 폭설, 병충해, 질병
　② 인위적인 피해 : 독극물(약물), 복토, 과습, 화재, 유지관리 미숙
　③ 피해예방 조치
　　• 지정구역 내 사유지 매입
　　• 문화재 주변의 현상변경 시 유연하게 대처
　　• 민관 자발적인 보호활동 전개, 휴식년제 도입
　　• 상시적인 유지보수와 모니터링 실시
　　• 긴급상황 시에 대비한 매뉴얼 마련

Ⅲ 문화재

1. 개념

① 조상들이 남긴 유산

② 삶의 지혜가 담겨 있고 역사를 보여주는 귀중한 유산

③ 유형문화재, 무형문화재, 기념물, 민속문화재로 세분화

2. 유형

① 유형문화재

　㉠ 건조물, 전적, 서적, 고문서, 회화, 공예품 등

　㉡ 유형의 문화적 소산으로서 역사적 · 학술적 가치가 큰 것

　㉢ 이에 준하는 고고자료

　㉣ 가치 정도에 따라 국보, 보물, 사적, 지방문화재로 지정, 보호

② 무형문화재

　㉠ 연극, 음악, 무용, 공예기술 등

　㉡ 무형의 문화적 소산으로서 역사적 · 학술적 가치가 큰 것

　㉢ 대상의 형체가 없기에 실제는 기능 소지자에게 지정

③ 기념물

　㉠ 사적지 · 경승지로서 역사적 · 학술적 가치가 큰 것

　　• 성곽, 옛무덤, 궁궐, 도자기, 가마터 등

　㉡ 생성물로서 역사적 · 예술적 · 학술적 가치가 큰 것

　　• 동물, 식물, 광물, 지질, 동굴, 특별한 자연현상 등

④ 민속문화재

　㉠ 의식주, 생업, 신앙, 연중행사 등에 관한 풍속이나 관습, 의복, 기구, 가옥 등

　㉡ 우리 고유의 생활사가 갖는 특징, 추이를 이해함에 있어 가치와 의미가 인정되는 것

　㉢ 무형과 유형 민속자료로 구분

　　→ 한국의 경우 무형 민속문화재는 중요무형문화재로 지정

　　→ 유형민속자료만 해당

Ⅳ 유네스코 세계유산

1. 개념

① 문화유산 + 자연유산 + 복합유산(문화+자연가치)

② 세계유산목록에 등재된 유산 지칭

③ 인류 전체를 위해 보호되어야 할 뛰어난 보편적 가치가 있다고 인정되는 유산

2. 목적

① 보편적 인류 유산의 파괴를 근본적으로 방지

② 문화유산 및 자연유산의 보호

③ 국제적 협력 및 나라별 유산보호활동 고무

> **▶ 참고**
>
> **▶ 한국의 세계유산**
> - 석굴암 · 불국사(1995년) / 해인사 장경판전(1995년) / 종묘(1995년)
> - 창덕궁(1997년) / 화성(1997년) / 고창 · 화순 · 강화 고인돌 유적(2000년)
> - 경주역사유적지구(2000년) / 조선왕릉(2009년)
> - 한국의 역사마을 : 하회와 양동(2010년) / 남한산성(2014년)
> - 백제역사유적지구(2015년) / 산사, 한국의 산지 승원(2018년)
>
> **▶ 잠정목록(2017년 1월 기준)**
> - 문화유산 : 강진 도요지 / 염전 / 대곡천암각화군 / 중부내륙산성군 / 외암마을 / 낙안읍성 / 한국의 서원 / 한양도성 / 김해 · 함안 가야 고분군 / 고령 지산군 대가야 고분군 / 한국의 전통산사 / 화순 운주사 석불석탑
> - 자연유산 : 서남해안 갯벌 / 설악산 천연보호구역 / 남해안 일대 공룡화석지 / 우포늪
>
> **▶ 세계유산 등재 현황(2018년 8월 기준)**
> - 총 167개국 1,092건
> - 문화유산 845점, 자연유산 209점, 복합유산 38점
> - 위험에 처한 세계유산 : 54점

PLUS ➕ 개념플러스

- 남한산성의 현황 및 가치
- 세계문화유산 등재 중인 서울 한양도성의 가치

3. 등재기준

① 기본원칙

    ㉠ 완전성

    ㉡ 진정성

    ㉢ OUV(뛰어난 보편적 가치) 내재 여부 판단

    ㉣ 적절한 보존관리계획 수립 및 시행 여부

        ※ OUV(Outstanding Universal Value)

② 세부기준

    ㉠ 인간의 창조적 천재성이 만들어낸 걸작

    ㉡ 인간 가치의 중요한 교류를 보여줄 수 있는 것

    ㉢ 문화적 전통, 현존, 사라진 문명이 독보적, 특출한 증거가 될 것

    ㉣ 건조물의 유형, 건축적, 기술적 총체, 경관의 탁월한 사례

    ㉤ 최상의 자연현상, 뛰어난 자연미, 미학적 중요성을 지닌 지역

    ㉥ 지구 역사상의 주요 단계를 입증하는 대표적 사례

    ㉦ 생태학적·생물학적 주요 진행 과정을 입증하는 대표적 사례

③ 진정성

    ㉠ 당해 문화재의 문화적 가치가 진실되고 신뢰성 있게 표현될 것

    ㉡ 형식과 디자인

    ㉢ 소재와 내용

    ㉣ 전통, 기법, 관리체계

    ㉤ 위치와 환경

    ㉥ 언어와 여타 형태의 무형유산

    ㉦ 정신과 감성 및 기타 내부 및 외부 요인

④ 완전성

    ㉠ 뛰어난 보편적 가치의 표현에 필요한 요소의 포함 여부

    ㉡ 본연의 중요성을 나타낼 만한 충분한 규모

    ㉢ 개발, 방치로 인한 부작용 여부

4. 등재절차

세계유산 잠정목록에 등재 후 세계유산으로 등재

1. 등재신청 사전 협의 (시 · 도지사 → 문화재청장)	• 문화재청장 • 시 · 도지사, 관련 민간단체 (→ 문화재청장)
2. 신청대상 검토 및 신청 대상 선정	• 문화재위원회 심의 후 문화재청장 확정
3. 등재 신청서 작성 제출 (시 · 도지사 → 문화재청장)	• 유산 소재 지자체의 등재 신청서 작성 및 제출 (시 · 도지사 → 문화재청) • 문화재청 내용 검토 및 수정
4. 신청서 감수 및 보완 (문화재청장)	• 연중 상시 제출 가능
5. 신청서 초안 유네스코 제출 (문화재청장 → 유네스코)	• 1차년도 이전 9월 30일까지
6. 최종 신청서 제출 (문화재청장 → 유네스코)	• 1차년도 2월 1일까지
7. 자문기구 유산 가치평가	• 문화유산 : ICOMOS(국제기념물 및 유적협의회)가 현지실사 수행 및 유산 가치평가 • 자연유산 : IUCN(세계자연보존연맹)이 현지실사 수행 및 유산 가치평가
8. 자문기구 권고안 도출 (자문기구 → 세계유산위원회)	• 2차년도 5월까지 • 등재 가능(Inscribe), 보류(Refer), 반려(Defer), 등재불가(Not Inscribe) 4단계로 권고안 송부
9. 세계유산위원회 등재 결정	• 자문기구의 권고안을 바탕으로 등재 여부 결정 (매년 6~7월 중 세계유산위원회)

5. 등재효과

① 명칭

    ㉠ 해당 유산 보호에 대한 국내외 관심과 지원

    ㉡ 한 국가의 문화수준을 가늠하는 척도

    ㉢ 유산 보호를 위한 책임감 형성

    ㉣ 국제기구 및 단체들의 기술적 · 재정적 지원

    ㉤ 방문객 증가에 따른 고용기회 및 수입 증대

② 소유권행사

    ㉠ 소유권은 등재 이전과 동일하게 유지

    ㉡ 국내법 동일 적용

③ 등재된 유산의 보전, 관리

    ㉠ 매 6년마다 유산 상태에 대한 정기보고 실시 → 세계유산위원회

    ㉡ 유산에 영향을 미치는 변화가 일어나는 경우 → 현황보고

PART

02 조경계획학

01 조경학이란?

I 개요

- 각 시대마다 달라지는 성격과 정의
  → 인간의 요구, 사회의 필요성이 변함에 따라

- 조경학문＝생태적(과학, 자연)＋미학적(Art, 예술)＋기술적(공학)

II 정의

구분		내용
일반적 정의	옴스테드 (Frederick Law Olmsted)	• 조경가(Landscape Architect) 용어 사용 • 세계적으로 보편화
	맥하그 (Ian McHarg)	• 조경의 분야에 생태학적 사고와 이론 접목 • Overlay 기법 활용
	미국조경가협회 (America Society of Landscape Architecture)	• 조경은 토지를 계획 · 설계 · 관리하는 기술 • 자연보호와 관리를 고려하면서 문화적 · 과학적 지식 활용 • 자연＋인공요소를 구성함으로써 유용하고, 쾌적한 환경 조성
법제적 정의	국토교통부	조경 • 생태적 · 기능적 · 미적으로 조경시설 배치 + 수목 식재
		조경시설 • 조경과 관련된 시설 → 파고라, 벤치, 조각물, 정원석, 분수대, 휴게공간, 수경관리 및 기타 이와 유사한 것 • 생물의 서식처 조성과 관련된 생태시설 → 생태연못 및 하천, 동물이동통로, 먹이 공급시설 등
	도시공원 및 녹지 등에 관한 법률	공원시설 • 조경시설, 휴양시설, 유희시설, 휴양시설, 유희시설 • 운동시설, 교양시설, 편익시설, 공원관리시설, 기타 시설
		조경시설 • 관상용 식수대, 잔디밭, 산울타리, 그늘시렁, 연못 및 폭포 등 • 공원경관을 아름답게 꾸미기 위한 시설

Ⅲ 조경의 영역사

구분			내용
국외	고대, 중세, 근세		• 정원은 조경가들의 주된 설계 대상
	19세기	프레데릭 로 옴스테드 (Frederic Law Olmstead)	• "정원이 조경의 전부다."라는 시각의 전환 • 영역의 확장
		1929년	• 대공황, 제2차 세계대전 이후 • 전문 인력과 교육수준 미흡
		1930년대 말	• Thomas Church, Garett Eckbo, Lames Rose, Dan Kiley(디자인스쿨) 등 • 기존 모더니즘에 반기를 들고, 포스트 모더니즘 영역 개척
국내	1973년		• 서울대, 영남대, 청주대 조경학과 신설
	1975년		• 서울시립대 조경학과 신설

Ⅳ 조경의 대상

구분		내용
정원		주택정원, 전정광장, 중정, 옥상정원, 실내조경 등
도시공원 · 녹지	생활형	소공원, 어린이공원, 근린공원
	주제형	체육공원, 묘지공원, 역사공원, 문화공원, 수변공원, 도시농업공원 등
	녹지	경관녹지, 완충녹지, 연결녹지
자연공원		국립공원, 도립공원, 군립공원, 지질공원
관광 및 레크리에이션 시설	육상시설	야영장, 경마장, 골프장, 스키장, 유원지 등
	수상시설	해수욕장, 마리나 시설, 수상스키장 등
시설조경		공업단지, 단지조경, 고속도로조경, 인터체인지조경, 재생시설조경, 캠퍼스, 사적지, 천연기념물, 동 · 식물원, 골프장 등

▶▶ 참고

문제를 풀 때는
공간조성 → 개념 → 설계지침 → 문제점 → 해결방안 순으로 항상 생각해보기

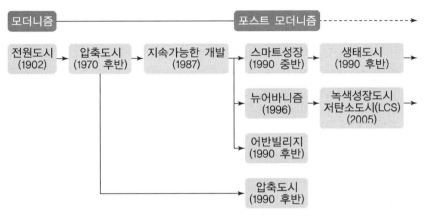

‖ 도시계획 변천사 ‖

I 개요

① 모더니즘(Modernism)

  ㉠ 과거의 전통이나 권위 반대

  ㉡ 과학, 문화에 의해 자유·평등함 강조

  ㉢ 개인주의 입장, 다다이즘, 초현실주의, 아방가르드 운동

② 포스트 모더니즘(Post Modernism)

  ㉠ 대량생산, 대량소비, 인간성 상실 비판

  ㉡ 사회적 현상을 복합적 예술양식으로 표현

  ㉢ 문화적 속박에 항거하는 운동

> ▶▶ 참고
>
> ➤ Unesco MAB(Man and Biosphere Programme)
> - 인간과 생물권 계획으로 사연뿐 아니라 인간을 포함한 전체의 생물권에 인간이 어떻게 영향을 주는지 연구
> - 생물다양성의 보전과 지속 가능한 이용을 위해 생물권 보전지역 지정
> - 핵심지역, 완충지역, 전이지역으로 구분

Ⅱ 소도시론 → 대도시론

1. 전원도시론(Ebernezer Howard)

1) 개념

① 미래의 전원도시(Garden City of Tomorrow)에서 개념 정립

② 이상도시의 모형

③ 유토피아적 도시

2) 배경

① 영국의 산업혁명에 의한 공업화

② 열악한 과밀 주거지 형성

③ 도시환경 오염 등 다양한 사회문제 야기

3) 목적

① 대도시 인구 분산을 위한 소도시론

② 자급자족도시–생산활동 효율성 향상

③ 도시–농촌(Town–Country) 개념 제안

4) 전원도시 요건

① 도시 인구규모 제한을 위한 계획인구 설정

② 토지공유제

③ 도시주변부 일정 면적 이상의 농업지대 확보

④ 도심지 내 충분한 오픈스페이스 확보

⑤ 경제적 자급을 위한 산업 유치

⑥ 시민의 자유와 협동권리 향유

5) 계획내용

① 시가지 약 400ha, 인구 약 32,000명 규모

② 방사형 모양 계획

  ㉠ 중심부 공공시설

  ㉡ 중간지역 주택과 학교

  ㉢ 외곽지대 공장, 창고, 철도

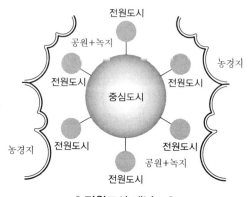

‖ 전원도시 개념도 ‖

6) 계획도시

① 계획도시 실현을 위해 전원도시 주식회사 설립

② 최초의 전원도시 : 1903년 레치워드

③ 제2의 전원도시 : 1920년 웰윈

7) 영향

① 근린주구이론 형성 배경

② 신도시 개발 기틀

③ 미국 그린벨트제도 영향

2. 위성도시론(Robert Taylor)

1) 개념

① 1915년 그의 저서 「위성도시(Satellite Cities)」에서 제시

② 대도시 팽창을 억제하기 위한 소도시론

③ 대도시 주위에 계획적으로 배치되는 도시

2) 기능

① 대도시의 인구 분산

② 통근, 쇼핑, 오락 등 모체도시에 의존

3) 계획내용

① 일상생활 중심의 최소한 도시구성단위

② 인구규모 3~5만 명 수용, 인구밀도 132m²/인

③ 2개 이상의 중심에 의해 도시 구성

④ 각 중심에는 상업, 공업, 위락중심 등으로 분류

⑤ 한 중심이 다목적을 나타낼 때 복합중심

⑥ 복합중심 중 가장 큰 규모일 때 도심

⑦ 도심, 부도심의 배치와 수는 도시규모와 교통시설 좌우

3. 근린주구이론(C.A. Perry)

1) 개념

① Neighborhood Unit

② 근린주구 : 도시계획 구성 시 가장 기초 단위

③ 1차 집단의 사회적 공동체 형성이 원동력

④ 하나의 블록 내 생활필수시설 확보 – 지역민 커뮤니티 확보

2) 계획내용(물리적 환경 형성 6가지)

구분		내용
규모 (Size)	주거단위	• 한 개의 초등학교 인구규모
	교회	• 커뮤니티 중심
	근린의 규모	• 약 65ha, 거주민 5~6천 명 • 학생 1~2천 명을 수용하는 초등학교
	물리적인 크기	• 반경 1/4mile(약 400m)
주구의 경계 (Boundary)		• 4면의 간선도로에 의해 구획 • 주구 내 통과교통 방지 • 차량 우회 가능한 간선도로 계획
오픈스페이스 (Open Space)		• 주민을 위한 소공원, 레크리에이션 체계 구축 • 소공원, 위락공간 약 10% 확보
공공시설 (Institution)		• 주구 중심부에 적재적소 통합배치
상업시설 (Shopping District)		• 주구 내 서비스 가능한 1개소 이상 설치 • 주거지 또는 교통의 결절점
내부 가로체계 (Interior Streets)		• 순환교통 촉진 • 통과교통 배제(cul−de−sac)

▶▶ **참고**

➤ **쿨데삭(cul – de – sac)**
  • 막다른 골목을 뜻하는 프랑스어
  • 단지 주민을 위해 단지 내 도로를 막다른 길로 조성, 끝부분에 회차공간 배치
  • 필지규모가 큰 전원형에 적합
  • 단지 내 보행도로와 녹지 도입 용이
  • 위요형, T자형, 선형 등

4. 래드번 시스템(Wright & Stein)

1) 개념

① 하워드 전원도시 개념 응용

② 미국 전원도시 건설

2) 계획내용

① 인구 팽창과 주거환경 개선대책으로 뉴저지의 420ha 토지계획

② 인구 2만 5천 명 수용

③ 10~20ha의 Super Block으로 계획하고, 보행자와 차량 분리

④ 주택단지 둘레에 간선도로 배치, 주구 내에는 쿨데삭 배치

⑤ 녹지체계는 주거 중앙에 30% 이상의 녹지 확보

   – 목적지까지 보행자가 블록 내 녹지만을 통과하여 도달하기 위함

> **PLUS ➕ 개념플러스**
>
> ➤ Super Block
> 2~4개의 가구를 하나의 블록으로 구획

5. 선형도시론(Soria Y. Mata)

1) 개념

① 1882년 스페인 소리아 이 마타가 신문 제안한 도시이론

② 1894년 마드리드시 양쪽의 기존도시를 선상연결하여 선형도시 적용

③ 1945년 르꼬르뷔제에 의해 공업도시에 적용 → 선형공업도시

④ 오늘날 발전된 형태의 선형도시로 건설

2) 르꼬르뷔제의 계획내용

① 기존도시와 연결되는 교통망을 따라 녹지 속에 도시 배치

② 6~8개의 근린주구로 구성, 인구 6~8만

③ 도심지에 고등학교와 주요상업시설 배치

6. 신도시론(Gottfried Feder)

1) 개념

① 광의적 의미 : 계획적으로 개발된 새로운 도시

② 협의적 의미 : 새로이 개발된 독립된 도시

2) 계획내용

① 도시규모 2만 명 제한

② 도시 간 중심기능을 서비스 계층별로 분담

③ 시민생활의 편리 향상과 도시구성 효율성 증대

7. 경관도시계획론(Unwin)

① 고층건물 배격

② 시역확장 억제

③ 건축선의 후퇴로 도시경관의 변화 도모

8. 대도시론(le Corbusier)

1) 개념

① 르꼬르뷔제는 근대 건축운동의 선구자로 기능주의 주장

② 소도시는 도시의 인구흡수 및 도시기반시설 완비가 어렵다고 전제

③ 인구 300만 명을 수용하는 거대도시계획인 빛나는 도시 제창

2) 계획내용

① 도심 중심부를 고밀화하여 초고층빌딩 배치 → 거주밀도↑

② 외곽지역에 공지면적을 확보하여 녹지대 형성

③ 교통시설의 입체교통센터 설치

④ 소규모 도시를 입체적, 대규모화

　　→ 수직의 전원도시(Vertical Garden), 공원 속의 도시(City in Park)

Ⅲ 압축도시(Compact City)

1. 개념

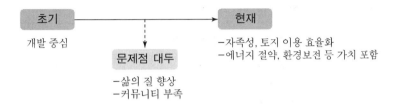

1) 뉴만(Newman)

① 호주의 도시를 컴팩트한 다핵도시로 조성

② 고밀도, 혼합용도, 연계성 고려

2) 토마스(Thomas) & 커즌스(Cousins)

① 공간이용, 토지이용의 고도화

② 집중된 활동, 고밀도 등이 실현된 도시

2. 기본적 특징과 공간형태

1) 커뮤니티 특징

① 고밀도

② 다양한 사회계층

③ 보행중심, 대중교통중심

2) 공간형태

① 복합용도, 다양성 있는 건물 및 공간

② 장소성 있는 지역공간(amenity)

③ 공간적 경계

→ 한 공간 내 복합성, 다양성, 상소성, 이실성 공존

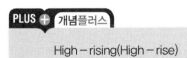

High – rising(High – rise)

Ⅳ 지속가능한 도시

■ 지속가능성 개념 대두

1) 1972년 로마클럽의 연구보고서

① 인간의 삶의 질과 지속가능한 개발

② ESSD(Environment Sustainable and Sound Development)

2) 국제회의를 통한 정교화 · 일반화

① 1976년 환경과 인간 정주에 대한 최초 회의 하비타트 Ⅰ

② 1992년 리우 UN 회의

③ 1996년 이스탄불 하비타트 Ⅱ 등

④ 1997년 교토의정서

⑤ 2002년 지속가능발전 세계정상회의(WSSD)

⑥ 2015년 파리기후변화협정

▶▶ **참고**

➤ **교토의정서**

  1 가입국가 온실가스 배출량 1990년 수준으로 감축

  2 우리나라도 2013년부터 적용

  3 교토메커니즘(Kyoto Mechanism)

    ① 배출권 거래제도(ET ; Emission Trading)

    ② 청정개발제도(CDM ; Clean Development Mechanism)

    ③ 공동이행제도(JI ; Joint Implementation)

➤ **WSSD(세계지속가능발전정상회의, 2002)**

  • World Summit on Sustainable and Development

  • 요하네스버그 선언문 채택

  • 물, 에너지, 건강, 생물다양성, 빈곤 등 핵심분야 중심

  • 환경과 개발의 조화를 통해 경제 · 사회 · 환경의 균형발전 도모

---

3) 1980년대 사회적 지속가능성

① 미국과 영국

② 사회적 표출 + 경제적 · 환경적 지속가능성 개념

③ 현세대와 미래세대의 삶의 질 향상을 위한 미래지향적 개념

❋ 개발지향적 계획방식과 지속가능개발 계획방식의 비교

구분	개발지향적 계획	지속가능 개발계획
용량	물리적 용량	생태적, 환경 용량
개발형태	광역도시개발	커뮤니티 중심 계획
	종합, 통합적 계획	세부적, 협력 계획
	에너지 소비적 개발	에너지 절약적 개발
의사결정	하향적 의사 Top-Down 방식	상향적 의사 Bottom-Up 방식
결과	사회집단 간 갈등 유발	집단 간 조화, 조율 가능, 세대 간 형평성

❋ 지속가능 도시를 위한 도시정책

구분	내용	구분	내용
도시공간구조	친자연적, 압축도시	수질	우배수 관리 / 물순환 시스템 구축
토지이용	환경용량 내에서 개발	대기	청정환경 조성, 모니터링 / 녹지 확충
에너지	기존 에너지 절약 / 신재생에너지 활용	폐기물	재활용(Biomass)
교통	저탄소 배출을 위한 교통 시스템 구축	기타 환경	토양오염 관리 / 소음ㆍ진동 관리 / 일조, 조명 관리

> **▶▶ 참고**
>
> ➤ **1962년 레이첼 카슨의 조용한 봄(The spring of silence)**
>   • 환경오염에 의해 봄이 되어도 새가 울지 않는 모습 역설
>   • DDT 사용 경고
>
> ➤ **공유의 비극**
>   • 공유지, 사유지 개념
>   • 공유지의 경우 황폐화, 누구에게도 쓸모없는 땅, 관리 미흡
>
> ➤ **오우치의 Z이론**
>   • 공유의 비극을 긍정적으로 대안책 마련
>   • 너도 나도 잘 가꿔서 좋은 동네를 만들자.
>   • 주민참여기법 유도
>   예 영국의 구획짓기 운동
>
> ➤ **Jischa(1998) 지구의 지속가능성을 저해하는 3가지 위협요인**
>   • 인구의 폭발적 증가
>   • 재생 불가능한 화석연료 사용
>   • 환경오염
>
> ➤ **Jacobs(1993) 지속가능한 개발을 위한 3가지 원칙**
>   • 환경 : 환경을 고려한 경제정책 확립
>   • 경제 : 세대 간의 환경적 비용과 편익을 공평하게 분배
>   • 개발 : 질적 성장과 양적 성장 동시 포함

▶▶ 참고

➤ **빛공해(light pollution)**

1 개념

① 대기 중 미립자를 비롯한 오염물질과 인공조명 불빛이 먼지층에 반사되어 별을 제대로 볼 수 없는 현상

② 최근 불필요하거나 필요 이상의 인공빛이 인체나 자연환경에 피해를 주는 현상

③ 상업시설 조명 외 도시미관을 해치는 광고, 수면을 방해하거나 사생활을 침해하는 옥외조명, 행인과 운전자의 눈부심 조장하는 반사판과 조명 등이 해당

2 피해사례

① 식물 생존·생육 이상
  • 늦어지는 가로수의 단풍시기
  • 산업단지, 골프장 등 각종 작물의 생육 불량

② 동물생태계 교란
  • 철새 이동경로 상실
    예 인공조명을 달빛, 별빛으로 착각하여 방향을 잡지 못하고, 곡예비행하다 도심지 탑이나 건물에 부딪혀 떼죽음
  • 곤충 생식분포 변화
  • 어류 번식 저하 등

③ 인간 스트레스 가중
  • 불면증
  • 운전자 피로감 상승

3 대책방안

① 국외 옥외조명 조례 제정

② 국내 2009년 서울시 빛공해 방지 및 도시조명관리 조례 제정

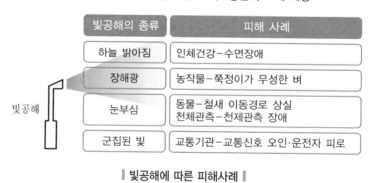

빛공해의 종류	피해 사례
하늘 밝아짐	인체건강-수면장애
장해광	농작물-쭉정이가 무성한 벼
눈부심	동물-철새 이동경로 상실 천체관측-천제관측 장애
군집된 빛	교통기관-교통신호 오인·운전자 피로

빛공해

‖ 빛공해에 따른 피해사례 ‖

스마트 성장(Smart Growth) / 스마트 시티(Smart City)

1. 개념

① 미국의 제2차 세계대전 이후 교외화가 가져온 스프롤을 치유하기 위해 대두된 도시운동
② 환경과 커뮤니티에 대한 낭비와 피해 방지

> ▶ 참고
>
> ➤ 스프롤(Sprawl)
> - 벌레가 나뭇잎을 먹어 들어가는 것을 형상화
> - 도시주택이 도시의 외곽부분을 잠식해가는 상태
> - 후진국의 특징 : 도시계획 불충분, 도시이용계획 미확립

2. 목표

① 1990년 중반 메릴랜드 주지사인 글렌드닝(D. Glendening)의 근린지구 보전 프로그램
② 개발되지 않은 자연 그린벨트 보전과 계획된 지역의 개발사업 인프라 지원
③ 부적합한 토지 이용의 부정적 영향 최소화와 긍정적 토지이용 최대화

> ▶ 참고
>
> ➤ 님비현상(NIMBY)/바나나현상(BANANA)
> - Not In My Back Yard : 내 뒷마당에서는 안 된다는 지역이기주의 의미
> - Build Absolutely Nothing Anywhere Near Anybody
>   : 어디에든 아무것도 짓지 마라.
> - 필요성은 인정하지만 자기 주거지에서는 무조건 반대
>   예 산업폐기물, 범죄자, 마약중독자, 쓰레기처리장
>
> ➤ 님투현상(NIMTOO)
> - Not In My Terms Of Office
>   : 나의 공직기간에는 안 된다.
> - 민원의 소지가 많은 혐오시설을 공직자가 자신의 재임기관 중에 설치하는 것을 회피
>
> ➤ 임피현상(IMFY)/핌피현상(PIMFY)
> - In My Front Yard : 내 앞마당에 무조건 설치해 달라.
> - Please In My Front Yard : 제발 내 앞마당에 만들어 달라.
> - 수익성 있는 사업을 유치하고자 하는 지역이기주의 일종
>   예 군산, 경주 원자력빌진소 유치경쟁

Ⅵ 뉴어바니즘(New Urbanism)

1. 개념

① 도시의 무분별한 확산에 의한 도시문제 극복 대안

   ㉠ 생태계 파괴, 공동체의식 약화, 보행환경 악화

   ㉡ 인종과 소득계층별 격리현상

② 인간척도가 기준인 근린주구 중심도시 회귀

2. 설계원칙

계획이론	설계원칙	뉴어바니즘
하워드 전원도시	• 도보권＋차량 • 풍부한 공공용지 • 대중교통 중심 • 도시외곽 완충 녹지 설치	• 도보권 • 사유지 내 공공용지 확보 • TOD(대중교통 중심 개발) • 도시외곽 녹지(오픈스페이스) 확보
페리 근린주구	• 도보권 • 환경개선을 통한 사회커뮤니티 재생 • 커뮤니티센터	• 도보권 • 커뮤니티 단위의 생활권 • 근린주구 중심의 커뮤니티센터
도시 미화운동	• 도시와 어울리는 건물 외관 • 시민센터 • 공동체 의식	• 역사성 있는 건물외관 • 지역민 결속을 위한 커뮤니티센터 • 공동체 의식

※ 뉴어바니즘에 영향을 준 계획 및 설계사조

3. 적용사례

1) 시사이드

① 사유지 지역에 민간 자본을 이용하여 도시 조성

② 공공부문의 지원이 없는 소규모 리조트 타운 조성

③ 지역 내 다양한 시설 공존, 휴먼스케일 적용, 도보권

2) 셀레브레이션

① 누구나 공유 가능한 도시 이미지 실천

② 도심지 내 시설물을 건축가에게 의뢰하여 도시의 장소성 구현

③ 나대지에 조성되는 도시에 대한 거부감 극복

4. 주요 원리

1) 친환경적 보행도로 조성

① 일상생활시설 도보권 내 입지

② 보행전용도로 구축

2) 차도+보도 연결성 확보

① 격자형 네트워크 형성(교통분산, 보행편의성 확보)

② 도로별 위계 구축(소로, 중로, 대로)

③ 보행쾌적성을 위한 공개공지, 공공공지 배치

3) 토지이용의 복합화 · 다양화

① 초고층건물 내 다양한 시설 배치

② 사회의 다양한 계층의 조화

4) 쾌적한 주거단지 계획

① 다양한 Type, 규모, 가격의 주거단지 조성

② 삶의 질적 향상 도모

5) 커뮤니티를 위한 거점공간 마련

① 커뮤니티 내 공용부지에 대한 우선적 고려

② 중심부에 공공공간, 주변부 저밀도 개발공간

③ 풍부한 녹지 확보를 통해 도시민의 장소성 구축

6) 지속가능한 개발

① 적정 개발과 자연보전

② 친환경기술을 통한 최소한의 개발

③ 신재생에너지 사용으로 효율성 강화

④ 지역생산물, 향토특산물 이용

⑤ 자동차 사용량 최소화, 보행 촉진

Ⅶ 도시재생(Regeneration)

1. 배경

① 1950년대 이후부터 생겨나기 시작한 도심 교외화 현상과 도심 쇠퇴에 따른 대응책 중 하나

② 도심경제기반 악화, 실업률 · 범죄율 증가 등 : 공동화, 환경, 사회문제 대두

2. 도시재생전략

구분	1980s 재개발(Redevelopment)	1990s 재생(Regeneration)
전략	• 대규모 개발 및 재개발 계획 • 대규모 프로젝트 위주	• 종합적인 형태의 정책과 집행 • 통합정책 강조
이해 관계자	• 민간부문과 정부기관 중심 • 파트너십 대두	• 파트너십 지배적
공간	• 재개발 대상지 경계 내	• 전략적 관점 재도입 • 지역 차원의 네트워크 강조
경제	• 민간	• 공공과 민간
사회	• 선별적 국가지원하 커뮤니티 형성	• 커뮤니티 역할 강조
역사	• 재개발, 신개발 중점 / 표면적 개발 중점	• 문화유산과 자원 유지 / 역사성 · 장소성 내포
환경	• 환경적 접근 · 관심 증대	• 지속가능한 개발

3. 정책방향

유형	정책방향	유형	정책방향
경제 재생	• 새로운 산업 · 투자 유치 • 일자리 창출 / 도시상권 확대	환경 재생	• 문화유산 유지 및 보전 / 환경공생도시 • 대중교통 위주 인프라 구축 / 보행 중심
사회 재생	• 관민협력체계 • 지속가능한 주거단지 구축 • 문화 · 교육시설 확충, 서비스 확대	시설 재생	• 노후건축물 리모델링 • 시설의 노후화 • 랜드스케이프 어버니즘적 건물의 재건축 • 기반시설 정비

> **PLUS ➕ 개념플러스**
>
> ➤ **도시재생지역 유형화**
>
> 도심핵지역, 도심상업지역, 역사 · 문화보전지역, 도심서비스지역,
> 도심형 산업지역, 도심주거지역, 도심복합용도지역, 혼합상업지역

Ⅷ 어반빌리지(Urban Village)

1. 개념

① 어반빌리지 그룹(Urban Village Group, 1989)에 의해 제안된 도시형 부락모형

② 영국 구시가지나 교외지역에 건설

③ 기존의 전통적인 개발 패턴의 폐해를 방지하고, 새로운 도시 개발의 방향 모색

　→ 도시 재생의 일환

2. 주요 원리

① 인구규모 3~5천 명, 평균 면적 40ha

② 커뮤니티 공간(공원, 녹지) 확보

③ 효율적인 대중교통수단(출근, 통학용) 이용 촉진 → 도보권 내 일상생활시설 배치

④ 다양한 주거 유형, 규모, 가격

⑤ 공공시설, 핵심시설은 커뮤니티 중심부에 위치

3. 적용사례

1) 파운드 베리

① 휴먼스케일 적용된 도보권 도시

② 저소득층을 위한 주거형태, 배치

③ Social Mix, 주민참여 유도

2) 버밍엄

① 주거 밀도의 다양화

② 지역특성을 고려한 장소성 구현

③ 자연과 인간의 공생

3) 린딘 밀레니엄 빌리지

① '재개발(Redevelopment)'이 아닌 '재생(Regene-Ration)' 프로젝트

② 1985년 공장이 폐쇄된 뒤에는 건축폐기물로 뒤덮인 채 방치

③ 에너지 절감형 주택 배치

④ 마을 내 병원, 학교, 생태공원 등 조성

▶ **참고**

➤ **랜드스케이프 어바니즘**

1 정의

① 도시 읽기를 기본바탕으로 도시, 경관, 생태, 조경을 아우름
- 조경과 도시화의 타 영역들 간 새로운 관계 제시
- 건물＋도시기반시설체계＋자연적 생태계 연결고리

② 경관생태학 개념 바탕＋라빌레뜨 프로젝트(츄미＋렘쿨하스) 설계 안에서 나타난 개념 설명

③ 실천주제
- 프로세스(Process), 수평적 표면(Surface)
- 생태성(Ecology), 상상력(Imaginary)으로 표현

2 도시재생적 실천전략

① 도시판의 생태판으로의 전환
- 도시를 하나의 경관판으로 파악
- 경관 자체를 도시의 인프라스트럭처로 간주
- 과거＋현재＋미래 세대가 이용 가능한 그린 인프라 기능 의미

② 생태판의 문화판으로의 전환
- 자연과 도시 내 인간문화를 담는 혼성적 실체
- 폴딩(Folding)을 통한 문화에코톤 기능 수행
- 도시를 이벤트와 프로그램을 수용하는 전략적 공간으로 변모

③ 도시인프라의 경관 인프라로의 전환
- 도시의 생성과 진화를 수용하는 매트릭스 구성요소로 전환
- 미래의 개발변화 가능성을 수용할 수 있는 체계와 과정 접근

3 대표작가

① 램 쿨하스(Rem Koolhaas, 1945)
- 다운스뷰파크 현상공모 당선
- 다이어그램적 형태로 이루어진 전략적 설계 : Tree City
- 미래의 불확정적 이용에 가변적인 개방형 설계 제시

② 아드리안 구즈(Adriaan Geuze, 1960)
- West8
- 미래를 지향하는 치유의 공원 용산공원
- 태양경로 변화를 반영한 쇼우부르흐 광장
  - 두껍게 하기(thickening), 접기(folging), 이동(movement)
  - 새로운 재료(new meterials), 일시성(impermanence)
  - 자발적 활동(nonprogrammed use)

③ 제임스 코너(James Corner, 1961)
- 필드오퍼레이션
- 뉴욕 쓰레기매립지 현상 설계 당선 Lifescape
- 뉴욕 폐철도 High line 공원화
  - 산업유산 활용을 통한 도시재생 방향 모색

Ⅸ 생태도시(Eco City)

1. 개념

① 순환성, 다양성, 안전성, 자립성의 원칙에 의해 도시 구축

② 도시민의 건강과 삶의 질을 향상시키고, 건강한 도시생태계 유지

③ 녹색도시, 환경도시, 생태도시, 환경공생도시, 환경친화적 도시, 지속가능한 도시, 에코시티, 에코폴리스 등의 용어 혼용

④ 기존의 도시는 태우고, 버리고, 소비하는 도시

　→ 생태도시는 보존하고, 재활용하고, 순환하는 도시

> ▶ **참고**
>
> ➤ **녹색도시**(Green City)
> - 도시생활과 자연이 서로 조화되는 건강하고 풍요로운 도시
> - 도시경관과 녹지 조성에 초점, 환경의 질 언급 없음
>
> ➤ **지속가능한 도시**(Sustainable City)
> - 미래세대의 능력을 저해하지 않으면서 현세대의 개발(세대 간 형평 실현)
> - 생태계 환경용량 내에서 인간생활 질 향상
>
> ➤ **에코시티**(Eco City)/**에코폴리스**(Ecopolis)
> - 일본에서 주로 사용하는 개념으로 생태적으로 양호한 도시
> - 인간과 자연이 조화를 이루는 쾌적한 도시

2. 계획·설계원칙

1) 원칙

① 지속가능한 발전이 갖추어야 할 조건과 유사

② 미래세대에 대한 배려, 자연생태계의 보전, 자급자족성, 사회적 형평성, 주민참여 등

2) 목표

① 도시를 하나의 유기체로 인식

② 도시의 다양한 활동과 구조를 자연생태계의 속성에 가깝도록 계획·설계

③ 도시의 물리적 구조, 경제적 기능, 환경용량 내에서 도시환경문제 해결

3. 기능

1) 안전성

① 생태계 평형 유지

② 순환성, 자립성, 다양성을 통한 지속적 체계 구축

2) 순환성

① 에너지 흐름과 물질순환

② 연결성 확보 중요

3) 자립성

① 도시 내 생태적 자립성과 스스로 지속할 수 있는 능력

② 신재생에너지 활용, 재활용 시스템 구축

4) 다양성

① 생물다양성 확보, 서식처와 종 보호방안 마련

② 도심 내 다양한 비오톱 창출, 유지

4. 유형

1) 생물다양성 생태도시

① 생물다양성 증진 목표

② 도시 내부의 생물적 요소를 보호하여 생물다양성 확보

2) 자연순환형 생태도시

① 자연순환체계 중시

② 인간활동이 생태계 물질대사 및 에너지 순환에 미치는 영향 최소화

3) 지속가능성 생태도시

① 지속가능성 추구

② 인간활동, 환경을 도시생태계 문제와 연계하여 이해하고 접근

5. 계획요소

생태도시 건설을 위한 핵심계획요소

구분			계획요소
토지이용 · 교통 · 정보통신 분야	토지 이용	환경친화적 배치	자연지형 활용
			지형 변동률 최소화(완경사지의 선택을 통한 절 · 성토 면적 최소화)
			환경친화적 적정 규모 밀도 적용
			오픈스페이스 확보를 위한 건물 배치
		적정밀도 개발	녹지자연도 · 생태자연도 · 임상등급 등 고려
			지역 용량을 감안한 개발지역 선정
		자연자원 보전	생태적 배후지 보존으로 자정능력 확보
			우수한 자연경관 보전
		오픈스페이스 및 녹지 조성	도로변 · 하천변 및 용도지역간 완충녹지 설치
토지이용 · 교통 · 정보통신 분야	교통 체계	보차분리	보행자 전용도로 설치를 통한 보행자 전용공간 확대
			보행자 공간 네트워크화
		자전거이용 활성화	자전거도로 설치
		대중교통 활성화	대중교통 중심의 교통계획(저공해성 기준)
	정보 통신	정보네트워크를 이용한 도시 및 환경관리	신기술 정보 · 통신 네트워크 확보를 통한 환경관리 및 도시관리
생태 및 녹지분야	녹지 조성	그린네트워크를 위한 녹지계획	녹지의 연계성(그린 매트릭스)
			Green—Way 조성
			풍부한 도시공원 · 녹지, 도시림 조성
	생물 과의 공생	비오톱 조성	생물이동통로 조성 (에코 코리더, 녹도와 실개천 등으로 연결)
			생물서식지 확보(습지, 관목숲 등)
물 · 바람 분야	수자원 활용	우수의 활용	우수저류지 조성
			투수면적 최대화
		환경친화적 생활하수처리	우 · 오수의 분리 처리
	수경관 조성	친수공간 조성	자연형 하천(실개천, 습지 등) 조성
	바람길 이용	바람길 확보	공기순환(오염물질의 농도감소 효과) 미기후 조절(도시열섬현상 완화)을 위한 바람길 조성
에너지 분야	재생 에너지 이용	청정에너지 이용	LPG, LNG 사용 확대
		지열, 폐기물 소각열, 하천수열 등의 에너지 활용	지역 재생에너지 이용 (지열, 하천수열, 해수열, 태양열, 풍력)
환경 및 폐기물 분야	폐기물 관리	자연친화적 쓰레기처리	쓰레기 분리수거 공간 및 기계 · 분리함 설치
어메 니티 분야	경관	도시경관 조성	시각회랑, 스카이라인 조절 등
	문화	문화 · 여가시설 조성	문화욕구를 충족시킬 수 있는 시설 조성
	주민 참여	커뮤니티 조성을 통한 주민참여	지역사회 활동 및 도시관리 · 유지 방안

X 녹색성장도시 / 저탄소도시(LCS)

1. 녹색성장도시(Green Growth)

① 친환경 도시산업을 통해 도시경쟁력을 강화하는 환경과 경제가 순환하는 도시
② 2000년 '녹색성장(이코노미스트지)' 용어 등장
③ 2005년 아·태 환경과 개발에 관한 장관회의(MCED) : 대한민국 녹색성장 선포
④ 경제성장을 추구하되 자연 이용, 환경오염 최소화 : 친환경적 경제성장
⑤ 높은 에너지효율과 낮은 이산화탄소 발생 : 경제성장, 생태적 건전성 제고

2. 저탄소도시(Low Carbon Society)

① 녹색성장도시는 기존의 탄소배출도시에서 탄소저감을 실천하는 도시로 변화
② 지구환경보전과 인류의 지속가능 발전 추구
③ 환경보전, 저소비형 사회·경제성장 추진

3. 설계분야 응용

① 기후놀이터 – 자가동력
② 신재생에너지 이용
③ 녹지조성 – but, 가장 큰 탄소배출원인은 교통 → 대책방안 필요

▶▶ 참고

➤ **기후놀이터**
  1 정의
    • 저탄소 녹색성장 비전에 근거한 친환경 테마 어린이놀이터
    • 어린이들이 놀면서 에너지 절약을 배울 수 있는 친환경 테마공간
    • 신재생에너지 생산체험을 통해 환경보호와 기후변화 의식변화 유도
  2 시설물계획
    • 외부에서 전기를 공급받지 않고 자체 생산하여 신재생에너지 이용
    • 사람들의 운동에너지가 전기에너지로 전환
    • 자가발전 놀이기구, 운동기구, 조명등
  3 식재계획
    • 도시공원의 단위면적당 탄소저장량에 영향을 주는 요인
    → 식재면적률, 식재밀도, 식재수종(활엽수＞침엽수)

XI 유비쿼터스도시(U-city)

1. 유비쿼터스(Ubiqutous)

구분	내용
개념	• 언제 어디서나 내가 원하는 정보를 얻는 것 • 언제 어디서나 내가 주인이 되어 무한한 가치를 창출하는 환경 • 5 Any, 5C Every 가능
5 Any 가능	• 언제나(Anytime) • 어디에나(Anywhere) • 어떠한 기기(Any Device) • 누구와도(Anyone) • 어떤 것이든(Anything)
5C Every 실현	• 모든 컴퓨팅(Computing Every) • 충분한 커뮤니케이션(Communication Every) • 가능한 모든 접속(Connectivity Every) • 모든 콘텐츠(Contents Every) • 충분한 쾌적함(Calm Every)

2. U-city

① 언제 어디서나 장소에 상관없이 자유롭게 네트워크에 접속 가능한 유비쿼터스 기술을 도시에 접목

② 도시제반 기능을 혁신시킬 수 있는 미래지향적 신도시

③ 법제적 의미 (U-도시법 제2조)

→ 도로, 교량, 학교, 병원 등 도시기반시설에 첨단 정보통신기술을 융합하여 유비쿼터스 기반시설을 구축하고, 교통·환경·복지 등 각종 유비쿼터스 서비스를 언제 어디서나 제공하는 도시

3. U-city의 특징

① 도시를 체계적으로 관리할 수 있는 도시기능의 지능화

② 인터넷 기반의 유무선 네트워크

③ 언제 어디서 누구나 이용 가능한 통합관리

④ 유비쿼터스 기술 접목을 통한 실용적 서비스 구현

I 조경계획 접근방법

1. 토지이용계획으로서의 조경계획

토지와 자연의 보존과 활용에 중점

1) D. Lovejoy

토지의 가장 적절하고 효율적인 이용을 위한 계획

2) B. Hackett

① 경관의 생리적 요소에 대한 기술적 지식과 경관의 형상에 대한 미적인 이해를 바탕으로 토지의 이용을 결합시켜 새로운 차원의 경관 창출

② 기술적 지식 + 미적 이해 + 토지 이용 → 경관

2. 레크리에이션 계획으로서의 조경계획

① 이용자들의 레크리에이션 계획 강조

② 사람들이 여가시간에 행하는 레크리에이션에 따른 공간 및 시설에 관련된 계획

1) 레크리에이션 정의

① Recreation(오락)

㉠ 노동 후의 정신과 육체를 새롭게 하는 것

㉡ 기분전환, 놀이 등

② Lesure(여가)

㉠ 활동 중지에 의해 얻어지는 자유나 남는 시간

㉡ 일이 없어 남는 시간, 휴가

③ Tourism(관광)

㉠ 다른 지역에 가서 그곳의 풍경, 풍습 등을 구경함

㉡ 레크리에이션을 위한 여행

2) 사회·심리적 측면의 레크리에이션 개념 (매슬로우(Maslow) 욕구 위계단계)

┃ 매슬로우 욕구 위계단계 ┃

① 욕구가 인간행동에 1차적인 영향을 준다는 가설

② 기초욕구

  ㉠ 생리적·생존적 목표

  ㉡ 의식주 등의 요소

③ 안전욕구 : 안보, 질서, 보호의 규범, 위험의 감소 등

④ 소속감 : 대인관계 형성, 가족 및 친척관계, 친구관계 등

⑤ 자아지위 : 그룹 내에서 특별한 지위를 차지하려는 욕구

⑥ 자아실현 : 자신의 내적 성장에 관심, 도전, 창조 등

PLUS ➕ 개념플러스

- 레크리에이션 기회 스펙트럼 ROS(Recreation Opportunity Spectrum)
- 레크리에이션 자격 계획 시 LAC(Limits of Acceptable Change, 허용한계 설정)

3) S. GOLD(1980)의 레크리에이션 계획 접근방법

유형	접근방법
자원 접근법	• 물리적 자원, 자연자원이 레크리에이션의 유형과 양 결정 • 공급이 수요 제한 • 활용 : 경관성이 뛰어난 지역의 조경계획 유용
활동 접근법	• 과거의 경험이 레크리에이션 기회를 결정하도록 계획 • 공급이 수요 창출 • 활동유형, 참여율 등 사회적 인자 중요 • 활용 : 대도시 주변 계획 적합 • 과거 경험에 의존하기 때문에 새로운 레크리에이션 계획 반영의 어려움
경제 접근법	• 지역사회의 경제규모가 레크리에이션의 종류, 입지 결정 • 비용편익분석에 의해 토지, 시설, 프로그램 결정 • 활용 : 민자유치사업
행태 접근법	• 이용자의 구체적인 행동패턴에 맞춰 계획 • 활동접근방법 : 직접 드러나는 수요 • 행태접근방법 : 잠재적인 수요까지
종합 접근법	• 네 가지 방법론 중 긍정적인 측면만 취해 결론 도달

3. 관광의 권역과 형태

1) 관광의 개념

① 주유여행(周遊旅行) : '투어한다'는 뜻으로 정주지로 다시 돌아오는 것 전제

② WHO의 정의

    ㉠ 방문지 내에서 보수를 받을 목적성 활동 제외

    ㉡ 여가, 비즈니스 등 목적을 가지고 계획해서 1년 이상 머무르지 않고 거주환경 이외 지역으로 여행하는 사람들의 활동

2) 관광시장의 범위

구분	범위	
유치권	• 관광지에 내방할 가능성이 있는 사람들의 거주 범위 • 매력도에 좌우(관광자원 시설의 가치, 지명도 등)	• 1차 시장
행동권	• 대상지의 매력과 행동욕구에서 규정된 행동범위 • 유치권의 역개념	
보완권	• 방문객이 상호 왕래하는 범위	• 2차 시장
경합권	• 경쟁대상이 되는 관공지가 존재하는 가장 큰 범위	• 3차 시장

3) 관광코스를 중심으로 하는 여행형태

여행형태	특성	
피스톤형 (Piston)	• 여행객이 목적지를 왕복하는 데 동일한 코스 • 업무 이외 다른 목적 없이 직행하는 것 • 숙박비, 차 내에서 판매상품 소비 등 • 별다른 관광 지출이 이루어지지 않음	
스푼형 (Spoon)	• 목적지 이외 시간적 여유가 있음 • 여가를 이용한 관광, 유람 • 목적지에서 관광소비가 이루어짐 • 미지의 지역이므로 숙식 · 관광시설을 포함한 개인서비스 요구	
안전핀형 (Pln, 옷핀형)	• 자택에서 목적지까지는 직행 • 왕복코스가 각각 다른 형태 • 피스톤, 스푼형보다 관광소비가 많고, 서비스의 수요와 내용 요구가 많음	
텀블링형 (Tumbling, 템버린형)	• 자택에서 여러 목적지를 계속 돌아오면서 안전핀형과 같이 회유 반복 • 숙식, 오락 등 요구가 많음 • 노선이 직행이 아니라 원형 코스	• 목적 순수관광, 오락여행 • 시간적 · 정신적 여유가 많은 사람 채택

Ⅱ 조경계획 수립과정

1. Process

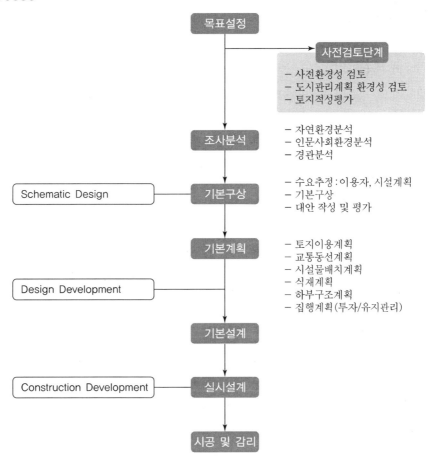

2. 계획과 설계의 구분

구분	계획(Planning/Programming)	설계(Design)
개념	• 장래 행위에 대한 구상을 짜는 일 • Planner	• 제작, 시공을 목표로 아이디어 도출 • 구체적인 형상으로 표현 • designer
절차	• 목표설정−자료분석−기본계획	• 기본설계−실시설계
차이점	• 문제의 발견과 분석 • 논리적·객관적 접근 • 논리성과 능력 : 교육, 반복학습 숙련 • 보고서 등의 서술형식으로 표현	• 문제의 해결과 종합 • 주관적, 창의성, 예술성 강조 • 개인 능력, 미적감각 의존 • 도면, 그림, 스케치로 표현

Ⅰ 토양조사

1. 토양단면

① O층(유기물층)
  - 낙엽과 분해물질(L, F, H), 추운 지방에서 발달하지 않고, 온대지방에서 층화가 잘 이루어짐

② A층(용탈층)
  - 미생물과 식물활동 왕성, A_1(암갈색), A_2(약간 밝음), A_3(A성분이 있는 B층)

③ B층(집적층)
  - A층에서 이화학적으로 용탈, 분리되어 내려오는 여러 가지 물질이 침전, 집적
  - 구조가 뚜렷, 진한 빛깔
  - B_1(A층 변화 과정), B_2(점토, 철 집적, 신선한 광물질 토양층)

④ C층(모재층) : 무기물층으로 토양생성작용을 받지 않음

⑤ R층(모암) : 기암층

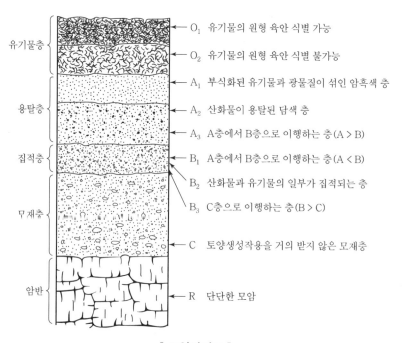

유기물층 — O_1 유기물의 원형 육안 식별 가능
        — O_2 유기물의 원형 육안 식별 불가능

용탈층 — A_1 부식화된 유기물과 광물질이 섞인 암흑색 층
       — A_2 산화물이 용탈된 담색 층
       — A_3 A층에서 B층으로 이행하는 층(A > B)

집적층 — B_1 A층에서 B층으로 이행하는 층(A < B)
       — B_2 산화물과 유기물의 일부가 집적되는 층
       — B_3 C층으로 이행하는 층(B > C)

모재층 — C 토양생성작용을 거의 받지 않은 모재층

암반 — R 단단한 모암

∥ 토양단면도 ∥

> ▶ **참고**

> ➤ **표토**
>
> **1** 15cm 정도의 토양 중 O층과 A층을 말하는 것
> ① 토지를 조성하는 FL
> ② 두께 15cm 전후, 입단구조가 잘 발달된 유기물층과 용탈층
> ③ 식물 생존환경에 절대적 영향을 미치는 자원(암색, 암갈색)
>
> **2** 표토 채집
> ① 포크레인 이용
> ② 15cm 정도 집토
>
> **3** 표토 가적치
> ① 높이 1.5m 이하
> ② 폭 3m 사다리꼴 적치
>
> **4** 표토 유지관리
> ① 가적치장 주변 우수시설 설치
> ② 집중호우시 비닐 설치
>
> **5** 표토 활용
> ① 녹지대 잔디심기 전 20cm 복토
> ② 가로수 식재지 객토
>
> **6** 표토 복원공법 활용
> ① 자연표토를 녹지대에 취부
> ② 표토 내 씨앗 발아, 즉 매토종자 활용

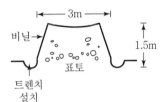

┃ **표토 유지관리** ┃

2. 토성

① 2mm 이하 토양입자의 크기

㉠ 모래 : 직경 2~0.02mm

㉡ 미사(실트) : 0.02~0.002mm

㉢ 점토 : 0.002mm 미만

② 모래, 미사, 점토 등의 함유비율

㉠ 사토(대부분 모래)

㉡ 사질양토(모래, 점토 각각 50%)

㉢ 식토(대부분 점토)

3. 토양구조

① 단립구조

② 입단구조(떼알구조) : 식물의 생존 · 생육에 있어 유익한 구조

4. 토양수분

- 토양을 구성하는 물질인 토양삼상 중 액상에 해당
- 결합수, 흡습수, 모관수, 중력수

1) 결합수

① 토양의 고체에 결합되어 있는 물

② 식물은 이용할 수 없으나 결합된 화합물의 성질에 영향

2) 흡습수

① 토양 표면에 부착된 물

② 식물이 흡수하려는 힘보다 강하게 부착되어 식물 이용 불가능

3) 모관수

① 토양의 작은 공극인 틈과 모세관에 존재하는 수분

② 표면장력에 의하여 흡수 유지

③ 물이 삼투압 등을 활용 · 흡수하여 이용할 수 있는 유효수분

4) 중력수

① 토양의 공극을 채우고 있는 물

② 토양에 의해 흡착되어 있지 않아 중력에 의하여 이동 가능

▶▶ 참고

> ➤ **수분 관련 용어**
> - 위조계수 : 식물이 수분이 부족해 마르는 현상
> - 초기 위조점 : 소생 가능, pF 3.8
> - 영구 위조점 : 소생 불가능, pF 4.2
>
> ➤ **식물에게 필요한 토양수분**
> - 모관수, 중력수

Ⅱ 식생조사

1. 조사방법

1) 전수조사

① 대상지 내 식생 모두 조사

② 시간, 인력, 비용 모두 많이 소요

2) 표본조사

① 쿼드라트법

㉠ 대상지 내 방형구를 선정하여 식생조사

㉡ 산림 200~500m², 방목초원 5~10m², 경지잡초 0.1~1m²

② 접선법

㉠ 표고차이가 나는 지역에서 전수조사가 어려울 경우 사용

㉡ 선에 접하는 모든 식생조사

③ 포인트법

㉠ 높이가 낮은 군락에서 사용

㉡ 방형구법 중 면적을 아주 작게 하여 만든 것

㉢ 틀에 끼워 놓은 핀(pin)을 45~90° 각도로 지표면에 내린 후 이것에 접촉한 식물 기록

④ 간격법

㉠ 2개의 식물 개체 간의 거리, 어떤 임의의 점과 개체 간의 거리

㉡ 구성종 또는 군락 전체의 양적 관계(밀도) 측정시 사용

2. 층상구조

1) 다층구조 식재

① 생물공동체 영역

② 지피-초본-관목-교목으로 구성

2) 길드 결정

① 채이길드(Foraging Guild) : 같은 먹이를 공유하는 개체군의 집합

② 영소길드(Nesting Guild) : 같은 서식처를 공유하는 개체군의 집합

길드		설명
영소길드	수동	나무구멍을 둥지로 선택
	수관층	수고 2m 이상의 교목 상층
	관목층	지면, 관목, 덩굴수목 등
	임연부	산림 임연부
채이길드	외부	산림 이외의 장소, 임연부에서 먹이자원 채취
	수관층	공중, 잎, 가지, 줄기, 새순 등
	관목층	덩굴, 낙엽, 고사목, 덤불

Ⅲ 기후조사

1. 지역기후

강우량, 일조시간, 풍속, 풍향 등 조사

2. 미기후

국부적 장소에 기후가 주변기후와 현저히 달리 나타날 때

> ▶▶ 참고
>
> ➤ 알베도(Allbedo)
> • 표면에 닿은 복사열이 흡수되지 않고 반사되는 %
> • 알베도가 높을수록 불투수성 포장면적의 비율이 높음
> • 거울 1%, 잔디나 산림 0%
>
> ➤ 도시기후(풍동현상, 열섬현상, 스모그, 도시홍수, 미세먼지 등)
> • 불투수성 포장면적 증가
> • 냉난방 증가, 자동차 증가, 녹지 감소
> • 도심 내 미기후 증가 등

05 경관조사

I 경관정의

View	Landscape
• 시각적 경관 • 눈에 보이는 경관	• 지리적(땅)·생태적 경관 • 경관 내에서 이루어지는 생물과 환경의 상호관계 고려
View	**Vista**
• 일정 지점에서 볼 때 파노라믹하게 펼쳐지는 공간 • 위에서 아래로 바라보는 경관	• 좌우로의 시선이 제한 • 일정 지점으로 시선이 모이도록 구성된 공간

> ▶ **참고**
>
> ➤ **시각경관계획의 내용**
>
> | 주요내용 | 핵심용어 |
> |---|---|
> | 경관적 접근성
(Visual Accessibility) | • 조망점(View Point)
• 조망축(View Axis)
• 통경축(Vista) |
> | 경관적 주체성
(Landscape Thematic Character) | • 자연경관(Natural Landscape)
• 도시경관(Urban Landscape) |
>
> ➤ **조망점 유형**
> • 전경 조망점 : 파노라믹 경관 조망, 접근성 양호, 공공 개방
> • 전략적 조망점 : 주요 통행로, 도로 결절점, 눈에 띄게 배치
> • 권역별 조망점 : 각 권역별 진입경관, 권역 내 우수경관 조망

Ⅱ 경관분석기법

1. 기호화방법

- K. Lynch

  ① 도시경관을 기호로 분석

  ② 도로(Pathes), 지역(Districts), 결절점(Nodes), 랜드마크(Landmarks), 경계(Edges)

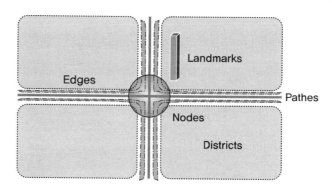

┃ 케빈린치의 도시를 구성하는 5가지 요소 ┃

2. 심미적 요소의 계량화 방법

- Leopold

  ① 스코틀랜드 하천을 낀 계곡경관을 가치평가

  → 12개 대상지역 선정

  ② 46가지 관련인자를 고려하여 특이성 계산

  ㉠ 물리적 인자(14)＋생태적 인자(14)＋인간이용 및 흥미인자(18)

  ㉡ 중요하다고 생각되는 인자 파악

  ③ 계곡특성과 하천특성 계산

3. 메시분석방법

- Ian McHarg

  ① 경관타입을 체계화한 후 일정 간격으로 구획, 경관으로 평가

  ② 요인별로 등급을 나누고, 점수를 환산하여 경관특색 도출

  ③ Overlay, 중첩분석법

4. 시각회랑방법

1) Visual Corridor

① Litton 산림경관 유형

② 거시적 경관 : 파노라믹 경관, 지형경관, 위요경관, 초점경관

③ 세부적 경관 : 관계경관(터널경관), 세부경관, 일시적 경관

2) Viewshaft

① 뉴질랜드 Wellington District Plan 내 조밍축 제도

② 구릉지에 형성된 주거지에서 바다로의 조망 확보를 위해 도입

③ 산의 정상에서의 조망보다 주요한 거리에서 해변 쪽으로의 조망을 더 중요시 여김

④ 명확한 조망축 설정이 제일 중요

　㉠ 조망점, 조망높이, 조망대상, 조망각도 설정

　㉡ Wellington 지역의 조망축 설정기준

　　• 주요 조망점, 주요 도로에서 건물 사이로 보이는 개방된 조망지역

　　• 시민과 관광객이 많이 모이는 쇼핑지구

　　• 주요 중심상업지구 지역에서 항구가 조망되는 지역

　　• 주요한 관광지역에서 해변이 조망되는 지역

　　• 22개의 조망점, 27개의 조망축 설정

3) View Cone

① 캐나다 벤쿠버 지역은 남측 구릉지의 위치에서 바라보는 전경

② 캐나다 시의회에서 북해변 산악지대와 바다의 조망보호 목적

③ 27개의 View Cone 설정

④ View Cone의 길이는 시경계까지 연장, 조망점은 인간 눈높이를 더한 표고값

⑤ 벤쿠버 시는 View Cone에 의한 중심가의 건축물들과 스카이라인 관리방식 적용

　㉠ 조망점의 조망대상은 주요 산의 전경

　㉡ 산의 스카이라인을 조망할 수 있도록 설정된 View Cone 설정

　㉢ 가구단위로 건축물의 높이 300피트(91m) 이내로 제한

Ⅲ 경관평가 척도와 측정

1. 척도의 유형

1) 명목척(Nominal Scale)

① 사물의 특성에 고유번호 부여

② 운동선수 유니폼

2) 순서척(Ordinal Scale)

① 일정 크기의 크고 작음 비교

② 키 큰 순서, 성적순

3) 등간척(Interval Scale)

① 일정 특성의 상대적 비교

② 리커드 척도, 어의구별척 등

4) 비례척(Ratio Scale)

① 길이, 무게, 부피 등 물리적 사물의 특성 크기 측정

② 비례계산

2. 측정방법(환경설계 연구방법)

1) 형용사목록법

① 경관 특성을 이해하기 위해 경관성격을 나타내는 형용사 선택

② 아름다운, 깨끗한, 정돈된 등

2) 카드분류법

문장의 내용과 대상 경관의 특성에 가까운 정도에 따라 분류

3) 어의구별척

① 경관에 대한 의미의 질 및 강도를 밝히기 위한 형용사 7단계

② 정도평가

4) 리커드척도

① 응답자의 태도나 가치를 측정하는 조사

② 보통 5점 척도가 많이 쓰임

③ 매우 싫음, 싫음, 보통, 좋음, 매우 좋음

5) 순위조사

여러 경관의 상대적인 비교에 이용

6) SBE(Scenic Beauty Estimated) 방법

① 개인적 차이로 인한 평가치 차이를 보정하기 위해 표준값 이용

② 기본적 틀은 쌍체비교법 사용

7) 쌍체비교법

① 인자들을 두 개씩 쌍으로 비교하여 중요한 인자 선택

② 상대적 크기 계산

3. 자료수집방법

1) 물리적 흔적의 관찰

① 이용에 의한 부산물(쓰레기, 잔디밭 마모, 철망에 난 구멍)

② 환경의 변경 관찰(새로운 가구 배치, 칸막이를 이용한 공간 분리 등)

③ 개인 주변환경의 장식물 관찰(가족사진, 화분)

2) 인간행태 관찰

① 서술, 조사표 이용, 지도, 사진, 비디오, 촬영

② 행위자, 행위, 물리적 배경 등 조사

3) 인터뷰

4) 설문지

① 자유응답설문(개방형 질문지, 주관식)

② 제한응답설문(응답범위 표준화, 객관식)

5) 문헌조사

신문, 보고서, 통계자료, 사진, 도면 등

I 기본조사

① 인구조사, 토지이용조사, 교통조사,
② 시설물조사, 역사유물조사, 관련법규조사
③ 인간행태조사 등

II 공간수요량 산출모델

1. 시계별 모델

과거의 결과를 기준으로 미래를 예측하는 방법

2. 중력모델

① 연간 수요량이 있다면 연간 총 관광 및 이용발생량 예측 가능
② 과거 데이터가 없다면 사용불가

3. 요인분석모델

① 연간수요량에 영향을 미친다고 생각되는 사항을 요인으로 선정
② 관광지 규모, 관광자원의 매력, 관광시설의 양
③ 데이터 수집 시 시간, 비용, 인력 등 제한요건 多

4. 외삽법

① 과거의 이용 선례가 없을 때 비슷한 곳을 대신 조사하여 측정
② 몇 가지 방법을 혼용해서 사용하는 것이 효과적임

Ⅲ 동시수용력

1. 산정공식

① 계획대상지 내 동시다발적으로 수용할 수 있는 이용객 수

② 동시수용력(M) = 연간 이용자 수(Y)×최대일률(C)×서비스율(S)×회전율(R)

2. 연간 이용자 수(Y)

① 방문자 수(공간수요량) 산정

② 시계별 모델, 중력모델, 요인분석모델, 외삽법을 통해 산정

3. 최대일률(C)

① 연간방문객에 대한 최대일방문객의 비율로 계절형에 따라 다름

② 최대일률 = $\dfrac{최대일이용자 수}{연간 이용자 수}$

③ 최대일이용자수 = 연간이용자수×최대일률

④ 최대시이용자수 = 최대일이용자수×회전율

＊ 계절별 최대일률

구분	1계절형	2계절형
최대 일률	1/30	1/40
	3계절형	**4계절형**
	1/60	1/100

4. 서비스율(S)

① 경영효율상 60~80% 적용

② 사람이 적은 경우 60%, 많은 경우 80%

5. 회전율(R)

① 체류시간에 따라 구분

② 회전율 = $\dfrac{최대시이용자 수}{최대일이용자 수}$

ㄱ 1시간형 : 동굴관람형

ㄴ 2시간형 : 해안관람형, 문화유적관람 · 체험형, 단일공간 · 단일시설관람형

ㄷ 3시간형 : 산악관람 · 체험형, 내수면 관람 · 체험형

ㄹ 4시간형 : 단일공간체험형

＊ 회전율

체재시간	1시간	2시간	3시간
동시 체재율	0.16	0.31	0.47
	4시간	**5시간**	**6시간**
	0.62	0.77	0.92

Ⅳ 수용력(Carrying Capacity)

1. 개념

① 어떠한 공간 내에서 본질적인 변화 없이 외부영향을 흡수할 수 있는 능력

② 수용력은 공간이용에 따른 사회적 · 생태적 수준의 균형 유지 관건

③ 미국의 Penfold는 국립공원 가치 지속을 위해 물리적 · 생태적 · 사회적 수용력 제시

2. 유형

1) 생태적 수용력(Ecological Carrying Capacity)

① 자연계 생태적 균형을 깨뜨리지 않는 범위

② 어느 정도 훼손까지는 흡수하여 자연 스스로 회복할 수 있는 범위

③ 환경용량을 고려한 개발

2) 물리적 수용력(Physical Carrying Capacity)

① 일정공간 내 최대인원 수

② 휴양의 질 보장 규모

③ 수용인원 산정 : 토지용도별 적지, 시설별 가용지를 찾아내고, 수용능력 결정

④ 최대동시수용인원 $= \dfrac{\text{시설가용면적}(\text{m}^2)}{\text{1인당 소요면적}(\text{m}^2)}$

3) 사회적 수용력(Social Carrying Capacity)

① 인간이 활동하는 데 필요한 육체적 · 정신적 필요 공간량

② 지각적 수용능력

③ 공간 원단위 적용 : 해수욕장 15m²/인, 수변지 50m²/인, 일반관광지 80m²/인

4) 적정 수용력

① 이용자의 만족감을 고려한 범위 내 자원이 감당할 수 있는 이용량

② 자원의 중요도와 인간의 만족도 모두 충족

▶▶▶▶

- 물리 · 생태적 접근방법
- 시각 · 미학적 접근방법
- 사회 · 행태적 접근방법

I 물리 · 생태적 접근방법

■ Ian McHarg(생태적 결정론, Ecological Determinism)

① 경제성에 치우치기 쉬운 환경계획을 인간환경문제와 결부하여 새로운 환경 창조

② 자연과 인간, 자연과학과 인간환경의 관계

→ 생태적 결정론으로 연결

③ 적지 선정을 위해 도면 결합법(Overlay Method) 제시

‖ 생태적 결정론 개념도 ‖

II 시각 · 미학적 접근방법

1. 미적 반응(Aesthetic Response)

1) 지각과 인지

① 환경지각과 인지 : 지각과 인지는 하나의 연속된 과정

② 지각(Perception) : 감각기관을 통해 외부 자극을 받아들이는 과정

③ 인지(Cognition)

㉠ 과거, 현재의 환경과 미래의 인간행태를 연결시켜 주는 수단

㉡ 지식을 얻는 다양한 수단

④ 환경규모 大 : 환경인지(도시 · 지역구조의 인지) 중요

⑤ 환경규모 小 : 환경지각(색채 · 형태 · 소리 등의 지각) 중요

2. Berlyne의 미적 반응과정 4단계

1) 자극탐구(Stimuli Seeking)

① 호기심이나 지루함 등

② 다양한 동기에 의해 이루어짐

2) 자극선택

① 인간은 모든 자극에 대해 선택할 수 없음

② 선택적 주의집중을 함

3) 자극해석

자극요소의 상호관련성을 지각하여 자극을 받아들임

4) 반응

① 감정적(슬픔, 즐거움, 두려움) 마음상태로 표현

② 행동적 반응, 구술반응(말), 정신 · 생리적(맥박, 땀) 반응

```
자극탐구
  ↓
자극선택
  ↓
자극해석
  ↓
 반응
```

┃ **미적 반응과정 4단계** ┃

3. 도형과 배경

1) 도형과 배경의 구분

① 돋보이는 형태를 도형(Figure)

② 나머지는 배경(Ground)

③ 덴마크 심리학자 루빈(E, Rubin, 1918)−루빈의 잔

> ▶ ▶ **참고**
>
> ▶ **루빈의 잔**
> - 도형은 '물건'과 같은 성질을 지니며, 도형의 외곽부분에는 뚜렷한 윤곽이 있어서 일정한 형태를 지닌다. 이에 비하여 배경은 '물질과 같은 성질을 지니며 형태가 없는 것처럼 보인다.
> - 도형은 관찰자에게 보다 가깝게 느껴지며 배경보다 앞에 있는 것처럼 느껴진다. 이에 비하여 배경은 도형 뒤에서 연속적으로 펼쳐져 있는 것으로 느껴진다.
> - 도형은 배경에 비하여 더욱 인상적 · 지배적이고, 잘 기억된다. 또한 도형은 배경에 비하여 더욱 의미 있는 형태로 연상된다.
>
>
>
> ┃ **루빈의 잔** ┃

2) 도형과 배경의 역전

① 주의 집중의 여부 및 크기 변화에 따라서
② 도형과 배경이 역전될 가능성이 있음

3) 도형과 배경의 전이

① 실제 환경에서 인간이 끊임없이 움직이기 때문에
② 도형과 배경의 관계는 스케일에 따라 유동적

4) 도형조직의 원리(게쉬탈트 이론)

① 근접성(Nearness or Proximity)

ㄱ 가까이 있는 요소들은 하나의 그룹으로 인식
ㄴ 멀리 있는 요소들은 별개의 그룹으로 간주

② 유사성(Similarity)

ㄱ 거리가 동일한 경우
ㄴ 유사한 특성을 지닌 요소들을 하나의 그룹으로 인식

③ 연속성(Continuation)

ㄱ 직선 혹은 단순한 곡선을 따라 같은 방향으로
연결될 때
ㄴ 보이는 요소들은 동일한 그룹으로 인식

④ 방향성(Common Fate)

동일한 방향으로 움직이는 요소들은 동일한 그룹

⑤ 완결성(Closure)

ㄱ 더욱 위요된, 더욱 완전한 도형을 선호하는 방향
으로 그룹 형성
ㄴ 근접성보다 우선

⑥ 대칭성(Symmetry)

ㄱ 자연스럽고 균형이 있음
ㄴ 대칭 구성을 이루는 방향으로 그룹 형성

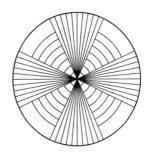

(a) 동심원 위에 있는 직선이 보이
거나 직선 위에 있는 동심원

(b) 색소폰을 불고 있는 남자가 보이
거나 여성의 얼굴이 보임

(c) 하늘과 바다

▌ **도형과 배경의 역전의 예** ▌

4. 시각적 효과분석

시각적 환경의 질을 향상시키기 위한 접근방법

→ 연속적 경험, 이미지, 시각적 복잡성, 시각적 영향, 경관가치평가, 시각적 선호도

1) 연속적 경험(Sequence Experience)

계획가	접근방법

Thiel	• 연속적 경험을 기호로 표시
	• 공간의 형태, 면, 인간의 움직임 등을 나타내는 기호로 구성
	• 장소중심적(폐쇄성이 높은 도심지 공간에 적용)
	• 외부공간 분류
	  ① 모호한 공간(vogues) : 공간의 경계 불분명
	  ② 한정된 공간(space) : 면과 사물에 둘러싸임
	  ③ 닫혀진 공간(volume) : 연속된 면에 의해 완전히 둘러싸임
	  ※ 한정된 공간, 닫혀진 공간 → 선적 공간, 면적 공간
	    선적 공간(run) : 평면도에서 길이가 폭의 두 배↑
	    면적 공간(area) : 평면도에서 길이가 폭의 두 배↓

Halprin	• Motation symbol이라는 인간행동의 움직임 표시법 고안 • 움직임(movement) + 부호(notation) • 공간의 형태보다는 시계에 보이는 사물의 상대적 위치 기록 • 진행중심적 • 비교적 폐쇄성이 낮은 공간(교외, 캠퍼스)에서 활용
Abernathy, Noe	• 도시 내 연속적 경험 설계기법 연구 • 시간과 공간을 고려한 도시계획 설계
공통점	• 시간 흐름에 따른 인간의 공간변화를 기법화

2) 이미지(Imageability)

① Lynch : 도시이미지 형성에 기여하는 물리적 요소 5가지 제시

② Steinitz : Lynch의 이미지를 발전시켜 컴퓨터 그래픽 및 상관계수 분석

계획가	접근방법
Lynch	• 통로(Paths) : 연속성과 방향성(길) • 모서리(Edges) : 지역 간 통행 단절 • 지역(Districts) : 용도분류(도시지역, 상업지역, 공업지역) • 결절점(Nodes) : 도로의 접합점(광장, 로타리) • 랜드마크(Landmarks) : 눈에 뚜렷이 인지되는 상징물(국회의사당, 경복궁) • 스케일에 따라 가변적, 약도 그리기

계획가	접근방법
Steinitz	• 린치이미지 발전 → 시뮬레이션(도시환경 내에서 형태와 행위적 일치 연구) • 일치성 3가지 유형(유형 Type, 밀도, 영향) 　① 타입의 일치성 　　− 주어진 형태(건물타입, 투과성) 　　− 행위의 종류(행위의 빈도수) 　② 밀도의 일치성 　　− 형태밀도(공간 및 정보의 밀도) 　　− 행위밀도(혼잡성) 　③ 영향의 일치성 　　− 노출형태(자동차, 지하철, 보행로에 노출된 정보) 　　− 주요 행위(노출된 형태에 따른 사람 수와 영향의 정도) • 도시설계에 응용 가능 • 설계를 위한 기초자료 제공
차이점	• 린치 : 물리적 형태 • 스테이니츠 : 물리적 형태 + 의미 파악

3) 시각적 복잡성(Visual Complexity)

① 시각적 복잡성

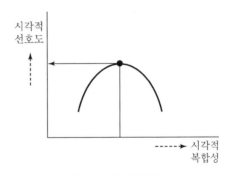

‖ 시각적 복잡성 ‖

② 중간정도의 복잡성 : 시각적 선호가 가장 높음

③ 복잡성이 아주 높거나 낮으면 시각적 선호가 낮아짐

④ 장소에 따라 복잡성은 달라질 수 있음(명동, 주택기)

PLUS ⊕ 개념플러스

생태학 유사이론 : 중규모 교란설

4) 시각적 영향(Visual Impact)

① 목적

㉠ 주거지 개발, 도로, 송전선 설치 등에 따른 영향을 분석하여 부정적 영향 최소화

㉡ 경관수용력에 따른 개발을 유도하여 시각적 질 향상

② 토지 이용의 시각적 영향(Jacobs & Way)

구분	토지 이용이 시각적 환경에 미치는 영향
시각적 투과성	식생의 밀집 정도 및 지형적 위요 정도
시각적 복잡성	시각적 요소의 수
시각적 흡수성	물리적 환경이 지닌 시각적 특성 → 특이성 정도 (자연경관↓, 도시경관↑)
시각적 영향	토지 이용이 물리적 환경에 미치는 영향
※ 시각적 투과성↑, 시각적 복잡성↓, 시각적 흡수력↓, 결국 시각적 영향↑	

PLUS ➕ 개념플러스

단순경관, 즉 자연경관일수록
시각적 투과성↑, 시각적 복잡성↓, 시각적 흡수력↓
→ 개발에 따른 시각적 영향↑

③ 경관의 훼손가능성(Litton)

구분	도로개설 및 벌목에 따라 달라지는 자연경관 훼손 정도 연구 → 계획, 설계, 관리 시 이용
훼손가능성 높은 경관	• 산림경관 중 지형경관, 초점경관 • 두 개의 서로 다른 요소가 만나는 공간(전이지대, 주연부, 가장자리) • 완경사 > 급경사, 밝은 곳 > 어두운 곳, 단순림 > 혼효림, 스카이라인, 　능선 등의 경계부분

Ⅲ 사회 · 행태적 접근방법

1. 개인적 거리(Personal distance)

- 동물행태연구가 Hall(1966)
- 일정 그룹의 동물 관찰시 개체 상호 간의 일정 거리 유지

  예 전깃줄 참새, 물속 오리떼

  – 개인적 거리 : 개인과 개인 사이에 유지되는 간격
  – 개인적 공간 : 개인적 거리 주변에 형성되는 개인점유공간

1) 개인적 거리

구분	내용
친밀한 거리 (0~1.5ft)	• Intimate distance • 아기를 안아주거나 이성 간의 가까운 사람들 • 스포츠(레슬링, 씨름 등의 공격적 거리) 시 유지되는 거리
개인적 거리 (1.5~4ft)	• Personal distance • 친한 사람 간의 일상대화 유지거리
사회적 거리 (4~12ft)	• Social distance • 업무상 대화가 유지되는 거리
공적 거리 (12ft 이상)	• Public distance • 연사, 배우 등의 개인과 청중 사이의 유지거리

2) 개인적 공간의 기능

① 방어기능

  → 위협을 느낄수록 거리는 멀어짐

② 정보교환수단

  ㉠ 오감에 따라 달라짐

  ㉡ 가까울수록 후각, 접촉

  ㉢ 멀수록 청각, 시각에 민감하게 반응

③ 정보교환의 양과 질

  → 거리가 좁을수록 사적인, 많은 양의 정보교환이 이루어짐

④ 유동적 공간

  → 사람이 이동하면 공간도 이동

3) 환경설계 응용

① 개인적 접촉이 이루어진 공간설계 응용

② 거실, 사무실, 공원 등의 시설물(의자) 배치 : 개인적 접촉의 양과 질이 달라짐

③ 버스승강장, 지하철역 한쪽 배치 : 최소한의 대화

④ 90도 배치 : 자연스런 대화 유도

2. 영역성(Territoriality)

• 개인적 공간 & 영역성

→ 개인적 공간 : 사람의 움직임에 따라 유동적이며 보이지 않는 공간

→ 영역성 : 집을 중심으로 고정된 일정 지역 · 공간

• 특정 사람들이 점유하며, 심리적인 소유권을 행사하는 일정영역

→ 귀속감, 안정감 부여

1) 영역의 분류(Altman, 1975)

구분	내용
1차적 영역 (Private space)	• 일상생활을 중심으로 반영구적 점유 • 가정, 사무실
2차적 영역 (Semi – Public Space)	• 사회 특정그룹 소속 점유 • 교실, 교회, 기숙사, 기술사학원
공적 영역 (Public Space)	• 모든 사람 접근 허용 • 광장, 해변

2) 방어공간(Defensible Space ; Newman, 1973)

① 영역의 개념을 옥외공간 설계에 응용

② 범죄 발생률이 높은 아파트 지역의 원인 분석

③ 1차 영역만 존재하고, 공공의 공간이 부족하기에 범죄발생률↑

㉠ 2차 영역과 공적영역의 구분을 명확히 해줌

㉡ 아파트 주변 귀속감 부여한 중정, 벽, 식재 등 디자인기법 이용

PLUS ➕ 개념플러스

셉티드 개념과 연관시켜 생각해보기

3. 혼잡(Crowing)과 밀도(Density)

1) 밀도

① 일반적 개념 : 일정 면적에 대한 개체 수

② 인간사회 밀도

구분	내용
물리적 밀도	• 얼마나 많은 사람이 모여 있는가. • 거주하고 있는가.
사회적 밀도	• 사람 수와 관계없이 얼마나 많은 사회접촉이 이루어지는가.
지각된 밀도	• 물리적 밀도와 관련 없이 개인이 느끼는 혼잡의 정도 → 개인차↑ • 밀도가 높다가 반드시 혼잡하다고 느끼지 않음(축제, 클럽)

2) 혼잡

① 밀도와 관련된 개념

② 도시에서는 과밀로 인한 문제점 발생

③ 환경분야에 있어서 물리적 밀도보다 사회적 · 심리적 밀도가 혼잡과 더 밀접

3) 환경설계 응용(덜 혼잡하다고 느끼는 사례)

① 천장이 높은 곳 > 낮은 곳

② 장방형 > 정방형

③ 외부로부터 시야가 열린 방 > 시야가 닫힌 방

④ 행위가 방 한가운데 > 방구석

⑤ 벽장식(사진, 포스터) > 장식이 없을 때

4) 조경설계에 적용

① 도시의 높은 물리적 밀도, 낮은 사회적 밀도 해결

  → 주민 간 커뮤니티 공간 다수 조성

② 도심지 소공원, 어린이 놀이터 등 공간 설계시 적용 가능

③ 입체감 있는 시설물을 이용한 시선 분산으로 혼잡 완화

4. 장소(Place)와 공간(Space)

1) 공간

① 3차원적 공간

㉠ 르네상스 시대(투시도법 개발)

㉡ 2차원적 공간 → 3차원적 공간으로 인식

② 4차원적 공간

㉠ 1830년대 입체파 영향

㉡ 공간+시간(시간에 따라 공간이 달라짐)

2) 장소

① 공간+시간+인간 = 장소

② 장소는 좁은 공간적 범위를 함축함으로써 경험적 의미 내포

③ 장소는 행동의 중심, 공간은 이의 배경으로 작용

④ 장소성(Sense of Place)

구분	내용
칸트	• 공간과 구분되는 장소의 특성을 장소성이라 명칭
렐프의 장소성 (Relph, 1976)	• 지리학적 개념인 공간에 지속적 특정 활동으로 노출되는 개념 • 3요소 : 물리적 형태와 외관 / 활동 / 의미와 상징(내부적 경험, 소속감)

▶ 참고

➤ 루커만(Lukermann, 1964)

• 지리학적 시각에서 장소의 개념(6가지)

① 장소는 환경의 한 단위이다.

② 장소는 위치와 방향성을 가진다.

③ 장소는 일정한 크기를 갖고 변화한다.

④ 장소는 분리되지 않고, 하나의 큰 맥락 속에 존재한다.

⑤ 장소 속에서 인간활동과 물리적 형태가 결합된다.

⑥ 장소는 역사 · 문화적 맥락에 따라서 변화한다.

3) 공간과 장소의 개념 비교

① 공간에 기능과 성격이 부여될 때 장소

② 공간은 추상적·맥락적이나 공간에 의미가 부여되면 장소

　　→ 공간의 의미는 특별한 장소로부터 추출

③ 장소는 공간과 구별되는 내부성이 있음

　　㉠ 내부적 경험

　　㉡ 장소 내 소속감 or 일체감

5. 척도와 인간행태

1) 인간적 척도(Human Scale)

① 상이한 공간 및 사물의 규모는 상이한 인간 행태 유발

② 단위공간 및 사물의 규모 산정을 위해 인체에 맞는 치수＋공간＋사물 기능 고려

　　㉠ 척도 : 상대적 크기

　　㉡ 인간적 척도

　　　• 인간 크기에 비해 너무 적거나 크지 않은 크기

　　　• 인간 크기에 준한 사물, 공간 규모

인간적 척도	
편안함/친근감을 느끼는 규모	
인체크기와의 관계 파악 용이함	조화성
너무 크지 않을 것	너무 멀리 떨어져 있지 않을 것	익숙한 크기의 사물을 함께 배치할 것	균형 있는 비례를 지닐 것

‖ 친근감을 느끼는 규모(상대적 크기) ‖

▶ **참고**

　▶ **인체와 관련된 모듈**

　　1 르꼬르뷔제의 황금비율

　　　① 1 : 1.618

　　　② 단순 배수의 이용보다 아름다운 비율

　　2 피보나치의 황금비율

　　　① 1 : 1, 1 : 2, 2 : 3, 3 : 5, …

　　　② 두 숫자 간의 비례가 황금비례와 가까워짐

2) 인간적 척도의 유형

① 인간적 척도

　㉠ 사회적 척도 : 근린주구

　㉡ 물리적 척도

　　• 신체척도 : 생활용구, 공업제품

　　• 보행척도 : 보행능력

　　• 감각척도 : 시각, 청각, 후각, 미각, 촉각

　㉢ 심리적 척도 : 영역성, 개인적 거리

3) 환경설계 응용

① 인간척도를 고려한 단위공간의 크기 설정 : 외부설계에 있어 매우 중요

② 인간척도 단위공간 : 높이, 폭, 면적, 볼륨 등에 적용 가능

▶▶ **참고**

1 높이와 인간행태 : 어린이 놀이시설, 의자, 탁자, 계단, 담장 등 크기 고려

2 폭과 인간행태 : 사람 어깨 폭(42~49cm)을 기준으로 보도폭 60cm 결정

3 면적과 인간행태

　① 1인당 적정 소요면적 적용, 앉을 때(D 0.6m)

　② 1인당 1.5m² 정도 요구

4 볼륨과 인간행태

　① 내부공간 볼륨의 최소단위는 1인용 방(3평)

　② 외부공간의 단위볼륨은 주택 중정 혹은 테라스 기준으로 약 9평

SECTION
08 기타

I 어메니티(Amenity)

1. 개념

① 사전적 의미로 환경의 미적 가치, 안락함, 편리함, 즐거움 등의 총괄적 매력

② 국내에서는 쾌적성, 다시 가보고 싶은 곳으로 해석

③ 일본에서는 어메니티로 표기하면서 → 경관계획을 어메니티 계획으로 명칭

④ 모호하고, 포괄적인 개념

2. 어메니티 향상기법

① 도심지 내 다양한 Network 구축

② High Contact & Low Impact

II 주민참여방법

1. 개념

① 지역주민들의 정책 결정이나 집행과정에 개입하여 영향력을 행사하는 일련의 행위

② 정부의 의사결정과정에 지역주민들이 참여하는 적극적인 권한 행사

2. 주민참여기능

1) 긍정적 기능

① 주민들의 지역지식과 많은 경험을 통해 의사결정과정 개선

② 지방정부 사업의 효과적 집행 가능

③ 지방정부의 의사결정의 효율성 제고

④ 지방행정의 불평등 완화

⑤ 지방정부의 기관 간 갈등 중재, 해결

2) 부정적 기능

① 행정비용 증가, 집행기간 지연

② 주민들간의 갈등 유발 가능성

③ 참여자들의 대표성 문제 제기

3. 주민참여모형

1) 주민주체형

① 지역사회 내 보호자를 주체로 하는 조직적인 활동

② 노인집단조직, 장애인단체조직, 모자가족조직 등

2) 공 · 사 협동형

① 특정한 지역사회복지를 실현하기 위해 역할 분담

② 공공 및 민간 관계자

3) 기관주도형

① 공공기관이 추진하는 서비스 개발

② 공 · 사 사회시설이 추진하는 실천적 활동

4. 주민참여단계(Arnstein의 8단계)

1) 비참여 상태

① 최저의 효과

② 1단계 조작 : 참여의 형식을 흉내내는 단계

③ 2단계 치료 : 형식적 참여는 인정하지만 실효는 없는 단계

2) 형식적 참여

① 정보제공, 상담, 회유를 통해 참여는 이루어지나 주민의 영향력은 매우 미미한 상태

② 3단계 정보제공, 4단계 상담, 5단계 회유

3) 주민권력

① 주민이 의사결정에 있어 주도권 획득

② 6단계 협동관계, 7단계 권한위임, 8단계 주민통제

5. 주민참여방법

1) 전시회
① 주민들에게 계획안이나 정책안 설명
② 단순하고, 도식적으로 제시하는 방법

2) 공청회
① 예비공청회, 최종결정전 공청회, 최종공청회 단계화 실시
② 주민의 의사를 많이 반영할 수 있음

3) 설문조사
① 계획된 자료의 수집방법
② 과학적 분석도구

4) 대중매체
① 각종 정책과 계획에 대해 주민과 대화
② 홍보수단

5) 델파이 방법
① 다양한 전문가 집단의 지식과 능력 수렴
② 문제 확인, 목표와 우선순위 결정, 대안의 확인평가시 유용

6) 명목집단방법
① 해결해야 할 문제에 대해 개별적으로 해결방안 나열
② 우선순위, 중요성에 따라 등급화

7) 샤레트 방법
① 지역 이해관계자들이 비공식적으로 모임
② 문제점, 해결방안에 대해 토의
③ 상호이해를 통해 일정 시간 내 합의된 제안을 작성하는 방법

MEMO

PART

03 조경관계법규

CONTENTS

뽐쌤이 제안하는
조경관계법규 Mind Map

산림기본법

산림자원의 조성 및 관리에 관한 법률
- 산림의 구분 — 국유림/공유림/사유림
- 기능별 구분 — 수원함양/산림재해 방지/자연환경 보전/목재 생산/산림휴양/생활환경 보전
- 도시림 조성관리 — 도시림/가로수 조성
- 마을숲 조성관리

가로수 조성 및 관리규정
- 가로수 개념
- 식재위치
- 식재기준
- 주민참여(그린오너제)
- 문제점 & 개선방안

수목원·정원 조성 및 진흥에 관한 법률
- 정의, 설치, 면적
- 운영주체별 수목원 구분 — 국립/공립/사립/학교수목원
- 관리소유주체별 정원 구분 — 국가/지방/민간/공동체 정원
- 수목원 운영

산림문화 휴양에 관한 법률
- 자연휴양림 조성
- 산림욕장의 조성
- 등산로 조성

소나무재선충병 방제 특별법
- 방제

산림보호법
- 산림보호구역 — 생활환경/경관/수원함양/재해방지/산림유전자원보호구역
- 생태숲 지정목적

산지관리법
- 산지의 구분 — 보전산지(임업용, 공익용)/준보전산지

농림

조경관계법규

환경

자연환경보전법

자연공원법
- 공원 종류 — 국립/도립/군립/지질
- 용도지구
  - 공원자연보존지구
  - 공원자연환경지구
  - 공원마을지구
  - 공원문화유산지구

국토

국토기본법

수도권정비계획법 — 권역구분/지정 — 과밀억제/성장관리/자연보전

국토의 계획 및 이용에 관한 법률

도시계획
- 광역도시계획
- (구)도시계획법
- 도시기본계획
- 도시관리계획
- 지구단위계획

별도 지구단위계획
- 택지개발촉진법 : 생태면적률

도시지역
- 주거지역 : 전용/일반/준주거
- 상업지역 : 중심/일반/유통상업
- 공업지역 : 전용/일반/준공업
- 녹지지역 : 보전/생산/자연녹지

관리지역
- 보전관리(자연환경)
- 생산관리(농림)
- 계획관리(도시)

세분화기준 : 토지적성평가 : 평가체계1(5등급)/2(3등급)
- 녹지자연도 : 11등급
- 생태자연도 : 1, 2, 3, 별도관리지역

농림지역

자연환경보전지역

용도지역

용도지구
- 경관지구 : 자연/수변/시가지경관지구
- 미관지구 : 중심지미관지구/역사문화지/일반미관지구
- 고도지구 : 최고/최저고도지구방화지구
- 방재지구
- 보존지구 : 문화재/중요시설물/생태계보존지구
- 시설보호지구 : 학교/공용/항만/공항시설
- 취락지구 : 자연취락지구/집단취락지구
- 개발진흥지구 : 주거/산업/유통/관광휴양/복합/특정개발
- 특정용도제한
- 기타

용도구역
- 개발제한구역 — 골프장 : 체육시설의 설치·이용에 관한 법률
- 도시자연공원구역
- 시가화조정구역
- 수산자원보호구역

경관법
- 서울시 가이드라인 : 경관계획의 내용
- 문제점&개선방안

건축법
- 대지 안의 조경
  - 공개보행통로/공공공지&공개공지/전면공지
  - 대지 안의 식재기준
  - 옥상조경
- 건축물녹화설계기준
  - 실내조경/옥상조경/벽면녹화
  - 녹색건축물인증제도

주택법
- 조경시설
  - 계단
  - 녹지(30%)
  - 주민공동시설 총량제

조경관계법규

기타

조경일반
- 조경진흥법
- 조경헌장 — 조경의 가치/영역/대상/과제

건설일반

건설산업기본법
- CM
  - 정의/필요성
  - 계약형태
  - CM for fee
  - CM at risk
- 건설업의 등록
  - 등록기준
  - 기술자인정기준
- 하자담보 — 도급&하도급

조경공사업
조경식재공사업
조경시설물설치공사업

사회기반시설에 대한 민간투자법
- 시설종류
- 민간투자사업 추진방식 — BTO/BTL/BOT/BOO

엔지니어링사업 대가의 기준
- 실비정액가산방식
- 공사비요율에 의한 방식

국가를 당사자로 하는 계약에 관한 법률
- 종류/절차 — 정부계약
- PQ&TK / MA — 대형공사계약

건설기술진흥법 — 신기술&특허

문화재보호법

문화재 종류 — 유형/무형/기념물/민속자료

국가지정문화재
- 국가/시·도지정/문화재자료
- 사적/명승/천연기념물 지정

세계유산 — 정의/등록절차/등록기준/국내현황

문화예술진흥법 — 건축물에 대한 미술장식 — 규모/금액

장기미집행 도시계획시설

도시계획시설의 결정구조 및 설치기준에 관한 규칙

기반시설
- 국가도시공원
- 민간추진제도
- 입체도시 계획
- 민자유치 활성화

교통시설 — 도로(보행자전용도로/자전거전용도로)/주차장
- 주차장법 : 노상/노외/부설
- 자전거 이용시설 설치 및 관리지침
  - 구분
  - 구조/시설 : 설계기준
  - 문제점&대처방안
- 어린이보호구역 : 교통 정온화 기법

공간시설 — 광장/유원지/공공공지/공원/녹지
- 교통광장 : 교차점/역전/주요시설광장
- 일반광장 : 중심대광장/근린광장
- 경관광장
- 지하광장
- 건축물부설광장

유통공급시설

공공문화체육시설 — 학교/운동장

방재시설 — 하천/유수지/저류지
- 하천법 : 국가하천/지방하천
- 소하천정비법 : 소하천
- 문제점&개선방안

도시공원 및 녹지 등에 관한 법률
- 공원
  - 종류
    - 생활형 : 소/어린이/근린공원
    - 주제형 : 역사/문화/수변/묘지/체육/도시농업/기타 조례공원
  - 설치 및 규모기준
- 녹지 — 완충/경관/연결녹지

01 국토관련(국토기본법)

수도권 정비계획법

I 권역의 구분

1. 개요

- 목적 : 수도권의 인구와 산업의 적정 배치
- 대상지역 : 서울특별시, 인천광역시, 경기도
- 지정범위 : 대통령령

(1) 과밀억제권역

① 인구와 산업이 지나치게 집중되었거나 집중될 우려가 있어 이전·정비가 필요한 지역

② 서울특별시, 의정부시, 구리시 등

(2) 성장관리권역

① 과밀억제권역으로부터 이전하는 인구와 산업을 계획적으로 유치하고 산업의 입지와 도시의 개발을 적정하게 관리할 필요가 있는 지역

② 동두천시, 안산시, 오산시 등

(3) 자연보전권역

① 한강 수계의 수질과 녹지 등 자연환경을 보전할 필요가 있는 지역

② 이천시, 가평군, 양평군 등

Ⅱ 범위

과밀억제권역	성장관리권역	자연보전권역
−서울특별시 −인천광역시(강화군, 옹진군, 서구 대곡동·불로동·마전동·금곡동·오류동·왕길동·당하동·원당동, 인천경제자유구역 및 남동 국가산업단지는 제외) −의정부시 −구리시 −남양주시(호평동, 평내동, 금곡동, 일패동, 이패동, 삼패동, 가운동, 수석동, 지금동 및 도농동) −하남시 −고양시 −수원시 −성남시 −안양시 −부천시 −광명시 −과천시 −의왕시 −군포시 −시흥시(반월특수지역 제외)	−동두천시/안산시/오산시/평택시/파주시 −남양주시(와부읍, 진접읍, 별내면, 퇴계원면, 진건읍 및 오남읍) −용인시(신갈동, 하갈동, 영덕동, 구갈동, 상갈동, 보라동, 지곡동, 공세동, 고매동, 농서동, 서천동, 언남동, 청덕동, 마북동, 동백동, 중동, 상하동, 보정동, 풍덕천동, 신봉동, 죽전동, 동천동, 고기동, 상현동, 성복동, 남사면, 이동면 및 원삼면 목신리·죽릉리·학일리·독성리·고당리·문촌리) −연천군/포천시/양주시/김포시/화성시 −안성시(가사동, 가현동, 명륜동, 숭인동, 봉남동, 구포동, 동본동, 영동, 봉산동, 성남동, 창전동, 낙원동, 옥천동, 현수동, 발화동, 옥산동, 석정동, 서인동, 인지동, 아양동, 신흥동, 도기동, 계동, 중리동, 사곡동, 금석동, 당왕동, 신모산동, 신소현동, 신건지동, 금산동, 연지동, 대천동, 대덕면, 미양면, 공도읍, 원곡면, 보개면, 금광면, 서운면, 양성면, 고삼면, 죽산면 두교리·당목리·칠장리 및 삼죽면 마전리·미장리·진촌리·기솔리·내강리 해당) −인천광역시 중 강화군, 옹진군, 서구 대곡동·불로동·마전동·금곡동·오류동·왕길동·당하동·원당동, 인천경제자유구역, 남동 국가산업단지 −시흥시 중 반월특수지역(반월특수지역에서 해제된 지역 포함)	−이천시 −남양주시(화도읍, 수동면 및 조안면) −용인시(김량장동, 남동, 역북동, 삼가동, 유방동, 고림동, 마평동, 운학동, 호동, 해곡동, 포곡읍, 모현면, 백암면, 양지면 및 원삼면 가재월리·사암리·미평리·좌항리·맹리·두창리) −가평군 −양평군 −여주군 −광주시 −안성시(일죽면, 죽산면 죽산리·용설리·장계리·매산리·장릉리·장원리·두현리 및 삼죽면 용월리·덕산리·율곡리·내장리·배태리)

국토의 계획 및 이용에 관한 법률

도시계획(구 도시계획법)

I 도시계획

1. 개요

(1) 국토개발계획

① **기본계획**(광역도시계획, 도시기본계획)

ㄱ 큰 틀을 만드는 방향적 성격의 계획

ㄴ 대외적 구속력 없음

② **실천계획**(도시 · 군관리계획)

ㄱ 큰 틀에 맞춰 세부적으로 실천하는 집행적 성격의 계획

ㄴ 대외적 구속력 있음

(2) 도시 · 군관리계획

① 지정목적과 규모에 따라

② 용도지역 > 용도지구 > 용도구역 > 도시 · 군계획시설

2. 광역도시계획

(1) 정의

광역계획권의 장기발전방향을 제시하는 계획

(2) 주요 내용

① 광역계획권의 공간구조와 기능 분담

② 광역계획권의 녹지관리체계와 환경보전에 관한 사항

③ 광역시설의 배치, 규모, 설치에 관한 사항

④ 경관계획에 관한 사항

⑤ 그 밖에 광역계획권에 속하는 특별시, 광역시, 시 또는 군 상호 간의 기능연계에 관한 사항으로 대통령령이 정하는 사항

3. 도시 · 군기본계획

(1) 정의

① 특별시, 광역시, 시 또는 관할구역 대상

② 기본적인 공간구조와 장기발전방향을 제시하는 종합계획

③ 도시 · 군관리계획 수립의 지침이 되는 계획

(2) 주요 내용

① 지역적 특성 및 계획 방향, 목표에 관한 사항

② 공간구조, 생활권의 설정 및 인구 배분에 관한 사항

③ 토지 이용 및 개발에 관한 사항

④ 토지 용도별 수요 및 공급에 관한 사항

⑤ 환경 보전 및 관리에 관한 사항

⑥ 기반시설, 공원, 녹지, 경관에 관한 사항

⑦ 그 밖에 대통령령이 정하는 사항

4. 도시 · 군관리계획

(1) 정의

① 특별시, 광역시, 시 또는 군 대상

② 개발, 정비 및 보전 수립하는 토지이용, 교통, 환경, 경관, 안전, 산업, 정보통신, 보건, 후생, 안보, 문화 등에 관한 계획

(2) 주요 내용

① 용도지역 · 용도지구의 지정 또는 변경에 관한 계획

② 용도구역의 지정 또는 변경에 관한 계획

③ 기반시설의 설치, 정비 또는 개량에 관한 계획

④ 도시개발사업 또는 정비사업에 관한 계획

⑤ 지구단위계획구역 지정 또는 변경에 관한 계획과 지구단위계획

Ⅱ 용도지역

1. 개요

(1) 개념

- 용도지역의 제한을 강화하거나 완화하여 적용
  - 토지이용 및 건축물의 용도, 건폐율, 용적률, 높이 등
- 도시 · 군관리계획으로 결정하는 지역(중복지정 ×)
  - 토지를 경제적 · 효율적으로 이용. 공공복리의 증진 도모

(2) 용도지역의 세분화

- 도시지역, 관리지역, 농림지역, 자연환경보전지역

2. 용도지역

구분			내용	
도시지역	주거지역		• 거주의 안녕과 건전한 생활환경 보호	
		전용주거	양호한 주거환경 보호	
			제1종	단독주택 중심
			제2종	공동주택 중심
		일반주거	편리한 주거환경 조성	
			제1종	저층주택 중심
			제2종	중층주택 중심
			제3종	중고층주택 중심
		준주거	주거기능 지원하는 일부 상업 및 업무기능 보완	
	상업지역		• 상업이나 그 밖의 업무 편익을 증진하기 위하여 필요한 지역	
		중심상업	도심 · 부도심 상업기능 및 업무기능 확충	
		일반상업	일반적인 상업기능 및 업무기능 담당	
		근린상업	근린지역 내 일용품 및 서비스 공급	
		유통상업	도시 · 지역 간 유통기능 증진	
	공업지역		• 공업의 편익 증진	
		전용공업	주로 중화학공업, 공해성 공업 등 수용	
		일반공업	환경을 저해하지 않은 공업 배치	
		준공업	경공업, 주거, 상업, 업무기능의 보완이 필요한 지역	

구분		내용
도시 지역	녹지 지역	• 자연환경 · 농지 및 산림보호, 보건위생, 보안과 도시의 무질서한 확산을 방지하기 위하여 녹지보전이 필요한 지역
	보전녹지	도시자연환경 · 경관 · 산림 및 녹지공간 보전
	생산녹지	농업생산을 위한 개발 유보지
	자연녹지	도시의 녹지공간 확보, 도시확산 방지, 장래 도시용지 공급 등을 위하여 보전할 필요가 있는 지역으로서 불가피한 경우 제한적 개발이 허용되는 지역
관리 지역	보전관리지역	• 자연환경 · 산림보호, 수질오염 방지, 녹지공간 확보, 생태계 보전지역 • 주변용도지역과의 관계 고려 시 자연환경보전지역으로 지정 · 관리하기 곤란한 지역
	생산관리지역	• 농업 · 임업 · 어업 생산 등을 위한 관리지역 • 주변 용도지역 고려시 농림지역으로 지정 · 관리하기가 곤란한 지역
	계획관리지역	• 도시지역 편입 예상되는 지역, 제한적인 이용 · 개발지역 • 계획적 · 체계적인 관리가 필요한 지역
농림지역		• 도시지역에 속하지 아니하는 「농지법」에 따른 농업진흥지역 • 「산지관리법」에 따른 보전산지 등으로서 농림업을 진흥시키고, 산림을 보전하기 위하여 필요한 지역
자연환경보전지역		• 자연환경 · 수자원 · 해안 · 생태계 · 상수원 및 문화재의 보전과 수산자원의 보호 · 육성 등을 위하여 필요한 지역

PLUS ➕ 개념플러스

- 토지적성평가
- 녹지자연도 & 생태자연도 비교

Ⅲ 용도지구

1. 개요

(1) 개념

- 용도지역 제한을 강화 · 완화하여 용도지역의 기능 증진
  - 토지이용 및 건축물의 용도, 건폐율, 용적률, 높이 등
- 도시 · 군관리계획으로 결정하는 지역
  - 해당지역의 미관 · 경관 · 안전상 지정

(2) 용도지구의 세분화

- 경관지구, 미관지구, 고도지구, 방화지구, 방재지구, 보존지구, 취락지구, 개발진흥지구, 특정용도제한지구, 그 밖에 대통령령으로 정하는 지구

2. 용도지구

구분		내용
경관지구	경관을 보호 · 형성하기 위하여 필요한 지구	
	자연경관	자연경관 보호, 도시 자연풍치 유지
	수변경관	주요 수계의 수변 자연경관 보호 · 유지
	시가지경관	주거지역의 양호 환경조성, 도시경관 보호
미관지구	미관을 유지하기 위하여 필요한 지구	
	중심지미관	토지의 이용도가 높은 지역
	역사문화미관	문화재와 문화적 보존가치가 큰 건축물 등
	일반미관	중심지미관지구 및 역사문화미관지구 외 지역
고도지구	쾌적한 환경 조성 및 토지의 효율적 이용을 위해 건축물 높이 최저한도 · 최고한도 규제	
	최고고도	환경과 경관 보호, 과밀 방지 위해 건축물 높이 최고한도 규정
	최저고도	토지이용 고도화, 경관 보호 위해 건축물 높이 최저한도 규정
방화지구	화재위험 예방을 위해 필요한 지구	
방재지구	풍수해, 산사태, 지반붕괴 등 재해예방을 위해 필요한 지구	

구분	내용	
보존지구	문화재, 중요 시설물 및 문화적·생태적으로 보존가치가 큰 지역의 보호와 보존을 위하여 필요한 지구	
	역사문화환경보존	역사·문화보존가치가 큰 시설, 지역
	중요시설물보존	국방상 또는 안보상 중요한 시설물
	생태계보존	생태적으로 보존가치가 큰 지역
시설보호지구	학교시설·공용시설·항만 또는 공항보호, 업무기능 효율화, 항공기 안전운항 등을 위하여 필요한 지구	
	학교시설보호	학교의 교육환경 보호, 유지
	공용시설보호	공용시설 보호, 공공업무기능 효율화
	항만시설보호	항만기능 효율화, 항만시설 관리·운영
	공항시설보호	공항시설 보호와 항공기 안전운항 유지
취락지구	녹지지역·관리지역·농림지역·자연환경보전지역·개발제한구역 또는 도시자연공원구역의 취락을 정비하기 위한 지구	
	자연취락	녹지·관리·농림·자연환경보전지역 안의 취락정비
	집단취락	개발제한구역안의 취락 정비
개발진흥지구	집중적으로 개발·정비할 필요가 있는 지구	
	주거개발진흥	주거기능 중심
	산업·유통 개발진흥	공업기능 및 유통·물류기능 중심
	관광·휴양 개발진흥	관광·휴양기능 중심
	복합개발진흥	주거, 산업·유통, 관광·휴양항목 중 2개 이상의 기능 중심
	특정개발진흥	주거, 산업·유통, 관광·휴양 항목 외 특정 목적
특정용도 제한지구	주거기능 보호나 청소년 보호 등의 목적으로 청소년 유해시설 등 특정시설의 입지를 제한할 필요가 있는 지구	
그 밖에 대통령령으로 정하는 지구		

Ⅳ 용도구역

1. 개요

(1) 개념

- 용도지역 및 용도지구의 제한을 강화하거나 완화하여 적용
  - 토지이용 및 건축물의 용도, 건폐율, 용적률, 높이 등
- 도시·군관리계획으로 결정하는 지역
  - 시가지의 무질서한 확산방지
  - 계획적·단계적인 토지이용과 종합적 조정·관리

(2) 용도구역의 세분화

개발제한구역, 도시자연공원구역. 시가화조정구역, 수산자원보호구역

2. 용도구역

구분	내용
개발제한구역	• 국토교통부장관, 국방부장관 요청 • 도시의 무질서한 확산 방지 • 도시주변의 자연환경 보전, 건전한 생활환경 확보 • 도시개발 제한 및 보안상 도시개발을 제한해야 하는 지역
도시자연공원구역	• 시·도지사 또는 대도시 시장 • 도시의 자연환경 및 경관 보호, 여가·휴식공간을 제공 • 도시지역 안에서 식생 양호한 산지개발을 제한해야 하는 지역
시가화조정구역	• 국토교통부장관, 관계 행정기관의 장의 요청 • 도시지역과 그 주변지역의 무질서한 시가화 방지 • 계획적·단계적인 개발을 위해 시가화를 유보해야 하는 지역
수산자원보호구역	• 농림수산식품부장관, 관계 행정기관의 장의 요청 • 수산자원을 보호·육성하기 위한 공유수면, 그에 인접한 토지가 필요한 지역

지구단위계획

1. 개요

① 당해 지구단위계획구역의 토지 이용 합리화

② 경관 · 미관 개선을 통한 양호한 환경 확보

③ 당해 구역 체계적 · 계획적 개발 · 관리

④ 도시 · 군 관리계획으로 결정

   → 건축물 그 밖의 시설용도, 종류, 규모 등의 제한 완화, 건폐율 · 용적률 완화

2. 성격

① 난개발 방지를 위하여 개별 개발수요를 집단화하고 기반시설을 충분히 설치함으로써 개발예상지역을 체계적으로 개발 · 관리하기 위한 계획

② 구역의 정비 및 기능 재정립이 시 · 군 전체의 기능이나 미관 등 개선

③ 인간과 자연이 공존하는 환경친화적 환경을 조성하고 지속가능한 개발 · 관리 가능

④ 향후 10년 내외에 걸쳐 나타날 시 · 군의 성장 · 발전 등의 여건 변화와 향후 5년 내외의 개발예상지역 및 그 주변지역의 미래 모습을 고려하여 수립

> **PLUS ➕ 개념플러스**
>
> • 개발권 양도제(TDR)
> • 용적률 거래제

3. 지정

(1) 일반원칙

① 시 · 군관리계획에서 계획한 지역 또는 시 · 군 대상

② 특별한 문제점이나 잠재력이 있는 곳

③ 지구단위계획을 통한 체계적 · 계획적 개발 또는 관리가 필요한 지역

④ 당해 구역 및 주변지역의 토지 이용, 경관현황, 교통여건, 관련계획 등 고려

(2) 도시지역

1) 기존 시가지 정비

① 기존 시가지에서 도시기능을 상실하거나 낙후된 지역 정비

② 도시재생을 추진하고자 하는 경우

2) 기존 시가지 관리

① 도시성장 및 발전에 따라 그 기능을 재정립할 필요가 있는 곳

② 도로 등 기반시설을 재정비하는 경우

③ 기반시설과 건축계획을 연계시키고자 하는 경우

3) 기존 시가지 보전

① 도시형태와 기능을 현재의 상태로 유지 · 정비

② 개발보다는 유지관리에 초점을 두고자 하는 경우

4) 신시가지의 개발

① 특정 기능을 강화하거나 도시 팽창에 따라 기존 도시 기능 흡수 · 보완

② 새로운 시가지를 개발하고자 하는 경우

5) 복합용도개발

① 복합적인 토지 이용의 증진 목표

② 낙후된 도심의 기능회복과 도시균형발전을 위해 중심지 육성이 필요한 지역

③ 복합용도개발을 통한 거점 역할 수행시 주변지역에 긍정적 파급효과 유도 조장

6) 유휴토지 및 이전적지개발

① 유휴토지 및 교정시설, 군사시설 등의 이전 · 재배치

② 도시기능의 쇠퇴를 방지하고 도시재생 등을 위해 기능의 재배치가 필요한 지역

③ 유휴토지 및 이전부지의 체계적인 관리를 통한 기능 증진이 필요한 지역

7) 비시가지 관리 · 개발

녹지지역의 체계적 관리 및 개발(체육시설의 설치 등)을 통한 기능 증진

8) 용도지구 내제

① 기존 용도지구 폐지

② 그 용도지구에서의 건축물이나 그 밖의 용도, 종류, 규모 등의 제한 대체시

9) 복합구역

1)~8)의 지정목적 중 2개 이상의 목적을 복합하여 달성하고자 하는 경우

(3) 도시지역외 지역

1) 주거형

① 정의

㉠ 주민의 집단적 생활근거지로 이용되고 있거나 이용될 지역

㉡ 계획적인 개발이 필요한 경우

② 대상지역

㉠ 토지이용 현황 및 추이 감안시 향후 5년 내 개발수요 증가 예상지역

㉡ 주택이 소규모로 건설되어 있거나 건설되고 있는 지역

㉢ 도로 · 상하수도 등 기반시설과 개발여건이 양호한 개발예상지역

㉣ 공공사업 시행으로 이주단지 조성 필요지역

2) 산업유통형

■ 다음 ㉠~㉺ 시설 등의 설치를 위해 계획적인 개발이 필요한 경우

㉠ 「산업입지 및 개발에 관한 법률」에 따른 농공단지

㉡ 「산업집적 활성화 및 공장설립에 관한 법률」에 따른 공장과 근로자 주택

㉢ 「물류정책기본법」에 따른 물류시설

㉣ 「물류시설의 개발 및 운영에 관한 법률」에 따른 물류단지

㉤ 「유통산업발전법」에 따른 집배송시설과 공동집배송센터 및 개발촉진지구

㉥ 「유통산업발전법」에 따른 대규모점포

㉺ 기타 농어촌관련시설(도시 · 군계획시설로 설치가 가능한 것 제외)

3) 관광휴양형

■ 다음 ㉠~㉡ 시설 등의 설치를 위해 계획적인 개발이 필요한 경우

㉠ 「관광진흥법」 규정에 따른 관광사업 영위 시설

㉡ 「체육시설의 설치 · 이용에 관한 법률」에 따른 체육시설

4) 특정 지구단위계획구역

■ 다음 ㉠~㉡ 시설 등의 설치를 위해 계획적인 개발이 필요한 경우

㉠ 2002. 12. 31. 이전 지정된 시설용지지구 안 설치시설

㉡ 시장 · 군수가 당해 지역 발전 등을 위해 필요인정한 시설

5) 복합형

주거 · 산업유통 · 관광휴양 · 특정 지구단위계획구역 중 2개 이상 동시 지정시

VI 도시계획시설(도시 · 군계획시설의 결정구조 및 설치기준에 관한 규칙)

1. 도로

(1) 개요

「국토의 계획 및 이용에 관한 법률 시행령」 의거 도시계획시설 중 교통시설에 해당

(2) 유형구분

1) 사용 및 형태별 구분

구분	내용
일반도로	• 폭 4m 이상의 도로 • 교통소통을 위해 설치되는 도로
자동차전용도로	• 시 · 군 내 주요지역 간 도로 • 대량교통량을 처리하기 위한 도로 • 자동차만 통행 가능한 도로
보행자전용도로	• 폭 1.5m 이상의 도로 • 보행자의 안전과 편리한 통행을 위해 설치하는 도로
보행자우선도로	• 폭 10m 미만의 도로 • 보행자와 차량 혼합 이용 • 보행자의 안전과 편의 우선적 고려
자전거전용도로	• 하나의 차로기준 폭 1.5m 이상의 도로 • 지역 여건에 따라 1.2m 이상의 도로 • 자전거의 통행을 위해 설치하는 도로
고가도로	• 시 · 군 주요지역 연결 • 시 · 군 상호 간을 연결하는 도로 • 지상교통의 원활한 소통을 위해 공중에 설치
지하도로	• 지상교통의 원활한 소통을 위해 지하에 설치 • 도로, 광장 등의 지하공공보도시설 포함 • 입체교차를 목적으로 지하에 설치시 제외

PLUS ➕ 개념플러스

자전거전용도로 설치기준(조경설계론 참조)

2) 규모별 구분

구분		내용
광로	1류	폭 70m 이상인 도로
	2류	폭 50~70m 미만인 도로
	3류	폭 40~50m 미만인 도로
대로	1류	폭 35~40m 미만인 도로
	2류	폭 30~35m 미만인 도로
	3류	폭 25~30m 미만인 도로
중로	1류	폭 20~25m 미만인 도로
	2류	폭 15~20m 미만인 도로
	3류	폭 12~15m 미만인 도로
소로	1류	폭 10~12m 미만인 도로
	2류	폭 8~10m 미만인 도로
	3류	폭 8m 미만인 도로

3) 기능별 구분

구분	내용
주간선도로	• 시·군 내 주요지역 연결, 시·군 상호 간 연결 • 대량통과교통 처리하는 도로 • 시·군의 골격을 형성하는 도로
보조간선도로	• 주간선도로를 집산도로, 주요 교통발생원과 연결 • 시·군 교통의 집산기능을 하는 도로 • 근린주거구역의 외곽을 형성하는 도로
집산도로	• 근린주거구역의 교통을 보조간선도로에 연결 • 근린주거구역 내 교통의 집산기능을 하는 도로 • 근린주거구역의 내부를 구획하는 도로
국지도로	• 가구를 구획하는 도로
특수도로	• 보행자전용도로, 자전거전용도로 등 • 자동차 외의 교통에 전용이 되는 도로

2. 도로주차장(주차장법)

(1) 개요

「국토의 계획 및 이용에 관한 법률 시행령」 의거 도시계획시설 중 교통시설에 해당

(2) 종류

① 노상주차장

  ㉠ 도로노면이나 교통광장(교차점광장)의 일정 구역에 설치

  ㉡ 일반 이용에 제공되는 것

  ㉢ 20대 이상인 경우 1면 이상 장애인주차장 설치

② 노외주차장

  ㉠ 도로노면이나 교통광장외의 장소 설치

  ㉡ 일반 이용에 제공되는 것

  ㉢ 50대마다 1면 이상 장애인주차장 설치

③ 부설주차장

  ㉠ 주차수요를 유발하는 시설에 부대하여 설치

  ㉡ 해당 건축물의 이용자나 일반 이용에 제공되는 것

  ㉢ 장애인주차장 주차대수는 자치단체조례에 따라 2~4% 적용

(3) 설치기준

① 원활한 교통의 흐름을 위해 주간선도로 교차로에 인접 ×

② 주간선도로에 진출입구 설치 ×

  → 단, 별도의 진출입로, 완화차선을 설치하는 경우 OK

③ 대중교통수단과 연계되는 지점 설치

④ 면적 3,000m² 이상의 주차장을 재해취약지역에 설치시

  ㉠ 지형·배수환경 등을 검토하여 지하저류시설 설치 고려

  ㉡ 하천구역 및 공유수면에 설치하는 경우 제외

⑤ 주차장의 유출 빗물을 최소화하거나 빗물관리시설 설치 후 식재시

  → 식재면의 높이는 주차장 바닥높이보다 낮게 설치

3. 광장

(1) 개요

① 「국토의 계획 및 이용에 관한 법률 시행령」 의거 도시계획시설 중 공간시설에 해당

② 대중교통, 보행 동선, 인근시설 및 토지이용현황 등을 고려하여 휴식공간 제공

③ 주변가로환경 및 건축계획 등과 연계하여 도시경관 향상 유도

(2) 종류

1) 교통광장

① 교차점광장

○ 혼잡한 주요도로의 교차점 → 차량과 보행자의 원활한 소통을 위해 설치

○ 자동차전용도로 교차지점 → 입체교차방식

○ 주간선도로 교차지점

• 접속도로 기능에 따라 입체교차방식, 평면교차방식 선택

• 도심부나 지형여건상 광장설치 부적합시 제외

○ 설계속도에 의한 곡선반경 이상. 도로부속물 설치 가능

② 역전광장

○ 철도역 앞

• 역전에서 교통혼잡 방지

• 이용자의 편의도모

○ 철도교통과 도로교통의 효율적인 변환 가능토록 설치

○ 대중교통수단과 주차시설이 원활히 연계되도록 할 것

○ 보도, 차도, 택시정류장, 버스정류장, 휴식시설 등 설치

③ 주요시설광장

○ 주요시설과 접하는 부분

• 항만, 공항 등 일반교통의 혼잡요인이 있는 시설

• 원활한 교통처리를 위해 설치

○ 교통광장 기능을 갖는 시설계획 포함시 그 계획 적용

○ 보도, 차도, 택시정류장, 버스정류장, 휴식시설 등 설치

2) 일반광장

① 중심대광장

㉠ 다수인의 집회 · 행사 · 사교 등을 위해 필요한 경우

㉡ 전체 주민이 쉽게 이용할 수 있도록 교통중심지에 설치

㉢ 일시에 다수인이 집산하는 경우 교통량 고려

㉣ 주민의 집회, 행사, 휴식을 위한 시설 설치

② 근린광장

㉠ 공동체 활성화를 위해 근린주거구역별 설치

㉡ 다수 집산시설과 연계되도록 인근 토지이용현황 고려

㉢ 시 · 군 전반에 걸쳐 계통적으로 균형적 배치

㉣ 주민의 사교, 오락, 휴식 등을 위한 시설 설치

3) 경관광장

① 주민 휴식 · 오락 및 경관 · 환경보전을 위해 필요한 경우

㉠ 하천, 호수, 사적지, 보존가치가 있는 산림 선정

㉡ 역사적 · 문화적 · 향토적 의의가 있는 장소 선택

② 경관물의 경관유지를 위해 인근 토지이용현황 고려

③ 주민의 접근성을 높이기 위해 도로와 연결

④ 주민의 휴식, 오락, 경관을 위한 시설, 경관물의 보호를 위한 필요시설, 표지설치

4) 지하광장

① 철도의 지하정거장, 지하도, 지하상가와 연결

→ 교통처리를 원활히 하고, 이용자에게 휴식 제공

② 광장 출입구는 쉽게 출입할 수 있도록 도로와 연결

③ 이용자 휴식시설, 광장규모에 적정한 출입구, 통풍과 환기 유의

5) 건축물 부설광장

① 건축물의 이용효과를 높이기 위해 건축물 내부, 주변 설치

② 건축물과 광장 상호간의 기능이 저해되지 않도록 할 것

③ 일반인이 접근 용이한 접근로 확보

④ 이용자의 휴식과 관람을 위한 시설 설치

► 참고

► 광장의 구분

- 광장은 「국토의 계획 및 이용에 관한 법률」에 의거 도시계획시설 중 공간시설임
- 광장에는 교통, 일반, 경관, 지하, 건축물부설광장이 있으며, 설치기준은 「도시계획시설의 결정 구조 및 설치 기준에 관한 규칙」에서 규정하고 있음

구분	세부구분	결정기준	구조 및 설치기준
교통광장	교차점	• 혼잡한 주요도로 교차지점 • 차량과 보행자 원활한 소통	• 설계속도에 의한 곡선반경 이상 확보
	역전	• 역전에서의 교통혼잡 방지 • 철도역 앞 설치	• 이용자를 위한 보도, 차도 • 정류장, 휴식시설 등
	주요시설	• 항만, 공항 등 주요시설	
일반광장	중심대	• 교통중심지	• 집회, 행사, 휴식
	근린	• 주민을 위해 생활권별 설치	• 사교, 오락, 휴식
경관광장		• 하천, 호수, 사적지 등 • 보존가치가 있는 산림	• 주민휴식, 오락 • 경관보호
지하광장		• 철도와 지하정거장 • 지하도, 지하상가	• 이용자 휴식시설 • 환기 및 통풍시설
건축물 부설광장		• 건축물 내·외부 연결	• 이용자 휴식 • 이동통로

PLUS ➕ 개념플러스

1. 공공재의 경제적 가치평가 대표적인 기법
   - 여행비용법(Travel cost method)
   - 가상가치평가법(Contingent valuation method)
   - 헤도닉가격법(Hedonic pricing method)
2. William Whyte의 "The Social Life of Small Urban Space"에서 광장 이용률에 영향을 미치는 7가지 요소
   : Gender differences / Rhythms of plaza life / User behavior / Comfort(sun, wind, trees, and water) / Food / Street / Effective capacity

4. 공원(도시공원 및 녹지 등에 관한 법률)

(1) 개요

① 「국토의 계획 및 이용에 관한 법률 시행령」 의거 도시계획시설 중 공간시설에 해당

② 도시공원은 도시자연경관을 보호하고 시민의 건강·휴양 및 정서생활을 향상시키는 데에 이바지하기 위하여 설치·지정된 공원, 도시자연공원구역

　㉠ 생활형공원 : 도시생활권의 기반이 되는 공원으로 설치·관리하는 공원

　㉡ 주제공원 : 생활형공원 이외 다양한 목적으로 설치하는 공원

(2) 도시공원

1) 정의

구분		내용
생활형 공원	소공원	• 소규모 토지 이용 • 도시민의 휴식·정서함양을 도모하기 위한 공원
	어린이공원	• 어린이의 보건·정서생활 향상을 도모하기 위한 공원
	근린공원	• 근린거주자, 근린생활권의 지역생활건 거주자 대상 • 보건, 휴양, 정서생활 향상을 도모하기 위한 공원
주제 공원	역사공원	• 도시의 역사적 장소나 시설물, 유적·유물 등 활용 • 도시민의 휴식·교육을 목적으로 설치하는 공원
	문화공원	• 도시의 각종 문화적 특징 활용 • 도시민의 휴식·교육을 목적으로 설치하는 공원
	수변공원	• 도시의 하천가·호숫가 등 수변공간 활용 • 도시민의 여가·휴식을 목적으로 설치하는 공원
	묘지공원	• 묘지 이용자에게 휴식 등 제공 • 묘지와 공원시설을 혼합하여 설치하는 공원
	체육공원	• 운동경기나 야외활동 등 체육활동 가능 • 건전한 신체와 정신을 배양함을 목적으로 설치하는 공원
	도시농업공원	• 도시민의 정서순화와 공동체의식 함양 고취 • 도시농업을 주된 목적으로 설치하는 공원
	기타 조례공원	• 서울특별시, 광역시, 특별자치시 제외 • 인구 50만 이상 대도시의 조례로 정하는 공원

2) 설치기준

구분	세분화		유치거리	면적	시설률
생활형 공원	소공원	근린 소공원 / 도시형	도시근교, 정원형	1만 m² ↓	20%
		전원형	전원도시 근처		
		도심 소공원 / 광장형	대도시 내 광장		
		녹지형	녹지가로중심의 도심공간, 녹음		
	어린이공원		250m ↓	1,500m² ↑	60%
	근린 공원	근린생활권	인근거주자 500m ↓	1만 m² ↑	40%
		도보권	도보권거주자 1000m ↓	3만 m² ↑	
		도시지역권	도시지역 내 전체주민	10만 m² ↑	
		광역권	광역권이용자	100만 m² ↑	
주제 공원	역사공원		문화재가 위치한 지역	—	—
	문화공원		대표적 지역인물, 지역축제	—	—
	수변공원		하천, 호수 등 친수공원	—	40%
	체육공원		운동경기, 체육활동	1만 m² ↑	50%
	묘지공원		묘지 추모공간	10만 m² ↑	20%
	도시농업공원		도시농업	1만 m² ↑	40%
	기타 조례	생태공원	생태학습장 등	—	—
		놀이공원	놀이동산 등	—	—

PLUS ➕ 개념플러스

- 도시공원 및 녹지 유형별 특성과 설치기준
- 소공원의 설치기준 및 시설면적 기준, 소공원의 중요성 기술

5. 녹지(도시공원 및 녹지 등에 관한 법률)

(1) 개요

① 「국토의 계획 및 이용에 관한 법률 시행령」 의거 도시계획시설 중 공간시설에 해당

② 완충녹지, 경관녹지, 연결녹지

(2) 녹지

1) 완충녹지

① 공해, 각종 사고, 자연재해 등의 방지를 위해 설치하는 녹지

② 폭 10m 이상, 녹화율 50% 이상

　㉠ 전용주거지역

　㉡ 교육 및 연구시설

③ 폭 10m 이상, 녹화율 80% 이상

　㉠ 재해발생 시의 피난처

　㉡ 보안대책, 사람 · 말 등의 접근금지

　㉢ 철도, 고속도로, 유사교통시설

2) 경관녹지

① 도시의 자연환경 보전 · 개선, 자연훼손지역 복원 · 개선

② 도시경관을 향상시키기 위해 설치하는 녹지

③ 경관이 양호한 곳, 도시확산 방지

3) 연결녹지

① 도시 안의 공원, 하천, 산지 등의 유기적 연결

② 도시민에게 여가 · 휴식을 제공하는 선형녹지

③ 생태형 : 폭 10m 이상, 녹지율 70% 이상

④ 산책형 : 산책을 위한 녹지

PLUS ➕ 개념플러스

- 공원녹지기본계획
  → 기본계획 포함사항/수립절차/중점검토항목/공원녹지 수요분석 방법
- 장기미집행 도시계획시설 문제점 및 대책방안
- 도시녹화계획　　　　　• 녹지활용계획 & 녹화계약 비교

6. 하천(하천법/소하천정비법)

(1) 개요

① 「국토의 계획 및 이용에 관한 법률 시행령」 의거 도시계획시설 중 방재시설에 해당

② 국가하천, 지방하천(하천법)/소하천(소하천정비법)

(2) 유형구분

1) 국가하천

① 개념

ㄱ 국토 보전상 또는 국민경제상 중요한 하천

ㄴ 국토교통부장관이 그 명칭과 구간을 지정하는 하천

② 지정기준

ㄱ 유역면적 합계가 200km² 이상인 하천

ㄴ 다목적댐의 하류 및 댐 저수지로 인한 배수영향이 미치는 상류하천

ㄷ 유역면적 합계가 50~200km² 미만인 하천

• 인구 20만명 이상의 도시를 관류하는 하천

• 범람구역 안의 인구가 1만 명 이상인 지역을 지나는 하천

• 저수량 500만 m³ 이상의 저류지를 갖추고 국가적 물이용이 이루어지는 하천

• 상수원보호구역, 국립공원, 유네스코생물권보전지역, 문화재보호구역, 생태 · 습지보호지역을 관류하는 하천

2) 지방하천

① 개념

ㄱ 지방의 공공이해와 밀접한 관계가 있는 하천

ㄴ 시 · 도지사가 지정

② 지정기준

• 지방하천을 국가하천으로 지정시 효력상실

3) 소하천

① 하천법의 적용 또는 준용을 받지 않는 하천

② 특별자치도지사, 시장, 군수, 구청장이 지정

> **PLUS ➕ 개념플러스**
>
> • 하천은 방재시설에 국한? → 하천법의 문제점 및 대처방안

7. 유수지(도시공원 및 녹지 등에 관한 법률)

(1) 개요

① 「국토의 계획 및 이용에 관한 법률 시행령」 의거 도시계획시설 중 방재시설에 해당

② 유수시설 : 집중강우로 인한 우수를 하천에 방류하기 위해 일시적으로 저장하는 시설

③ 저류시설 : 빗물을 일시적으로 저장 후 바깥수위가 낮아진 뒤 방류하기 위한 시설

(2) 유수시설 설치기준

① 하천변이나 주거환경을 저해하지 않는 저지대 설치

② 원칙적으로 복개하지 않으나 예외규정

　㉠ 건축물의 건축을 수반하지 않는 경우 재해발생상 영향이 없다고 판단되는 경우

　㉡ 유수시설에 건축물을 건축하려는 경우 모든 요건 충족시

　　• 재해예방시설 충분히 설치, 안전확보 대책 수립시

　　• 악취, 안전사고, 건축물 침수 등이 발생하지 않을 경우

　　• 해당 도시 · 군 도시계획위원회의 심의 통과시

③ 복개 시 도로, 광장, 주차장, 체육시설, 자동차운전연습장, 녹지용도로만 사용 가능

④ 퇴적물의 처분이 가능하고, 하수도시설과 연계 가능

⑤ 오염물질 유입시 정화시설 설치 고려

(3) 저류시설 설치기준

① 빗물의 이동 최소화, 저류장소가 있는 공공시설, 공동주택단지 등의 장소에 설치

② 집수, 배수, 방류지점과의 연결이 원활하도록

③ 공원, 운동장 등 본래 이용목적이 있는 지역에 설치시 배수상태, 사용횟수 고려

④ 저류시설 본래기능이 손상되지 않는 범위 내에서 구조 반영

　㉠ 원활한 배수를 위해 원칙적으로 배수구 설치

　㉡ 방류구는 저류시설의 바닥면 이하에 설치

　㉢ 저류시설의 수심은 안전성 감안하여 적정한 깊이 계획

　㉣ 저류시설 안에는 침수에 의한 장해시설 설치 ×

⑤ 토사유입으로 인해 계획강우량 미달시 빗물유출 방지

⑥ 퇴적물의 처분이 가능하고, 하수도시설과 연계 가능

▶ 참고

➤ 「도시공원 및 녹지 등에 관한 법률」에서 규정한 저류시설 설치기준

1 유형

① 유입시설 : 빗물 입수구, 포장 연계

② 저류지
- 상시저류시설(평상시 일정량 저류)
- 일시저류시설(평상시 건조상태)

③ 방류시설 : 하천, 배수관거 연결

2 설치기준 : 입지

① (Positive)
- 주변지형, 지질, 수문 등 검토
- 자연유하가 가능한 곳
- 공원 및 방재기능 동시 충족

② (Negative)
- 붕괴위험지역, 급경사지, 지반붕괴지역
- 자연훼손지역
- 오수유입 예상지역

3 면적

① 도시공원면적 50% ↓

② 상시저류시설 내 녹지면적 60% ↑

③ 일시저류시설 내 녹지면적 40% ↑

4 시설

① 잔디밭, 자연학습원, 산책로

② 운동시설, 광장 등 다목적 공간

③ 침수를 고려한 유지관리가 쉬운 시설

5 관리

① 공원관리자 : 공원시설물 유지관리

② 방재책임자 : 저류시설 안전관리

6 안전

① 수위측정, 수위표 표시

② 경보 시스템 구축

7 종류

① 입지별 구분
- On-site형 : 유역 내 조성
- Off-site형 : 유역 외 조성

② 저류방식별 구분
- On-line형 : 상시저류시설
- Off-line형 : 일시저류시설

건축법/조경기준

제42조 대지안의 조경/조경기준(국토교통부 고시 2009 – 906호)/조경시방서

I 대지안의 조경면적/식재

1. 개요

(1) 조경이란?

① 경관을 생태적 · 기능적 · 심미적으로 조성

② 식물을 이용한 식생공간 조성 및 조경시설의 설치

(2) 조경면적 = 조경식재공간 + 조경시설물공간

① 조경식재공간 : 조경면적에 수목이나 잔디, 초화류 등의 식물배치공간

② 조경시설공간 : 조경과 관련된 휴게 · 여가 · 수경 · 관리 및 생태시설을 배치한 공간

2. 면적기준

(1) 조경면적

기준	200~1,000m² 미만	200~1,000m² 미만	2,000m² 이상
대지면적의 %	5	10	15

(2) 조경식재/시설공간면적

① 조경식재면적은 지자체 조례에 정하는 조경면적의 50/100

→ 대지면적 중 자연지반 10% 이상

② 한 변의 길이가 1m 이상, 면적 1m² 이상

③ 조경시설 단위공간당 면적은 10m² 이상

④ 20m 이상 도로에 연접하고, 2,000m² 이상 대지 안의 조경시

→ 조경면적 20% 이상 가로변에 연접하게 설치

(3) 식재수량 및 규격

1) 용도지역에 따른 조경면적 1m²당 식재기준

구분	법적 기준		
	교목		관목
	주수	최소규격	
주거지역	0.2주 이상	흉고직경 5cm, 근원직경 6cm, 수관폭 0.8m, 수고 1.5m 이상	1.0주 이상
상업지역	0.1주 이상		1.0주 이상
공업지역	0.3주 이상		1.0주 이상
녹지지역	0.2주 이상		1.0주 이상

2) 인정수량

구분		규격	인정수량
교목	상록	H4.0 × W2.0 이상	2주
	낙엽	H4.0 × B12 or R15 이상	
	상록	H5.0m × W3.0 이상	4주
	낙엽	H5.0 × B18 or R20 이상	
	상록	W5.0 이상	8주
	낙엽	B25 or R30 이상	

(4) 식재토심(조경시방서)

구분	최소토심(cm)	
	생존	생육
심근성 교목	90	150
천근성 교목	60	90
대관목	45	60
소관목	30	45
잔디	15	30

Ⅱ 옥상조경

1. 개요

① 지표면에서 높이가 2미터 이상인 곳에 설치한 조경
② 발코니에 설치하는 화훼시설 제외

2. 면적기준

(1) 초화류와 지피식물로만 식재된 면적

식재면적의 1/2 면적 산정

(2) 벽면 피복면적 산정시

① 피복면적의 1/2 면적 산정
② 산정하기 어려울 경우 R4 이상의 수목당 $0.1m^2$ 산정
③ 단, 식재면적의 1/10 이하

(3) 교목 식재시

식재된 교목 수량의 1.5배 산정

3. 식재토심

구분	토양성분	
	자연토양(cm)	인공토양(cm)
교목	70	60
대관목	45	30
소관목	30	20
초화류 및 지피식물	15	10

※ 조경기술사 등 관련전문가 검토의견이 제시될 경우 변경 가능

4. 관련법규 및 지원제도

(1) 관련법규

① 건축법의 대지안의 조경

② 건축조례 조경면적, 옥상녹화 기준

③ 조경기준(국토교통부 고시 제2009-906호)

④ 도시공원 및 녹지 등에 관한 법률

⑤ 생태면적률 적용지침

(2) 지원제도

1) 사전심사

① 각 자치구별 옥상면적 99m² 이상 신청 가능

② 전체비용의 50~70% 서울시 지원

2) 지원내용

① 구조안전진단 실시

  ㉠ 서울시 비용전액 지원

  ㉡ 10월까지 접수 후 상반기 조성 가능

② 설계 및 공사비 50% 지원

  ㉠ 초화류 위주로 식재하는 경량형의 경우 9만원/m²

  ㉡ 혼합형 및 중량형의 경우 10만 8천원/m²

③ 공사비 최대 70% 지원

  ㉠ 남산가시권역 내 옥상공원화 특화구역 해당

  ㉡ 최대 15만원/m²

Ⅲ 공개공지

1. 개요

① 건축주가 용적률 등의 혜택 대신 땅 일부를 대중에게 휴게공간 등으로 제공

② 면적

 ㉠ 연면적의 합계가 5,000m² 이상인 문화 및 집회, 종교, 판매, 운수, 업무 및 숙박시설

 ㉡ 그 밖에 다중이용시설로서 건축조례로 정하는 건축물

 ㉢ 지자체에 따라 조경면적 산입 유무가 달라짐

2. 면적기준

① 건축조례 : 대지면적의 10% 이내

② 각 지자체 경우 : 건축조례를 기준 내에서 요구 정도에 따라 % 달라짐

3. 공공공지와 공개공지의 비교

구분	공공공지	공개공지
관련 법규	• 「국토 계획 및 이용에 관한 법률」 • 「도시계획시설의 결정·구조 및 설치 기준에 관한 규칙」	• 「건축법」
개념	• 보행자 통행 • 주민의 일시적 휴식공간 확보 • 공유지	• 쾌적한 도시환경 조성 • 누구나 사용가능한 휴식시설 • 사유지
설치 기준	• 지역미관 저해하지 않을 것 • 지역의 쾌적한 환경 조성시 − 공중이용시설 설치 − 긴 의자, 시령, 조형물 등	• 사람과 사람, 사람과 건축물과의 만남 유도 • 대지면적 10% 이내

PLUS ➕ 개념플러스

전면공지/공공보행통로/공공공지/공개공지

건축물 녹화 설계기준

I 개요

① 건축물 녹화시스템 설계시 기존 조경설계와는 차별화되는 기술기준과 요구 성능 제시
② 건축물 녹화설계의 안정성과 합리성 도모
③ 시공 및 유지관리를 위하여 일반적으로 적용되어야 하는 기본원칙과 요구사항 기술
④ 건축물의 옥상, 지붕, 벽면, 발코니 등을 대상으로 하는 실내외 건축물 녹화 설계에 적용
⑤ "조경기준" 제19조에 근거하여 "건축물 녹화의 활성화 및 지원"을 위해 마련된 설계기준

II 옥상녹화

1. 구성요소

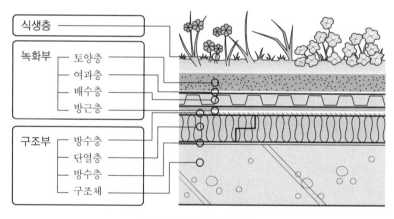

‖ 옥상녹화 구성요소 ‖

2. 녹화유형

(1) 중량형(이용형) 녹화

① 개념

㉠ 이용 가능한 녹화공간을 옥상에 조성하고자 할 때 적합

ⓛ 밀도 있는 관리 요구

- 주기적인 관수, 시비, 전정, 예초 등
- 집중적 관리를 통해서만 지속적으로 유지 가능

② 토양

㉠ 토심 : 최소 20cm 이상

ⓛ 고정하중 : 단위면적당 300kgf/m² 이상

(녹화하중 300kgf/m² 이상, 사람하중 200kgf/m² 이상)

③ 식재

㉠ 관목류와 초본류 중심

ⓛ 일부 교목류를 포함한 식재패턴 사용

ⓒ 식생 높이나 종류를 다양하게 조성 가능

ⓔ 이용 및 공간다양성을 고려한 시설배치시 지상녹지와 유사

(2) 혼합형 녹화

① 개념

㉠ 중량형 녹화를 단순화시킨 유형

ⓛ 이용 및 조성다양성은 중량형 녹화보다 제한적

ⓒ 토양층 조성, 관수 및 영양공급 면에서 요구조건↓

② 토양 고정하중 : 단위면적당 200kgf/m² 이상

(녹화하중 200kgf/m² 이상, 사람하중 200kgf/m² 이상)

③ 식재

㉠ 초본류와 관목류만 이용

ⓛ 녹화에 투입되는 자원과 비용이 적음

ⓒ 유지관리는 축소된 범위 내에서 수행 가능

(3) 경량형(생태형) 녹화

① 개념

㉠ 자연상태와 유사하게 관리, 조성되는 녹화유형

ⓛ 대부분 자생적으로 유지되면서 생장

ⓒ 인간간섭 없이 자연적인 천이 유도

ⓔ 이용목적을 배제하고, 최소의 자원과 비용 투자

　　• 녹화목표, 지역 기후조건, 조성방식 고려

　　• 최소한의 유지관리 방안 필요

② 토양

　ⓐ 고정하중 : 단위면적당 120kgf/m² 이상

　　(녹화하중 120kgf/m² 이상, 사람하중 100kgf/m² 이상)

　ⓑ 초경량 녹화하중 : 단위면적당 40~60kgf/m² 내외

③ 식재

　ⓐ 극한적 입지조건에 잘 적응하고 높은 자생력 갖춘 식물

　　• 이끼류, 다육식물, 초본류 및 화본류 등

　　• 주로 지피식물류

　ⓑ 식생구성은 자연적인 천이 발생 → 다른 식물종 정착 가능

Ⅲ 벽면녹화

1. 구성요소

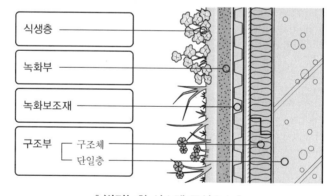

‖ 벽면녹화 시스템 구성요소 ‖

2. 녹화유형

(1) 등반부착형

① 식물이 벽면을 따라 등반하면서 자생적으로 부착 생장하는 유형

② 녹화효과를 높이기 위하여 벽체표면을 식물부착이 용이하게 처리

③ 벽면녹화 유형 중 가장 저렴하고 일반적인 형태

④ 장기간의 건축물 녹화 피복 시간 요구

⑤ 식물하자가 적고 자연스러운 형상 연출 가능

(2) 등반감기형

① 네트, 지주 등의 등반보조재를 식물이 감아가면서 벽면피복

② 식물이 벽면에 직접 부착되지 않음

③ 등반보조재 설치를 통해 피복면 조절 가능

④ 경관성 강조, 랜드마크적 효과 기대

(3) 하수형

① 벽면상부, 옥상부에 플랜트를 설치하여 지상방향으로 벽면피복

② 식물을 벽면에 직접 부착시키지 않음

③ 적용가능한 식물이 다양하지 않음

④ 옥상부 설치시 구조안전진단 수행

(4) 등반하수 병용형

① 등반형과 하수형을 복합적으로 사용

② 빠른 피복률의 확보와 다양한 디자인의 연출 가능

(5) 탈부착형

① 식재 모듈, 플랜트, 식재 유닛, 식생판 등에 식물 식재

② 벽면을 전면 또는 부분적으로 피복시키는 유형

③ 벽면에 식재기반 설치

　㉠ 식물 식재 생육

　㉡ 식물이 식재된 식재기반 부착

　㉢ 다양한 방식으로 제품화 가능

④ 구조적 안정성을 확보하기 위해 시스템에 적합한 보조자재를 설치하여 부착

⑤ 식재기반을 벽체의 다양한 위치에 설치 가능, 다양한 식물 도입

　→ 디자인 및 초기 피복 효과↑

⑥ 식재기반 단위로 탈착이 가능한 경우 효과적인 유지관리 가능

녹색건축물 인증제도(녹색건축물 조성제도)

I 개요

① 「저탄소 녹색성장 기본법」에 따른 녹색건축물의 조성에 필요한 사항을 정함
② 건축물 온실가스 배출량 감축과 녹색건축물의 확대를 통한 저탄소 녹색성장 실현
③ 국토교통부장관은 지속가능한 개발의 실현과 자원절약형이고 자연친화적인 공동주택의
   건축을 유도하기 위해 녹색건축인증제 시행
④ 기존의 친환경 건축물 인증제도와 주택성능 등급 표시제를 통합한 내용

```
┌─────────────────────────────────────────────┐
│         녹색건축물 활성화를 통한 녹색도시 구현          │
│     제로에너지 건축물을 향한 연차별 에너지수요 감축 추진      │
│ '13년('09년 대비 40%감축)→'14년(50%)→'16년(60%)→'23년(100%)│
└─────────────────────────────────────────────┘
                      ▲

┌─────────────────────────────────────────────┐
│            녹색건축물 설계기준 강화 적용             │
└─────────────────────────────────────────────┘

              ┌──────────────┐
              │   주요 설계기준   │
              └──────────────┘
```

Passive 기술	Active 기술	성능검증
· 향을 고려한 배치 · 고단열 설계 · 고기밀 시공 · 고성능 창호 시스템 등	· 태양광 · 태양열 · 지열 등 신재생에너지 설치	· 녹색건축 인증 · 에너지소비총량확인 (BESS 활용) · 에너지성능(EPI) 확인

PLUS ⊕ 개념플러스

- LEED(Leadership in Energy and Environmental Design)
- Passive House
  - 최소한의 냉난방으로 적정한 실내온도를 유지할 수 있는 주택
  - 기밀성과 단열성을 강화하여 난방에너지 90% 이상 절감
- Zero Energy House
  - 패시브하우스에서 부족한 신재생에너지 사용
  - 발전소 등에서 에너지를 공급받지 않고 자급자족하는 하우스

Ⅱ 인증심사 기준과 등급

(1) 인증대상

① 연면적 500m² 이상인 건축물

② 건축허가 및 용도변경 등을 신청하는 에너지절약계획서 제출 대상 건축물

(2) 인증기준

① 토지이용 및 교통, 에너지 및 환경오염, 재료 및 자원, 물순환관리, 유지관리, 생태환경, 실내환경 등 7개 분야

② 건축물 용도에 따라 평가

(3) 인증등급

① 4등급(최우수, 우수, 우량, 일반)

② 최우수, 우수등급시 혜택 부여

등급	심사점수		비고
	신축건축물	기존건축물	
최우수(그린 1등급)	74점 이상	69점 이상	
우수(그린 2등급)	66점 이상	61점 이상	100점 만점
우량(그린 3등급)	58점 이상	53점 이상	
일반(그린 4등급)	50점 이상	45점 이상	

Ⅲ 인증절차

인증신청	• 설계완료 후 인증기관에 신청서 제출 • 자격 : 건축주, 건물소유자, 시공자
서류심사 및 현장심사	• 1차 서류심사, 2차 현물, 3차 현장심사
인증심사단 심사	• 심사 내용 및 점수 • 인증심사결과서 작성
인증심의위원회 심의	• 위원회 만장일치시 인증 확정
인증서 교부 및 모니터링	• 유효기간 : 인증일로부터 5년 • 인증연장 : 만료일로부터 3개월 전까지 신청
이의신청 및 예비인증 특례	• 분쟁 발생 시 행정소송을 통한 이의제기 신청

Ⅳ 인센티브

(1) 신축 건축물의 취득세 감면

에너지 기준 ＼ 녹색건축인증 기준	최우수등급	우수등급
EPI 90점 이상이거나 건물에너지 효율 1등급	15%	10%
EPI 80점 이상 90점 미만이거나 건물에너지 효율 2등급	10%	5%

※ EPI(Energy Performance Index) : 에너지성능지표

(2) 건축물의 재산세 감면

에너지 기준 ＼ 녹색건축인증기준	최우수등급	우수등급	등급없음
건물에너지 효율 1등급	15%	10%	3%
건물에너지 효율 2등급	10%	3%	—
등 급 없 음	3%	—	—

(3) 녹색건축(친환경건축물) 인증 비용 지원

2013년도 친환경건축물 인증비용 지원계획

인증 등급	인증비용 지원내용
최우수(그린 1등급)	100%
우수(그린 2등급)	75%
우량(그린 3등급)	50%

※ 2013년도 인증비용 지원계획 변경시 변경기준에 따름
※ 2010년 7월 1일 이전 예비인증 허가시 당시 규정 기준에 따름
　→ 최우수 : 100%, 우수 : 50%

(4) 환경개선부담금 경감

녹색건축 인증 등급	부담금 경감률
최우수(그린 1등급)	50%
우수(그린 2등급)	40%
우량(그린 3등급)	30%
일반(그린 4등급)	20%

(5) 녹색건축물 활성화대상 완화기준 적용(용적율, 높이, 조경면적)

에너지 기준 \ 녹색건축인증기준	최우수등급	우수등급
건물에너지 효율 1등급	12% 이하	8% 이하
건물에너지 효율 2등급	8% 이하	4% 이하

신재생에너지이용등급	1등급	2등급	3등급
완 화 비 율	3% 이하	2% 이하	1% 이하

Ⅴ 효과

(1) 직접적 효과

① 녹색건축기준을 설계단계부터 반영하여 환경친화적이고, 에너지 저소비형으로 건축

② 건축 디자인의 창의성 부여로 건축물의 다양화

③ 건축물 유지관리 비용절감에 따른 재산가치 상승효과 발생

④ 원전 하나 줄이기 사업 선도

(2) 간접적 효과

① 국민 : 환경가치 인식제고

② 업계 & 학계 : 환경기술발달 및 연구활동 진흥

주택법

주택건설기준 등에 관한 규정/어린이놀이시설안전관리법/공동주택 하자의 조사, 보수비용 산정방법 및 하자판정기준

I 개요

주택의 건설기준, 부대시설 · 복리시설의 범위 · 설치기준, 대지조성기준, 공업화주택의 인정 절차 등에 관하여 위임된 사항과 그 시행에 관하여 필요한 사항 규정

II 조경시설 등

1. 녹지면적 확보

(1) 일반적인 경우

• 단지면적 30%

(2) 1층 주민공동시설용 피로티 설치시

① 단지면적 5~30% 범위 내에서 피로티면적 1/2 공제면적

② 공해 방지, 조경식재, 기타 필요한 조치

(3) 예외적인 경우

① 복합건축물, 상업지역 내 주택건설시

② 세대당 전용면적 85m² 이하인 가구수 전체대비 2/3 이상시

③ 「건축법」 제42조 준용

▶ **참고**

▶ **생태면적률**(서울특별시 생태면적률 지침)

1 개념
① 다양한 관점의 환경적 가치를 단편적으로 제어하는 개별 지표에서 복합적으로 판단할 수 있는 통합 지표로서의 환경계획지표 선정
② 기존 도시의 생태적 진단 및 생태적 가치 향상을 유도하는 지표로서의 활용 가능성 높음

2 필요성
① 도시기후변화 및 생물서식공간 파괴로 인한 도시생태문제 확산
② 불투수 포장면 확대에 따른 환경의 질 저하
③ 공간계획 내에서 환경의 질을 파악하는 방법 부족

3 산정방법
생태면적률 = {(피복유형별 환산면적 + 식재유형별 환산면적)/전체면적} × 100
- 피복유형별 환산면적 = 자연순환기능 면적 = Σ(피복유형별 면적 × 가중치)
- 식재유형별 환산면적 = 식재특성 면적 = Σ(식재 개체수 × 환산면적 × 가중치)

4 적용기준

구분			적용
환경성 검토기준	건축유형별 생태면적률 적용기준	일반주택(개발면적 660m² 미만)	20% 이상
		공동주택(개발면적 660m² 이상)	30% 이상
		일반건축물(업무, 판매, 공장 등)	20% 이상
		유통업무설비, 방송통신시설, 종합의료시설, 교통시설	20% 이상
		공공문화체육시설 및 공공기관 건설시설 또는 건축물	30% 이상
		녹지지역 시설 및 건축물	50% 이상
환경영향 평가기준	건축물사업	생태면적률의 35% 이상	
		녹지지역인 경우 생태면적률의 50% 이상	
		자연지반녹지는 생태면적률의 30% 이상 또는 사업부지의 10% 면적 이상	
	정비사업 (재개발, 재건축)	생태면적률의 45% 이상	
		녹지기여인 경우 생태면적률의 50% 이상	
		자연지반녹지는 생태면적률의 40% 이상	

5 가중치

① 피복유형별

	피복유형		가중치	설명	유의사항
1		자연지반 녹지	1.0	• 자연지반이 손상되지 않은 녹지 • 식물상과 동물상이 개발 잠재력 보유	자연 상태의 지반을 가진 녹지
2		수공간 (투수기능)	1.0	자연지반 기초 위에 조성되고, 투수기능을 가지는 수공간	바닥에 차수시설이 설치되어 있는 수공간의 경우 가중치 0.5
3		인공지반 녹지 >90cm	0.7	토심이 90cm 이상인 인공지반 상부 녹지	토심이 90cm 미만인 경우 가중치 0.5(단, 최소 토심 40cm)
4		옥상녹화 >40cm	0.6	토심이 40cm 이상인 옥상녹화시스템이 적용된 공간	토심이 40cm 미만인 경우 가중치 0.4(단, 최소 토심 20cm)
5		투수포장	0.4	자연지반 위에 조성되고 공기와 물이 투과되는 포장, 식물생장 가능	포장재의 투수율은 0.01cm/sec를 확보, 미식재 면적이 50% 이상인 경우 가중치 0.2, 불투수포장의 경우 가중치 0
6		벽면녹화	0.3	창이 없는 벽면이나 옹벽(담장)의 녹화, 최대 10m 높이까지만 산정	창이 없는 벽면이나 옹벽(담장)의 녹화, 최대 10m 높이까지만 산정(단, 최소 토심 20cm)
7		옥상저류 및 침투시설 연계면	0.1	지하수 함양을 위한 우수침투시설 또는 일시적 저류시설과 연계된 면	─

② 식재유형별

식재유형			가중치	설명	유의사항
수고		환산면적			
				─	식재유형 생태적률은 피복유형 생태면적률의 20%만 인정
	$0.3 \leq H < 1.5$	0.1		관목류가 속해 있으며, 모든 피복유형에 적용이 가능	지피초화류의 경우 0.3m 이상이라 하더라도 개체로 인정하지 않음
	$1.5 \leq H < 4.0$	0.3	0.1	대관목류 및 소교목류	관목류를 식재하는 경우 기준환산면적의 50%만 인정
	$4.0 \leq H$	3		대교목류로서 국토부고시 제2015-787호(조경기준) 제7조2항의 각 호에 의하여 인정주수를 산출 후 면적가중치를 곱하여 산정	$B>5$cm or $R>6$cm이거나, 상록교목으로 $W>0.8$m인 경우 교목을 1주 인정 $B>12$cm or $R>15$cm이거나, 상록교목으로 $W>2$m인 경우 교목을 2주 인정 $B>18$cm or $R>20$cm이거나, 상록교목으로 $W>3$m인 경우 교목을 4주 인정 $B>25$cm or $R>30$cm이거나, 상록교목으로 $W>5$m인 경우 교목을 8주 인정

(H : 수고, B : 흉고직경, R : 근원직경, W : 수관폭)

2. 주민공동시설 설치총량제

(1) 개념

① 지역특성 및 주민수요 등을 고려하여 융통성 있는 주민공동시설의 계획 및 설치가 가능하도록 세부설치면적 대신에 설치 총량면적 제시

② 필수시설에 대해서는 의무설치 규정

③ 지방자치단체 조례로 의무설치시설의 종류와 면적 등 규정 가능

(2) 적용대상

① 100세대 이상의 주택단지

② 어린이놀이터, 주민운동시설, 주민휴게시설 등

(3) 총량면적

1) 100세대 이상 1,000세대 미만

① 세대당 2.5m²를 더한 면적

② 2.5m² × 세대수

2) 1,000세대 이상

① 500m²에 세대당 2m²를 더한 면적

② 500m² + 2m² × 세대수

3) 강화 or 완화

① 지역의 특성, 주택유형 등을 고려

② 조례를 통한 총량면적 1/4 범위 내 조절 가능

세대수	법정 총량면적	조례로 조정 가능한 총량	
100세대 이상~ 1,000세대 미만	세대수×2.5m²	완화하한	1.875m²×세대수
		강화상한	3.125m²×세대수
1,000세대 이상	500m²+(세대수×2m²)	완화하한	375m²+(1.5m²×세대수)
		강화상한	625m²+(2.5m²×세대수)

(4) 의무설치시설

1) 세대수에 따른 의무설치 주민공동시설

세대수	의무설치 주민공동시설
150세대 이상~ 300세대 미만	• 경로당, 어린이놀이터
300세대 이상~ 500세대 미만	• 경로당, 어린이놀이터, 어린이집
500세대 이상	• 경로당, 어린이놀이터, 어린이집 • 주민운동시설, 작은 도서관

2) 의무설치시설 최소면적

① 어린이놀이터

세대수	최소면적
150세대 이상~ 300세대 미만	• 지역여건, 단지특성 등을 고려 • 조경 및 녹지 적정면적 설치
300세대 이상~ 1000세대 미만	• 200m²에 세대당 1m²를 더한 면적
1000세대 이상	• 500m²에 세대당 0.7m²를 더한 면적

※ 운동시설, 조경 및 녹지등과 통합하여 설치하는 주택단지
  → 어린이놀이터 설치면적으로 인정 가능

② 운동시설

㉠ 「체육시설의 설치 · 이용에 관한 법률 시행령」 의거
㉡ 해당 종목별 경기단체 경기장 규격에 따른 면적

> **PLUS ➕ 개념플러스**
>
> 「체육시설의 설치 · 이용에 관한 법률」에 의거한 운동경기별 평면도(규격)

3. 어린이놀이시설 안전관리법

(1) 개요

① 어린이들의 안전하고, 편안한 놀이기구 사용을 위해 어린이놀이시설 설치 · 유지 및 보수 등에 관한 기본사항 규정

② 어린이놀이시설을 담당하는 행정기관의 역할과 책무를 정하여 어린이놀이시설의 효율적인 안전관리체계 구축

③ 어린이놀이시설 이용에 따른 어린이의 안전사고 미연 방지

(2) 개념정의

1) 어린이 놀이기구

① 어린이 : 만 10세 이하

② 놀이기구

㉠ 그네, 미끄럼틀, 공중놀이기구, 회전놀이기구 등

㉡ 안전인증대상 공산품

2) 관리주체

① 어린이놀이시설 소유자

② 다른 법령에 의한 어린이놀이시설 관리자

③ 그 밖에 계약에 의한 어린이놀이시설 관리책임자

3) 안전점검

① 어린이놀이시설의 안전관리를 위임받은 자 시행

② 육안, 점검기구 등에 의한 검사

③ 어린이놀이시설의 위험요인 조사

4) 안전진단

① 안전검사기간에 의한 어린이놀이시설 조사 · 측정 · 안전성 평가

② 어린이놀이시설의 물리적 · 기능적 결함 발견

③ 수리 · 개선 등의 방법 제시

5) 유지관리

① 안전점검 및 안전진단 등 실시

② 어린이놀이시설이 기능 및 안전성 유지를 위한 정비 · 보수 · 개량

⑶ **안전검사기관**

  1) **지정**

    ① 안전행정부장관

    ② 설치검사 · 정기시설검사, 안전진단을 행하는 기관

  2) **지정요건**

    ① 검사장비 및 검사인력 등의 지정요건

      • 「국가표준기본법」 의거한 시험, 검사기관 인정 획득 필요

      • 기술표준원

    ② 안전행정부장관에게 신청

  3) **지정대상**

    ① 안전검사기관으로 지정을 받고자 하는 법인, 단체

    ② 영리목적의 법인, 단체

    ③ 관리주체가 법인, 단체

    ④ 관리주체를 구성원으로 하는 법인, 단체

    ⑤ 어린이놀이기구 제조업, 설치업, 유통업을 하는 법인, 단체

  4) **지정취소**

    ① 1년 이내의 기간을 정하여 업무 전부, 일부 정지

    ② 거짓, 부정한 방법으로 안전검사기관으로 지정을 받은 경우

    ③ 업무정지기간 중 설치, 정기시설, 안전진단을 행한 경우

    ④ 정당한 사유없이 설치, 정기시설, 안전진단을 거부한 경우

    ⑤ 법에 의거한 방법, 절차 등을 위반하여 검사, 진단한 경우

⑷ **어린이놀이시설 설치검사**

  1) **설치검사**

    ① 어린이놀이시설을 관리주체에게 인도하기 전

    ② 안전검사기관으로부터 설치검사 시행

    ③ 시설기준 및 기술기준 적합성 유지 확인(2년 1회 이상)

2) 불합격 조치

① 해당 어린이놀이시설 소관 관리감독기관 장에게 통보

② 어린이놀이시설 이름 및 소재지

③ 어린이놀이시설 설치자 이름, 설치검사의 일자, 불합격한 내용

3) 정기시설검사

① 정기시설검사 유효기간 끝나기 1개월 전

② 합격시 정기시설검사 합격증 부여, 불합격시 이용금지

(5) 관리주체 유지관리(안전점검/안전진단)

1) 안전점검 실시

① 어린이놀이시설 기능 및 안전성 유지

② 월 1회 이상 실시이나 어린이놀이시설 철거시 생략 가능

2) 안전점검 항목

① 어린이놀이시설의 연결상태, 노후정도, 변형상태, 청결상태

② 어린이놀이시설의 안전수칙 등의 표시상태

③ 부대시설의 파손상태 및 위험물질 존재 여부

3) 안전점검 방법

① 양호 : 이용자에게 위해 · 위험발생요소가 없는 경우

② 요주의 : 위해 · 위험발생요소는 없으나 사용연한이 지난 경우

③ 요수리 : 틈, 헐거움, 날카로움 등이 생길 가능성이 있는 경우

       : 오염도가 높고, 안전관리표시가 훼손된 경우

④ 이용금지 : 틈, 헐거움, 날카로움 등이 존재하는 경우, 위해가 발생한 경우

4) 안전진단 실시

① 안전점검 결과 부적합시설 대상

② 1개월 이내 안전검사기관에 안전진단 신청

③ 재사용 불가 판정시 철거 시행

④ 제출서류 : 신청서, 배치도(사진포함), 약도

5) 점검결과 등의 기록 · 보관

① 안전점검 및 안전진단 실시결과

② 안전점검실시대장 작성(최종 기재일부터 3년간 보관)

Ⅲ 계단

1. 계단의 각 부위별 치수기준

계단종류	유효폭	단높이	단너비
공동사용계단	120cm 이상	18cm 이하	26cm 이상
내부계단 or 건축물 옥외계단	90cm 이상 (세대 내 75cm)	20cm 이하	24cm 이상

2. 세부설치기준

(1) 계단참

　① 높이 2m 이상 계단, 세대 내 계단 제외

　② 2m 이내마다 폭 120cm 이상인 계단참 설치

　③ 단, 기계실, 물탱크실의 계단일 경우 3m 이내마다

　④ 각 동 출입구에 설치하는 계단 : 1층에 한정, 높이 2.5m 이내마다 계단참 설치

(2) 난간

　① 높이 1m 이상 계단 : 그 양측에 벽 기타 이와 유사한 것이 없는 경우

　② 계단폭 3m 이상 : 계단 중간 폭 3m 이내마다 난간 설치

　③ 단, 계단단높이 15cm 이하, 단너비 30cm 이상인 경우 예외

(3) 계단층고

　① 계단바닥 마감면부터 상부구조체의 하부 마감면까지의 높이

　② 공동으로 사용하는 경우 계단층고 2.1m 이상 규모

　③ 계단바닥은 미끄럼 방지 구조

> **PLUS ➕ 개념플러스**
>
> 점토블록계단 단면도

공동주택 하자의 조사·보수비용 산정방법 및 하자판정기준

I 개요

① 국토교통부 하자심사·분쟁조정위원회 내 하자심사 및 분쟁 조정
② 공동주택의 내력구조부별 및 시설공사별로 발생하는 하자 대상

　㉠ 하자의 범위

　　• 공사상의 잘못으로 인한 균열·처짐·비틀림·침하·파손·붕괴·누수·누출, 작동·기능불량, 부착·접지·결선 불량, 고사 및 입상불량 등이 발생
　　• 건축물, 시설물의 기능·미관, 안전상의 지장 초래

　㉡ 조경공사 하자담보 책임기간

　　• 2년 : 식재, 조경시설물, 관수배수, 조경포장, 조경부대시설
　　• 1년 : 잔디심기공사

③ 하자 여부 판정, 하자조사방법 및 하자보수비용 산정에 관한 기준을 정함

II 하자 여부 판정

구분	하자여부	
	하자인 경우	하자가 아닌 경우
조경수 고사	• 수관부분 가지가 2/3 이상 고사된 조경수	• 유지관리 소홀이나 인위적으로 훼손된 경우
조경수 뿌리분의 결속재료 미제거	• 지표면에 노출되어 있는 뿌리분에 한해 노출된 결속재료를 미제거시	• 고사되지 않은 조경수목의 뿌리분 결속재료 미제거시
조경수 식재 불일치	• 준공도면과 현재 식재수종의 규격과 수종이 일치하지 않은 경우	• 대체식재의 경우 설계도면에 표기된 총금액 산정시 초과되는 경우
식재된 조경수의 준공도면 규격미달	• 조경수 규격미달 수종별 10% 초과하는 경우 • 허용오차 감안 규격미달 수목이 각 수종별·규격별 총수량의 20% 초과하는 경우	• 수형과 지엽 등이 극히 우량한 경우 • 식재지 및 주변여관과 조화될 수 있다고 판단된 경우
자연재해에 의한 조경수 피해	—	• 시공자의 재해방지 노력에도 불가항력적 자연재해 발생시 • 객관적인 자료에 의해 자연재해가 입증된 경우 　− 사용검사 도면, 하자보수내용 　　사진 or 비디오 테이프 등

Ⅲ 하자조사방법

구분		하자조사방법
조경수 고사		• 관리주체가 사업주체 등에게 보수 청구한 문서 등 조사
조경수 뿌리분의 결속재료 미제거		• 뿌리분 결속재료가 분해되는 재료로 식재되었는지 여부 조사 • 분해되지 않은 재료 사용시 고사에 직접적으로 기여했는지 여부 조사 • 뿌리분 결속재료가 지표면에 노출되어 있는지 여부 조사
조경수 식재 불일치		• 준공도면 기준과 현재 식재 비교 · 검토
식재된 조경수의 준공도면 규격미달		• 흉고직경, 근원직경, 수고로 구분하여 조사
	흉고 직경	• 지표면으로부터 1.2m 높이의 수간 직경을 줄자 등으로 실측치수 • 둘 이상으로 줄기가 갈라진 수목의 경우 각각 흉고직경을 합한 값의 70%가 최대 • 당해 수목의 흉고직경보다 클 경우 채택, 작을 경우 흉고직경 중 최대치수
	근원 직경	• 지표면과 접하는 줄기의 직경을 줄자 등으로 실측치수 • 측정 부위가 원형이 아닌 경우 최대치와 최소치를 합한 평균 치수
	수고	• 지표에서 수목 정상부까지의 수직거리를 전용자 등으로 실측치수
자연재해에 의한 조경수 피해		• 관리주체 및 사업주체로부터 입증자료 요청 　→ 기상청, 언론보도, 비디오테이프 등 • 자연재해 정도 조사

Ⅳ 하자보수비용 산정

구분	하자보수비용 산정
보수비용의 구성	• 직접비 : 재료비, 노무비, 경비 • 간접비 : 간접노무비, 제경비, 일반관리비, 이윤 • 부가가치세
조경수 고사 보수비용	• 식재비용은 건설공사 표준품셈 의거 　→ 수고, 흉고직경, 근원직경, 관목류, 묘목류 등 구분 산정 • 굴취비용 제외 : 재식재료 비용에 터파기 공정 포함
조경수 뿌리분의 결속재료 제거 보수비용	• 지표면에 노출되어 있는 뿌리분 결속재료 제거기준 비용 산정
조경수 식재부족 보수비용	• 식재비용
식재된 조경수의 준공도면 규격미달 보수비용	• 당시 규격차이에 따른 재료비 단가차이 반영 • 식재비용
자연재해에 의한 조경수 피해 보수비용	• 식재비용

※ 식재비용은 건설공사 표준품셈 의거 → 수고, 흉고직경, 근원직경, 관목류, 묘목류 등 구분 산정

경관법

경관계획수립지침/서울시 경관 가이드라인

I 개요

1. 경관법의 목적

국토의 체계적 경관관리
① 각종 경관자원의 보전·관리·형성에 필요한 사항 결정
② 아름답고 쾌적하며 지역특성을 나타내는 국토환경 및 지역환경의 조성에 기여

2. 경관의 정의

(1) 법제적 정의

자연, 인공요소 및 주민생활상 등으로 이루어진 단일한 지역 환경적 특징

(2) 사전적 정의

① 지형, 기후, 토양, 생물계 등으로 이루어지는 일정 지역의 지리학적 특성
② 이러한 특성이 있는 지역

3. 경관관리의 기본원칙

① 국민이 아름답고 쾌적한 경관을 누릴 수 있도록 할 것
② 지역의 고유한 자연·역사 및 문화를 드러내고 지역주민의 생활 및 경제활동과 긴밀한 관계 속에서 지역주민의 합의를 통하여 양호한 경관이 유지될 것
③ 각 지역의 경관이 고유한 특성과 다양성을 가질 수 있도록 자율적인 경관행정 운영방식을 권장하고, 지역주민이 이에 주체적으로 참여할 수 있도록 할 것
④ 우수한 경관을 보전하고 훼손된 경관을 개선·복원함과 동시에 새롭게 형성되는 경관은 개성 있는 요소를 갖도록 유도할 것
⑤ 국민의 재산권을 과도하게 제한하지 아니하도록 하고, 지역 간 형평성을 고려할 것

Ⅱ 경관계획

1. 수립권자 및 대상지역

경관정책기본계획 5년 수립 · 시행

(1) 수립권자

① 시 · 도지사

② 인구 10만 명을 초과하는 시 · 군 제외

(2) 대상지역

① 관할구역

㉠ 인구 10만 명 이하인 시 · 군의 시장 · 군수

㉡ 행정시장, 구청장 등, 경제자유구역청장

② 2개 이상의 특별시 · 광역시 · 시, 군에 걸쳐 있는 경우

㉠ 특별시장 · 광역시장 · 특별자치시장 · 도지사, 시장 · 군수

㉡ 행정시장, 구청장 등, 경제자유구역청장 공동 수립

③ 2개 이상의 시 · 군에 걸쳐 있는 경우

관할도지사 수립

2. 경관계획의 유형

(1) 기본경관계획

1) 목표

① 관할지역 전부를 대상으로 경관계획 목표 제시

② 경관 권역, 축, 거점 등 경관관리단위 설정

③ 경관보전, 관리, 형성을 한 기본방향 제시

2) 조사대상

① 자연경관자원 : 주요 지형, 산림, 하천, 호수, 해변 등

② 산림경관자원 : 주요 식생현황, 보안림, 마을숲, 보전산림 등

③ 농산어촌경관자원 : 주요 경작지, 농업시설, 염전, 갯벌, 취락지, 마을공동시설 등

④ 시가지 및 도시기반시설 경관자원

    ㉠ 주요 건물, 교량, 상징가로, 광장, 기념물

    ㉡ 주요 주거경관, 상업업무경관, 공업경관자원 및 도시기반시설 등의 분포 등

⑤ 역사문화경관자원

    ㉠ 지역 고유의 경관을 나타내는 성곽, 서원, 전통사찰(경내지 포함)

    ㉡ 근대건축물 등의 문화재

    ㉢ 기타 역사적 · 문화적 가치가 있는 종교시설 등 경관자원

3) 구성요소별 경관설계지침

① 건축물

    ㉠ 건축물 간의 조화, 주변과의 연속성 등 기본방향 제시

    ㉡ 지역구분에 따른 건축물 경관설계지침 작성

    ㉢ 경관창출 필요시 경관규제 또는 관리용 경관설계지침 수립

② 오픈스페이스

    ㉠ 경관 연계성 확보, 가로 연속성 확보 등을 위한 기본방향 제시

    ㉡ 오픈스페이스 유형별 경관설계지침 작성

    ㉢ 경관창출 필요시 경관규제 또는 관리용 경관설계지침 수립

③ 옥외광고물

    ㉠ 가로경관 통일, 건물과의 조화 등을 위한 기본방향 제시

    ㉡ 관리지역 등급별 차등된 규제수준 지침 수립

    ㉢ 관리지역별 설치 가능한 광고물 종류 및 수량 등 지침 수립

④ 공공시설물

    ㉠ 공공시설물 상징성, 조화성, 가로연속성 등을 위한 기본방향 제시

    ㉡ 기능권별 및 생활권별 통일요소 추출하여 경관설계지침 제시

    ㉢ 도시구조물의 배치, 형태, 규모 등에 대한 경관설계지침 제시 가능

⑤ 색채

    ㉠ 지역의 색채이미지 통일성 · 조화성을 위한 기본방향 제시

    ㉡ 경관권역별 · 건축용도별 · 시설유형별로 사용색 범위와 색채기준 제시

    ㉢ 지침 작성시 색채표기는 먼셀 또는 NCS 등 국제표준규격 사용

⑥ 야간경관

　　㉠ 야간경관 구성요소를 도시적 차원, 지역적 차원, 요소적 차원으로 구분하여
　　　야간경관 수립을 위한 지표 마련

　　㉡ 야간경관의 연출 및 관리를 위한 유도사항과 규제사항 제시

(2) 특정경관계획

　1) 대상

　　① 관할지역의 특정한 지역

　　② 특정한 경관유형(산림, 수변, 가로, 농산어촌, 역사문화, 시가지 등)

　　③ 특정한 경관요소(야간경관, 색채, 옥외광고물, 공공시설물 등)

　2) 목적

　　경관보전, 관리, 형성을 위한 실행방안 제시

　3) 구성요소별 경관설계지침

　　① 건축물

　　　㉠ 경관 창출 필요시 경관규제 또는 관리용 경관설계지침 수립

　　　㉡ 지역이미지 형성을 위한 스카이라인 등의 경관설계지침 제시

　　　㉢ 가로연속성 확보를 위한 건축선, 건축형태 등의 계획방향 제시

　　　㉣ 건물조화를 위한 외관, 출입구, 경계부, 조경 등의 계획방향 제시

　　　㉤ 용도별 건축물 경관설계지침

공동주택	• 스카이라인, 건축선, 통경축, 주동형태, 단지경계부 처리, 부속동의 위치 등 건축물의 규모 및 배치 • 주동길이, 지붕형태, 필로티 등 건축물 형태 및 외관 • 단지입구, 공공조경, 보행자 통로 등의 외부공간 등
단독주택	• 건축선, 배치, 길이 등 건축물의 규모 및 배치 • 지붕, 창문, 발코니, 색채, 재료 등 건축물 형태 및 외관 • 전면공지, 담장, 대문, 주차장 등 외부공간에 관한 사항 등
상업 및 근린생활시설	• 건축선, 배치방향 등 건축물의 규모 및 배치에 관한 사항 • 아케이드, 지붕, 색채 등 건축물형태 및 외관에 관한 사항 • 공개공지, 전면공지, 공공통로 등 외부공간에 관한 사항 등
공공건축물	• 건축물의 규모 및 배치에 관한 사항(건축선, 배치방향 등) • 건축물 형태 및 외관에 관한 사항(형태, 재료, 색채 등) • 외부공간에 관한 사항(공개공지, 조경, 경계부 등)

② 오픈스페이스

　㉠ 원경, 중경, 근경을 고려한 오픈스페이스 기본방향 계획

　㉡ 원경은 녹지축 형성을 위해 녹지, 수변 등의 지침 작성

　㉢ 중경은 가로연속성을 위한 보행자 전용도로 등의 지침 작성

　㉣ 근경은 건축물 외부공간을 위한 공개공지, 공공공지 등의 지침 작성

　㉤ 세부요소로는 도입 테마, 공간의 형태와 설계 등에 대해 작성

③ 옥외광고물

　㉠ 가로 조화를 위한 종류, 형태, 색채, 재료 등 기본방향 제시

　㉡ 원경은 가로상징성을 위해 종류, 요소 등의 설계지침 작성

　㉢ 중경은 건물과 조화를 위해 종류, 소재 등의 설계지침 작성

　㉣ 근경은 업소 연출을 위한 종류별 형태, 소재, 색채, 조명 등의 설계지침 작성

　㉤ 옥외광고물을 관리지역의 관리등급에 따라 구분하여 다르게 계획

　㉥ 관리지역별로 가로형 간판의 설치 가능한 광고물 종류를 구분하고, 상세도 작성

　㉦ 필요한 경우 차양막, 전자식 광고물, 현수막 등 설치계획

④ 공공시설물

　㉠ 가로시설물의 통일성이 필요한 요소에 대한 설계지침 제시

　㉡ 가로의 가로등, 포장, 휴지통, 사인 등의 계획방향 제시

　㉢ 공공시설물 시설별 형태, 색채, 재료, 그래픽 등을 제시

　㉣ 가로시설물별 배치, 형태, 규모 등에 대한 가이드라인을 제시

　㉤ 랜드마크, 방음벽, 포장 등의 형태, 색상, 재료 등 지침 제시

⑤ 색채

　㉠ 원경은 테마색, 지붕색, 사용색 범위 등 계획방향 제시

　㉡ 중경은 가로, 권역요소별 · 부위별 색채범위 등 계획방향 제시

　㉢ 근경은 건축물 · 시설물의 주조색, 보조색, 강조색 범위 등 계획방향 제시

　㉣ 건축물 용도별, 시설물 유형별 사용색 범위 및 색채기준 제시

　㉤ 색채표기 단위는 먼셀, NCS 등 국제표준규격 사용

⑥ 야간경관

㉠ 야간경관 구성요소를 도시적·지역적·요소적 차원으로 분류

구분	내용
지역적 차원	• 면, 선적 표현 • 지역 내에서 영향이 큰 야간경관 요소
도시적 차원	• 도시의 구조적 특성 반영 • 도시전체 상호 영향을 미치는 야간경관요소
단위요소적 차원	• 조망대상 • 주요 조망점, 랜드마크적 특성이 강한 야간경관요소

㉡ 연출, 유도, 규제 등으로 구분하여 제시

• 경관연출을 위한 랜드마크, 건축물, 도로, 가로 등 지침 제시

• 상업광고조명의 합리적 규제를 위해 법적·제도적 조치 반영

3. 경관계획의 내용

(1) 기본내용

① 경관계획의 기본방향 및 목표

㉠ 계획배경, 수립범위(공간적·내용적·시간적 범위), 수립과정 등

㉡ 계획의 목표 및 기본방향

② 경관자원의 조사 및 평가

㉠ 대상지의 경관적 가치, 경관적 특성을 파악을 위한 기초조사

㉡ 경관 현황조사 및 분석, 평가 등

③ 경관형성의 전망 및 대책 수립에 관한 사항

㉠ 경관계획 목표, 기본방향 설정

㉡ 경관보전·관리 및 형성방안 수립

㉢ 경관기본구상, 경관계획 및 설계지침 제시 등

④ 경관지구, 미관지구의 관리 및 운용

㉠ 경관지구와 미관지구 설정

㉡ 이미 설정되었거나 신설할 관리운용방안 제시

⑤ 경관관리 행정체계 및 실천방안

 ㉠ 경관관리를 위한 실행조직, 행정체계, 경관사업추진협의체 설립 및 운영

 ㉡ 경관 관련 심의 및 계획기준 등의 적용사항 도출 및 연계 추진방안 제시

⑥ 경관계획 재원조달 및 단계적 추진

 사업요소별 예산 산정, 재정확보 및 추진방법 등

⑦ 그 밖에 경관의 보전 · 관리 및 형성

 ㉠ 중점적으로 경관보존, 관리, 형성이 필요한 구역

 ㉡ 경관사업과 경관협정의 관리, 운영

 ㉢ 해당 지방자치단체의 조례로 정하는 사항

(2) 수립기준

① 경관에 대한 장기적 방향 제시

② 지역적 특성과 요구를 충분히 반영하여 경관계획의 독창성과 다양성 확보

③ 경관계획이 추진될 수 있도록 상세하고, 구체적으로 수립

(3) 타 법률과의 준용

① 일반적으로 도시 · 군기본계획에 부합되도록 계획할 것

② 도시 · 군기본계획의 내용과 다른 경우, 도시 · 군기본계획의 내용이 우선

4. 경관계획의 승인

(1) 행정시장, 구청장, 경제자유구역청장이 경관계획을 수립 · 변경시

 경관위원회 심의를 거쳐 시 · 도지사 승인 필요

(2) 시 · 도지사가 경관계획을 수립 · 변경시

① 관계 행정기관 장과 사전협의 필요

② 요청을 받은 날부터 30일 이내에 의견 제시

③ 경관위원회의 심의

④ 해당 행정시장, 구청장 등, 경제자유구역청장에게 서류 송부

⑤ 공고 후 주민 열람

5. 경관계획의 수립절차

(1) 경관계획입안

① 시 · 도지사, 시장 · 군수

② 관할구역 전부 혹은 일부 경관계획

③ 계획의 종합성과 집행성 확보 : 관련부서 간 긴밀 협의 추진

④ 주민참여유도 : 게시판, 인터넷, 언론 등

(2) 의견청취

① 해당분야 전문가, 각계 주민대표, 관계기관 참석

② 공청회 개최예정일 14일 전까지 일간신문 1회 이상 공고

(3) 경관계획 승인신청

① 해당 지방자치단체 경관위원회 심의

② 각 부문별계획과 협의결과 제출 : 관계 행정기관과의 협의기간 단축

③ 승인신청서류

㉠ 공문, 공청회시 경관계획보고서(안) 및 구상도(안)

㉡ 공청회 개최결과, 지방의회 의견청취, 관계 지방행정기관과의 조치내용 각 1부

㉢ 경관심의위원회 심의 및 자문결과

㉣ 기초조사 결과 및 계획 수립을 위한 산출근거 자료집

(4) 경관계획승인

① 계획 수립 · 변경시 관계 행정기관과 사전 협의 후 : 경관위원회 심의 후 승인

② 의의가 있을 경우 조정, 보완하여 승인

③ 공고 후 관계서류 주민 열람(30일 이상)

PLUS ➕ 개념플러스

- 「경관법」 문제점과 대책방향
- 서울시 경관 가이드라인과 비교분석

도시농업의 육성 및 지원에 관한 법률

I 개요

1. 정의

① 자연친화적인 도시환경을 조성하고, 도시와 농촌이 함께 발전하는 데 이바지

② 도시농업이란 건축물, 생활공간을 활용한 농작물 경작, 재배행위를 말함

③ 주택활용형, 근린생활권, 도심형, 농장형 · 공원형, 학교교육형 도시농업으로 세분화

2. 도시농업의 유형

(1) 주택활용형 도시농업

① 주택 · 공동주택 등 건축물의 내부 · 외부, 난간, 옥상 등을 활용

② 주택 · 공동주택 내부텃밭, 외부텃밭, 인접텃밭

(2) 근린생활권 도시농업

① 주택 · 공동주택 주변의 근린생활권에 위치한 토지 등 활용

② 농장형 주말텃밭, 공공목적형 주말텃밭

(3) 도심형 도시농업

① 도심에 있는 고층 건물의 내부 · 외부, 옥상 등 활용

② 도심에 있는 고층 건물에 인접한 토지 활용

③ 고층건물 내부텃밭, 외부텃밭, 인접텃밭

(4) 농장형 · 공원형 도시농업

① 공영도시농업농장, 민영도시농업농장, 도시공원 활용

② 공영도시농업농장 텃밭, 민영도시농업농장 텃밭, 도시공원 텃밭

(5) 학교교육형 도시농업

① 학생들의 학습과 체험 목적

② 학교의 토지나 건축물 등 활용

③ 유치원 · 유아원, 초등학교 · 중학교 · 고등학교 텃밭, 기타 학교교육형 텃밭

산림자원의 조성 및 관리에 관한 법률

I 개요

1. 목적

① 산림자원의 조성과 관리를 통한 산림의 다양한 기능 발휘

② 산림의 지속가능한 보존과 이용 도모

③ 국토의 보전, 국가경제발전, 국민의 삶의 질 향상 이바지

2. 용어정의

(1) 산림

① 집단적으로 자라고 있는 입목·죽과 그 토지

② 산림의 경영 및 관리를 위하여 설치한 도로(임도)

③ 단, 초지, 주택지, 도로 등 제외

(2) 산림자원

① 국민경제와 국민생활에 유용한 것

② 산림 내 수목, 초본류, 이끼류 등의 생물자원과 토석·물 등의 무생물자원

③ 산림 휴양 및 경관 자원

(3) 도시림

도시 내 국민보건 휴양·정서함양, 체험활동 등을 위해 조성·관리하는 산림 및 수목

(4) 생활림

① 마을숲 등 생활권 주변지역 및 학교와 그 주변지역 대상

② 쾌적한 생활환경, 경관제공, 자연학습교육 등을 위해 조성 · 관리하는 산림 및 수목

(5) 마을숲

① 산림문화보전, 지역주민 생활환경개선 등

② 마을 주변에 조성 · 관리하는 산림 및 수목

(6) 경관숲

우수한 산림의 경관자원보존, 자연학습교육 등을 위해 조성 · 관리하는 산림 및 수목

(7) 가로수

① 도로(고속국도 제외)와 보행자전용도로 및 자전거전용도로

② 도로구역 안, 그 주변지역에 심는 수목

(8) 산림바이오매스에너지

임산물, 임산물이 혼합된 원료를 사용하여 생산된 에너지

3. 산림의 구분

(1) 소유자에 따라

① 국유림 : 국가가 소유하는 산림

② 공유림 : 지방자치단체나 기타 공공단체가 소유하는 산림

③ 사유림 : 국유림과 공유림 외의 산림

(2) 기능별 구분관리

① 수원함양림 : 수자원함양과 수질정화

② 산림재해방지림 : 산사태, 토사유출, 대형산불, 산림병해충 방지

③ 자연환경보전림 : 생태, 문화, 역사, 경관, 학술적 가치로 보전

④ 목재생산림 : 양질의 목재를 지속적 · 효율적 생산 · 공급

⑤ 산림휴양림 : 산림휴양 및 휴식공간 제공

⑥ 생활환경보전림 : 도시, 생활권 주변경관 유지, 쾌적한 생활환경 유지

4. 도시림의 조성 · 관리

(1) 도시림 등에 관한 기본계획

1) 기본계획 수립

① 수립권자 : 산림청장

② 대상 : 도시림, 생활림, 가로수

③ 기간 : 10년마다

2) 기본계획 내용

① 도시림 등의 조성 · 관리에 관한 기본목표 및 추진방향

② 도시림 등의 현황 및 전망에 관한 사항

③ 도시림 등의 정보망 구축 · 운영에 관한 사항

④ 도시림 등의 추진체계 정비 및 관리기반 구축에 관한 사항

⑤ 도시림 등의 확충과 질적 향상에 관한 사항

3) 기본계획 수립/변경

① 지방자치단체의 장 의견 수렴, 시 · 도지사에게 통보 후 개요 고시

② 통보를 받은 날부터 1년 이내 시행

(2) 도시림 등 조성 · 관리계획

1) 조성 · 관리계획

① 수립권자 : 지방자치단체의 장

② 대상 : 관할구역 안의 도시림 등

③ 목적 : 자원관리, 이용효율성, 공익기능 발휘, 국민참여기회 증진

2) 조성 · 관리계획 내용

① 도시림 등 시책의 기본목표 및 추진방향

② 도시림 등의 기능 구분에 관한 사항

③ 도시림 등의 조성 및 육성에 관한 사항

④ 도시림 등의 보전 · 보호 및 관리에 관한 사항

⑤ 도시림 등의 기능 증진 및 유지에 관한 사항

⑥ 도시림 등의 재해 예방 및 복구에 관한 사항

⑦ 도시림 등의 조성 · 관리 수종 등 수급 및 재원조달에 관한 사항

⑧ 가로수의 지역별 · 노선별 수종 등 현황 분석

⑨ 그 밖에 도시림 등의 조성 및 관리에 필요한 사항

3) 도시림 기능별 관리

① 공원형

ㄱ 자연체험, 레크리에이션, 환경교육 등

ㄴ 산림교육 · 문화의 장소로 이용하는 산림

② 경관형

심리적 안정감을 주고, 시각적으로 풍요로움을 제공하는 산림

③ 방풍 · 방음형

ㄱ 바람, 소음, 대기오염물질 완화

ㄴ 쾌적한 거주환경이 되도록 하는 산림

④ 생산형

ㄱ 쾌적한 거주환경을 훼손하지 않는 범위

ㄴ 목재나 버섯 등의 임산물을 생산하는 산림

(3) 가로수 조성 · 관리계획(가로수 조성 및 관리규정)

1) 승인

지방자치단체의 장

2) 승인내용

① 가로수 심고 가꾸기

② 가로수 옮겨심기

③ 가로수 제거

④ 가로수 가지치기 등

⑤ 도로신설시 도로에 가로수 조성(설계단계부터)

3) 조성 · 관리기준 기본방향

① 국민의 생활환경으로서 녹지공간 확대

② 보행자와 운전자를 위한 쾌적하고 안전한 이동공간 제공

③ 국토 녹색네트워크 연결축으로서 기능 발휘 유도

4) 조성 · 관리기준

　① 수종선정

　　㉠ 기후와 토양에 적합한 수종

　　㉡ 역사와 문화에 적합하고, 향토성을 지닌 수종

　　㉢ 주변경관과 어울리는 수종

　　㉣ 국민보건에 나쁜 영향을 주지 않는 수종

　　㉤ 환경오염 저감, 기후조절 등에 적합한 수종

　　㉥ 그 밖의 특정 목적에 적합한 수종

　② 가로수 요건

　　㉠ 수형 정돈되어 있을 것

　　㉡ 발육이 양호할 것

　　㉢ 가지와 잎이 치밀하게 발달할 것

　　㉣ 병충의 피해가 없을 것

　　㉤ 재배수 경우 활착 용이하도록 미리 이식하거나 뿌리돌림 실시

　　㉥ 충분한 크기의 분을 떠서 이식할 수 있을 것

　③ 가로수 크기 : 수고와 지하고는 통행에 지장을 주지 않는 범위 내

　④ 식재지역

　　㉠ 외곽 산림, 하천부터 도시지역 녹지, 하천까지 연결가능한 지역

　　㉡ 도시지역의 단절된 녹지 간, 하천 간 연결가능한 지역

　　㉢ 도시지역 중 보행이동인구와 교통량이 많고, 녹지부족한 시가지

　⑤ 식재부적합지역

　　㉠ 도로의 길어깨

　　㉡ 수려한 자연경관을 차단하는 구간

　　㉢ 도로표지가 가려지는 지역

　　㉣ 신호등 등과 같은 도로안전시설의 시계차단지역

　　㉤ 교차로의 교통섬 내부

　　　→ 단, 운전자 시계확보 가능한 수관폭, 수고, 지하고 유지시 식재 가능

　　㉥ 농작물 피해 우려지역

　　㉦ 식재지 상층 전송 · 통신시설이 있는 지역

⑥ 바꿔심기 및 메워심기 대상 가로수

    ㉠ 고사 가로수

    ㉡ 수피 및 수형이 극히 불량한 가로수

    ㉢ 수간이 부러졌거나 부패하여 부러질 위험이 있는 가로수

    ㉣ 구간 배열이 극히 불규칙한 가로수

    ㉤ 병충해에 감염되어 생육 가망이 없는 가로수

    ㉥ 도로구조 또는 교통에 장애를 주는 가로수

    ㉦ 미관을 해치거나 공해를 유발하는 가로수

    ㉧ 재해와 재난으로부터 피해를 본 가로수

⑦ 가지치기

    ㉠ 자연형으로 육성

    ㉡ 수형 변화를 주지 않는 범위 내

      • 가로수 생육, 수형 고려

      • 도로안전시설 시계확보

      • 통행공간 확보

      • 전송 · 통신시설물 안전

    ㉢ 산림경영기술사 등 관련 전문가 작업

⑧ **병충해 방제** : 병해충 발생과 확산 방지

⑨ 외과수술

    ㉠ 피해가로수 중 노거수, 보호수

      －병해충, 분진, 매연, 화학약품, 물리적 압력, 수세쇠약 등

    ㉡ 외과수술, 영양공급, 환토객토, 통기관수시설 설치 등

⑩ 가로수 관리시설물

    ㉠ 지주대, 보호틀, 보호덮개, 보호대, 통기관수시설

    ㉡ 가로수 생육 및 보행자 등 통행에 지장을 주지 않게 설치, 관리

5) 식재위치

    ① 보도 내 교목 식재시

      ㉠ 화학약품의 약해와 이동차량 등의 물리적 피해 최소화

      ㉡ 보차도 경계선부터 가로수 수간 중심까지 최소 1m 이상 확보

② 보도가 없는 도로에 교목 식재시

　ⓐ 갓길 끝부터 수평거리 2m 이상 떨어진 곳

　ⓑ 현지여건상 불가능할 경우 관리방안 수립하여 1~2m 내 식재

③ 절토비탈면

　ⓐ 원칙상 식재 불가능

　ⓑ 녹화, 차폐 등 특별한 목적 부여시 식재 가능

④ 보행자전용도로, 자전거 전용도로 : 원활한 이동과 안전에 제한이 없는 범위 내

⑤ 중앙분리대, 기타 가로수관리청 특별 필요위치 지정시

6) 식재기준

① 교목

　ⓐ 식재간격 8m(단, 도로위치, 주변여건, 식재수종 여건 등 고려하여 조정 가능)

　ⓑ 도로선형과 평행한 열식(특정 목적에 따라 군식, 혼식)

　ⓒ 도로의 동일 노선과 도로 양측에는 동일 수종으로 식재

② 관목

　ⓐ 수종 특성에 따라 경관조성과 교통안전범위 내에서 식재간격 조절

　ⓑ 식재유형은 동일 수종 군식(단, 경관중요지역 다른 수종 혼식 가능)

　ⓒ 식재공간 여유가 있을 경우 다층구조식재 가능

③ 도로표지 전방 가로수 식재 제한구역

　ⓐ 도시지역(방향표지 40m, 기타 표지 40m)

　ⓑ 기타지역(방향표지 70m, 기타 표지 40m)

　ⓒ 가로수 식재 가능 경우

　　• 갓길 끝에서 2m 이상 떨어진 경우

　　• 최대수고 4m 이하의 소교목이나 관목류일 경우

　　• 도로표지를 가리지 않을 관리방안이 모색된 경우 가로수 식재 가능

PLUS ➕ 개념플러스

• 그린오너제(Green owner)
• 가로수 관리 문제점과 대책방향

▶ **참고**

▶ 나무의사 제도 시행

1 도입 배경
- 비전문가에 의한 고독성 · 부적정 약제 사용으로부터 국민의 안전성 확보
- 전문가에 의해 수목의 상태를 정확히 진단하고 올바른 치료방법 제시
- 생활권역 수목에 대한 전문화된 진료체계 구축

2 주요 내용
- 수목의 피해를 진단 · 처방 · 치료하는 나무병원 등록제도 도입
  - 도입시기 : 2018. 6. 28.
  - 실내소독, 조경업체가 대행하던 아파트 등의 병해충 방제는 할 수 없음
- 기존 산림사업 법인의 나무병원 : 폐지 후 신규등록 *
  - 신규등록 : 1종 나무병원(업무범위 : 수목 진료) 또는 2종 나무병원
    * 대상 법인 : 전국 592개
- 2종 나무병원 : 기존 사업자를 보호하기 위하여 한시적 운영
  - 업무범위 : 처방에 따른 약제 살포
  - 조경 공사 또는 조경식재 공사업 : '18. 6. 28. ~ '20. 6. 27.(2년)
  - 나무병원을 운영한 사업자 : '18. 6. 28. ~ '23. 6. 27.(5년)
- 수목보호기술자, 식물보호(산업)기사 자격에 대한 "경과조치"
  - 2018. 6. 28. ~ 2023. 6. 27.까지 5년간 나무의사 자격 인정

3 자격증 종류
- 나무의사 : 나무의 피해 정도를 진단 · 처방하고 예방과 치료를 하는 사람
  - 교육 이수(150시간) 후 국가자격 시험에 합격해야만 자격이 주어짐
- 수목치료기술자 : 나무의사의 진단 · 처방에 따라 예방과 치료를 하는 사람
  - 교육 이수(190시간) 후 교육기관의 시험에 합격해야만 자격이 주어짐

4 나무병원 등록조건 비교

구분	현행	개선('18. 6. 28 이후)
근거법률	산림자원의 조성 및 관리에 관한 법률	산림보호법
운영형태	산림사업 법인의 한 분야로 운영	별도의 독립된 법인으로 운영
기술자격	• 수목보호기술자(공인민간자격) • 식물보호기사(농작물 분야 유사자격 활용)	• 나무의사 • 수목치료기술자
자본금	1억 원	1억 원
벌금규정	200만 원 이하	500만 원 이하

※ 출처 : 전라북도청

수목원 · 정원 조성 및 진흥에 관한 법률

I 정의

구분			특징			
수목원	정의		• 수목을 중심으로 수목유전자원을 수집 · 증식 · 보존 · 관리, 전시 • 자원화를 위한 학술적 · 산업적 연구 등을 하는 시설 • 수목유전자원의 증식 및 재배시설, 관리시설, 전시시설 등			
	유형	국립	운영 주체	산림청장	면적 (ha)	50
		공립		지방자치단체		10
		사립		법인, 단체, 개인		3
		학교		학교 및 교육기관이 교육지원시설로 조성 · 운영되는 수목원		3
	시설 설치 기준	구분	국 · 공립수목원		사립 · 학교수목원	
		증식재배 시설	• 관수시설이 설치된 300m² 이상 묘포장 • 100m² 이상의 증식온실		• 관수시설이 설치된 100m² 이상 묘포장	
		관리시설	• 국가식물정보망네트워크 구축에 필요 한 전산시스템 50m² 이상의 관리사 • 종자저장고 · 인큐베이터 설치된 연구실		• 국가식물정보망네트워크 구축에 필요 한 전산시스템 20m² 이상의 관리사 • 종자저장고 · 인큐베이터 설치된 연구실	
		전시시설	• 수목해설판이 설치된 각각 300m² 이상의 교목 · 관목전시원 및 초본식물전시원 • 자연학습을 위한 생태관찰로 • 100m² 이상의 전시온실		• 수목해설판이 설치된 각각 300m² 이상의 교목 · 관목전시원 및 초본식물전시원 • 자연학습을 위한 생태관찰로 • 100m² 이상의 전시온실	
		편익시설	• 주차장 · 휴게실 · 화장실 · 임산물판매 장 · 매점, 휴게음식점 등		• 주차장 · 휴게실 · 화장실 · 임산물판매 장 · 매점, 휴게음식점 등	
정원	정의		• 식물, 토석, 시설물 등을 전시 · 배치, 재배 · 가꾸기 • 지속적인 관리가 이루어지는 공간은 제외 : 문화재, 자연공원, 도시공원 등 대통령령으로 정하는 공간 제외			
	유형	국가	관리 주체	국가	사례	순천만 정원박람회
		지방		지방자치단체		숲비원
		민간		법인, 단체, 개인		아름다운 정원 화수목
		공동체		주민들이 결성한 단체		—

Ⅲ 등록 · 운영

1. 수목원의 등록

(1) 등록요건

① 인력 : 전문관리인 1인 이상

② 수목유전자원 : 수목원 안에 교목류 · 관목류 및 초본식물류를 합하여 1천 종류 이상

③ 시설 : 수목유전자원 증식 및 재배시설, 관리시설, 전시시설 등

(2) 제출서류

수목원시설 명세서, 수목유전자원의 목록, 수목원 전문관리인의 자격을 증명하는 서류

> ▶ **참고**
>
> ➤ **전문관리인 자격요건**
> - 산림경영기사, 임업종묘기사, 식물보호기사, 조경기사, 종자기사, 시설원예기사 이상의 자격을 가진 자
> - 산림기능장 이상의 자격을 가진 자
> - 산림산업기사, 산림경영산업기사, 임업종묘산업기사, 식물보호산업기사, 조경산업기사, 종자산업기사, 시설원예산업기사의 자격을 가진 자로 관련 분야 2년 이상 종사한 자
> - 산림자원학, 식물학, 생태학, 원예학, 조경학 분야의 석사학위 이상 소지자로서 관련 분야에서 2년 이상 종사한 자
> - 산림자원학, 식물학, 생태학, 원예학, 조경학을 전공하고 졸업한 자로서 관련 분야에서 7년 이상 종사한 자
> - 산림분야에서 공무원으로 10년 이상 근무, 수목원이나 식물원에서 식물의 조성 · 관리 분야에서 10년 이상 종사한 자
> - 수목원전문가 교육과정을 이수한 자

(3) 등록사항

① 수목원의 명칭

② 수목원의 소개지

③ 수목원 운영자의 성명 · 주소

④ 수목원의 시설명세서

⑤ 보유하고 있는 수목유전자원의 목록

⑥ 그 밖에 시 · 도지사가 필요하다고 인정하는 사항

2. 수목원의 운영

(1) 개원 및 휴원

① 연간 120일 이상 개방, 1일 개방시간은 4시간 이상

② 6개월 이상 계속 휴원시 수목원휴원신고서 시·도지사에게 제출

(2) 입장료와 시설이용료

① 해당 시설의 설치에 소요된 비용과 유지·관리비용 고려하여 산정

② 공립수목원의 경우 지방자치단체 조례로 지정

(3) 폐원신고 및 등록말소

① 등록수목원을 운영하는 자가 등록수목원 폐원신고하는 경우

② 등록수목원을 운영하는 자가 수목원등록 말소신청하는 경우

③ 수목원폐원 및 등록말소 신청서를 관할 시·도지사에게 제출

(4) 수목유전자원의 교류

① 국내외 다른 수목원과 수목유전자원 및 정보 상호 교류

② 국가, 지방자치단체는 수목유전자원을 등록수목원에 무상·유상으로 우선적 제공

③ 정보 교류 등의 지원

ⓐ 수목유전자원의 정리 및 정보처리 등의 표준화

ⓑ 수목유전자원에 관한 통합 데이터베이스 구축

ⓒ 정보통신망을 통한 수목유전자원에 관한 정보 및 자료 교류

ⓓ 수목유전자원의 수집, 보전, 정보화 등을 위한 연구 및 교육훈련 정보교류 사항

(5) 시정요구

① 시·도지사가 6개월 이내 기간을 정하여 운영자에게 요구

② 시정사유

ⓐ 변경등록을 안한 경우

ⓑ 일정 일수 이상 개원하지 않은 경우

ⓒ 휴원신고를 하지 않은 경우

ⓓ 교류에 관한 사항을 신고하지 않은 경우(산림청장 시정요구)

(6) 금지행위

① 식물을 훼손하거나 이물질을 주입하여 말라죽게 하는 행위

② 식물의 꽃과 열매 등을 무단으로 채취하는 행위

③ 수목원 시설을 훼손하는 행위

④ 오물이나 폐기물을 지정된 장소 외의 장소에 버리는 행위

⑤ 심한 소음이나 악취 등 다른 사람에게 혐오감을 주는 행위

⑥ 야영행위, 취사행위 및 불을 피우는 행위

⑦ 지정된 장소 외의 장소에서의 주차행위

⑧ 이륜 이상의 바퀴가 있는 동력장치를 이용하는 영업행위

⑨ 이륜 이상의 바퀴가 있는 동력장치를 이용한 차도 외 장소출입

⑩ 애완동물과 함께 입장하는 행위

⑪ 지방자치단체의 조례로 정하는 금지행위

(7) 등록의 취소

① 속임수나 그 밖의 부정한 방법으로 등록을 한 경우

② 등록요건을 유지하지 못하여 사업수행이 불가피한 경우

③ 시정요구를 받고도 시정을 하지 않은 경우

④ 환경부장관이 지정한 서식지외보전기관 수목원경우 등록취소시 환경부장관과 협의

⑤ 취소된 날부터 7일 이내에 수목원등록증을 시·도지사에게 반납

⑥ 취소된 날부터 2년 이내에 취소된 등록사항 재등록 불가

PLUS ➕ 개념플러스

'정원'과 관련하여 인접분야 수목원 관련 법률과 충돌시 문제점 및 해결방안

산림문화 · 휴양에 관한 법률

I 제정 목적

산림문화와 산림휴양자원의 보전 · 이용 및 관리에 관한 사항을 규정하여 국민에게 쾌적하고
안전한 산림문화 · 휴양서비스를 제공함으로써 국민의 삶의 질 향상 이바지

II 자연휴양림

1. 개요

① 국민의 정서함양 · 보건휴양 및 산림교육 등을 위해 조성한 산림
② 휴양시설과 토지 포함

2. 자연휴양림 지정 및 타당성 평가

(1) 지정권자 : 산림청장

(2) 자연휴양림 지정을 위한 타당성평가 기준

구분	내용
경관	• 표고차, 임목 수령, 식물다양성 및 생육상태 등 적정할 것
위치	• 접근도로 현황 및 인접도시와의 접근성이 용이할 것
면적	• 국가 및 지방자치단체가 조성하는 경우 30만 m^2, 그 외 20만 m^2 • 단, 제주특별자치도를 제외한 해상의 모든 섬 10만 m^2
수계	• 계류 길이, 계류 폭, 수질 및 유수기간 등이 적정할 것
휴양요소	• 역사 · 문화유산, 산림문화자산 및 특산물 등 다양
개발여건	• 개발비용, 토지이용 제한요인 및 재해빈도 등 적정

(3) 지정신청

① 공유림, 사유림의 소유자(사용 · 수익할 수 있는 자 포함)
② 국유림의 대부 또는 사용허가를 받은 자

3. 자연휴양림의 조성

(1) 자연휴양림조성계획 수립

① 승인 : 시 · 도지사(산림청장 통보)

② 자연휴양림 조성시 산지전용신고를 한 것으로 간주

③ 사업비의 전부 혹은 일부 보조하거나 융자

(2) 자연휴양림 시설종류와 설치기준

구분	시설종류	설치기준
숙박시설	숲속의 집 · 산림휴양관 등	• 산사태 등의 위험이 없을 것 • 일조량이 많은 지역에 배치하되 바깥의 조망이 가능한 곳

편익시설	임도, 야영장(야영데크), 오토캠핑장, 야외탁자, 데크로드, 전망대, 야외쉼터, 야외공연장, 대피소, 주차장, 방문자안내소, 임산물판매장, 매점, 휴게음식점, 일반음식점 등	• 야영장 및 오토캠핑장
		  : 자연배수가 잘되는 지역
		  : 산사태 위험이 없는 안전한 곳

위생시설	취사장, 오물처리장, 화장실, 음수대, 오수정화시설, 샤워장 등	• 쾌적성과 편리성 갖출 것 • 산림오염 발생되지 않게 할 것 • 식수는 수질기준에 적합할 것 • 외부화장실 장애인용 설치
체험교육시설	산책로, 탐방로, 등산로, 자연관찰원, 전시관, 천문대, 목공예실, 생태공예실, 산림공원, 숲속교실, 숲속수련장, 산림박물관, 교육자료관, 곤충원, 동물원, 식물원, 세미나실, 산림작업체험장, 임업체험시설 등	• 숲길 폭 : 1.5m 이하(안전, 대피 불가피 1.5m 초과) 산림형질변경 최소화 • 자연관찰원 : 자연탐구 및 학습에 적합한 산림선정 • 숲속수련장 : 강의실, 숙박시설, 광장 등을 갖추고, 1회 100명 이상 동시수용규모 • 임업체험시설 : 경사가 완만한 지역설치, 체험기본장비 갖추기
체육시설	철봉, 평행봉, 그네, 족구장, 민속씨름장, 배드민턴장, 게이트볼장, 썰매장, 테니스장, 어린이놀이터, 물놀이장, 산악승마시설, 운동장, 다목적잔디구장, 암벽등반시설 등	—
전기통신시설	전기시설, 전화시설, 인터넷, 휴대전화중계기, 방송음향시설 등	—
안전시설	펜스, 화재감시카메라, 화재경보기, 재해경보기, 보안등, 재해예방시설. 사방댐 등	—

※ 단, 해당산림상태 및 입지조건 등을 고려하여 설치기준 조정 가능

Ⅲ 삼림욕장

1. 개요

국민건강증진을 위하여 산림 안에서 맑은 공기를 호흡하고, 접촉하며 산책 및 체력단련 등을 할 수 있도록 조성한 산림, 산림욕장시설과 토지 포함

2. 삼림욕장의 조성

(1) 관리주체에 따라

① 산림청장 : 국유림 내 삼림욕장, 치유의 숲 조성
② 공유림, 사유림의 소유자, 국유림 대부받은 자
　㉠ 삼림욕장 조성계획 작성하여 시ㆍ도지사 승인
　㉡ 시도지사는 산림청장에게 통보

(2) 산림욕장 시설종류와 설치기준

구분	시설종류	설치기준
편익시설	임도, 전망대, 야외탁자, 데크로드, 야외쉼터, 야외공연장, 대피소, 주차장, 방문자안내소 등	• 경사가 완만한 산림 대상 • 산림욕에 필요한 시설 설치
위생시설	오물처리장, 화장실, 음수대, 오수정화시설 등	• 쾌적성과 편리성 갖출 것 • 산림오염 발생되지 않게 할 것 • 식수는 수질기준에 적합할 것 • 외부화장실 장애인용 설치
체험교육시설	산책로, 탐방로, 등산로, 자연관찰원, 목공예실, 생태공예실, 숲속교실, 곤충원, 식물원 등	• 숲길 폭 : 1.5m 이하(안전, 대피 불가피 1.5m 초과) 산림형질변경 최소화 • 자연관찰원 : 자연탐구 및 학습에 적합한 산림 선정
체육시설	철봉, 평행봉, 그네, 배드민턴장, 족구장, 어린이 놀이터, 물놀이장, 운동장, 다목적잔디구장 등	―
전기통신시설	전기시설, 전화시설, 휴대전화중계기, 방송음향시설 등	―
안전시설	펜스, 화재감시카메라, 화재경보기, 재해경보기, 보안등, 재해예방시설, 사방댐 등	―

※ 단, 해당산림상태 및 입지조건 등을 고려하여 설치기준 조정 가능

3. 치유의 숲

(1) 개요

산림치유를 할 수 있도록 조성한 산림, 시설과 토지 포함

(2) 산림면적

국가 및 지방자치단체가 조성할 경우 : 50만 m² 이상, 그 외 : 30만 m² 이상

(3) 치유의 숲 시설종류와 설치기준

구분	시설종류	설치기준
산림 치유 시설	숲속의 집, 치유센터, 치유숲길, 일광욕장, 풍욕장, 명상공간, 숲체험장, 경관조망대, 체력단련장, 체조장, 산책로, 탐방로, 등산로, 산림작업장 등	• 산림의 다양한 요소 활용 • 친환경 자연재료를 사용한 건축물 : 저층, 저밀도 • 운동시설은 접근성, 안전성 고려 • 치유숲길 : 1.5m 이하(안전, 대피 불가피 1.5m 초과) 산림형질변경 최소화
편익 시설	임도, 야외탁자, 데크로드, 야외쉼터, 대피소, 주차장, 방문자센터, 안내판, 임산물판매장, 매점, 휴게음식점, 일반음식점 등	• 경사가 완만한 산림 대상 • 방문자센터 : 정보제공, 홍보, 상담 등의 시설 • 휴게음식점 및 일반음식점 : 식이요법의 적합한 시행
위생 시설	오물처리장, 화장실, 음수대, 오수정화시설 등	• 쾌적성과 편리성 갖출 것 • 산림오염 발생되지 않게 할 것 • 식수는 수질기준에 적합할 것 • 외부화장실 장애인용 설치
전기 통신 시설	전기시설, 전화시설, 인터넷, 휴대전화중계기, 방송음향시설 등	—
안전 시설	펜스, 화재감시카메라, 화재경보기, 재해경보기, 보안등, 재해예방시설, 사방댐 등	—

※ 단, 해당산림상태 및 입지조건 등을 고려하여 설치기준 조정 가능

(4) 시설규모

① 산림형질변경 면적

ㄱ 치유의 숲 전체면적의 10% 이하

ㄴ 임도, 순환로, 산책로, 숲체험코스, 등산로 면적 제외

② 건축물이 차지하는 총 바닥면적 : 치유의 숲 전체면적의 2% 이하

③ 건축물 층수 : 2층 이하

Ⅳ 숲길

1. 개요

① 등산 · 트레킹 · 레저스포츠 · 탐방 또는 휴양 · 치유 등의 활동을 위해 산림에 조성한 길
② 이와 연결된 산림 밖의 길 포함

2. 숲길의 종류

(1) 등산로

산을 오르면서 심신을 단련하는 활동을 하는 길

(2) 트레킹길

지역역사 · 문화를 체험하고, 경관을 즐기며 건강을 증진하는 활동을 하는 길

① 둘레길
㉠ 시점과 종점이 연결
㉡ 산의 둘레를 따라 조성한 길

② 트레일
㉠ 산줄기나 산자락을 따라 조성
㉡ 시점과 종점이 연결되지 않는 길

(3) 레저스포츠길

산악레저스포츠를 하는 길

(4) 탐방로

산림생태를 체험 · 학습 또는 관찰하는 활동을 하는 길

(5) 휴양치유숲길

산림에서 휴양 · 치유 등 건강 증진이나 여가활동을 하는 길

3. 숲길기본계획 수립

(1) 기본계획의 수립

① 수립권자 : 산림청장

② 수립시기 : 10년마다

③ 숲길연차별 계획

  ㉠ 숲길관리청은 매년 12월 31일까지

  ㉡ 산림청장에게 제출

④ 의견수렴

  ㉠ 인터넷, 일간신문 등 20일 이상 공고

  ㉡ 관계행정기관 장의 의견이나 주민설명회 개최

⑤ 숲길 조성 타당결과 도출시

  ㉠ 숲길관리청

  ㉡ 숲길 명칭 부여, 지정된 노선 변경, 지정해제 등 고시

(2) 포함내용

① 숲길 시책의 기본목표 및 추진방향

② 숲길에 관한 수요와 여건 및 전망

③ 숲길 조성 추진체계 및 관리기반 구축에 관한 사항

④ 숲길 정보망의 구축 · 운영에 관한 사항

⑤ 그 밖에 숲길과 관련된 주요 시책에 관한 사항

(3) 숲길조사

1) 대상지역

① 산의 정상 지점들을 연결하는 능선부의 주요 숲길

② 역사적 · 문화적 · 산림생태적으로 보전 · 관리가 필요한 숲길

③ 자연휴양림, 산림욕상, 수목원 및 치유의 숲과 그 주변의 숲길

④ 도시주변 및 관광지 등에 있는 일반 국민이 많이 찾는 숲길

⑤ 그 밖에 숲길조사가 필요하다고 인정하는 숲길

2) 포함내용

① 숲길의 노선, 위치 및 거리 등 일반현황

② 숲길의 접근방법, 이용도, 위험도, 이용의 편의성 및 이용객 수 등 숲길 이용정보

③ 숲길의 주변식생 및 훼손정도 등 관리상태

④ 숲길이 가지는 역사적 · 문화적 가치 등 주요 특징

(4) **숲길의 운영 · 관리**

① 숲길관리청은 숲길 운영 · 관리 업무수행

㉠ 숲길이용촉진과 이용자 안전 · 편의 증진을 위한 안전시설 · 종합안내판, 전망대

및 해설표시판 등의 시설물 설치 및 보수 · 관리

㉡ 숲길실태조사 매년 1회 이상 실시

㉢ 숲길의 안내센터 설치 및 운영 · 관리 : 이용정보거리 20km 이상일 때

㉣ 건전한 산행문화 정착을 위한 숲길안내인의 배치 · 활용

㉤ 그 밖에 산림청장이 숲길관리청이 수행할 필요가 있다고 인정하는 업무

② 다른 숲길의 노선과 연접 · 중복되는 구간 노선

관계 숲길관리청 협의 후 정한 숲길관리청 운영 · 관리

③ 지역주민 · 시민단체 등 숲길 운영 · 관리 프로그램 참여 유도

(5) **숲길 주변에서의 금지행위**

① 숲길을 훼손하는 행위

② 타 소유의 건조물, 농작물, 그 밖의 재물을 손괴하는 행위

③ 오물이나 쓰레기를 버리는 행위

④ 숲길관리청에서 설치한 표지 이동, 오염, 파손 행위

(6) **숲길의 휴식기간제**

① 실시기관 : 숲길관리청

② 대상지역 : 숲길의 전부 또는 일부 제한이나 금지

③ 목적 : 숲길의 보호와 숲길 이용자 안전 등

V 산림문화자산

1. 개요

① 산림 또는 산림과 관련되어 형성된 것
② 생태적 · 경관적 · 정서적으로 보존할 가치가 큰 유형 · 무형자산

2. 산림문화자산 지정기준

(1) 유형산림문화자산

① 토지, 숲, 나무, 건축물, 목재제품, 기록물 등
② 형체를 갖춘 것
③ 생태적 · 경관적 · 예술적 · 역사적 · 정서적 · 학술적 보존가치가 높은 산림문화자산

(2) 무형산림문화자산

① 전설, 전통의식, 민요, 민간신앙, 민속, 기술 등
② 형체를 갖추지 아니한 것
③ 예술적 · 역사적 · 학술적으로 보존가치가 높은 산림문화자산

3. 산림문화자산의 지정

(1) 국가 산림문화자산

① 국유림 안에 소재하는 산림문화자산
② 둘 이상의 시 · 도에 걸쳐있는 산림문화자산
③ 시 · 도지사가 산림청장에게 신청하는 시 · 도 산림문화자산
④ 그 밖에 국가적 차원에서 지정 · 관리가 필요하다고 산림청장이 인정하는 산림문화자산

(2) 시 · 도 산림문화자산

국가 산림문화자산 외의 산림문화자산

PLUS ➕ 개념플러스

기존 등산로의 문제점 및 대책방안

산림보호법

I 목적

① 산림보호구역을 관리하고, 산림병해충을 예찰·방제하며 산불을 예방·진화하고, 산사태를 예방·복구하는 등 산림을 건강하고, 체계적으로 보호함으로써 국토를 보전하고, 국민의 삶의 질 향상에 이바지
② "예찰"이란 산림병해충이 발생할 우려가 있거나 발생한 지역에 대하여 발생 여부, 발생정도, 피해 상황 등을 조사하거나 진단하는 것
③ "방제"란 산림병해충이 발생하지 아니하도록 예방하거나, 이미 발생한 산림병해충을 약화시키거나 제거하는 모든 활동

II 산림보호구역

1. 개요

① 산림에서 생활환경·경관의 보호와 수원 함양, 재해 방지 및 산림유전자원의 보전·증진이 특별히 필요하여 지정·고시 구역
② 산림청은 산림행정용어 중 어려운 한자투나 일본식 표기를 국민 눈높이에 맞게 2010년 보안림에서 산림보호구역으로 개명

2. 산림보호구역의 지정

(1) **지정권자**

특별시장, 광역시장, 특별자치시장, 도지사, 특별자치도지사, 산림청장

(2) **지정대상**

특별히 산림을 보호할 필요가 있는 산림구역

(3) 종류

구분	기준		
생활환경 보호구역	• 도시, 공단, 주요 병원 및 요양소의 주변 등 • 생활환경 보호 · 유지와 보건위생을 위해 필요 구역 • 지정목적에 따라 지번단위, 능선, 계곡 등 천연경계로 구획 지정		
경관 보호구역	• 명승지 · 유적지 · 관광지 · 공원 · 유원지 등 주변, 진입도로주변 • 도로 · 철도 · 해안 주변 • 경관 보호시 필요하다 인정되는 구역 • 대상지로부터 2,000m 이내 산림대상 지정		
수원함양 보호구역	• 수원 함양, 홍수 방지 • 상수원 수질관리를 위하여 필요하다고 인정되는 구역		
	1종	• 주요 산업용수의 저수량에 직접적으로 영향을 준다고 인정되는 저수지 주위의 산림 • 만수위로부터 1,000m 이내 • 1,000m 이내에 분수령이 있는 경우 분수령 경계	
	2종	• 상류 수원유역 • 한해 · 수해에 큰 영향을 주는 산림 • 계곡의 경사가 급한 산림 • 임목성장 불량, 수종갱신 곤란한 산림 • 지정면적 50만 m² 이상	
	3종	• 상수원 수질관리를 위하여 필요한 지역 • 한강, 금강, 낙동강, 영산강 · 섬진강 수계 양안 5,000m 이내의 국유림 혹은 공유림 • 상수원수질에 미영향지역 제외 가능	
재해방지 보호구역	• 토사 유출 및 낙석의 방지와 해풍 · 해일 · 모래 등으로 인한 피해의 방지를 위하여 필요하다고 인정되는 구역		
산림유전자원 보호구역	• 산림에 있는 식물의 유전자와 종 보전시 필요구역 • 산림생태계의 보전시 필요구역 • 효율적인 보전 · 관리를 위해 핵심, 완충구역 구분 지정		

PLUS ➕ 개념플러스

산림유전자원 보호구역과 연관하여 평창동계올림픽, 친환경올림픽 연계하여 생각해보기

3. 문제점

산림유전자보호구역을 제외한 대부분 수원함양보호구역 차지

→ 대부분 제1종 수원함양보호구역으로 약 90% 이상 사유림

산지관리법

I 개요

1. 목적

산지를 합리적으로 보전하고 이용하여 임업발전과 산림의 다양한 공익기능의 증진을 도모함으로써 국민경제의 건전한 발전과 국토환경의 보전에 이바지

2. 용어정의

(1) 산지

① 입목 · 죽이 집단적으로 생육하고 있는 토지

② 집단적으로 생육한 입목 · 죽이 일시 상실된 토지

③ 입목 · 죽의 집단적 생육에 사용하게 된 토지

④ 임도, 작업로 등 산길

⑤ 위 ①~④항 토지 내 암석지와 소택지

⑥ 단, 도로, 과수원, 차밭, 논도렁, 밭두렁 등 제외

(2) 산림(산림보호법)

① 집단적으로 자라고 있는 입목 · 죽과 그 토지

② 집단적으로 자라고 있던 입목 · 죽이 일시적으로 없어지게 된 토지

③ 입목 · 죽을 집단적으로 키우는 데에 사용하게 된 토지

④ 산림의 경영 및 관리를 위하여 설치한 도로(임도)

⑤ 위 ①~④항 토지 내 암석지와 소택지

⑥ 단, 초지, 주택지, 도로 등 제외

2. 산지의 구분

구분			기준
보전 산지	임업용 산지	지정 목적	• 산림자원의 조성, 임업경영기반의 구축 등 임업생산 기능의 증진을 위하여 필요한 산지
		지정 대상	• 채종림 및 시험림의 산지 • 요존국유림의 산지 • 임업진흥권역의 산지 • 형질이 우량한 천연림 또는 인공조림지로서 집단화되어 있는 산지 • 토양이 비옥하여 입목의 생육에 적합한 산지 • 요존국유림 외의 국유림으로서 산림이 집단화되어 있는 산지 • 지방자치단체의 장이 산림경영 목적의 사용 산지 • 그 밖에 임업 생산기반 조성 및 임산물의 효율적 생산을 위한 산지
	공익용 산지	지정 목적	• 임업생산, 재해 방지, 수원 보호, 자연생태계 보전, 자연경관 보전, 국민보건휴양 증진 등 • 공익기능을 위하여 필요한 산지
		지정 대상	• 자연휴양림의 산지 • 사찰림의 산지 • 산지전용 · 일시사용제한지역 • 야생생물 특별보호구역 및 산지 • 공원구역의 산지 • 문화재보호구역의 산지 • 상수원보호구역의 산지 • 개발제한구역의 산지 • 자연환경보전지역의 산지 • 방재지구의 산지 • 도시자연공원구역의 산지 • 수산자원보호구역의 산지 • 자연경관 · 문화자원보존 · 생태계보존지구의 산지 • 산림생태계 · 자연경관 · 해안경관 · 해안사구, 생활환경의 보호를 위하여 필요한 산지 • 중앙행정기관의 장, 지방자치단체의 장이 공익용 산지의 용도로 사용하려는 산지 • 생태 · 경관보전지역의 산지 • 습지보호지역의 산지 • 특정도서의 산지 • 백두대간보호지역의 산지 • 산림보호구역의 산지
준보전 산지			• 보전산지 외의 산지

자연공원법

I 개요

1. 목적

① 자연공원의 지정 · 보전 및 관리에 관한 사항 규정

② 자연생태계화 자연경관 · 문화경관 보전

③ 지속가능한 이용 도모

2. 용어정의

(1) 자연공원

국립공원, 도립공원, 군립공원, 지질공원

1) 국립공원

① 지정 · 관리권자 : 환경부장관

② 국내 자연생태계나 자연 및 문화경관을 대표할 만한 지역으로서 지정된 공원

2) 도립공원

① 지정 · 관리권자 : 특별시장, 광역시장, 특별자치시장, 도지사, 특별자치도지사

② 특별시 · 광역시 · 특별자치시 · 도 및 특별자치도의 자연생태계나 경관을 대표할 만한 지역으로서 지정된 공원

3) 군립공원

① 지정 · 관리권자 : 시장 · 군수, 자치구의 구청장

② 시 · 군 및 자치구의 자연생태계나 경관을 대표할 만한 지역으로서 지정된 공원

4) 지질공원

① 인증권자 : 환경부장관

② 관리·운영권자 : 시·도지사

③ 지구과학적으로 중요하고 경관이 우수한 지역으로서 이를 보전하고 교육·관광 사업 등에 활용하기 위해 인증된 공원

④ 대상지역

　㉠ 특별한 지구과학적 중요성, 희귀한 자연특성, 경관가치 보유

　㉡ 고고학적·생태적·문화적 요인이 우수하여 보전가치가 높을 것

　㉢ 지질유산 보호와 활용을 통해 지역경제발전 도모

　㉣ 그 밖에 대통령령으로 정하는 기준에 적합할 것

(2) 공원구역

자연공원으로 지정된 구역

(3) 공원시설

① 자연공원의 효율적인 보전·관리·이용

② 공원계획과 공원별 보전·관리계획

③ 자연공원 설치시설(진입도로, 주차시설 포함) : 대통령령으로 정하는 시설

구분	시설종류
공공시설	• 공원관리사무소, 탐방안내소, 매표소, 우체국, 경찰관파출소, 마을회관, 경로당, 도서관, 공설수목장림, 환경기초시설 등 • 단, 공설수목장림, 공원관리청 설치 경우 한정
보호 및 안전시설	• 사방·호안·방화·방책·방재·조경시설 등 • 공원자원을 보호하고, 탐방자 안전 도모
휴양 및 편익시설	• 체육시설(골프장·골프연습장, 스키장 제외), 유선장, 수상레저기구 계류장, 광장, 야영장, 청소년수련시설, 어린이놀이터, 유어장, 전망대, 야생동물관찰대, 해중관찰대, 휴게소, 대피소, 공중화장실 등
문화시설	• 식물원, 동물원, 수족관, 박물관, 전시장, 공연장, 자연학습장 등
교통 및 운수시설	• 도로(탐방로 포함), 주차장, 교량, 궤도, 무궤도열차, 수상경비행장 • 소규모 공항(섬지역 자연공원의 활주로 1,200m 이하 공항) 등
상업시설	• 기념품판매점, 약국, 식품접객업소(유흥주점 제외), 미용업소, 목욕장, 유기장 등
숙박시설	• 호텔, 여관 등
부대시설	• 위 시설의 부대시설

II 용도지구

1. 개요

① 결정권자 : 공원관리청
② 목적 : 자연공원의 효과적인 보전과 이용

2. 종류

	대상지역	허용행위기준
공원 자연 보존 지구	• 생물다양성이 특히 풍부한 곳 • 자연생태계 원시성이 존재하는 곳 • 특별보호가치가 높은 야생동식물 서식지 • 경관이 특히 아름다운 곳	• 학술연구, 자연보호, 문화재 보전·관리시 필요한 최소 행위[*1] • 최소한의 공원시설 설치 및 공원사업[*2] • 군사, 통신, 항로표지, 수원보호, 산불방지시설로 최소한 시설 • 사찰복원과 사찰경내지 불사시설, 부대시설 설치 • 종교단체 시설물 중 자연공원 지정전 기존 건축물의 개축, 재축 • 고증절차를 거친 시설물[*3] 복원 및 연면적 $60m^2$ 이하 부대시설 • 자연훼손이 우려되는 지역 최소한의 사방사업 • 공원자연환경지구 → 공원자연보전지구 변경 : 자발적 협약을 통한 임산물 채취행위

공원
자연
환경
지구
	공원자연 보존지구의 완충공간으로 보전	• 공원자연보존지구 허용행위
		• 최소한의 공원시설 설치 및 공원사업
		• 농지, 초지[*4] 조성행위 및 부대시설 설치
		• 농업·축산업 등 1차 산업행위 및 국민경제상 필요한 시설의 설치[*5]
		• 임도설치(산불진화 등 불가피한 경우 한정), 조림, 육림, 벌체, 생태계복원 및 사방사업
		• 자연공원 지정전 기존건축물에 대해 주위경관과 조화를 이루는 범위 내[*6]
		   —일정규모 이하의 증축, 개축, 재축 및 부대시설 설치
		   —이전이 불가피한 건축물의 이축
		• 사방·호안·방화·방책 및 보호시설 등의 설치
		• 국방상·공익상 필요한 최소한 행위, 시설설치[*7]

공원 마을 지구	• 마을이 형성된 지역 • 주민생활을 유지시 필요한 지역	• 일정 규모 이하의 주거용 건축물 설치 및 생활환경 기반시설 설치[*8] • 자체기능상 필요한 시설[*9] • 환경오염을 일으키지 않는 가내공업
공원 문화 유산 지구	• 지정문화재 보유사찰 • 전통사찰 경내지 중 문화재 보전필요지역, 불사시설 설치지역	• 공원자연환경지구에서 허용되는 행위 • 불교의식, 승려수행, 생활과 신도교화를 위한 설치및 부대시설의 신축·증축·개축·재축 및 이축 행위 • 사찰과 보전관리를 위한 재해예방과 복구행위

*1 **최소한의 행위**

① 기관 또는 단체가 학술연구를 위하여 출입 또는 조사하는 행위

② 산림유전자원보호구역에서 산림유전자원의 보호 · 관리를 위하여 필요한 행위

③ 국가지정문화재, 시 · 도지정문화재 및 문화재자료의 현상, 관리, 전승실태, 그 밖의 환경보전상황 등의 조사 · 재조사 행위

④ 그 밖에 학술연구, 자연보호, 문화재보존 · 관리를 위해 관계법령에 따라 해당 행정기관의 장이 인정하여 요청하는 행위

*2 **최소한의 공원시설 및 공원사업**

구분		규모
공공시설	관리사무소	부지면적 2,000m² 이하
	매표소	부지면적 100m² 이하
	탐방안내소	부지면적 4,000m² 이하
안전시설		별도의 제한규모 없음
조경시설		부지면적 4,000m² 이하
휴양 및 편익시설	야영장	부지면적 6,000m² 이하
	휴게소	부지면적 1,000m² 이하
	전망대	부지면적 200m² 이하
	야생동물관찰대	부지면적 200m² 이하
	대피소	부지면적 2,000m² 이하
	공중화장실	부지면적 500m² 이하
교통 · 운송시설	도로	• 2차로 이하, 폭 12m 이하 • 일방통행방식의 지하차도 및 터널 　－ 편도 2차로 이하, 폭 12m 이하, 구난 · 대피공간 추가 가능
	탐방로	폭 3m 이하, 차량통과구간은 폭 5m 이하
	교량	폭 12m 이하
	궤도(삭도 제외)	2km 이하, 50명용 이하
	삭도	5km 이하, 50명용 이하
	선착장	부지면적 300m² 이하
	헬기장	부지면적 400m² 이하
공원사업		공원구역 기존시설의 이전 · 철거 · 개수

*3 **고증절차를 거친 시설물**

국가지정문화재, 시 · 도지정문화재 또는 문화재자료로 지정된 시설물

*4 **허용농지, 초지 조성행위 및 부대시설 설치**

① 농지를 조성하는 경우

② 미개간지를 초지로 변경하는 경우

③ 농지, 초지에 연면적 100m² 범위 내 부대시설인 창고 설치시

*5 **국민경제상의 필요에 따라 설치허용시설**

① 육상양식어업시설 · 육상종묘생산어업시설(30m² 이하 관리사 추가설치 가능), 종묘생산농림업시설 : 부대시설을 포함한 연면적 1,300m² 이하, 2층 이하

② 해상양식어업시설, 해상종묘생산어업시설 : 단, 축제식양식어업시설의 신규 설치는 제외

③ 축산물(양잠 · 양봉산물 포함) 생산시설 : 연면적 250m² 이하이고, 2층 이하, 연면적 100m² 이하의 부대시설

④ 농산물, 임산물, 수산물, 축산물의 보관시설, 건조 · 포장 등의 가공시설, 판매시설

• 부대시설을 포함하여 연면적 600m² 이하, 2층 이하

• 단, 해안 및 섬지역에 설치하는 보관시설은 1,300m² 이하까지 가능

*6 공원지정 전의 기존 건축물에 대한 허용 범위
① 기존 건축물의 연면적 범위에서의 개축 및 재축
• 지상층은 기존 지상층 연면적 포함 200m² 이하, 기존 층수 포함 2층 이하
• 지하층은 기존 지하층 면적 포함 100m² 이하
② 주거용 건축물의 부대시설로서 연면적 30m² 이하의 부대시설 설치
③ 천재지변, 공원사업시행으로 인한 기존 건축물의 연면적 범위에서의 이축
단, 기존 건축물의 연면적 200m² 미만인 경우 200m² 산정

*7 국방상·공익상 필요한 최소한 행위 또는 시설설치
① 국방상
• 자연환경을 훼손하지 않는 범위 내 군사훈련
• 군사훈련에 한시적으로 필요한 시설로 국방부장관이 요청하는 시설설치
② 공익상
• 상수도, 하수도, 농수로 등 공원구역 주민을 위한 기반시설 설치
• 연면적 100m² 이하의 공중화장실 설치
• 야생동·식물 보호 및 생태계 보호·복원시설 설치
• 그 밖에 공익을 위하여 반드시 필요한 행위, 시설 설치

*8 주거용 건축물과 시설 규모
① 연면적 200m² 이하, 건폐율 60% 이하, 높이 2층 이하인 단독주택
: 다중주택 및 다가구주택 포함
② 연면적 330m² 이하, 건폐율 60% 이하, 높이 3층 이하인 다세대 주택
: 개축 또는 재축의 경우에만 해당

*9 자체기능상 필요한 시설
① 제1종 근린생활시설
② 제2종 근린생활시설 중 총포판매사, 단란주점 및 안마시술소 제외한 시설
③ 초등학교
④ 액화가스 판매소
⑤ 농어촌민박사업시설
⑥ 개인묘지, 가족묘지, 납골시설, 화장장, 분뇨처리시설, 쓰레기처리시설
: 위 시설기준 규제 연면적 300m² 이하, 건폐율 60% 이하, 높이 3층 이하
⑦ 태양에너지, 풍력시설

PLUS ➕ 개념플러스

➤ **「자연공원법」 개정예정**
• 개정사유
– 지역주민들의 적극적인 참여 유도
– 자연공원 생태계, 경관 보전기능 강화
– 자연경관과 조화되는 범위 내 탐방객의 휴양체험기회 확대
• 내용
– 공원관리청과 주민, 토지소유자 간 공원보호협약체결
– 공원시설계획 10년 내 시행 불가능시 효력상실
– 공원해상휴양지구 신설 : 육상공원 위주로 짜여진 자연공원 용도지구제
한계보완, 해안, 섬지역을 찾는 탐방객 편의 증진

SECTION

04 기타

PROFESSIONAL ENGINEER LANDSCAPE ARCHITECTURE

조경일반

조경진흥법

I 개요

① 조경분야의 진흥에 필요한 사항 규정
② 조경분야의 기반 조성 및 경쟁력 강화 도모
③ 국민의 생활환경 개선 및 삶의 질 향상에 기여함을 목적

II 용어정의

① 조경이란 토지나 시설물을 대상으로 경관을 계획, 설계, 시공, 관리하는 것임
② 조경사업자란 조경산업기본법, 엔지니어링산업 진흥법에 등록, 신고한 사업자임
③ 조경기술자란 국가기술자격법 의거한 조경분야 기술자격 취득자 또는 종사자임
④ 조경진흥시설이란 조경사업자의 영업활동을 지원하기 위해 지정된 시설물임
⑤ 조경진흥단지란 조경분야 활성화를 위해 지정되거나 조성된 지역임

> PLUS ⊕ 개념플러스
>
> ▶ **조경진흥법 내 의의와 주요내용, 앞으로 조경계가 나아가야 할 방향**
> 조경진흥법에 따른 조경진흥기본계획의 내용, 제1차 공청회 주요 이슈
> · 공청회가 진행될 때미디 주요 이슈 정리할 것

Ⅲ 주요 내용

1. 조경분야의 진흥 및 기반 조성

(1) 기본계획 수립

① 국토교통부장관은 조경진흥기본계획을 5년마다 수립 · 시행

② 기본계획에는 다음 각 호의 사항이 포함

- 조경분야의 현황과 여건 분석에 관한 사항
- 조경분야 진흥을 위한 기본방향에 관한 사항
- 조경분야의 부문별 진흥시책 및 경쟁력 강화에 관한 사항
- 조경분야의 기반 조성에 관한 사항
- 조경분야의 활성화에 관한 사항
- 조경 관련 기술의 발전 · 연구개발 · 보급에 관한 사항
- 조경기술자 등 조경분야와 관련된 전문인력 양성에 관한 사항
- 조경진흥시설 및 조경진흥단지의 지정 · 조성에 관한 사항
- 조경분야의 진흥을 위한 재원 조달에 관한 사항
- 조경분야의 국제협력 및 해외시장 진출 지원에 관한 사항
- 그 밖에 조경분야의 진흥을 위하여 필요한 사항

③ 기본계획의 수립 · 시행을 위해 민관단체에 협조요청 가능

④ 조경시장의 동향, 조경기술의 개발 등을 고려한 연차별 시행계획 수립 · 시행 가능

(2) 전문인력 양성

① 조경분야의 진흥에 필요한 전문인력의 양성과 자질 향상을 위하여 교육훈련 실시

② 전문인력 양성기관 지정 가능 기관

: 국공립 연구기관, 전문대학, 특정 연구기관 등

2. 조경 관련 사업의 활성화

(1) 조경진흥시설의 지정

① 조경진흥시설 : 조경 관련 사업 활성화를 위해 조경사업자가 집중적으로 입주하거나 입주하려는 건축물

② 자금이나 설비 제공 등의 지원과 관련된 시책 마련 가능

③ 기술사법, 엔지니어링산업 진흥법에 따라 등록, 신고

→「벤처기업육성에 관한 특별조치법」의 벤처기업집적시설로 지정

(2) 조경진흥단지의 지정

① 조경 관련 사업체의 기반 및 부속시설 등이 집중적으로 위치한 지역

② 자금 및 기반시설을 지원할 수 있고, 대통령령으로 정함

(3) 지정 해제

① 거짓이나 부당한 방법으로 지정받거나 지정요건을 갖추지 못한 경우

② 지원된 자금 및 설비 등을 목적 이외로 사용했거나 지정조건을 이행하지 않은 경우

(4) 조경지원센터의 지정

- 조경분야의 진흥을 위한 지방자치단체와의 협조
- 조경 관련 사업체의 발전을 위한 상담 등의 지원
- 조경 관련 정책연구 및 정책수립 지원
- 전문인력에 대한 교육
- 조경분야의 육성 · 발전 및 지원시설 등의 기반 조성
- 조경사업자의 창업 · 성장 등을 지원
- 조경분야의 동향 분석, 통계 작성, 정보유통 서비스 제공
- 조경기술의 개발 · 융합 · 활용 · 교육
- 조경 관련 국제교류 · 협력 및 해외시장 진출 지원
- 그 밖에 지원센터의 지정 목적을 달성하기 위하여 필요한 사업

(5) 해외진출 및 국제교류 지원

① 관련 정보의 제공 및 상담 · 지도 · 협조

② 관련 기술 및 인력의 국제교류

③ 국제행사 유치 및 참가

④ 국제공동연구 개발사업 등

3. 조경공사 품질관리

(1) 조경공사의 품질향상

① 발주청은 조경공사의 품질향상 및 유지관리의 효율성 제고를 위해 설계의도 구현, 공사의 시행시기 결정, 준공 후 관리 등 필요대책을 수립 · 시행

② 조경공사의 품질향상 등 대책의 대상, 규모, 방법 등은 국토교통부령으로 정함

(2) 조경사업의 대가 기준

① 기술사법, 엔지니어링산업 진흥법에 의거 대가 산정

② 기획재정부장관, 산업통상자원부장관 등 관계 행정기관의 장과 미리 협의 필요

(3) 우수 조경시설물의 지정 및 지원

① 조경분야의 경쟁력 강화를 위하여 우수 조경시설물 지정

② 국토교통부장관, 시도지사 지정 시 각 해당 법이나 조례 절차나 기준에 따름

③ 지정된 우수 조경시설물의 개 · 보수에 필요한 비용의 전부 또는 일부 지원 가능

(4) 포상 및 시상

① 조경분야 진흥에 기여한 공로가 현저한 개인 및 단체 등을 선정하여 포상

② 공모전, 작품전 등의 우수한 성적의 입상자 시상

조경헌장

2013년 10월 28일 제정

I 개요

① 조경은 환경을 계획, 설계, 조성, 관리하는 문화적 행위
② 생태적 위기에 대처하는 실천적 해법을 제시하고 공동체 소통의 장 마련
③ 지속 가능한 환경을 다음 세대에 물려주는 것은 조경의 책임이자 과제
④ 조경헌장을 통해 조경을 재정의하고, 가치 공유 및 새로운 좌표 제시

II 조경의 영역

구분	내용
정책	• 환경과 공간을 창조하기 위한 정치적·행정적 기반 • 건전하고 합리적인 조경정책 수립은 조경역할 수행조건 → 정책입안과 결정에 적극적 참여 필요

계획	• 조경계획을 통한 관련분야 의사결정과정 방향 제시
	  - 다양한 환경요소를 고려한 토지이용과 관리기준 도출
	  - 설계의 선행단계로 구체적인 실행안 제시
	• 설계의 합리적 체계와 틀 제공

설계	• 계획안을 구현하는 창작행위 • 계획설계, 기본설계, 실시설계, 감리과정 세분화 • 개인과 사회의 복합적 요구와 문제를 합리적·창의적으로 해결
시공	• 안전하고 쾌적한 공간조성 위한 건설과정 • 시공의 수준은 조경공간의 완성도 결정하는 중요요인 • 책임감 있는 장인정신과 합리적 제도환경 필요
운영 관리	• 조경공간의 물리적 환경과 이용프로그램 운영 • 사회문화적 가치, 공간의 가치 증진 과정
연구	• 조경과 관련된 인문·사회적, 과학·기술적 학문 연구 포괄 • 이론적·실천적 연구에 대한 관심과 투자 요구 • 타 분야와의 적극적인 학술교류와 협력 필요
교육	• 사회변화와 수요에 대응할 수 있는 이론적 토대 구축 • 실천적 기술 제공, 전문가 양성 • 시민교육, 전문가 재교육 포함

Ⅲ 조경의 대상

구분	내용
정원	단독 및 공동주택 정원, 비주거용 건물 정원, 공공정원, 실내 정원, 옥상 정원, 식물원, 수목원 등
공원	도시공원, 도시자연공원, 자연공원 등
녹색도시 기반시설	정원, 공원, 녹지, 보행공간, 광장, 자전거도로, 도로조경공간, 가로시설물, 주차공간, 비오톱, 도시숲, 학교숲 등
역사문화유산	유 · 무형문화재, 사적 · 명승, 민속자료, 문화재자료, 향토유적, 정원유적, 근대문화유산, 비지정문화재 등의 공간
산업유산	항만, 공장, 창고, 수운시설, 철도 · 운송시설, 발전시설, 농업시설, 광업시설, 교통시설, 종교시설, 교육시설, 주거시설 등
재생공간	용도 폐기된 항구 · 광산 · 채석장, 군사시설 이전지, 산업시설 이전지, 쓰레기매립지, 오염지역, 용도가 불확정한 공간 등
교육공간	학교교정, 대학캠퍼스, 연구시설, 청소년 수련시설, 체험학습원 등
주거단지	단독주택단지, 연립주택단지, 아파트단지 등
공공복지공간	사회적 요구가 반영된 범죄예방공간, 무장애공간, 도시농업공간, 치유공간 등
여가관광공간	스포츠시설, 골프장, 스키장, 온천, 캠핑장, 유원지, 워터파크, 놀이공원, 관광숙박시설, 관광편의시설 등
농어촌환경	농 · 어촌 경관계획 및 마을계획, 농어촌 휴양단지, 관광농원, 그린투어리즘, 자연휴양림 등
수자원 및 체계	배수체계, 지하수함양, 홍수조절, 생태습지, 유수지, 빗물정원, 친수공간 등
생태복원공간	생태숲, 생태통로, 연안생태계, 하천, 습지 등 보존 · 복원이 필요한 공간 기후 · 토양 · 동 · 식물상 조사분석, 생물다양성 증진이 필요한 공간

PLUS ➕ 개념플러스

- 한국조경헌장에서 규정한 '조경'과 '조경설계'
- 한국조경헌장에서의 '조경' 정의와 가치

Ⅳ 조경의 가치

① 자연적 가치
- 조경은 다양한 동식물종의 공생 중시
- 자연은 현세대와 미래세대가 보존하고 관리해야 할 대상
- 자연과 인간 사이의 부조화를 해소하고 자연치유

② 사회적 가치
- 삶의 터전은 유한한 공간이자 공공자원
- 시민의 공공적 행복을 우선적 고려
- 사회적 약자를 배려하고 평등한 공공환경 조성

③ 문화적 가치
- 인류의 인문적 자산은 조경의 토대
- 역사성, 지역성, 문화적 다양성, 창의적 예술정신 지향

Ⅴ 조경의 과제

① 세계화+지역성+문화적 다양성 가치 발견
② 창의적 조경작품 생산과 미래를 이끄는 조경문화 형성
③ 전 지구적 기후변화에 대응 가능한 설계해법과 전문지식 습득
④ 민주적 공간 구축, 지속가능한 환경복지 지향
⑤ 커뮤니티성 시민참여문화와 리더십 실천
⑥ 복잡한 도시문제를 해결하는 전문지식과 기술 축적
⑦ 관련분야와의 협력을 통한 융합적 · 통합적인 계획 · 설계 · 관리
⑧ 조경가의 직업윤리 확립과 질 높은 조경서비스 제공

건설일반

건설산업기본법

I 개요

1. 목적

건설공사의 적정한 시공과 건설산업의 건전한 발전 도모

① 건설공사의 조사, 설계, 시공, 감리, 유지관리, 기술관리 등에 관한 기본적인 사항 결정

② 건설업의 등록 및 건설공사의 도급 등에 필요한 사항 결정

2. 용어정의

(1) 종합공사

종합적인 계획, 관리 및 조정을 하면서 시설물을 시공하는 건설공사

(2) 전문공사

시설물의 일부 또는 전문 분야에 관한 건설공사

(3) 건설사업관리

건설공사에 관한 기획, 타당성 조사, 분석, 설계, 조달, 계약, 시공관리, 감리, 평가 또는
사후관리 등에 관한 관리를 수행하는 것

Ⅱ 건설업 등록

1. 건설업 업종과 업무내용

구분	건설업종	업무내용	건설공사의 예시
종합 공사업	조경 공사업	종합적인 계획·관리·조정에 따라 수목원·공원·녹지·숲조성 등 경관 및 환경을 조성·개량하는 공사	수목원·공원·숲·생태공원 등의 조성공사
전문 공사업	조경 식재 공사업	조경수목·잔디 및 초화류 등을 식재하거나 유지·관리하는 공사	• 조경수목·잔디·지피식물·초화류 등의 식재공사 • 토양개량공사, 종자뿜어붙이기공사 등 특수식재공사 • 유지·관리공사 • 조경식물의 수세회복공사 및 유지·관리공사 등
	조경 시설물 설치 공사업	조경을 위하여 조경석·인조목·인조암, 야외의자·파고라 등의 조경시설물을 설치하는 공사	• 조경석·인조목·인조암 등의 설치공사 • 야외의자·파고라·놀이기구·운동기구·분수대·벽천 등의 설치공사 • 인조잔디공사 등

2. 건설업 등록기준

건설업종	기술능력	자본금		시설, 장비, 사무실
		법인	개인	
조경 공사업	• 조경기사 또는 조경분야의 중급기술자 이상인 자 중 2인을 포함한 조경분야 건설기술자 4인 이상 • 토목분야 건설기술자 1인 이상 • 건축분야 건설기술자 1인 이상	7억원 이상	14억원 이상	사무실
조경식재 공사업	조경분야건설기술자 또는 관련종목의 기술자격취득자 중 2인 이상	2억원 이상	2억원 이상	사무실
조경시설물 설치공사업	조경분야건설기술자 또는 관련종목의 기술자격취득자 중 2인 이상	2억원 이상	2억원 이상	사무실

※ 자본금 개인인 경우 영업용 자산평가액을 말함

Ⅲ 도급 및 하도급계약

1. 하자담보책임

(1) **조경** : 조경시설물 및 조경식재, 책임기간 2년

(2) **하자로 인한 담보책임이 없는 경우**

　① 발주자가 제공한 재료품질이나 규격 등이 기준미달로 인한 경우

　② 발주자의 지시에 따라 시공한 경우

　③ 발주자가 관계 법령에 따른 내구연한, 설계상의 구조내력을 초과 사용한 경우

(3) **타 법률과의 준용**

　① 타 법령에 특별하게 규정되어 있거나 도급계약을 따라 정한 경우

　② 규정한 법령이나 도급계약에서 정한 바를 따름

2. 하자기준과 기간

(1) **식물의 고사율에 따른 하자보수**

　① 수관부 가지 약 2/3 이상 고사하는 경우

　　㉠ 고사목으로 판단

　　㉡ 감독자의 육안검사를 통한 고사 여부 판정

　② 수목, 지피류, 숙근류 등 다년생 초화류

(2) **하자보수 면제**

　① 전쟁, 내란 폭풍 등에 준하는 사태

　② 천재지변과 그에 따른 여파에 의한 경우

　③ 화재, 낙뢰, 파열, 폭발 등에 의한 고사

　④ 준공 후 유지관리를 하지 않은 상태에서 혹한, 혹서, 가뭄, 염해

　⑤ 인위적인 원인, 즉 교통사고, 동물침입 등에 따른 고사

(3) **고사율에 따른 지급수목의 보수의무**

　① 10% 미만 : 전량 하자보수 면제

　② 10~20% 미만 : 10% 이상의 분량만 제공

　③ 20% 이상 : 10~20% 분량 지급품 보수, 20% 이상일 경우 동일 규격 이상 수목 보수

사회기반시설에 대한 민간투자법

I 개요

① 사회기반시설
  : 각종 생산활동 기반시설, 해당 시설의 효용증진시설, 이용자 편의시설, 국민생활 편익
   시설

② 민간투자사업은 BTO, BTL, BOT, BOO 등의 방식으로 세분화

③ 민간투자를 통해 창의적이고, 효율적인 사회기반시설 확충, 운영 도모

II 민간투자 추진방식

구분	추진방법	형태
BTO (Build – Transfer – Operate)	• 준공 후 시설소유권 : 국가, 지방자치단체 귀속 • 사업시행자에게 일정기간 시설관리 운영권 부여 • 시설 완공 후 소유권 정부 이전	수익형
BTL (Build – Transfer – Lease)	• 준공 후 시설소유권 : 국가, 지방자치단체 귀속 • 사업시행자에게 일정기간 시설관리 운영권 부여 • 협약기간 동안 임차하여 사용, 수익하는 방식 • 최종 사용자에게 사용료 부과 : 투자비 회수가 어려운 시설 • 정부 지급금(정부 재정 부담) • 민간의 수요위험 배제	임대형
BOT (Build – Operate – transfer)	• 준공 후 사업시행자에게 일정기간 시설소유권 부여 　－기간만료시 시설소유권 국가, 지방자치단체 귀속 • 일정기간 민간이 소유권 • 사용료 수입 → 건설비, 금리, 이윤 충당 후 : 정부 이전 • 도로 항만 등의 국가기반시설	–
BOO (Build – Own – Operate)	• 준공 후 사업시행자에게 일정기간 시설소유권 부여 • 민간이 소유권 계속 보유 • 골프장, 관광단지 등 사업성이 좋은 시설 확보	소유형

엔지니어링사업 대가의 기준

I 개요

① 대가산출시 실비정액가산방식 원칙, 적용이 힘들 경우 공사비요율에 의한 방식 적용
② 실비정액가산방식은 직접인건비, 직접경비, 제경비, 기술료, 부가가치세 합산하여 산출
③ 공사비요율에 의한 방식은 공사비에 일정 요율을 곱하여 산출한 금액에 업무비용, 부가가치세 합산하여 산출

II 대가 산출방식

1. 실비정액가산방식

(1) 직접인건비

① 직접 종사하는 엔지니어링 기술자의 노임단가
② 기본급, 각종수당, 상여금, 퇴직금, 회사부담 각종 부대비용 포함

(2) 직접경비

① 업무 수행과 관련이 있는 경비
② 여비, 특수자료비, 도서인쇄비, 청사진비, 측량비 등

(3) 제경비

① 간접경비로 직접인건비의 110~120%
② 손해보험료 별도

(4) 기술료

조사연구비, 기술개발비, 기술훈련비

2. 공사비요율에 의한 방식

(1) 요율

① 건설부분, 통신부분, 산업플랜트부문으로 구분

② 기본설계, 실시설계, 공사감리 업무단위별로 구분

③ 건설부분 요율표에 준하여 업무단위 및 범위별로 요율 적용

(2) 업무단위

구분	업무내용
기본 설계	• 설계개요 및 법령 검토 • 예비타당성조사, 타당성조사 • 설계요강의 결정 및 설계지침 작성 • 시설물의 기능별 배치검토 • 개략공사비 및 공기 산정 • 설계도서 및 개략 공사시방서 작성 • 설계설명서 작성
실시 설계	• 기본설계 결과검토 • 설계요강의 결정 및 설계지침 작성 • 시설물 기능별 배치결정 • 시공 상세도 작성 • 공사비 및 공사기간 산정 • 예정공정표 작성 • 설계서, 시방서, 내역서, 단가산출서, 구조및 수리계산서 작성
공사 감리	• 시공계획 및 공정표검토 • 시공도 검토 • 시험성과표 검토 • 공정 및 기성고 사정 • 설계도에 준한 시공현황 확인 • 준공도 검토

(3) 세부요율

① 기본설계와 실시설계 동시 발주시 해당 실시설계 요율의 1.4배

② 타당성조사와 기본설계 동시 발주시 해당 기본설계 요율의 1.3배

③ 실시설계만 진행시 해당 실시설계 요율의 1.3배

④ 타당성조사를 안 하는 기본설계는 해당 기본설계 요율의 1.3배

⑤ 요율 조정시 10% 범위 내에서 증액, 감액 가능

문화재보호법

I 개요

1. 문화재란?

① 인위적이거나 자연적으로 형성된 국가적 · 민족적 · 세계적 유산
② 유형문화재, 무형문화재, 기념물, 민속문화재

2. 종류

종류	내용
유형문화재	• 건조물, 전적, 서적, 고문서, 회화, 조각, 공예품 등 • 유형의 문화적 소산 • 역사적 · 예술적 · 학술적 가치가 큰 것과 이에 준하는 고고자료
무형문화재	• 연극, 음악, 무용, 놀이, 의식, 공예기술 등 • 무형의 문화적 소산 • 역사적 · 예술적 · 학술적 가치가 큰 것
기념물	• 절터, 옛무덤, 조개무덤, 성터, 궁터, 가마터, 유물포함층 등의 사적지(史蹟地)와 특별히 기념이 될 만한 시설물로서 역사적 · 학술적 가치가 큰 것 • 경치 좋은 곳으로서 예술적 가치가 크고 경관이 뛰어난 것 • 동물, 식물, 지형, 지질, 광물, 동굴, 생물학적 생성물 또는 특별한 자연현상으로서 역사적 · 경관적 또는 학술적 가치가 큰 것
민속문화재	• 의식주, 생업, 신앙, 연중행사 등에 관한 풍속이나 관습 • 의복, 기구, 가옥 등 • 국민생활의 변화를 이해하는 데 반드시 필요한 것

3. 지정문화재 종류

종류	내용
국가지정 문화재	문화재청장이 지정한 문화재
시도지정 문화재	특별시장 · 광역시장 · 도지사, 특별자치도지사가 지정한 문화재
문화재자료	위 항목에 속하지 않은 문화재 중 시도지사가 지정한 문화재

Ⅱ 국가지정문화재 지정기준

1. 보물

문화재청장은 문화재위원회의 심의를 거쳐 유형문화재 중 중요한 것을 보물로 지정

(1) 건조물 지정기준

구분	내용
목조건축물류	• 당탑, 궁전, 성문, 전랑, 사우, 서원, 누정, 향교, 관아, 객사 등 • 역사적 · 학술적 · 예술적 · 기술적 가치가 큰 것
석조건축물류	• 석굴, 석탑, 전탑, 승탑, 석종, 석등, 석교, 계단, 석단, 석빙고 등 • 역사적 · 학술적 · 예술적 · 기술적 가치가 큰 것
분묘	• 분묘 등의 유구, 건조물, 부속물 • 역사적 · 학술적 · 예술적 · 기술적 가치가 큰 것

(2) 전적 · 서적 · 문서 지정기준

구분		내용
전적류	사본류	• 한글서적, 한자서적, 저술고본, 종교서적 등 • 원본이나 우수한 고사본, 계통적 · 역사적으로 정리한 중요한 것
	판본류	• 판본, 판목으로서 역사적 · 판본학적 가치가 큰 것
	활자본류	• 활자본, 활자로서 역사적 · 인쇄사적 가치가 큰 것
서적류		• 사경, 어필, 명가필적, 고필, 묵적, 현판, 주련 등 • 서예사상 대표적인 것이거나 금석학적 또는 사료적 가치가 큰 것
문서류		• 역사적 가치 또는 사료적 가치가 큰 것

(3) 회화 · 조각 지정기준

① 형태 · 품질 · 기법 · 제작 등에 현저한 특이성이 있는 것

② 문화사적으로 각 시대의 귀중한 유물로 그 제작기법이 우수한 것

③ 회화사적으로나 조각사적으로 특히 귀중한 자료가 될 수 있는 것

④ 특수한 작가 또는 유파를 대표한 중요한 것

⑤ 외래품으로서 국내문화에 중요한 의의를 가진 것

⑷ **공예품 지정기준**

① 형태 · 품질 · 기법 또는 용도에 현저한 특성이 있는 것

② 각 시대의 귀중한 유물로서 그 제작기법이 우수한 것

③ 외래품으로서 국내 공예사적으로 중요한 의의를 가진 것

⑸ **고고자료 지정기준**

① 선사시대 유물로서 특히 학술적 가치가 큰 것

② 출토품으로서 학술적으로 중요한 자료가 될 수 있는 것

③ 전세품으로서 학술적 가치가 큰 것

④ 유적 출토품 또는 유물로서 역사적 · 학술적 자료로 중요한 것

⑹ **무구 지정기준**

① 국내 전사상 사용된 무기로서 희귀하고 대표적인 것

② 역사적인 명장이 사용하였던 무구류로서 군사적으로 그 의의가 큰 것

2. 국보

문화재청장은 보물에 해당되는 문화재 중 인류문화의 관점에서 그 가치가 크고, 유례가 드문 것을 문화재위원회의 심의를 거쳐 국보로 지정

⑴ **지정기준**

① 역사적 · 학술적 · 예술적 가치가 큰 것

② 제작 연대가 오래된 그 시대의 대표적인 것으로 보존가치가 큰 것

③ 제작의장이나 제작기술이 특히 우수하여 그 유례가 적은 것

④ 형태 · 품질 · 제재 · 용도가 현저히 특이한 것

⑤ 특히 저명한 인물과 관련이 깊거나 그가 제작한 것

⑵ **지정내용**

① 목조건축 : 부석사 무량수전, 송광사 국사전, 무사 극락전

② 탑 : 익산미륵사지석탑, 부여정림사지 5층 석탑

③ 불상 : 반가상

④ 탈 : 하회탈, 병산탈

⑤ 전적 및 회화 : 해인사 대장경판, 훈민정음, 난중일기

⑥ 토기 및 자기 : 상감청자, 분청사기, 청화백자 등

3. 중요무형문화재

전승가치, 전승능력, 전승환경을 고려하여 문화재청장이 정하여 고시

(1) 지정기준

① 연극, 음악, 무용, 공예기술, 의식, 놀이, 무예, 음식제조 등
② 연극, 음악, 무용에서 규정한 기법이나 용구 등의 제작수리 기술

(2) 지정내용

① 연극 : 인형극 · 가면극
② 음악 : 제례악, 연례악, 대취타, 시조영창, 산조, 농악, 민요, 무악 등
③ 무용 : 의식무, 정재무, 탈춤, 민속무
④ 공예기술 : 도자공예, 금속공예, 나전칠공예, 제지공예, 목공예 등

4. 사적

(1) 지정기준

① 선사시대, 역사시대 사회 · 문화생활을 이해시 중요 정보를 가질 것
② 정치 · 경제 · 사회 · 문화 · 종교 · 생활 등 각 분야에서 그 시대를 대표하거나 희소성과 상징성이 뛰어날 것
③ 중대한 역사적 사건과 깊은 연관성을 가지고 있을 것
④ 역사적 · 문화적으로 큰 영향을 미친 저명한 인물의 삶과 깊은 연관성이 있을 것

(2) 문화재 유형별 분류기준

① 조개무덤, 주거지, 취락지 등의 선사시대 유적
② 궁터, 관아, 성터, 병영, 전적지 등의 정치 · 국방에 관한 유적
③ 역사 · 교량 · 제방 · 가마터 등의 산업 · 교통 · 주거생활에 관한 유적
④ 서원, 향교, 병원, 절터, 교회 등의 교육 · 의료 · 종교에 관한 유적
⑤ 제단, 지석묘, 옛무덤(군), 사당 등의 제사 · 장례에 관한 유적
⑥ 인물유적, 사건유적 등 역사적 사건이나 인물기념과 관련된 유적

5. 명승

(1) 지정기준

① 자연경관이 뛰어난 산악 · 구릉 · 고원 · 평원 · 화산 · 하천 · 해안 · 하안(河岸) · 섬 등

② 동물 · 식물의 서식지로서 경관이 뛰어난 곳
   ㉠ 아름다운 식물의 저명한 군락지
   ㉡ 심미적 가치가 뛰어난 동물의 저명한 서식지

③ 저명한 경관의 전망 지점, 조형물 또는 자연물로 이룩된 조망지
   ㉠ 일출 · 낙조 및 해안 · 산악 · 하천 등의 경관 조망 지점
   ㉡ 마을 · 도시 · 전통유적 등을 조망할 수 있는 저명한 장소

④ 역사 · 문화 · 경관적 가치가 뛰어난 명산, 협곡, 해협, 곶, 급류, 심연, 폭포, 호수와
   늪, 사구, 하천의 발원지, 동천, 대, 바위, 동굴 등

⑤ 저명한 건물 또는 정원 및 중요한 전설지로서 종교 · 교육 · 생활 · 위락과 관련된 경승지
   ㉠ 정원, 원림, 연못, 저수지, 경작지, 제방, 포구, 옛길 등
   ㉡ 역사 · 문학 · 구전 등으로 전해지는 저명한 전설지

⑥ 자연유산에 해당하는 곳 중 관상 · 미적으로 현저한 가치를 갖는 것

(2) 등록현황

① 명승 총 112개(부속문화재 포함) - 2018년 12월 기준

② 명승 제4호 해남 대둔산 일원은 사적 및 명승 제9호 대둔산 대흥사 일원으로 지정되
   어 명승에서 해제(1998.12.23)

③ 명승 제5호 승주 송광사 · 선암사 일원은 사적 및 명승 제8호 조계산 송광사 · 선암사
   일원으로 지정되어 명승에서 해제(1998.12.23)

> **PLUS ➕ 개념플러스**
> - 팔경의 전통적 의미와 현대적 적용방안
> - 한국의 명승 지정기준과 일본, 중국과 비교
> - 자연유산보전 확대방안

6. 천연기념물

(1) 동물

① 지정기준

㉠ 한국 특유동물로서 저명한 것 및 그 서식지 · 번식지

㉡ 특수한 환경의 동물, 동물군 및 서식지 · 번식지, 도래지

㉢ 보존이 필요한 진귀한 동물 및 서식지 · 번식지

㉣ 한국 특유의 축양동물과 서식지, 동물자원 · 표본 및 자료

㉤ 분포범위가 한정되어 있는 고유동물이나 서식지 · 번식지

② 지정내용

㉠ 광릉 크낙새 서식지

㉡ 진천 왜가리 번식지

㉢ 정암사 열목어 서식지

㉣ 종(種) 자체 지정

- 크낙새, 따오기, 황새, 두루미, 흑두루미, 백조, 흑비둘기
- 사향노루, 산양, 장수하늘소, 진돗개 등

(2) 식물

① 지정기준

㉠ 한국 자생식물로서 저명한 것 및 그 생육지

㉡ 특수지역이나 특수환경에서 자라는 식물 · 식물군 · 식물군락 · 숲

㉢ 보존이 필요한 진귀한 식물 및 생육지 · 자생지

㉣ 생활문화 등과 관련된 가치가 큰 인공 수림지, 유용식물, 생육지

㉤ 문화 · 과학 · 경관 · 학술적 가치가 큰 수림, 명목, 노거수, 기형목

㉥ 식물 분포의 경계가 되는 곳, 자연유산에 해당되는 곳

② 지정내용

㉠ 달성 측백수림(천연기념물 제1호)

㉡ 상록수림(쑤도, 미조리)

㉢ 영천리 측백수림

㉣ 식물단위 지정

- 동백나무, 은행나무, 향나무, 소나무, 팽나무, 느티나무
- 이팝나무, 주엽나무, 후박나무 등

(3) 지질 · 광물

① 지정기준

⑦ 한반도 지질계통을 대표하는 암석과 지질구조의 주요 분포지와 지질 경계선

- 지판 이동의 증거가 되는 지질구조나 암석
- 지구 내부 구성물질로 해석되는 암석이 산출되는 분포지
- 각 지질시대를 대표하는 전형적인 노두와 그 분포지
- 한반도 지질계통의 전형적인 지질 경계선

ⓒ 지질시대와 생물역사 해석에 관련된 주요 화석과 그 산지

- 각 지질시대를 대표하는 표준화석과 그 산지
- 지질시대 퇴적환경을 해석시 주요한 시상화석과 그 산지
- 화석 중 보존 가치가 있는 화석의 모식표본과 그 산지
- 학술적 가치가 높은 화석과 그 산지

ⓒ 한반도 지질현상을 해석시 주요한 지질구조 · 퇴적구조, 암석

- 지질구조 : 습곡, 단층, 관입, 부정합, 주상절리 등
- 퇴적구조 : 연흔, 건열, 사층리, 우흔 등
- 특이한 구조의 암석 : 베개 용암, 어란암 등

ⓔ 학술적 가치가 큰 자연지형

- 구조운동에 의하여 형성된 지형 : 고위평탄면, 해안단구, 폭포 등
- 화산활동에 의하여 형성된 지형 : 화구, 칼데라, 기생화산 등
- 침식 및 퇴적 작용에 의하여 형성된 지형 : 사구, 갯벌, 사주 등
- 풍화작용과 관련된 지형 : 토르, 타포니, 암괴류 등
- 그 밖에 한국 지형현상을 대표할 수 있는 전형적 지형

ⓜ 그 밖에 학술적 가치가 높은 지표 · 지질 현상

- 얼음골, 풍혈
- 샘 : 온천, 냉천, 광천
- 특이한 해양 현상 등

② 지정내용

⑦ 운평리 구상화강암

ⓒ 울진 성류굴, 영월 고씨굴, 초당굴 등

(4) 천연보호구역

① 지정기준

㉠ 보호할 만한 천연기념물이 풍부하거나 다양한 생물적 · 지구과학적 · 문화적 ·
역사적 · 경관적 특성을 가진 대표적인 일정 구역

㉡ 지구의 주요한 진화단계를 대표하는 일정 구역

㉢ 지질학적 과정, 생물학적 진화 및 인간과 자연의 상호작용을 대표하는 구역

② 지정내용

한라산 · 설악산 · 홍도 등

(5) 자연현상

① 지정기준 : 관상적 · 과학적 · 교육적 가치가 현저한 것

② 지정내용 : 의성 얼음골

Ⅲ 국가지정문화재 지정절차

| 1. 지정신청 | • 문화재위원회의 해당 분야 문화재위원이나 전문위원 등
• 관계 전문가 3명 이상 조사 요청
• 조사보고서 작성 후 문화재청장에게 제출 |

↓

| 2. 지정예고 | • 관보에 30일 이상 예고 |

↓

| 3. 심의 | • 예고 끝난 후 6개월 내
• 문화재위원회 심의를 거쳐 지정 여부 결정 |

↓

| 4. 결정고시 | • 지정이나 인정시 그 취지를 관보 고시
• 지체 없이 해당문화재 소유자, 보유자, 명예보유자에게 알림
• 소유자가 없거나 분명치 않을 경우 점유자, 관리자 통보 |

↓

| 5. 지정서
& 인정서 교부 | • 소유자, 보유자, 명예보유자는 통지받은 날부터 효력 발생
• 기타 관보에 고시한 날부터 효력 발생 |

Ⅳ 유네스코 세계유산

1. 개념

① 문화유산 + 자연유산 + 복합유산(문화+자연가치)

② 세계유산목록에 등재된 유산 지칭

③ 인류 전체를 위해 보호되어야 할 뛰어난 보편적 가치가 있다고 인정되는 유산

2. 목적

① 보편적 인류 유산의 파괴를 근본적으로 방지

② 문화유산 및 자연유산의 보호

③ 국제적 협력 및 나라별 유산 보호 활동 고무

3. 등재기준

기본원칙	• 완전성 • 진정성 • OUV(뛰어난 보편적 가치) 내재 여부 판단 • 적절한 보존관리계획 수립 및 시행 여부 ※ OUV(Outstanding Universal Value)
세부기준	• 인간의 창조적 천재성이 만들어낸 걸작 • 인간 가치의 중요한 교류를 보여줄 수 있는 것 • 문화적 전통, 현존, 사라진 문명이 독보적, 특출한 증거가 될 것 • 건조물의 유형, 건축적, 기술적 총체, 경관의 탁월한 사례 • 최상의 자연현상, 뛰어난 자연미, 미학적 중요성을 지닌 지역 • 지구 역사상의 주요 단계를 입증하는 대표적 사례 • 생태학적 · 생물학적 주요 진행 과정을 입증하는 대표적 사례
진정성	• 당해 문화재의 문화적 가치가 진실되고 신뢰성 있게 표현될 것 • 형식과 디자인 • 소재와 내용 • 전통, 기법, 관리체계 • 위치와 환경 • 언어와 여타형태의 무형유산 • 정신과 감성 및 기타 내부 및 외부요인
완전성	• 뛰어난 보편적 가치의 표현에 필요한 요소의 포함 여부 • 본연의 중요성을 나타낼 만한 충분한 규모 • 개발, 방치로 인한 부작용 여부

석굴암 · 불국사
(1995년)

해인사 장경판전
(1995년)

종묘
(1995년)

창덕궁
(1997년)

화성
(1997년)

경주역사유적지구
(2000년)

고창 · 화순 · 강화
고인돌 유적(2000년)

제주화산섬과
용암동굴(2007년)

조선왕릉
(2009년)

한국의 역사마을 :
하회와 양동(2010년)

남한산성
(2014년)

백제역사유적지구
(2015년)

산사, 한국의 산지 승원
(2018년)

‖ 한국의 세계유산 ‖

- 문화유산
  강진 도요지 / 염전 / 대곡천암각화군 / 중부내륙산성군 / 외암마을 / 낙안읍성 / 한국의 서원 / 한양도성 / 김해 · 함안 가야 고분군 / 고령 지산군 대가야 고분군 / 한국의 전통산사 / 화순 운주사 석불석탑
- 자연유산
  서남해안 갯벌 / 설악산 천연보호구역 / 남해안 일대 공룡화석지 / 우포늪

‖ 잠정목록(2017년 1월 기준) ‖

2018년 8월 기준
총 167개국 1,092건

- 문화유산 : 845점
- 자연유산 : 209점
- 복합유산 : 38점
- 위험에 처한 세계유산 : 54점

‖ 세계 유산 등재 현황 ‖

4. 등재절차

세계유산 잠정목록에 등재 후 세계유산으로 등재

| 1. 등재신청 사전 협의
(시·도지사 → 문화재청장) | • 문화재청장
• 시·도지사, 관련 민간단체(→ 문화재청장) |

| 2. 신청대상 검토 및 신청
대상 선정 | • 문화재위원회 심의 후 문화재청장 확정 |

| 3. 등재 신청서 작성·제출
(시·도지사 → 문화재청장) | • 유산 소재 지자체의 등재 신청서 작성 및 제출
(시·도지사 → 문화재청)
• 문화재청 내용 검토 및 수정 |

| 4. 신청서 감수 및 보완(문화재청장) | • 연중 상시 제출 가능 |

| 5. 신청서 초안 유네스코 제출
(문화재청장 → 유네스코) | • 1차년도 이전 9월 30일까지 |

| 6. 최종 신청서 제출
(문화재청장 → 유네스코) | • 1차년도 2월 1일까지 |

| 7. 자문기구 유산 가치 평가 | • 문화유산 : ICOMOS(국제기념물 및 유적협의회)가 현지실사 수행 및 유산 가치 평가
• 자연유산 : IUCN(세계자연보존연맹)이 현지실사 수행 및 유산 가치 평가 |

| 8. 자문기구 권고안 도출
(자문기구 → 세계유산위원회) | • 2차년도 5월까지
• 등재가능(inscribe), 보류(refer), 반려(defer), 등재불가(not inscribe) 4단계로 권고안 송부 |

| 9. 세계유산위원회 등재 결정 | • 매년 6~7월 중 세계유산위원회에서 자문기구의 권고안을 바탕으로 등재 여부 결정 |

5. 등재효과

① 명칭

ㄱ 해당 유산 보호에 대한 국내외 관심과 지원

ㄴ 한 국가의 문화수준을 가늠하는 척도

ㄷ 유산 보호를 위한 책임감 형성

ㄹ 국제기구 및 단체들의 기술적·재정적 지원

ㅁ 방문객 증가에 따른 고용기회 및 수입 증대

② 소유권 행사

ㄱ 소유권은 등재 이전과 동일하게 유지

ㄴ 국내법 동일 적용

③ 등재된 유산의 보전, 관리

ㄱ 매 6년마다 유산 상태에 대한 정기보고 실시 → 세계유산위원회

ㄴ 유산에 영향을 미치는 변화가 일어나는 경우 → 현황보고

PLUS + 개념플러스

- 남한산성의 현황 및 가치
- 세계문화유산 등재 중인 서울 한양도성의 가치

MEMO

PART

04 조경설계론

CONTENTS

01 설계용어

I SD, DD, CD

1. Schematic Design(SD)

① 기본구상 → 기본계획 단계

② 조사 및 분석을 실시하고 정리하여 기본적인 방향 제시

③ 계획설계 행위 중 가장 초기단계

ㄱ 벤다이어그램 형상화

ㄴ 공간의 형태, 동선의 개략화

ㄷ 심의, 사업승인도면

2. Design Development(DD)

① 기본계획 → 기본설계 단계

ㄱ 계획설계와 실시설계 중간단계

ㄴ 착공도면

② 공간의 형태, 공간 내의 시설, 식재 구체화

③ 주요동선, 보조동선의 형태, 재료 선정

3. Construction Development(CD)

① 기본설계 → 실시설계 단계

ㄱ 기본설계의 문제점 보완, 기본설계도 수정

ㄴ 공사용도면, 구조계산서, 특기시방서 작성

② 공간, 시설의 수치화 등 공사를 위한 구체화 작업 실시

③ 일련의 최종설계과정

Ⅱ 총괄계획가 MA(Master Architect) / MP(Master Planner)

1. 개념

① 실무경험과 이해조정능력이 뛰어난 1인 전문가 위촉

② 계획의 전반적 과정 컨트롤 권한 부여

③ 계획전체의 일관된 설계관리

　　→ 서로 다른 계획 주체들의 설계조정과 지도에 이르기까지의 업무조정 일괄

④ 국토교통부 정의

　　㉠ 「도시재정비 촉진을 위한 특별법」 의거

　　㉡ 재정비촉진계획 수립의 전 과정을 총괄진행 · 조정하는 도시계획 분야의 전문가

2. 도입배경

① 신도시개발사업은 계획수립부터 건축까지 10년 이상의 장기간 소요

② 사업시행과정에서 담당기관, 담당자의 빈번한 교체

　　㉠ 교체 때마다 개인차에 따른 주요 계획 수정

　　㉡ 사업시행자나 건축주의 경우

　　　→ 종합적 고려보다는 단지별 경제성이나 효율성 우선시

③ 일관성 있는 방향제시와 개발사업 시행의 체계적 지도감독 필요

3. 총괄계획가 지정

① 신도시별로 도시계획, 환경, 교통 등

② 3인의 전문가 지정

4. 총괄계획가 업무

① 촉진계획 수립과정을 총괄 · 진행하며 계획주요내용 검토 · 조정

② 계획수립에 필요한 자료를 해당 촉진계획 수립권자에게 요청 가능

③ 계획수립에 필요한 경우, 해당 분야의 전문가나 관련 공무원 등의 자문 수시 요청

④ 촉진계획 수립단계에서 주민의견을 청취하여 계획에 반영할 수 있으며, 필요한 경우 계획주요내용을 주민들에게 설명, 의견 수렴 가능

⑤ 최초 수립된 촉진계획 변경 시 촉진계획 수립권자의 요청이 있는 경우 총괄계획가는 변경사항이 본래의 계획취지에 적합한지 검토하여 의견 제시

⑥ 촉진계획결정 이후에도 촉진계획 수립권자의 요청이 있는 경우, 실시설계단계와 사업 승인단계, 건축단계 등에서 의견 제시

⑦ 사업협의회의 위원으로서 협의 또는 자문 참여

5. 구성 및 운영

- 총괄계획가에 의해 관련분야 전문가 위촉
- 총괄계획팀을 구성하여 계획수립과정 총괄 진행
  - 총괄계획가, 관련분야 전문가, 해당 지역 담당공무원 등
  - 정기적인 회의를 통해 주요 안건들을 다루며, 회의록 작성

1) 관련분야 전문가

총괄계획가의 업무 지원, 협조

2) 해당 지역 담당공무원

① 총괄계획가에게 해당 지역의 의견 제시

② 총괄계획팀에 대한 해당 지역의 지원업무 전담

3) 운영기간

① 총괄계획팀 구성 이후 촉진계획 최초 결정시점까지

② 단, 촉진계획 수립권자는 사업이 종료된 후에도 총괄계획팀에게 관련 계획 및 사업의 조정, 자문역할 요청 가능

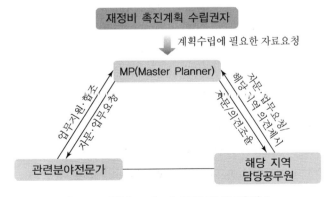

┃ 국토교통부 MA(MP) 구성 및 운영(안) ┃

Ⅲ 커뮤니티 가든(Community Garden)

1. 개념

① 커뮤니티(Community)와 가든(Garden)의 의미가 부여된 합성어

　㉠ 커뮤니티 범주 확대

　㉡ 사람과 사람, 사람과 지역, 사람과 자연과의 관계 등 모든 관계 사이의 일

　㉢ 포괄적인 범주 내에서의 정원, 도시공업, 귀농귀촌

② 공공텃밭, 공공채원, 동네정원 등으로 통용

　㉠ 공공텃밭, 공공채원 → 함께 참여한다는 의미 + 텃밭 의미 강조

　㉡ 동네정원 → 집 근처의 공공정원

③ 미국, 캐나다, 일본 내에서의 의미

　㉠ 지역활성화 차원의 커뮤니티 장

　㉡ 도시녹지 확보, 도시재생운동 등으로 재해석되어 활용

2. 역할

1) 자기가 사는 동네에 있는 정원

① 울타리를 동네로 영역확장

② 공동체를 형성하는 동네를 위한 정원

③ 소정원, 쌈지공원, 아파트 단지 내 공동텃밭

2) 커뮤니티를 위한 공동체 정원

① 자연을 즐기는 장소로 인식전환

② 자발적인 주민참여 유도

③ 인간과 자연문화와의 관계 설정

3) 자원순환형 지역사회 정원

① 그린인프라스트럭처의 일환

② 기후변화에 대응한 녹지면적 확대

③ 자연지반 활용, 지롱토 사용, 향토수·지역수종 선정

3. 사례

1) 미국

① 도시개선운동의 일환

㉠ 1960년대 이후 뉴욕 중심

㉡ 미국 도심부 빈곤지역 · 슬럼지역 개선

② 공한지 재생사례

㉠ 시카고 도심 내 오래된 농구코트 방치

㉡ 36개 텃밭 조성 – 먹거리 제공, 교육프로그램 제공

2) 캐나다

① 2010 커뮤니티 가든 프로젝트

㉠ 국유지 공원, 공터, 유휴지 대상

㉡ 20달러 텃밭 분양

㉢ 음식물 쓰레기를 활용한 퇴비정원

② 나만의 뒤뜰(My Own Back Yard ; MOBY)

㉠ 정원을 텃밭으로 유도

㉡ 안전한 먹거리 생산

3) 일본

① 도시형 녹지환경 프로젝트

㉠ 도시주민이 주체

㉡ 시민농원, 꽃 가득히 운동과 별개

② 공동 프로젝트

㉠ 시민참가 혹은 협동장소 강조

㉡ 관리주체의 변화(관심 → 참여)

Ⅳ 감성정원(Emotional Quoient 정원)

1. 개념

① 물리적 조경수목이나 시설을 통하여 인간이 느끼게 되는 오감자극

② 자연과의 정서적 교감을 느끼게 해주는 자연공간, 조경공간

2. 주요 설계요소

1) 공간형태

① 기하학적, 정형적 형태

② 정돈된 느낌, 안정감 부여

2) 식재

① 자연스러운 스크린 기법

ㄱ 자연경관과 유사한 환경 조성

ㄴ 마운딩을 통한 지형고 변화

ㄷ 숲이 내재하는 많은 변화와 장애물 표현

② 숲의 구조 응용

ㄱ 다층구조 식재 + 숙근초 배치

ㄴ 꽃의 아름다움과 향을 이용한 파라다이스 분위기 조성

3) 오감체험시설물

① 적극적 체험공간 계획

ㄱ 말초신경을 자극하는 놀이시설물과 대조

ㄴ 아기들이 세상을 탐구하기 위한 기초 동작 벤치마킹

ㄷ 만지고, 두들기고, 흔들고, 던지고, 맛보는 행위 접목

② 허밍스톤, 거울의 방, 돌그네

ㄱ 허밍스톤 : 돌의 공명을 통한 울림, 내면의 소리 듣기

ㄴ 거울의 방 : 수십 개, 수천 개로 복사되어 비치는 나의 모습 관찰, 자아확립

ㄷ 돌그네 : 중력에 의해 일정 궤도로 회전, 지구의 움직임 느끼기

Ⅴ 프랙털(Fractal) 이론

1. 개념

① 자연의 복잡성과 불규칙성을 수학적으로 표현
  → 리아스식 해안의 해안선, 하천 지류, 나뭇가지와 잎의 형태 등
② 자기상사성
  → 어느 부분을 확대해 보더라도 전체와 같은 도형으로 표출
③ 만델브로에 의해 명칭

2. 특성

① 자기유사성, 무작위성
② 반복과 무한, 중합과 흔적
③ 시간에 따른 진화
④ 복잡성 속에 규칙성

3. 차원

① 1차원, 2차원 등의 정수 이외의 차원
② fraction 단어에서 파생 → 분수, 단수의 의미

PLUS ⊕ 개념플러스

카오스(chaos)

I 개념 및 특징

1. 개념

① 건축공간에 실내환경을 조성하는 것 : 실내건축

② 자연생태를 물리적 실내환경에 도입하여 자연이 살아 숨쉬는 실내환경 창출

　→ Eco-terrior, 실내조경

③ 그러나 실내조경은 구조물 성격에 따라 세분화

　㉠ 일반건축물(오피스, 아파트 등) 내부

　㉡ 아트리움 구조로 되어 있는 공간 – 아트리움 조경

　㉢ 온실공간 – 온실조경

> **PLUS ➕ 개념플러스**
>
> 　조경과 실내조경 비교

2. 특징

1) 전이공간, 중간영역

외부와 내부, 상부와 하부, 동적 혹은 정적 공간의 사이

2) node 영역

다른 영역과의 교차점 위치

> **PLUS ➕ 개념플러스**
>
> • 실내녹화용 식물 : 교목, 관목, 지피초화류 양수, 음수 각각 5가지씩 정리
> • 장애인을 위한 실내조경 시 고려되어야 할 사항
> 　→ 장애인이라고 해서 공간이 달라지는 것이 아니라 공간구조는 같으나 기능
> 　　측면을 부각하여 서술해주고, 장애유형에 따른 도입시설만 달리 해주면 됨

Ⅱ 기능 및 조성기법

1. 기능

1) 문화적 기능

① 미팅, 휴식, 커뮤니케이션 공간 활용

② 문화 간 전이공간으로서 주공간을 연결하는 새로운 문화공간 창출

2) 경제적 기능

① 공사비 절감

② 자연채광, 태양에너지를 이용한 냉·온방비 절감

③ 간접광고서비스를 통한 이용자 홍보공간

3) 공간수용기능

① 주 순환통로를 가기 위한 전 단계

② 특정목적 계층이 아닌 다양한 이용자가 이용하는 공간

2. 조성기법

1) 형태에 의한 조성기법

① 섬형(Island style)

② 캐스케이드형(Cascade style)

③ 입체형

2) 구조에 의한 조성기법

① 입구형

② 중정형

③ Mall형

3) 식재방법에 의한 조성기법

① 정원형(넓은 규모의 식재공간 확보)

② 화단형(플랜터, 교목, 벽면녹화 등)

③ 화분형(대형 화분 이용)

I 개념 및 고려사항

1. 개념

1) 주제공원(테마파크)

① 생활형 공원과 달리 특정한 주제를 중심으로 전체공간을 구성하는 공원

② 도시공원 및 녹지 등에 관한 법률상

→ 역사, 문화, 수변, 묘지, 체육, 도시농업공원 등으로 세분화

③ 특정 주제를 깊이 있게 다루고, 전 지구적 관점에서 다양하게 구성

→ 일반 공원에 비해 규모, 비용, 인력 측면에서 많이 소모

2) 세분화

① 광의의 의미

㉠ 한시적 · 영구적 공원 모두 포함

㉡ 박람회, 가든페스티벌, 예술공원(조각공원) 등

> ▶▶ 참고
>
> ❶ 전시장과 박람회장의 차이점
> ❷ 국내외 정원박람회 사례
>   ① 한국 : 순천만 정원박람회
>   ② 영국 : 첼시 플라워 쇼(매년, Chelsea Flower Show)
>   ③ 독일 : ㉠ 연방정원박람회(2년, BUGA)
>   ㉡ 국제정원박람회(10년, IGA)
>   ④ 네덜란드 : 플로리에이드(10년, Floriade)
>   ⑤ 프랑스 : 쇼몽 국제정원 페스티벌

② 협의의 의미

㉠ 몇 개의 주제를 중심으로 구성된 오락공원(Amusement Park)

㉡ 디즈니랜드

2. 계획 시 고려사항

1) 주제(Theme)

어떤 주제에 관해 공원을 조성할 것인지 목적의식이 뚜렷해야 함

2) 표현기법(Presentation Technique)

① 방문자로 하여금 잘 전달될 수 있도록

② 즐거움과 이벤트 요소 가미

③ 일상에서 벗어난 색다른 공간 연출

3) 교통 & 동선처리

① Public Space & Road

㉠ 모든 사람 이용 가능

㉡ 공적 영역으로 광장, 도로

② Semi－public Space & Road

㉠ 제한된 사람 이용 가능

㉡ 2차적 영역으로 이용시간, 이용방법 통제

③ Private Space & Road

㉠ 특정 사람만 이용 가능

㉡ 1차적 영역으로 공간 소유권이 있거나 전문가, 관리자

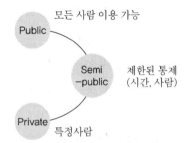

┃ 교통 & 동선처리 개념도 ┃

4) 공간개념

① 입구공간(Main, Sub Entrance)

② 전이공간 : 주공간으로의 연결

③ 주공간 : 메인주제 부각

④ 휴게공간 · 놀이공간 · 운동공간 : 이용자를 배려한 적재적소 배치

⑤ 기타 편익공간 : 기념품공간, 화장실 등

⑥ 완충공간 : 외부공간으로부터의 이격, 보호

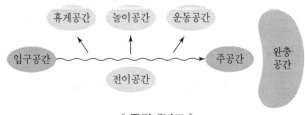

┃ 공간개념도 ┃

II 유형분류

설치되는 기간, 공간성격, 주제에 따라 유형분류 가능

1. 설치기간에 따른 구분

1) 한시적 주제공원

① 박람회

② 가든페스티벌

2) 반영구적 주제공원

① 오락공원

② 예술공원(조각공원)

③ 환경공원(대공원, 생태공원, 동물원 & 식물원)

2. 공간적 구분

• 공간 : 자연공간, 도시공간
• 성격 : 주제형, 활동형

자연공간 + 주제형	• 동식물원 • 서울대공원의 아쿠아테마관
자연공간 + 활동형	• 자연리조트형 • 온천형 파크 • 워터파크(설악산, 오션리조트)
도시공간 + 주제형	• 한국민속촌 • 북촌 • 엑스포공원
도시공간 + 활동형	• 도시리조트형 • 롯데월드, 에버랜드

3. 주제별 구분

역사공원, 예술공원, 과학공원, 자원공원, 놀이공원 등

04 단지개발계획 & 설계

I 공통사항

신도시, 재개발, 주거단지 계획 시 공통적으로 적용 가능

■ 계획내용

1) 단지 내 네트워크화

① 그린네트워크 : 풍부한 녹지체계 구축

② 블루네트워크 : 단지 내 물순환 시스템 확립

③ 화이트네트워크 : 바람길 확보

④ 핑크네트워크 : 여성친화단지, barrier−free, universal design

⑤ 브라운네트워크 : 경사지를 활용한 친환경단지 조성

⑥ 골드네트워크 : 토양층 연계를 통한 지생태계 회복

2) High contact & Low Impact

① 자연훼손을 최소화하고, 자연이용을 최대화하는 것

② high − 녹지, 수공간, 신재생에너지 활용

③ low − 환경오염물질, 쓰레기, 엔트로피

3) 5無, 5有의 원칙

5무의 원칙	5유의 원칙
• 담 제거	• 가보고 싶은 도시(Amenity)
• 턱 없애기(Barrier−free design)	• 정체성 있는 도시(Identity)
• 구릉지 · 절개지의 단절(생태통로 연결)	• 역사성 있는 도시(Human city)
• 전신주 등의 지중화(철새들 Flyway 확보)	• 녹지가 풍부한 도시(Green city)
• 난잡한 간판, 색채경관	• 자연이 순환되는 도시(LCS ; 저탄소녹색도시)

Ⅱ 신도시 & 재개발

• 기존의 도시가 태우고, 버리고, 소비하는 도시라면,
• 새로 조성되는 도시는 보존되고, 재활용하고, 순환하는 도시

■ 기존 도시의 문제점 & 해결방안

1) 건축밀도 : 물리적 수용력 위주의 개발

① 생태적 수용력, 즉 환경용량 고려
② 지역주민의 사회적 수용력 확보

2) 지형활용 : 인간 편의 위주의 절성토량 고려

① 자연의 생김새를 존중하여 절성토량 제한
② 계단식, 노단식, 테라스형 추세

3) 인공지반처리 : 두 가지 측면에서 고려 가능

① 대안 1 : 대부분 지상주차장 → 일부 지하주차장
  ㉠ 전면 지하주차장 추진
  ㉡ 지상부 녹지면적 최대화

② 대안 2 : 지하주차장의 확대로 지생태계 파괴
  ㉠ 자연녹지지반 최대화를 통한 생태계 회복
  ㉡ 상부 지상주차장의 경우 다목적 공간으로 활용
  ㉢ 자갈, 잔디블록 등을 이용한 투수성 공간 확대

4) 환경친화성 : 자연순화 미고려

① 생태면적률 고려 : 육상, 수생비오톱 조성, 우수투수율↑
② 신재생에너지 활용 : Biomass, 태양에너지 등
③ 자급자족도시 조성 : 지롱토, 텃밭가꾸기, 태양열주택(Green Home, Zero bed)
④ 그린인프라스트럭처 확보 : 녹지공간, 수공간, 바람길

Ⅲ 주거단지

■ 계획 & 설계

1) 공간구성

모든 테마공간의 계획 및 설계 공간

① 입구공간 → 전이공간 → 주공간 → 휴게공간, 운동공간, 놀이공간 → 완충공간

② 테마공간의 특이성에 따라 휴게·운동·놀이공간은 가변적

2) 세부공간 계획 & 설계

① 입구공간

㉠ 주출입구, 부출입구로 진입을 위한 공간

㉡ 장송, 청단풍, 홍단풍, 철쭉류 등 경관식재

㉢ 상징게이트, 문주, 랜드마크, 주차장, 경비실

㉣ 화강석판석포장, 화강석각석포장

② 전이공간

㉠ 입구공간에서 주공간으로 유도

㉡ 왕벚나무, 이팝나무, 회화나무 등 가로수식재

㉢ 장식열주, 조명열주, 볼라드

㉣ 점토벽돌포장, 소형고압블록포장

③ 주공간

㉠ 메인테마공간으로 테마별 특성 고려

㉡ 소나무, 배롱나무, 주목, 회양목 등 테마식재

㉢ 기념관, 박물관, 광장, 주요 테마시설물

㉣ 테마별 포장재 선정

예 사적공원 : 전돌포장

④ 휴게공간

㉠ 지역민, 방문객을 위한 휴식 제공

㉡ 느티나무, 팽나무, 느릅나무 등 그늘목 식재

㉢ 파고라, 쉘터, 등의자, 평의자, 연식의자

㉣ 점토벽돌포장, 마사토포장

⑤ 운동공간

　　㉠ 지역 주민을 위한 체력증진

　　㉡ 청소년 : 농구장, X－게임장

　　㉢ 중장년층 : 배드민턴장, 테니스장, 다목적 광장

　　㉣ 노년층 : 게이트볼장, 파크골프장

　　㉤ 우레탄포장, 고무칩포장

⑥ 놀이공간

　　㉠ 유아·어린이를 위한 놀이공간

　　㉡ 연령층(유아·어린이), 분위기(동적·정적)에 따른 공간분리

　　㉢ 보호자 대기공간(휴게시설, 운동공간) 조성

　　㉣ EQ, IQ를 증진시킬 수 있는 오감각 수목 식재

　　㉤ 조합놀이대, 그네, 미끄럼틀, 흔들놀이대

　　㉥ 고무블록포장, 고무칩포장

⑦ 완충공간

　　㉠ 대지경계 내·외 공간완충, 분리

　　㉡ 잣나무, 사철나무, 개나리 등 차폐식재, 경계식재

　　㉢ 담장, 펜스, 울타리, 조경석, 산책길

　　　운동공간, 놀이공간 조경 설계기준(「조경시공학」 참조)

05 레크리에이션시설 설계(골프장)

I 사업의 절차 및 일반사항

1. 사업의 절차

1. 설립목적, 조건설정

↓

2. 사전기본조사
- 자연조건 : 지형, 지질, 식생, 기상조건, 토지이용상황 등
- 사회조건 : 인구, 지역경제, 교통망, 관광조건, 주변골프코스 등
- 기타 조건 : 관련법규, 문화재 등

↓

3. 광역적 위치선정과 특성파악

↓

4. 목적설정과 기본방침 설정

↓

5. 수요예측과 계획내용 검토

↓

6. 운영계획
- 운영자세, 운영방법과 방침설정
- 개발순서, 공정방침설정
- 개발로 인한 영향검토

↓

7. 기본구상

↓

8. 기본계획 및 설계
- 코스계획, 환경계획, 시설계획, 토목계획, 관리시설계획, 운영관리계획
- 지형측량, 지질조사, 환경조사 or 환경영향평가, 개발행위의 사전협의 제의

↓

9. 시공 및 잔디양생육성공사
- 방재 · 토공사, 조형 · 잔디공사, 급수 · 전기 · 기계설비공사, 식재 · 수경공사 등

↓

10. 골프장 개장 및 코스 유지관리

2. 일반사항

1) 법적 규제

① 체육시설의 설치 · 이용에 관한 법률에 따른 체육시설에 따라 사업계획 승인절차 이행

㉠ 제 10조 1항 등록 체육시설업(골프장), 2항 신고 체육시설업(골프 연습장업)

㉡ 대중골프장업의 종류(정규 대중골프장업, 일반 대중골프장업, 간이골프장업)

② 관광진흥법에 따라 관광객이용시설업에 따라 종합휴양업 등록, 운영

PLUS ✚ 개념플러스

골프장 사업승인절차

2) 시설기준(시행규칙 제 8조)

① 운동시설

㉠ 회원제 골프장업(3홀↑), 정규 대중골프장업(18홀↑), 일반 대중골프장업(9~18홀), 간이골프장업(3~9홀)의 골프코스

㉡ 각 코스 사이 이용자가 안전사고를 당할 위험이 있을 경우 20m 이상의 간격 유지, 어려울 경우 안전망 설치

㉢ 각 골프코스에는 티그라운드, 페어웨이, 그린, 러프, 장애물, 홀컵 등 설치

② 관리시설

→ 골프코스 주변, 러프지역, 절성토 비탈면 등 조경계획

3) 골프장시설 불가능지역

① 상수원 관련사항

㉠ 광역 상수원보호구역 경계에서 유수거리 20km 이내

㉡ 일반 상수원보호구역 경계에서 취수장거리 10km 이내

㉢ 취수지점(공중 이용)에서 상류 15km, 하류 1km 이내

② 산지 이용 관련사항

㉠ 산림청 규정에 의한 제한지역

㉡ 보안림, 채종림, 시험림, 천연보호림

㉢ 노거수, 희귀목 자생지

4) 용지면적 / 회원수

① 9홀 : 12만 평 이상 / 900인 이내

② 18홀 : 20만 평 이상(클럽하우스 1일 최대 300명 수용) / 1,800인 이내

③ 18홀 초과 : 초과되는 9홀마다 8만 평 추가 / 초과되는 9홀마다 600명 이내

3. 용지의 선정기준

1) 면적

① 평탄지 : 20~22만 평

② 구릉지 : 24~26만 평(국내 25만 평)

③ 산지 : 27~30만 평

④ 35~50% : 40만 평

▶▶ **참고**

➤ **도시공원 내 골프연습장 면적기준**
「도시공원 및 녹지 등에 관한 법률 시행규칙」 제11조 제1항 제3호 의거
- 골프연습장의 부지면적 중 시설물의 설치면적은 도시공원면적의 5% 미만

---

2) 기타

① 구배 8% 미만, 고저차 50m 이내 최적(국내의 경우 대부분 초과, 토공 비탈면 多)

② 사질토 최적, pH 6~7 최적, 들잔디는 pH 4~6에서 잘 자람

③ 승용차로 80분 이내

④ 지가문제는 총 건설비의 1/6 이상

⑤ 18홀 기준 시 1일 1,500ton 필요

PLUS ⊕ 개념플러스

Park Golf 설계기준

Ⅱ 기본계획

1. 골프장 계획의 기본방향

- 부지입지 측면 : 자연환경 보전
- 부지확정 후 계획 측면 : 경기자의 입장

1) 자연환경과의 조화

① 기존 수림 보전, 재이용
② 주변 배후림과의 연계(유사 식생, 유사 패턴)
③ 절 · 성토면의 자연스런 선형 유지

2) 생태적 특성 고려

① 기존 환경 변화 최소화
② 토양침식방지
③ 야생동식물 서식지 조성 및 연결

3) 부지의 독창성 및 홀별 특수성 부여

① 향토수, 자생종 적극 도입
② 홀별 특징수 도입
③ 상이한 경관요소 배제

2. 골프장 구성요소

1) 티(Tee)

① 홀의 출발지 − 사각형 or 원형
② 챔피언티(백티), 레귤러티(프런트티), 레이디티
③ 시야를 넓게 하고, 심리적 안정과 대기자의 편의 제공
④ 식재
　㉠ 화려하지 않고, 전정에 강한 수목
　㉡ 상록 위주의 위요수림과 관목류
　㉢ 전방에 대교목 지양

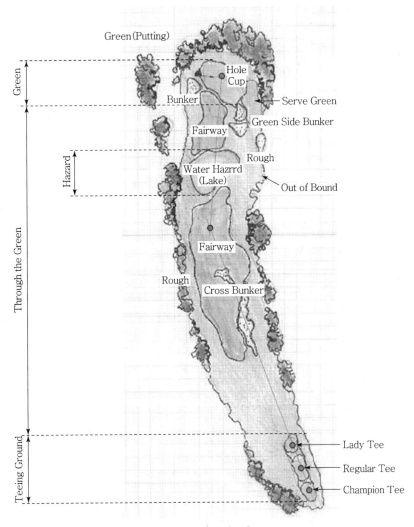

∥ par4 도식도 ∥

▶▶ 참고

▶ par의 산정
- 숙련된 플레이어가 홀에서 기대할 수 있는 타수(그린에서 2타)
- short par(201~250m) – par3(shot hole) : 원샷 + 퍼팅 2번
- middle par(211~400m) – par4(middle hole) : 투샷 + 퍼팅 2번
  - 인터 포인트(inter point) – 페어웨이 낙하하는 지점, 약자 I.P
- long par(401~575m, 471m 이상) – par5(long hole) : 쓰리샷 + 퍼팅 2번
  - 퍼스트 I.P(first I.P) – 골프공이 페어웨이에 낙하하는 지점
  - 세컨드 I.P(second I.P) – 제2타로 페어웨이에 낙하하는 지점

2) 페어웨이(Fairway)

① 흥미의 대부분이 결정되는 곳

② 장애물이 없는 안전한 지역

③ 최소폭원 30m, 보통 40~50m

④ 어프로치 : 페어웨이와 그린 접촉하는 지역, 그린 주위 9~27m

⑤ 랜딩에어리어 : 공이 떨어지는 지점, 티로부터 180~225m 격리

⑥ 배수

   ㉠ 종단 7%, 횡단 13% 이하

   ㉡ 지하배수 주간 ϕ20, 지간 ϕ10,

   ㉢ 파이프 주변 40mm 골재포설

⑦ 식재

   ㉠ 후퇴시켜 교목식재(소나무, 장송)

   ㉡ 지표목/야드목 − 거리나 목표치 판단

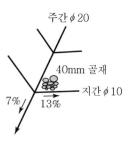

∥ 페어웨이 배수 ∥

▶ **참고**

▶ **골프장 내 식재기법**

  1 세 그루 이상 그룹 식재 : 홀수일 경우 눈의 즐거움 증가

  2 다양한 수종 선정
    ① 질병으로 인한 수목고사 미연방지
    ② 향토, 지역고유수종 선정

  3 페어웨이 경우 일렬 식재 배제
    ① 골프장의 자연스런 경관과 이질적
    ② 한 그루 고사 시 정형패턴 해지

  4 활엽수 위주 식재
    ① 관목이나 상록수는 가지가 늘어지는 경향이 있음
    ② 리커버리 샷 기회 박탈
    ③ 안전망이나 코스경계를 구별해주는 시각적 완충수

  5 지표목
    ① 작은 나무 그룹식재 NO
    ② 몇 그루의 대교목 위주

3) 그린(Green)

① 전체 5% 면적(450~750m²)

② 구배 4%, 지형변화 시 최고 7%

③ 관리시공비가 단위면적당 최대

④ 국내는 기후적 특성과 내방객으로 인해 2개 설치 → 기본적으로 1개가 좋음

⑤ 섬세함과 정밀함 요구

⑥ 식재

    ㉠ 아름다운 꽃과 경관

    ㉡ 계절성 고려

    ㉢ 홀의 마지막 코스로 완충을 위한 스크린 식재

4) 벙커(Bunker)

① 게임 흥미를 위해 장애물의 일종으로 주로 모래로 구성 → 모래두께 15cm 이내, 강모래

② 그린 형태와 조화를 이루도록, 너무 많이 설치하지 말 것

③ 경기진행형 분류 : 페어웨어 벙커, 그린사이드 벙커, 어프로치 벙커

④ 형태에 의한 분류

    ㉠ 완전포위형 : 그린 넓게, 벙커는 깊고 협소하지 않게

    ㉡ 후방포위형 : 롱샷 공격홀 설치 ×, 벙커위치를 판단할 수 없게

    ㉢ 측면포위형 : 단일형

    ㉣ 병목형 : 양 Side 위치

| 완전포위형 | 후방포위형 | 측면포위형 | 병목형 |

‖ 형태에 의한 벙커 유형 ‖

> ▶▶ **참고**
>
> ➤ **마운드(Mound)**
> - 코스 안에 있는 동산, 둔덕, 흙 덩어리 등
> - 볼을 멎게 하거나 아웃 홀과 구별
> - 전략적 설계로 만들어지는 하자드의 일종

5) 워터하자드(Water Hazard)

① 코스 안의 수공간

→ 유수지, 인공연못, 호수, 강, 바다 등

② 전략적 측면

㉠ 방재기능 : 유수지 역할

㉡ 경관의 아름다움

③ 경계부위에 노란색 말뚝 : 물의 증감에 따라 경계가 불확실하므로

④ 식재 : 수심에 따른 수생식물 선정

㉠ 추수(정수)식물

• 키가 큰 추수식물(2m 이상) : 갈대, 줄, 부들

• 키가 작은 추수식물(2m 이내) : 미나리, 노랑꽃창포, 애기부들

㉡ 수중식물

• 부유식물 : 개구리밥, 부레옥잠, 매화마름

• 부엽식물 : 수련, 홍련, 가시연꽃

• 침수식물 : 검정말, 나사말, 말즘

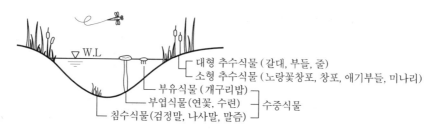

‖ 워터하자드 식재단면 ‖

6) 러프(Rough) & OB(Out of Bound)

① 페어웨이, 그린, 티 바깥공간

② 경기가 허용되지 않은 지역 : 흰색 말뚝이나 하얀선

③ 경사면 끝에 측구 설치

④ 식재

㉠ 홀의 경관 향상

㉡ 하자드 코스분리

ⓒ 독립수는 수형 미려

ⓡ OB구역은 자유롭고 대담한 식재

ⓜ 최근 야생 그대로의 식재 존중 → 친환경 골프장 조성

PLUS ⊕ 개념플러스

친환경 골프장 가이드라인 정리

7) 카트로와 연결로

① 연결로와 작업로의 완전 분리

② 카트로

    ㉠ 전 홀 그린에서 다음 홀 티까지 30m

    ㉡ 경사 8% 이하, 10% 이상은 리프트 이용

③ 작업로

    ㉠ 플레이 도중 눈에 띄지 않게 조성

    ㉡ 콘크리트, 아스팔트, 블록포장 등

8) 클럽하우스

① 품위, 경제성, 쾌적성(3요소)

② 부대시설 : 콘도, 테니스코트, 스키장, 연습장, 식당, 로비, 회의실

③ 1, 9, 10, 18홀과 최단거리로 연결

④ 외부동선과의 원활한 연계

⑤ 식재

    ㉠ 지역 고유의 특성 유지

    ㉡ 진입로에서부터 유도식재

    ㉢ 계절감을 느낄 수 있도록 화목류 위주 식재

    ㉣ 소나무, 배롱나무, 주목, 공작단풍 등

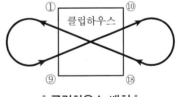

| 클럽하우스 배치 |

9) 주차장

18홀 기준 : 홀별 10대

3. 골프장 구성요소별 고려사항

1) 계획 및 설계과정

항공사진 → 지목도 → 부지답사 → 가설계 → 측량 → 기본설계 → 벌채 → 설계수정 → 용지문제해결 → 건설자금 문제해결 → 발주자 의견반영 → 골프장 성격결정(회원제, Semi−Public, Public)

2) 동선계획

① 플레이어와 종업원 동선교차 금지

② 현관에서 출발 지점 : 동선 단순화

③ 편익 및 사교시설(클럽하우스)

→ 제일 좋은 위치, 전망 좋은 공간 위치

④ 이용자 도착 → 백의 인도 → 접수 및 회계 → 라커 룸 순으로 원활한 연결

3) 홀 설계의 기본 형태

① 1920년대 이후 벌책형, 전략형, 영웅형 개념 대중화

㉠ 벌책형(Penal Type)

• 해안지역 선호하였으나 부지부족으로 내륙지역으로 이동

• 완벽하지 않은 샷에 패널티를 주려는 패널 디자인

• 고리모양으로 모래, 물, 교목, 소규모 그린

→ 그린으로 가는 유일한 접근방향은 해저드를 지나가도록 설계

㉡ 전략형(Strategic Type)

• 홀에 도달할 수 있는 경로 다양

• 각각의 경로에는 흥미를 부여하는 위험요소 배치

• 경기자의 장점을 극대화하고, 단점을 최소화한 설계

㉢ 영웅형(Heroic Type)

• 벌책형 + 전략형의 장단점 보완

• 경기자가 원하는 만큼의 하자드 선택 가능

• 골프에 능숙한 경기자에게 유리

② 1950년 전후 프리웨이형 개념 등장

- 프리웨이형(Freeway Style)
  - 제2차 세계대전 이후 미국에서 성행
  - 사각형 티와 대칭되는 타원형 그린 배치
  - 경기자의 이동성↑, 선택의 기회↓, 페어웨이 이외지역 패널티 부여
  - 페어웨이 가장자리 평행처리, 기하학적 형태, 나무, 벙커, 마운드 일직선상의 배치
  - 많은 이용객 확보 가능 → 경영자들에게 매력적인 골프코스이나 경기자들에겐 코스설계의 철학적 가치 누락, 단순경기 기회 제공

4) 홀의 배열

① 거리의 변화 : 중홀 → 숏홀 → 롱홀, 서비스 홀을 설치하여 초보자에 대한 흥미 유도

② 방향의 변화 : 시계식, 반시계식, 혼합식

③ 홀의 형상변화 : 플레이 방향 변화(도그래그)

④ 단면변화 : 상·하향의 적절한 조화, 7°(13%)가 경사의 한계

> ▶ **참고**
>
> ➤ **도그래그 홀 공략**
> - 안전하게 페어웨이 중앙에 티샷을 놓고 핀을 공격하는 방법
> - 지름길로 직접 핀을 공격하는 방법

I 식재 (자동차전용도로 식재기법)

Alt-1

1. 주행기능

1) 유도식재

① 노선의 형태파악 유도

② 안개 등 시계 부정확 시 효과적

③ 곡선구간

④ 상록교목, 관목류

2) 지표식재

① 휴게소, 인터체인지 등 특정시설의 입지성 제공

② 지방색이 있는 향토수종 반영

2. 사고방지기능

1) 차광식재

① 타 차량의 불빛이나 직사광선으로부터 눈부심 방지

② 운전자 환경개선에 의한 안전성 제공

③ 중앙분리대 식재 : 상록관목, 아교목 군식

2) 명암순응식재

① 암순응, 명순응의 제공으로 인한 안전성 제공

② 터널입구 200~300m 구간에 적용

③ 측면 및 중앙분리대 상록교목 식재

④ 터널 내부의 경우 조명을 이용하여 전구 개수 조절

3) 진입방지식재

① 위험방지를 위해 금지된 곳

② 사람이나 동물의 진입방지

③ 수목밀식, 생울타리 수목 도입

   → 향나무, 측백나무, 사철나무, 광나무 등

④ 일부 생태코리더로 인식하여 로드킬 유발

> ▶ **참고**
>
> ▶**소형 포유류, 양서파충류, 조류를 위한 도로조경은?**
>
> • 교목의 경우 수고가 높은 수목 선정
>
>   → 조류 수고로 높이 고저차 확인 → Bird strike
>
> • 하부 관목식재 No, 지피초화류 식재
>
>   → 소형 포유류, 양서파충류 생태통로로 인식 → Road kill
>
>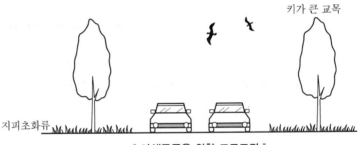
>
> ▌ 야생동물을 위한 도로조경 ▌

4) 완충식재

① 관목을 넓게 식재하여 완충공간 제공

② 차선 밖으로 나간 차량의 충격완화

③ 가지의 탄력성이 큰 관목류 식재

④ 무궁화, 찔레나무, 개나리

⑤ 도로변 폐타이어, 모래주머니 활용하여 병행

3. 경관제공기능

1) 차폐식재

① 수목을 식재하여 생울타리와 같은 나무벽 조성

② 경관상 불량공간의 완충, 제한, 은폐

③ 대형 구조물(터널) 녹화

④ 상록교목, 관목, 넝쿨식물

⑤ 사철나무, 회양목, 꽝꽝나무, 개나리, 피라칸사 등

2) 조화식재

① 주행 시 위화감을 주는 대형 구조물의 시각적 완화

② 주변 경관과의 조화 유도

③ 화려한 식재 No → 주행자들의 사고방지

④ 주변 식생 유사수종, 유사패턴 적용

3) 강조식재

① 도로의 반복에 의한 단조로움 상쇄 – 졸음방지

② 경관변화를 위한 식재–낙엽수 식재

③ 운전자의 관심을 끌 수 있는 형태, 색채, 질감 고려

④ 상록수 사이 붉은 잎 식물 식재, 거친 질감 식물 가운데 고운 질감 식물 식재

4) 조망식재

① 도로에서 바라다 보이는 원거리의 경관 고려

② 휴게소 등 정차시 경관성 제공

③ 운전자나 기타 이용자가 감상할 수 있도록 도로변 식재

④ 비스타 제공

⑤ 다층구조 식재, 경관수 군락 식재

5) 비탈면식재

① 절 · 성토 비탈면의 자연성 제공

② 비탈면 보호

③ 넝쿨성 수목, 단목식재, 종비토공법 등

Alt-2

1. 경관향상기능

- 도로에 식재된 식물이 경관형성효과 유도

구분	내용
장식기능	• 식물의 시각적 외형 활용 • 경관을 장식적으로 연출
차폐기능	• 경관상 바람직하지 않은 부분 선택 • 식물을 활용하여 가림막 형성
경관통합기능	• 복잡한 경관을 수목으로 비스타 형성
경관조화기능	• 인공물의 도로와 주위의 자연환경 접목

2. 생활환경보전기능

- 생활환경에 주는 도로의 악영향을 식물이 완화

구분	내용
교통소음경감기능	• 수림대 조성하여 방음벽과 같은 역할 유도
대기정화기능	• 대기 중의 이산화탄소, 이산화질소, 분진 등 흡수 • 광합성이나 호흡작용을 통해 산소 배출

3. 녹음형성기능

- 미세한 기상완화기능

① 그늘형성, 노면의 온도상승 억제

② 식물의 증산작용을 통한 기온저감

③ 방풍효과

④ 겨울철 야간 시 방사냉각현상으로 기온이 떨어지거나 서리방지 유도

4. 자연환경보전기능

① 도로건설시 지형변화, 배기가스 등 도로환경 악영향

② 도로변 식재를 통한 완화

③ 비탈면 식재를 통한 토양침식 방지, 식생복원

5. 교통안전기능

• 식물이 도로에서 교통안전에 공헌하는 기능

구분	내용
차광기능	• 햇빛이나 차량의 전조등의 불빛 차단 • 도로 주변의 민가나 가축의 불빛영향 완화
시선유도기능	• 도로의 선형이 복잡한 경우, 시계확보가 어려운 경우 • 도로선을 따라 규칙적으로 식재된 수목이 도로의 방향 유도 • 성토구조의 도로의 경우 추락에 대한 심리적 공포 완화
교통분리기능	• 보행자와 차도, 차도와 차도 간의 분리 • 각 영역 간의 침범 방지
지표기능	• 지역의 랜드마크적 역할 • 도로 이용자에게 그 지역 자체의 장소성 제공 • 독립수, 지역고유의 향토수종 등
충격완화기능	• 차량이 차도 밖으로 이탈되는 것을 수목이 방지 • 충돌로 인한 충격 완화

6. 방재기능

① 방풍효과로 바람의 세기 약화

② 비사방지, 눈보라방지, 화재로 인한 연소방지

Ⅱ 시설물

1. 인터체인지

1) 개념

① 도로의 교차부가 입체교차로로 구성

② 직진하는 자동차나 좌우회전하는 자동차의 원활한 진행연결 시설

③ 세 갈래 교차부 : 트럼펫형, Y자형

④ 십자 교차부 : 다이아몬드형, 클로버리프형, 더블트럼펫형, 직결형

2) 식재

① 교통량과 지형을 고려한 식재방법 선정

② 향토수종, 지역 대표수종을 활용한 지표식재

③ 소교목에 의한 시선유도식재

④ 관목군식에 의한 쿠션식재, 완충식재

⑤ 시야확보를 위한 식재금지 구역

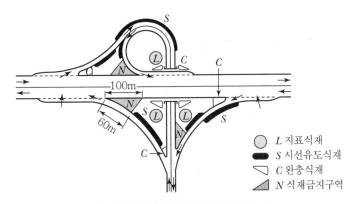

│ 트럼펫형 인터체인지 식재방법 │

3) 식재기준

① 식재면적의 5~10%

② 노변식재 : 도로 1km당 200주

2. 고가도로 하부공간

1) 문제점

① 버려진 유휴지

㉠ 고가도로 하부의 슬럼화

㉡ 불법점용, 인화물질 야적, 쓰레기 방치

㉢ 삭막한 우범지대 이미지

② 영구음지 공간

㉠ 제한적 식재공간

㉡ 대부분 콘크리트를 활용한 바닥재 사용

㉢ 주차장, 창고

③ 환경적 제약

㉠ 공기오염 – 이용자의 건강문제

㉡ 차량의 소음, 위험 – 접근성과 활동제약

㉢ 불량한 시각경관 – 도시 내 거대한 콘크리트 구조물

2) 계획방향

① 지역특화공간으로 활용

㉠ 도심지 내 새로운 휴식공간 제공

㉡ 환경개선사업을 통한 지역민 문화공간

㉢ 부족한 레저, 스포츠 시설 확충

② 햇빛 투과량에 따른 녹지공간

㉠ 양지, 반음지, 극음지 공간 파악

㉡ 양지, 반음지 공간에 따른 수종 선정

㉢ 극음지의 경우 관리차원에서 식재보다는 포장 권장

③ 환경여건 개선

㉠ 공기오염 완화

• 대기정화수종, 방향성 수종

• SO_2, NO_2, O_3 등 저감

㉡ 소음저감

• 자동차소음을 저감시켜줄 수 있는 대체시설 도입

- 벽천, 캐스케이드, 분수 등의 수경시설
  © 불량 경관 개선
    - 도심지 내 그린인프라스트럭처 일환
    - 벽면녹화, 전시공간, 이벤트장, 조형물 설치 등

3) 공간별 세부계획

① 진입공간
  ㉠ 접근성 향상을 위해 입체적 접근시설 설치
  ㉡ 신호등, 횡단보도, 험프, 육교, 다리

② 휴게공간
  ㉠ 도심지내 녹색휴식공간 제공
  ㉡ 파고라, 벤치, 연식의자, 볼라드

③ 운동공간
  ㉠ 주변 이용객의 현황조사 필요
  ㉡ 청소년 – X게임장, 농구장
  ㉢ 중장년층 – 배드민턴장, 다목적 운동장, 자전거도로
  ㉣ 노년층 – 게이트볼장, 파크골프장

④ 놀이공간
  ㉠ 테마를 활용한 특이놀이시설물 배치
  ㉡ 교육과 학습의 장으로 활용가능
  ㉢ 교통공원, 기후변화놀이터

⑤ 식재공간
  ㉠ 햇빛투과도에 따른 음지식물원 조성
  ㉡ 양지식물원, 반음지식물원, 극음지식물원
  ㉢ 극음지 공간의 경우
    - 이용객이 많은 경우 : 야외공연장, 운동공간
    - 이용객이 적을 경우 : 관리가 용이한 세덤류 등의 식재

PLUS ➕ 개념플러스

- 고속도로 상의 휴게소 조경   • Green Infrastructure & Grey Infrastructure 비교

I 보행자공간

1. 개념

① 보행이 가능한 공간

② 인간의 다양한 보행행위(이동, 휴식, 위락, 집회) 등 수용, 촉진

③ 보행자전용도로, 보도, 몰, 녹도, 보차공존도로

2. 유형별 개념

1) 보행자 전용도로

① 도로 = 차도 + 인도

② 보차분리를 목적으로 보행만을 위하여 설치한 도로

2) 보도

① 일반도로 양측 혹은 편측에 설치되는 보행자 공간

② 최소 1.5m 이상

3) 몰(mall)

① 18C 자연풍경식 정원 이전 르네상스 시대 볼링그늘(볼링게임) 발전

　→ 나무 그늘이 있는 길 or 산책길

② 도심상업지구에 설치

③ 안전하고, 쾌적한 보행 유도 → 현재 주변상가 활성화 도모

④ 목적

　㉠ 기능적 - 편리하고 안전한 보행환경 조성

　㉡ 사회적 - 쾌적한 환경조성

　㉢ 시민교육적 - 도시환경에 대한 시민교육, 도시에 대한 애착

　㉣ 장소적 - 장소적 · 공간적 특성을 살림

⑤ 자동차통행 여부에 따른 분류

ⓐ Full mall

- 긴급차량을 제외한 차량출입 배제
- 대학로 초기

ⓑ Transit Mall

- 긴급차량, 대중교통수단, 관리용 자동차 진입
- 서소문별관도로(차량으로부터 안전, 과속방지턱, 곡선화, 경관변화)
  → 현재 자동차를 위한 도로로 전락

ⓒ Semi Mall

- 승용차 출입 허용
- 명동거리

4) 녹도(Green Way)

① 공원 및 녹지체계를 원활히 연결하기 위해 녹지를 선형으로 조성
② 일반적으로 녹도는 보행전용으로 사용
③ 보행자전용도로보다 폭을 넓게 조성
④ 수변 · 놀이 · 운동공간을 설치하고, 근린공원과의 연결성 고려

> ▶ 참고
> ➤ **연결녹지와 구분**
> - 「도시공원 및 녹지 등에 관한 법률」에 의거 정의
> - 도시 안 공원, 하천, 산지 등의 유기적 연결
> - 도시민에게 여가, 휴식을 제공하는 선형의 녹지

5) 보차공존도로

① 보도와 차도가 공존하는 도로
② 보차혼용노도와 보차분리도로의 문제점 보완

Ⅱ 보차공존도로

1. 도시가로의 유형

보차혼용도로 → 보차분리도로 → 보차공존도로 순으로 발전

1) 보차혼용도로

① 주거지 골목길

② 자동차와 보행자가 혼재되어 이용되는 도로

③ 보행자의 안전 우려

㉠ 자동차와 보행자의 영역구분이 어려운 경우

㉡ 자동차의 속도가 낮아 보행자의 안전이 보장되는 경우 도입

2) 보차분리도로

① 보차혼용도로의 단점을 개선하기 위한 방법

② 차량통행이 많은 도시 내 간선도로

→ 보행자와 차량의 영역 완벽 분리

③ 영역분리방법 : 평면적/ 입체적/ 시간적으로 분리

㉠ 보차병렬식 – 보도와 차도 내 경계석, 볼라드 설치

㉡ 보차격리식 – 완전 이격 배치, 보행자의 안전 극대화

㉢ 입체분리식 – 차량, 보행자의 이동량 많은 공간, 육교, 지하도로 등 설치

㉣ 시간차 분리식 – 시간조절, 요일에 따라 분리

3) 보차공존도로

① 보차혼용도로와 보차분리도로 개념절충 : 보행자가 차량보다 우선

② 래드번 시스템(cul-de-sac) 개념 도입

㉠ 래드번 주거단지의 보차분리는 이상적인 개획개념

㉡ 실제적으로는 어린이들이 차도에 노는 경우가 많고, 차도와 완전 격리된 보행로는
보행자가 적어 야간에는 범죄우려가 높음

③ 자동차에 방치되어 왔던 국지도로에 보행자의 안전성을 도모하고, 보행자 전용도로
가 갖고 있는 비효율성을 제거하기 위해 조성

2. 보차공존도로 설계시 고려사항

1) 안전성(Safety)

① 사고에 대한 안전성

② 교통사고 억제시설 설치 - 과속방지턱, 험프

③ 차량주행 속도 억제 - 사행길, 도로폭

④ 사람과 차량의 분리

2) 쾌적성(Amenity)

① 밝고 깨끗하고 산뜻한 도로

② 보행공간의 충분한 확보

③ 다양한 보행자 공간을 서로 연결

④ 가로시설물의 설계와 시공

3) 편리성(Convenience)

① 시설의 용도에 따른 적절한 배치

② 도로시설물의 설치 후 이용도의 증대

③ 도로변 건물 이용의 효율성

3. 보차공존도로 설계기법

■ 교통정온화(교통평온화) 기법 적용

구분	소프트웨어	구분	하드웨어
	규제에 의한 교통억제기법		물리적 교통억제기법
내용	• 30km 최고속도구역 규제 • 횡단보도, 교차로마크 • 차도, 인도, 자전거도로 규제 • 일방통행, 일시정지 규제 • 주차금지, 주차허가제	속도 감속시설	• 과속방지턱, 노면요철포장 • 차도폭 좁힘, 굴곡형 도로 • 중앙보행섬, 횡단보도 등
		안전한 이농시설	• 보행섬, 방호울타리 • 볼라드, 보노닌상 등
		시인성 확보	• 통합표지판, 진입부 표시 • 노면표시, 감시카메라 등

Ⅲ 자전거도로

1. 자전거도로의 구분

1) 자전거도로의 종류

분류	종류	내용
기능별	간선자전거도로	• 도시간 도시의 골격을 형성하는 간선도로상에 설치 • 생활권 간의 연계기능
	지구자전거도로	• 생활권 내의 보조간선 또는 집산도로에 설치 • 권역 내의 통행을 담당 • 자전거교통의 편리성 및 접근성 확보
횡단 구성별	자전거전용도로	• 자전거 통행에만 이용
	자전거 보행자겸용도로	• 자전거 외에 보행자 통행가능
	자전거전용차로	• 차도에 설치되어 자동차도 일시적으로 통행가능
통행 목적별	생활교통형	• 통근, 통학, 업무, 쇼핑 등을 위한 생활교통 자전거도로
	레저형	• 취미, 여가 및 스포츠에 이용되는 자전거도로
이용 행태별	직결형	• 주거지에서 최종목적지까지 주 교통수단으로 이용
	연계형	• 주거지에서 환승목적지까지 보조교통수단으로 이용
관리 주체별	일반도로	• 도로법 제8조~16조를 따름
	농어촌도로	• 농어촌도로정비법 제5조를 따름
	하천	• 하천법 제8조 및 소하천정비법 제3조를 따름

2) 자전거도로의 종류

구분	내용
자전거전용도로	자전거만이 통행할 수 있도록 분리대 · 연석 기타 이와 유사한 시설물에 의하여 차도 및 보도와 구분하여 설치된 자전거도로
자전거 보행자겸용도로	자전거 외에 보행자도 통행할 수 있도록 분리대 · 연석 기타 이와 유사한 시설물에 의하여 차도와 구분하거나 별도로 설치된 자전거도로
자전거전용차로	다른 차와 도로를 공유하면서 안전표지나 노면표지 등으로 자전거통행구간을 구분한 차로

2. 설계기준

1) 설계속도

① 자전거전용도로(30km/h)

② 자전거보행자겸용도로(20km/h)

2) 자전거 제원

① 자전거의 폭 0.7m, 길이 1.9m 이하

② 높이 1.0m, 눈높이 1.4m

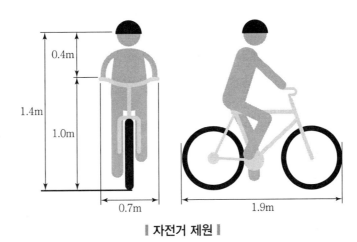

∥ 자전거 제원 ∥

3) 종단경사별 제한길이

① 5%를 초과하는 오르막경사는 바람직하지 않음

② 비포장 자전거전용도로에서 3% 초과 경사는 바람직하지 않음

종단경사(%)	제한길이(m)
7	120 이하
6	170 이하
5	220 이하
4	350 이하
3	470 이하

※ 8% 이상에 대한 오르막구간 제한길이는 AASHTO BIKE GUIDE 준용 설치 권장

4) 정지시거

① 운전자가 장애물로 인지하고 안전하게 정지하기 위해 필요한 거리

② 자전거도로의 중심선 기준 자전거운전자의 눈높이 1.4m에서 노면상 장애물을 볼 수 있는 거리를 그 자전거도로의 중심선에 따라 측정한 길이

③ 하향경사/상향경사(단위 : m)

경사	설계속도				
	10km/h	20km/h	30km/h	40km/h	50km/h
2%	9/8	20/20	37/35	55/52	79/72
3%	9/8	21/20	38/34	58/51	81/71
5%	9/8	22/20	40/33	60/50	85/70
8%	9/8	23/20	41/31	65/49	93/68
10%	9/8	25/20	44/31	71/48	102/64

5) 곡선반경

① 평면 곡선부를 주행하는 자전거에 작용하는 힘에 대해 주행안전과 쾌적성 확보

② 횡방향 미끄럼 마찰계수와 편경사의 값으로 산정되는 평면선형의 반지름

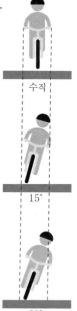

15° 기울어진 각(lean angle)일 경우	
설계속도(V)	최소 곡선반지름(R)
10(km/h)	5(m)
20(km/h)	12(m)
30(km/h)	27(m)
40(km/h)	47(m)
50(km/h)	74(m)

$$R = \frac{0.0079\,V^2}{\tan\phi}$$

여기서, R : 최소곡선반지름(m)
V : 설계속도(km/h)
ϕ : lean angle

 **PLUS ⊕ 개념플러스**

자전거도로의 문제점 및 개선방안

08 인공지반

- 옥상조경, 벽면녹화, 쓰레기매립장, 임해매립지, 지하주차장 상부 등
- 하중, 토심, 방수, 방근, 관수시스템 중요

I 공통

1. 문제점

1) 기후적 문제

① 강우량과 증발량

ⓐ 빗물이 유일한 수분공급원

ⓑ 바람에 의해 더욱 건조

② 빠른 풍속과 풍동현상

ⓐ 토양 건조로 인한 수목장애

ⓑ 우기시 수분 함유 과다

ⓒ 토양구조 파괴로 수목 전이

③ 직접적인 일조, 극심한 온도차

ⓐ 여름철에는 복사열이 쉽게 전도

ⓑ 겨울철 동결 쉬움

2) 건축적 환경문제

① 하중제한

ⓐ 신축건물의 경우 건축설계 시 하중 고려

ⓑ 기존 건물의 경우 하중추가로 안전성 고려

② 토심제한

ⓐ 하중문제와 마찬가지 경우

ⓑ 하중이 증가되면 경량토 사용 고려

③ 방수문제

ⓐ 식물뿌리 성장시 방수층 파괴

ⓑ 건축물의 균형, 누수 현상

2. 식재조성방법

1) 저관리형 경량녹화

① 하중을 고려한 인공토양 지향

② 최소생육, 생존토심 최소화

2) 내건조경(xeriscape) 개념 도입

① 건성에 강한 세덤류 식재

② 인력투입 최소화

3) 옥상습지 조성(stepping stones)

① Eco-up design

② 생물다양성 증진

4) 지속적 유지관리

① 관수시스템 확보

② 유기질 비료 투입

③ 멀칭을 통한 병충해 방재

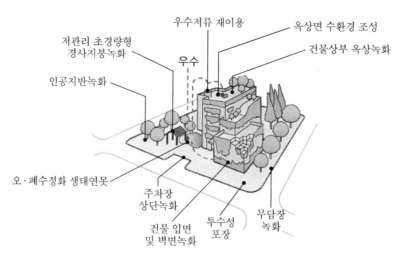

| 도심지 내 인공지반 유형 |

Ⅱ 옥상조경

1. 개념

1) 법제적 의미

① 건축법상 인공지반 조경 중 지표면에서 높이가 2m 이상 되는 곳에 설치한 조경

② 발코니에 설치하는 화훼시설을 제외한 나머지

2) 일반적 의미

① 자연지반과 공간적으로 분리된 상태

② 인위적으로 자연적인 지반상태와 유사한 재료적 · 형태적 여건 조성

③ 인간의 적극적인 이용을 도모하는 공간

④ 교각상부, 하천복개공간 상부, 건물옥상, 간척지, 쓰레기 매립지 등

> **▶▶ 참고**
>
> ▶ **녹색갈증(Biophilla)**
>
> **1 정의**
> - 원래는 "생명애"라는 뜻
> - 국내에서 옥상조경과 연관하여 도심지 내 녹지부족으로 인한 인간의 갈증으로 풀이
>
> **2 해소방안**
> - 녹지율, 녹피율, 녹적률, 녹시율 높이기
> - 획일화된 식재구성보다는 다층구조 식재
> - 다양한 토지피복(초지, 연못, 나지 등)
> - 상록수와 낙엽수 혼합식재

2. 법적 기준

1) 면적 기준

① 2m 이상의 건축물이나 구조물 옥상의 식재+시설물 면적

② 1층 조경면적의 2/3 인정(전체면적의 50% 초과 금지)

③ 초화, 지피류의 경우 1/2 인정

2) 식재토심

① 수목의 생육/생존토심

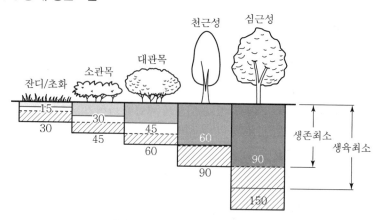

▌ 수목의 생육/생존 최소토심 ▌

② 자연토/인공토 적정토심

구분	자연토(cm)	인공토(cm)
초화류 및 지피식물	15	10
소관목	30	20
대관목	45	30
교목	70	60

3) 식재수량 – 교목 1.5배 인정

4) 유지관리

① 높이 1.2m 이상의 난간설치

② 수목지지대 설치

③ 안전시설 점검

옥상녹화 지원제도(「조경관련법규」 참조)

3. 기능 및 효과

Alt-1

1) 경제적 효과

① 건축물 임대료 수입증가

ㄱ 옥상녹화로 인한 쾌적한 환경조성으로 건물의 가치 증대

ㄴ 지방자치단체 세입증대

ㄷ 인접지역 활성화 촉진

② 지상의무 조경면적 대체

ㄱ 지상면적의 50%까지 인정

ㄴ 조경녹지면적＋조경시설면적

③ 에너지 비용절감

ㄱ 도시열섬현상 완화

ㄴ 도심부의 냉난방 에너지 · 습도조절

ㄷ 우수 지연을 통한 도시홍수 예방

④ 건축물 보호효과

ㄱ 방수층과 벽면 열화현상 경감

ㄴ 온도변화에 따른 건물 손상 예방 : 내구성 향상

경제적 효과
· 건축물임대료 증가
· 지상의무 조경면적 대체
· 에너지 비용절감
· 건축물 보호효과

＋

사회적 효과
· 도시경관 향상
· 도시민의 휴식공간 제공
· 시민환경교육

＋

환경적 효과
· 환경오염 방지
· 도시생태계 복원
· 기후조절
· 에너지 절약
· 소음 감소

❙ 옥상조경 기능 & 효과 ❙

2) 사회적 효과

① 도시경관의 향상

ㄱ 불량경관 녹화를 통한 도시어메니티 제고

ㄴ 녹시율, 녹피율 향상

② 도시민의 휴식공간 제공

ㄱ 도시의 복잡한 환경으로부터 격리된 공간 제공

ㄴ 쾌적한 녹지를 통한 거물이용자들의 휴식공간

③ 시민환경교육

ㄱ 생태계 복원으로 생태계를 활용한 환경교육의 장

ㄴ 서울시청별관 옥상(초록뜰), 분당 경동사옥(하늘동산21)

3) 환경적 효과

① 환경오염 방지

　㉠ 이산화탄소, 아황산가스 등 대기오염물질 흡수

　㉡ 녹화식물을 통한 산소공급으로 대기오염 완화

② 도시생태계 복원

　㉠ 인공지반녹화로 생물서식공간 조성

　㉡ 녹지와 생태계 복원

　㉢ 소생물의 서식처와 야생동물 이동통로 역할 담당

③ 기후조절

　㉠ 온도, 습도조절, 기온상승 억제

　　→ 전체 옥상면적 83% 녹화 시 최고기온 0.2~1.4℃ ↓

　㉡ 반사방지, 방풍효과

　㉢ 우수 일시 저장으로 도시홍수 예방

④ 에너지 절약

　㉠ 옥상녹화의 토양층 단열효과

　㉡ 에너지 소비감소

　　→ 대기오염물질의 배출을 줄이는 부수적 효과

⑤ 소음감소

　㉠ 옥상녹화 토양층의 경우 소리파장을 흡수, 분쇄

　㉡ 20cm 토양층 → 46dB 소음 저감

Alt-2

1) 직접적인 효과

① 환경적 효과

　㉠ 환경오염저감

　　• CO_2, NO_2, SO_2 등의 흡수 및 산소방출

　　• 오염물질 흡착

　　• 우수정화작용

   ⓛ 도시생태계 복원

    • 토양생태계 보전

    • 새나 곤충의 서식지, 먹이 제공

    • 새와 곤충의 이동로 형성, 휴식거점의 창출

   ⓒ 기후조절

    • 온도, 습도조절, 기온상승 억제

    • 반사방지, 방풍효과

    • 우수 일시 저장으로 도시홍수 예방

 ② 생태 · 심리적 효과

   ㉠ 장식, 외관의 미화 및 경관향상

   ⓛ 피로감의 회복 및 안락감 조성

   ⓒ 화초재배, 채소수확과 같은 다양한 취미생활 확보

   ㉣ 차폐, 은폐, 차음효과

 ③ 경제적 효과

   ㉠ 건축물의 단열효과

   ⓛ 냉난방의 절감 − CO_2 발생 억제

2) 지속가능한 지역구현 효과

 ① 환경저부하형 지역구현

   ㉠ 지역의 대기정화 효과

   ⓛ 도시의 지역기후의 개선효과 : 열섬현상의 경감, 과잉건조의 방지

   ⓒ 자연절약효과 : 에너지부하절감을 통한 자연절약형 사회 창출

 ② 순환형 도시 및 지역구현 : 우수유출의 완화효과

 ③ 자연공생형 도시 및 지역구현

   ㉠ 지역의 자연성 향상

   ⓛ 지역 고유의 미관 창출

   ⓒ 도심 및 지역의 어메니티 증진 : 심리적 안정감, 정서함양 촉진

   ㉣ 여가공간의 창출

4. 주요 고려사항

1) 종합적인 설계와 프로그램 제공

① 인간의 여가공간 + 도시생태계 창출

② 다양한 전문가들의 협업 필요

→ 건축주, 건물구성원, 환경해설 및 교육가, 생태조경 · 건축전문가

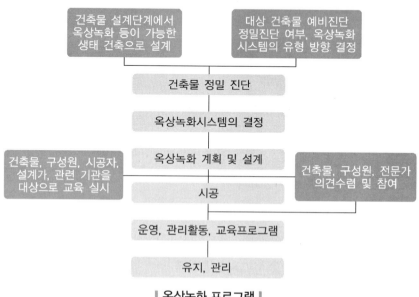

┃ 옥상녹화 프로그램 ┃

2) 건물의 안전성 확보

① 가장 우선적인 고려사항

② 하중(적재하중 위주)과 배수를 중점으로 건물의 안전성 검토

3) 배수로 인한 누수관리

① 배수불량으로 인한 뿌리썩음현상 빈번

② 대상지에 적합한 다각적인 측면의 효율적 방수방법 도입

→ 아스팔트 방수, 우레탄 방수, 시트방수, 액체방수 등

PLUS ➕ 개념플러스

옥상녹화시 적용 가능한 방수공법

4) 적합한 수목 선정

① 내건성, 내풍성, 천근성, 성장이 느린 수목, 관리 용이한 수목

② 수목의 환경순응성 - 심근성 수목의 경우 60cm 이상 복토

5) 식재계획 & 유지관리계획

① 해당 옥상부분의 환경압, 일상적인 이용 상황 조사

② 관리형태, 내용, 방법, 비용의 설정, 관리기기 선택

③ 식재상의 문제점 파악과 해결방법의 검토

④ 수분공급, 수분보호, 배수방법의 결정

⑤ 토양의 압력, 종류, 구성의 조절, 바람에 대한 대책 조율

⑥ 수종, 수고, 식재위치, 식재패턴 확정

6) 하중의 고려

① 토양, 수목이나 시설물의 무게, 이용자들의 이동하중 등

② 가장 큰 변수는 토양 → 인공경량토 사용

③ 습지나 생태연못 조성 → 물의 하중 추가

7) 바람의 영향 고려

① 전도현상, 토양표면 수분 증발

② 옥상 소생태계 보호를 위한 파풍 대안 필요 → 철조망, 목책, 방풍그물, 식생지지대 등

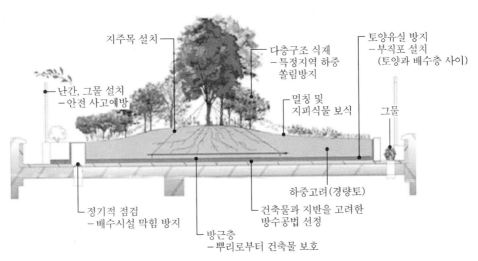

‖ 옥상녹화 시 고려해야 할 주요 물리적 요소 ‖

5. 유형

1) 저관리 · 경량형

① 토심 20cm 이하 녹화시스템

② 주로 세덤류, 지피식물 식재

→ 인공경량토양

③ 생태적 녹화시스템

→ 관수, 예초, 시비 등 관리요구도 최소화

④ 기존 건축물의 옥상이나 지붕에 주로 활용

→ 구조적 제약이 있는 곳, 유지관리가 어려운 곳

2) 관리 · 중량형

① 토심 20cm 이상 녹화시스템

② 다층구조 식재

→ 지피식물, 관목, 교목 활용

③ 관수, 시비, 전정 등 이용요구에 부합되는 관리 전제

④ 구조적 문제가 없는 신축건축물에 주로 적용

3) 혼합형

① 저관리 · 경량형과 관리 · 중량형 시스템의 혼합형

② 이용요구는 높으나 관리 · 중량형 시스템 도입이 어려운 공간

③ 토심 10~30cm 내외

→ 지피식물, 관목 위주 식재

④ 저관리를 지향하는 것이 바람직

PLUS ➕ 개념플러스

- 옥상녹화 유형구분 – 저관리형, 도시농업형, 기후변화적응형으로 응용
- 건축물녹화설계기준에 따른 옥상녹화 유형(고정하중 기준)
  → 중량형(300kgf/m²), 혼합형(200kgf/m²), 경량형(120kgf/m²)

✱ 옥상녹화 유형에 따른 요소별 적용 유무

구분	내용	저관리·경량형	혼합형	관리·중량형
유지관리	저관리	●	○	–
	관리	–	●	●
적용방식	전면 녹화	●	●	●
	부분 녹화	○	○	○
적용대상건물	신축 건물	●	●	●
	기존 건물	●	○	○
건물 경사 유무	평탄형	●	●	●
	경사형	●	–	–
단열위치	내단열	–	–	–
	외단열	●	●	●
	동적단열(D.I.S.)	●	–	–
토양의 하중	경량	●	○	–
	중량	–	●	●
토심	20cm 이하	●	–	–
	20cm 이상	–	●	●
식생의 종류	잔디	–	○	●
	세덤류	●	●	●
	지피식물	●	●	●
	관목, 아교목	–	●	●
	교목	–	○	●

※ ● : 적용 가능, ○ : 경우에 따라 적용 가능

6. 옥상녹화 단면

- 옥상녹화시스템 → 건축물·구조물의 외피+식재기반+식생층
- 식재기반 → 방수층+방근층+배수층+토양여과층+토양층

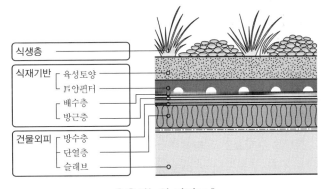

┃ 옥상녹화 단면도 ┃

1) 구조부 : 구조체(건축슬래브), 단열층, 방수방근층

　① **구조체(구조안전진단)**

　　㉠ 인공지반으로서 옥상녹화시스템을 지지하는 기능

　　㉡ 구조물의 허용능력 현장조사

　② **방수층**

　　㉠ 옥상녹화시스템의 수분이 구조체에 전달되는 것 차단

　　㉡ 구조진단과 함께 반드시 검토해야 할 전제조건(구조물 내구성에 가장 중요)

　　㉢ 옥상녹화 특유의 안전한 방수소재, 공법 요구→아스팔트, 비닐시트, 우레탄방수 등

　③ **방근층**

　　㉠ 식물뿌리로부터 방수층과 구조물 보호

　　㉡ 시공 시 기계적 · 물리적 충격으로부터 방수층 차단

2) 식재기반 : 배수층, 토양여과층, 육성토양층, 멀칭층

　① **배수층**

　　㉠ 자갈, 모래 포설, 필요시 유공관 사용

　　㉡ 옥상녹화시스템의 침수로 인한 식물 익사방지

　　㉢ 시공 후 하자발생이 가장 많은 부분으로 설계주의

　② **토양여과층**

　　㉠ 빗물로 인한 세립토양이 시스템 하부로 유출되지 못하게 여과

　　㉡ 안전하고 내구성 높은 소재 요구

　③ **육성토양층**

　　㉠ 식물이 지속적 생장을 좌우하는 가장 중요한 하부기반

　　㉡ 중량의 대부분을 차지하므로 경량 요구

　　㉢ 얕은 토심 : 인공경량토양, 깊은 토심 : 자연토양 구성

　④ **멀칭층** : 수분증발 억제, 영양물질 제공

3) 식생층

　① 최상부 구성요소로 토양층 피복

　② 유지관리프로그램, 토양층의 두께, 토양특성을 종합적으로 고려

　③ 옥상층 유형에 따라 세덤류, 다층구조 식재 등 식재소재 선택

Ⅲ 벽면녹화(입면녹화, 수직정원)

1. 개념

① 도시화 진행에 따른 도심지 녹지공간 부족 대체수단의 일환
② 건물수직 벽면에 자연토층을 만들어 식물이 자랄 수 있는 환경 조성

2. 기능 및 효과

Alt-1

1) 환경적 측면

① 도시생태계 복원
　㉠ Biotope 조성
　㉡ 생물서식공간 제공

② 도시 열섬현상 완화
　㉠ 일사반사
　㉡ 증발산량 감소
　㉢ 미기후 조절
　㉣ 건축물 에너지 절약효과

2) 경관적 측면

① 건물외관의 녹화로 경관 향상
② 중요 조망점에서의 시각적 질 향상
③ 녹시율, 녹적률, 녹피율 향상

3) 경제적 측면

① 냉난방에너지 절약효과
② 건물의 내구성 향상
③ 지상녹지 조성시 비싼 보상비 소요 - 대체 조경면적 역할
④ 녹지의 쾌적함으로 건물 임대료 증가

Alt-2

• 직접적 효과(인접한 곳의 환경개선효과＋경제적 효과)

• 사회적 효과(도시의 환경개선효과)

1) 인접한 곳의 환경개선효과

① 물리적 환경개선효과

ⓐ 공기정화

ⓑ 미시적 기상완화

ⓒ 소음감소

② 생리 · 심리효과

ⓐ 윤택함과 안락함의 향상

ⓑ 원예요법

ⓒ 주변 정서함양

ⓓ 환경교육장의 창출

③ 방화 · 방열효과

ⓐ 불 번짐 방지

ⓑ 화재로부터 건축물 보호

ⓒ 피난처 확보

벽면녹화 효과

직접적 효과

인접공간 환경개선 효과
· 물리적 환경개선
· 생리 · 심리 효과
· 방화 · 방열효과

경제적 효과
· 건축물 보호효과
· 에너지 절약효과
· 홍보효과

사회적 효과

도시의 환경개선 효과
· 저부하형 도시형성
· 순환형 도시형성
· 공생형 도시형성

▌벽면녹화 기능 & 효과▐

2) 경제적 효과

① 건축물 보호효과

ⓐ 산성비와 자외선에 의한 방수층과 벽면 약화 방지

ⓑ 구조물에 대한 온도변화의 영향 경감

② 에너지 절약효과

ⓐ 여름철 온도상승 경감

ⓑ 겨울철 보온

③ 홍보효과

3) 도시의 환경개선효과

① 저부하형 도시형성에 공헌하는 효과

    ㉠ 도시기상의 개선

        • 열섬현상의 경감

        • 과잉 건조방지

    ㉡ 자연절감 : 에너지 절약으로 자원절약 사회의 창출

② 순환형 도시형성에 공헌하는 효과

    ㉠ 도시대기정화

    ㉡ 빗물유출완화

③ 공생형의 도시형성에 공헌하는 효과

    ㉠ 도시의 자연성 up(에코업 디자인)

    ㉡ 도시경관형성효과(장식, 경관개선)

    ㉢ 도시생활의 질 향상(어메니티)

    ㉣ 공간창출(새로운 이용공간 생성)

▶▶ **참고**

➤ **녹지율, 녹피율, 녹적률, 녹시율**

  1 녹지율

    ① 대상지 내 녹지면적

    ② 최대비율 100%

    ③ 과거 지상면적+옥상면적 → 생태면적률 산정시 벽면녹화, 옹벽녹화면적 포함

  2 녹피율

    ① 녹지율의 단점 보완하여 피복면적 산정

    ② 수목의 투영비율 산정

    ③ 녹지율 100% → 녹피율 120% 가능

  3 녹적률

    ① 식재공간의 다층구조 식재면적 비율

    ② 녹지의 양적지표

    ③ 녹지율 100% → 녹적률 300% 가능(교목+관목+지피)

  4 녹시율

    ① 녹지율, 녹피율, 녹적률 단점 보완

    ② 시각적인 비율(수평적 < 수직적 녹지산정)

    ③ 심리적인 비율 → 개인차 커서 객관적 지표 ×

3. 유형

Alt-1

1) 등반형

① 건물 혹은 구조물 기초부에 넝쿨식물 식재

② 넝쿨의 신장에 따라 입면을 부착시켜 등반 녹화

③ 녹화식물 철거 시 흡착근 부착으로 철거가 어렵고
자국생성

④ 담쟁이, 줄사철, 능소화, 송악, 아이비

(a) 등반형

2) 하수형

① 건물의 상부나 옥상에 식재용기 설치

② 생장하는 넝쿨을 밑으로 늘어뜨려 녹화하는 방법

③ 식물의 생육을 지지하는 양질의 식재기반 확보 중요

④ 헤데라류, 인동덩쿨

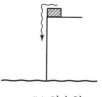
(b) 하수형

3) 보조형

① 건축물 · 구조물 벽면에 네트, 펜스, 격자 등 설치

② 넝쿨을 감아올리거나 늘어뜨려 녹화하는 방법

③ 등반형, 하수형의 흡착, 지지부분 단점 보완

④ 등반보조형, 하수보조형

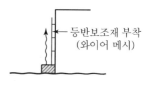
(c) 등반보조형

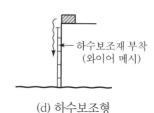
(d) 하수보조형

| 벽면녹화 유형 |

Alt-2

1) 전면녹화 시스템

① 시공 즉시 대상면 전체 녹화 완성

② 식물생장에 최적화된 선진국 기술 적용

③ 고급형 벽면녹화 시스템

2) 유닛형 벽면녹화 시스템

① 살아 있는 식물을 건축물 외장재로 사용

② 신개념 생태적 외피기술

3) 메시형 벽면녹화 시스템

① 금속재질 등의 소재로 격자형태 제작

② 벽면이나 입면을 덩굴성 식물로 피복

4) 와이어형 벽면녹화 시스템

① 홀더 등을 벽면에 고정시킨 후 와이어 등 부속등반재 설치

② 덩굴식물 피복

Alt-3

유형	내용	주요수종
벽면등반형	• 흡반이나 부착근 이용 • 식물에 따른 부착력 차이 주의	헤데라류, 담쟁이류, 능소화류 등
등반감기형	• 와이어메시 등의 보조재료 설치 • 덩굴성 식물 식재 • 구조물 녹화계획 시 이용	등나무, 포도나무, 크레마티스류, 덩굴장미 등
하수형	• 식재기반 설치 후 덩굴성 식물을 내려뜨리는 유형 • 토심, 관수, 배수 등은 옥상녹화에 준함	–
식재기반 설치형	• 벽면에 녹화패널 등의 식재기반 설치 • 벽면 자체가 기반이 되는 유형 • 현재 개발 중이며 전도유망함	멕시코 만년초 등
패널설치형	• 패널모양의 식재기반을 벽면에 부착 • 수분 균일 유지 전제 • 관수설비 충족	–
벽면기반형 (녹화 콘크리트)	• 콘크리트 위 직접 식재가능한 특수콘크리트 사용 • 식물의 뿌리가 들어갈 수 있는 공극이 있는 콘크 리트 내부에 보수재와 비료를 채우고 박토 고착	–

PLUS ➕ 개념플러스

건축물녹화설계기준에 따른 벽면녹화 유형
→ 등반부착형, 등반감기형, 하수형, 등반하수병용형, 탈부착형

Ⅳ 축구장, 잔디운동장

■ 공간의 구성요소

1) 잔디

① 조건

ㄱ 답압에 대한 저항성, 회복력↑

ㄴ 선수의 부상을 완화시킬 수 있는 완충력 有

ㄷ 축구공의 탄성력↑

ㄹ 관전자의 시각을 고려한 잔디색

② 초종

ㄱ 한지형 잔디

• 캔터키블루그래스, 벤트그래스, 퍼레니얼라이그래스 등

ㄴ 난지형 잔디

• 버뮤다그래스, 들잔디 등

PLUS ➕ 개념플러스

> 한지형 잔디 & 난지형 잔디 비교(「조경관리학」 참조)

③ 국내 적용 시

ㄱ 경기장(캔터키블루그래스, 벤트그래스)

ㄴ 연습장(톨페스큐, 들잔디)

ㄷ 사철 푸른 잔디면 유지

→ 한지형 잔디 or 난지형 잔디 + 한지형 잔디 추파

2) 잔디토양

강우나 관수 시 견고한 잔디면 유지

① 우수의 투수성 확보(보수성 < 투수성)

② 부족한 보수력의 경우 토양개량제 첨가

③ 둥근 모양, 균일한 크기의 중사 위주로 사용

3) 배수

① 표면배수(잔디면 배수)

㉠ 지하 내로 지표수의 침투 방지

㉡ 강우수나 유입수를 지표의 불투수층과 배수구로 배수하는 방법

㉢ 강우시 원활한 배수를 위해 1% 이내 경사 유지

② 심토층 배수(지하배수)

㉠ 경기장 잔디배수의 가장 중요한 부분

㉡ 경기장 특성에 맞는 지반과 재료의 선정 중요

㉢ 폴리에스틸렌 수지 유공관, 바닥은 롤러로 다짐

4) 기반조성방법

① 다층구조 – USGA System

㉠ 주경기장의 기반조성방법

㉡ 지반 위 콩자갈층, 왕사층, 배합토층

㉢ 식재층은 모래가 높은 비율로 구성

㉣ 배수성, 보수성 함께 확보 가능

‖ USGA System 단면도 ‖

② 단층구조 – PURR–wick System

㉠ 경기장 지반하부 바닥면과 옆면 플라
   스틱 필름을 깔아 수분 차단

㉡ 식재층 균일한 모래 사용

   → 잔디 내 수분흡수를 위한 점검구
      통해 수위조절

㉢ 배수관을 펌프에 연결하는 자동화방식 채택

‖ PURR–wick System 단면도 ‖

③ Thin rootzone – Two layer system

㉠ 조성비가 저렴하고 간단한 방식

   → 보조구장이나 연습구장

㉡ 수분관리 측면 비효율적

   • 식재층이 건조해지기 쉬우므로 관수 주의

   • 부족한 보수성은 토양개량제와 혼합

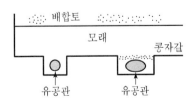

‖ Thin rootzone 단면도 ‖

Ⅴ 임매매립지(쓰레기매립장)

1. 개념

① 바다와 바다를 연결하여 방조제를 쌓고, 그 곳에 토지를 매립하여 만든 인공지반

② 해수와 붙어 있는 공간이기에 지하수위가 높아 식물 생육이 부적합한 공간

2. 특징

1) 환경적 특징

① 염해성 바람 : 방풍림(해송, 삼나무) 조성

② 악취발생 → 방향성 수종

③ 비산 → 야생초화류, 멀칭

④ 수목전도 → 방풍림

2) 토양 특징

구분	내용
물리적 특성	• 건조, 수축, 균열, 침하 • 투수성, 통기성 불량 • 보비력 약
화학적 특성	• 산도, 염도가 높음 → 질소고정식물, 염에 강한 수종 식재 • 미량원소 용탈, 유해인자 내포

3. 식재기반 조성방안

염분의 역삼투 주의 → 배수시설 유의

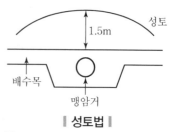

▌성토법▐

1) 성토법

① 가장 많이 사용하는 방법

② 외부에서 반입한 흙을 이용

→ 운반비 문제, 점질 성분이 높을 경우 염분 유입 가능

③ 마운딩 조성으로 다양한 토심 확보 가능

④ 악조건 지역의 경우 빠른 시간 내 조성 가능

⑤ 지반침하, 배수불량, 염분상승 등의 피해로부터 안전

2) 치환객토법

① 대상지 지반이나 하부 매립토를 파낸 후 외부 반입토로 교체

② 전면객토법, 대상객토법, 단목객토법

→ 필요한 지역만 치환하여 객토하므로 흙의 양 조절 가능

㉠ 전면객토법 : 대상지 내부의 모든 흙 교체

㉡ 대상객토법 : 수목을 기준으로 띠 형태로 흙 교체
  • 녹지폭이 매우 제한적이기에 수종 선정 관건
  • 염분의 유입 가능성↑

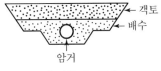
‖ 치환객토법 ‖

㉢ 단목객토법 : 수목 한 그루당 흙 교체
  • 반입토의 양 가장 적음
  • 염분차단시설 추가 설치로 인한 비용 발생
  • 지속적인 유지관리 필요

③ 객토량

㉠ 교목(3m 미만), 묘목일 경우 주당 0.05m³

㉡ 3m 이상 교목일 경우 주당 0.2~0.3m³

④ 지하수위에 따른 토심 제한

3) 사구법

① 모래구덩이

② 세립미사질토가 가장 많은 중심부에서 외곽부로 모래배수구 조성

③ 배수구 내 모래흙 혼합 후 수목 식재

④ 소규모 공사 시 적용

‖ 사구법 ‖

4) 사주법

① 모래기둥(샌드파일 ; Sandfile) 이용

→ 길이 약 6~7m, 직경 약 40m의 철 파이프

② 삼투압 원리를 이용하여 염분도 완화

③ 염분제거와 배수효과가 크나 공사비 비용 부담

④ 대단위 공사 시 적용

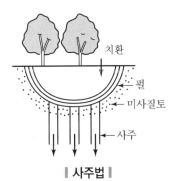
‖ 사주법 ‖

Ⅵ 산업폐부지

1. 문제점

1) 공간의 폐쇄성

① 혐오시설로 부지외곽 입지 → 접근성↓

② 차폐, 완충식재로 가려진 경관 연출

2) 기존의 시설 노후화

① 산업유산(오래된 기계 · 기구, 공장유적 등)

② 생산현장(공장, 공업 등)

3) 악취

① 수질오염, 토양오염 등의 환경오염

② 지역민들의 혐오이미지 부각

4) 지역이기주의

① 기피시설에 대한 이미지로 시설 자체 부정

② 홍보, 교육의 부족으로 낮은 시민의식

> ▶▶ **참고**
>
> ➤ **드로스케이프(Drosscape)**
>
> **1** Dross(폐기물)와 scape(경관)의 합성어
>
> **2** 기능과 수명을 다하고 도심 속에 버려진 공간 등이 재조명되면서 부각된 신조어
>
> **3** 유형
>
> ① 도시가 생산해내는 배설물 처리 공간
> - 도시화가 남기고 간 버려진 폐기물
> - 쓰레기매립지, 하수처리장, 선유도공원, 프레쉬킬스공원
>
> ② 탈산업화 이후 유기된 공간
> - 새로운 양상으로 진화한 도시의 엔트로피적 부산물
> - 이전적지, 오염지, 사용되지 않는 산업시설
> - 라빌레뜨 공원, 다운스뷰파크, 하이라인, 용산공원
>
> ③ 규정이 애매한 공간
> - 기능적인 역할은 하고 있으나 의미를 생산해내지 못하는 공간
> - 고속도로, 거대한 주차장, 일시적으로만 사용되는 공지

2. 고려사항

1) 열린공간 계획

① 해당 시설 보존, 정비를 통해 깨끗한 이미지 제고

② 주변 산림, 하천, 공원과의 연계를 통해 접근성 확보

2) 기존 시설 존치 유무 파악

① 기존 철거(개발방식 지향) → 도시재생적 차원의 개발로 변화 추구

② 새로운 리모델링 방식 추구

    ㉠ 과거에는 "덮고, 장식해서" 새 건물화

    ㉡ 현재는 "뜯고, 드러내서" 과거와 현재의 접점으로 활용

3) 오감각을 활용한 다중감각 정원조성

① 지역민들의 주요이동동선 파악

② 후각자극부터 시각, 촉각 등을 자극시킬 수 있는 공간창출

4) 인식전환

① Grey Infrastructure → Green Infrastructure

② 지역사회에 꼭 필요한 견학, 학습공간으로 제공

③ SIT 관광 유도

    ㉠ 관람유람형 지식요구충족형

    ㉡ 보고 즐기는 공간 → 알고, 배우고, 체험하는 공간

▶▶ **참고**

▶ **SIT 관광**

1 Special Interesting Tourism

2 특별히 관심이 있는 관광으로 일반관광과는 다른 개념
    ① 학습요소 이외의 요소 포함시켜 다양성 있는 공간 창출
    ② 전문성 있는 해설자, 가이드 필요

3 특정계층의 흥미를 유도하는 프로그램 개발 중요
    ① 알고, 배우고, 체험하는 프로그램 도입
    ② 지식을 알려줄 수 있는 안내판, 가이드북 필수

3. 조경특화계획

1) 환경영향 저감을 위한 입체녹화

① 주변지역과 녹지체계 연결을 위한 수평적 · 수직적 연결

② 건축물, 수직구조물의 벽면녹화

③ 환경저하요소를 활용한 교육적 공간연출 및 시설물 도입

2) 수순환체계 및 자원재활용

① 재활용수와 우수를 활용하여 조경용수로 재활용

㉠ 스프링클러, 점적관수시 활용

㉡ 물의 정화 정도에 따라 급수지역 변별화

② 물놀이기구에 의한 수순환 학습

㉠ 어린이 놀이공간 내 다양한 기구 배치

㉡ 놀이와 학습을 동시에 즐길 수 있는 공간 연출

3) 공간프로그램

① 주변 학교에 연계한 견학코스 제공

㉠ 초 · 중 · 고등학교 수업 공간

㉡ 연령별 수준에 맞는 교육과정 제공

② 지역민에게 홍보 및 교육의 장 활용

㉠ 지역주민들로 구성된 환경자원 봉사자 육성

㉡ 방문객에게 양질의 환경교육 실시

4) 이용 프로그램

① 예술창조프로그램

② 에너지물질순환체험프로그램

③ 환경창조체험프로그램

④ 생산가공체험프로그램

⑤ 건강문화활동프로그램

4. 구체적 공간활용계획

1) 진입공간

① 주변공간과의 연계를 통한 열린공간 제공

② 기존 시설물을 이용하여 장소성 제고

③ 안내판, 홍보관 등

2) 전이공간

① 진입공간에서 주요테마가 있는 주공간으로의 이동로

② 방향성 수종식재로 아로마테라피 공간 확보

③ 허브원, 수질정화원(실개천) 등

3) 주공간

① 주요건축물이 배치된 공간

② 시간의 흔적을 느낄 수 있는 곳

③ 견학, 학습의 장

④ 박물관, 환경조형물 등

4) 휴게공간

① 지역민의 건강한 녹색쉼터

② 옥상녹화, 벽면녹화를 통한 녹시율 제고

③ 그늘목, 파고라, 벤치 등

5) 놀이/운동공간

① 기존의 유닛한 시설물이 아닌 환경이미지 부각

② 자가동력을 활용한 운동시설, 기후변화놀이터

③ 인간과 자연의 공생을 배울 수 있는 생태놀이터

6) 완충공간

① 산림가장자리의 경우 임연부 식재

② 하천과 연계시 호안부 조성

③ 도심지 내부는 공원, 자전거도로 등과 자연스런 유입 유도

5. 사례

1) 국내

① 월드컵공원(2002)

㉠ 2002 월드컵과 새천년을 기념하기 위해 조성

㉡ 난지도 쓰레기 매립장 활용

㉢ 평화의 공원, 하늘공원, 노을공원, 난지천공원, 난지한강공원

② 선유도공원(2004)

㉠ 과거 정수장 건축구조물 재활용

㉡ 국내 최초로 조성된 환경재생 생태공원 "물의 공원"

㉢ 수질정화원, 수생식물원, 환경물놀이터, 시간의 정원 등

③ 서울숲(2005)

㉠ 골프장, 승마장을 서울시민들의 웰빙공간으로 조성

• 영국 하이드파크, 뉴욕 센트럴파크와 유사한 성격

㉡ 생명의 숲, 참여의 숲, 기쁨의 숲 테마

㉢ 문화예술공원, 자연생태숲, 자연체험학습원, 습지생태원 등

④ 서서울호수공원(2009)

㉠ 옛 신월정수장을 물과 재생을 테마로 한 공원으로 조성

㉡ 서울의 지역 간 불균형 해소 및 지역활성화의 발판

㉢ 서남권의 대표적 테마공원 조성

㉣ 비행기 소음을 활용한 소리분수, 몬드리안 정원 등

⑤ 용산공원(진행 중)

㉠ 미군 주둔 용산 기지를 공원으로 전환

㉡ 추진경과

• 2003년 한 · 미 정상 간 용산기지 이전 합의

• 2004년 용산기지 이전 협상 국회비준

• 2006년 용산기지 공원화 선포식

• 2007년 용산공원 조성 특별법 제정

㉢ 남산−용산공원−한강을 잇는 녹지축과 수체계 복원

• 숲, 들, 초, 내, 습지 등 국내 대표경관요소 도입

• 생태축공원, 문화유산공원, 관문공원, 세계문화공원, 놀이공원, 생산공원

2) 국외

① 라빌레뜨공원(1993)

㉠ 버나드 츄미

㉡ 도살장과 정육점이 대규모로 모여 있던 곳

㉢ 점, 선, 면의 해석을 통한 공간설계

㉣ 산책로, 정원, 문화시설, 광장, 야외전시물, 폴리 등 조성

② 다운스뷰파크(진행 중)

㉠ 공군기지 이적부지 활용

㉡ 렘쿨하스/OMA외 3팀 당선작 〈나무도시 Tree City〉

㉢ 2001년 착공 15년간 단계적으로 조성 예정

㉣ 공원 자체의 진화가능성에 대응할 수 있는 전략 구축

　　→ 대부분 작품의 경우 완결된 형태 위주의 마스터플랜 작성

㉤ 6가지 전략

- 공원성장시키기
- 자연제조하기
- 1,000개의 소로
- 희생과 구원
- 문화돌보기
- 목적지와 분산

③ 뉴욕 High Line Project(2009)

㉠ 필드 코퍼레이션+ 딜러 스코피디오

㉡ 폐선 고가철도 공원화사업

㉢ Botton up design으로 공동체 기반 프로젝트

㉣ 주변 건축물과 유기적 연결을 통해 지역활성화

④ 프레쉬킬스 공원(2001)

㉠ 뉴욕시 스테이튼 아일랜드 쓰레기 매립장 공원화

㉡ 9·11 사건으로 월드트레이드 센터 잔해가 매립되면서 이슈화

㉢ 센트럴파크 3배에 가까운 대상지 규모

㉣ 시간의 흐름에 따른 유연하고, 지속가능한 설계전략 제시

Ⅶ 식재설계

1. 식재의 기능 & 효과

구분	내용
식물의 건축적 이용	• 사생활의 보호, 차단 및 은폐 • 공간분할, 점진적 이해
식물의 공학적 이용	• 토양침식, 음양조절 • 대기정화작용 • 자연광, 인공광 등의 섬광, 반사광선 조절 • 통행조절
식물의 기상학적 이용	• 태양복사열, 강수, 바람 조절 • 온도, 습도 조절작용
식물의 미적 이용	• 조각물, 장식적인 수벽으로서 이용 • 섬세한 수형미, 구조물의 유화 • 조류 및 소동물 유인

2. 수목의 공간분할기능 유형

1) 수목의 건축적 기능

① 바닥면

㉠ 관목, 지피, 초화류

㉡ 바닥면의 피복으로 조성

㉢ 식물소재에 따라 질감, 형태 등 다양하게 연출 가능

② 수직면

㉠ 수고, 지하고에 따른 변화감 유도

㉡ 상록성 수목의 경우 강한 수직공간

㉢ 낙엽성 수목의 경우 공간의 변화 유도

③ 관개면

㉠ 수목과 수목 간의 수관으로 형성

㉡ 캐노피를 통한 지붕면 역할

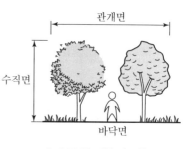

❙ 수목의 건축적 기능 ❙

2) 수목의 공간분할 유형

① 개방공간(Open Space)

ⓐ 바닥면만 강조

ⓑ 관목, 지피, 초화류 연출

ⓒ 양방향의 시야 확보로 개방감 부여

ⓓ 프라이버시 보호 미흡

‖ 개방공간 ‖

② 반개방공간(Semi-Open Space)

ⓐ 한쪽 개방, 한쪽 폐쇄

ⓑ 교목과 관목에 의해 공간 구별

ⓒ 개방공간 조망가능

ⓓ 폐쇄공간 프라이버시 확보

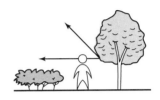

‖ 반개방공간 ‖

③ 관개공간(Canopied Space)

ⓐ 양쪽 수목에 의해 폐쇄

ⓑ 지하고를 통한 시야확보 가능

ⓒ 낙엽성 수목의 경우 계절감 연출

ⓓ 수목 생장에 따른 공간변화

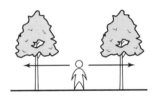

‖ 관개공간 ‖

④ 관개위요공간(Enclosed Canopied Space)

ⓐ 지붕면은 수관으로 캐노피 형성

ⓑ 옆은 다층구조식재로 수목벽

ⓒ 완벽한 프라이버시 보호

ⓓ 수종에 따른 공간의 가변성 유연

ⓔ 계절에 따른 변화감 시도

‖ 관계위요공간 ‖

⑤ 수직공간(Vertical Space)

ⓐ 수고가 높은 수목을 통한 수직벽 강조

ⓑ 상부개방감

ⓒ 관목, 수고가 높은 교목

ⓓ 수목생장에 따라 개방된 프라이버시 여부 싱이

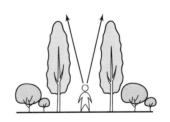

‖ 수직공간 ‖

PLUS ➕ 개념플러스

단지개발시 식재지침

MEMO

PART

05 조경시공학

I 조경시공재료

1. 개념

1) 협의적 의미

자연재료 + 인공재료

2) 광의적 의미

생산방법, 화학조성, 사용목적, 공사구분에 따른 의미 부여

① 생산방법(자연재료, 인공재료)

② 화학조성(무기재료, 유기재료)

③ 사용목적(구조재료, 수장재료, 설비재료)

④ 공사구분(식재공사, 목공사, 조적공사 등)

2. 규격화

1) 국제(ISO)

① 국제표준화기구(International Standards Organization)

② 1947년 설립

2) 국내

① ISO 9000시리즈 → KS A 9000

  ㉠ 품질경영과 품질보증 규격

  ㉡ 선택과 사용에 대한 지침

② KS(Korean Industrial Standard)

  ㉠ 한국산업규격

  ㉡ 공업표준화법(1961년 제정)

3. 종류

1) 생산방법

① 자연재료

　㉠ 기계적인 가공을 거치지 않은 자연소재

　㉡ 흙, 돌, 식물 등

② 인공재료

　㉠ 인간에 의해 가공단계를 거침

　㉡ 본래 성질에 다른 소재를 가미시켜 특정 성능을 향상시킨 소재

　㉢ 시멘트, 콘크리트, 금속, 합성수지 등

2) 화학적 조성

① 무기재료

　㉠ 금속재료(철, 구리, 알루미늄 등)

　㉡ 비금속재료(석재, 콘크리트, 유리 등)

② 유기재료

　㉠ 천연재료(목재, 아스팔트. 섬유류 등)

　㉡ 합성수지재료(플라스틱, 도료, 접착제 등)

3) 사용목적

① 구조재료

　㉠ 구조재로서 역학적 성능이 뛰어난 재료

　㉡ 목재, 철근, 콘크리트, 알루미늄, 플라스틱 포함

② 수장재료

　㉠ 실내외 마감과 장식재료

　㉡ 내외장 마감재, 차단제, 창호제, 기타 재료

③ 설비재료

　㉠ 시설의 작동을 위해 기초적으로 갖추어야 할 재료

　㉡ 수경설비, 조명설비 등

4) 공사구분

① 공사 공종별 구분

② 목공사, 조적공사, 방수공사, 식재공사 등

> **PLUS ➕ 개념플러스**
>
> ➤ **사용용도**
> 구조재, 마감재, 연결재, 옥외포장재, 놀이시설재, 배수시설재, 인공지반녹화재,
> 생태환경복원재, 경관조형재

4. 요구성능과 현장적응성

1) 요구성능

① **시공재료**

　㉠ 재료의 종류, 목적, 장소에 따라 상이

　㉡ 적재적소 배치

　㉢ 사용목적에 부합되는 성질

　㉣ 내구성, 보존성, 가공성 용이

　㉤ 대량생산, 유통 용이, 가격 저렴

② **조경수목**

　㉠ 경관조성 시 가장 큰 영향

　㉡ 생태적 · 형태적 · 기능적으로 조화

　㉢ 향토수종, 고유수종

　㉣ 이식, 유지관리 용이

　㉤ 대량생산, 유통 용이, 가격 저렴

2) 현장적응성

① 주변환경과 조화되는 형태, 색체, 질감

② 개별적인 재료특성 부각

③ 장소성, 이용성, 안전성, 쾌적성 부여

④ 이용자들의 재료선호도가 높은 것

Ⅱ 시방서

1. 개념

① 설계도면에 표시하기 어려운 시공지침 표기

ㄱ 내용상 : 일반시방서, 기술시방서

ㄴ 용도상 : 표준시방서, 전문시방서, 공사시방서 기재

② 보충내용, 시공방법의 정도, 설비, 검사, 재료의 종류 · 품질

③ 적용순서

ㄱ 현장설명서 > 공사시방서 > 설계도면 > 표준시방서 > 물량내역서

ㄴ 적용이 난해한 경우 발주자(감리) 지시에 따름

2. 분류

1) 표준시방서

① 1975년 조경공사 표준시방서 제정(국토교통부)

② 시설물별 표준시공기준

③ 용역업자가 공사시방서 작성

④ 공사시방서를 작성하기 위한 기초자료로 강제성 없음

2) 전문시방서

① 표준시방서 기준으로 하는 종합적인 시공기준

② 시설물 공종별 시공이나 공사시방서 작성

③ 전 공정을 포함한 세부적인 시공기준 제시

3) 공사시방서

① 표준시방서, 전문시방서 기준

② 개별공사의 특수성, 지역 여건, 공사방법 등을 고려

③ 설계도면에 표기하기 어려운 세부적 내용, 시공방법의 정도, 설비, 검사, 재료의
종류 · 품질 등을 기술

④ 건설공사 도급계약서류로 강제성 부여

3. 작성

1) 작성요령

① 전반적인 설계내용 숙지 후 검토

② 의문사항 발견 시 세밀한 부분까지 확인

③ 공사 진행 의거 설계도면에 표시하지 못한 중요사항 기록

2) 작성순서

① 공사진행순서와 일치

② 건설공사 명칭, 위치, 규모 등 개괄적인 사항 작성

③ 공사진행순서에 따라 세부공정 기술

　㉠ 중복내용, 오자 · 오기 내용, 누락사항 없도록 주의

　㉡ 다의적 · 중의적 해석보다는 간단명료하게 작성

④ 내역, 공사비 산출시 용이한 기준

> ▶ 참고

> **▶ 공사시공계획서 주요 항목**
> **1** 책임감리업무지침서 제33조 시공계획서의 확인 · 검토
> **2** 감리원은 시공사로부터 시공계획서를 받아 공사착수 30일 내 확인, 검토
> 　→ 7일 내 승인 후 시공
> **3** 시공계획서 보완 필요시 내용과 사유를 문서로 통보
> **4** 공사시방서 작성기준과 10개의 내용 포함
> 　① 현장조직표
> 　② 공사 세부공정표
> 　③ 주요 공정의 시공절차 및 방법
> 　④ 시공일정
> 　⑤ 주요 공정의 시공절차 및 방법
> 　⑥ 주요 자재 및 인력투입계획
> 　⑦ 주요 설비사양과 반입계획
> 　⑧ 품질관리대책
> 　⑨ 안전대책 및 환경대책 등
> 　⑩ 지장물 처리계획과 교통처리 대책
> **5** 감리원은 시공계획서를 공사착수 전 인계
> 　→ 공사 중 중요내용 변경시 계획서를 제출받은 후 5일 이내 확인, 검토, 승인 후 시공

Ⅲ 공사계약

1. 계약체결절차

1) 정부계약방식의 종류

① 계약 목적물별

㉠ 공사계약(건설공사, 전기공사, 전기통신공사 등)

㉡ 물품제조·구매계약

㉢ 용역계약

② 계약체결형태별

㉠ 총액계약, 단가계약

㉡ 장기계속계약, 계속비계약, 단년도계약

㉢ 공동계약, 단독계약

㉣ 기타(종합계약, 사후원가검토 조건부계약, 회계연도 개시 전 계약)

> ▶▶ **참고**
>
> ▶ **총액계약 & 단가계약**
>   **1** 총액계약
>   당해 계약 목적물 전체에 대해 총액체결계약
>   **2** 단가계약
>   ① 일정기간 계속해서 제조, 수리, 가공, 매매, 공급 등의 계약시
>   ② 당해 연도 예산 범위 내에서 단가체결계약

③ 계약체결방법별

㉠ 경쟁입찰계약(일반경쟁입찰, 제한경쟁입찰, 지명경쟁입찰)

㉡ 수의계약입찰(특명입찰)

㉢ 기타(희망수량 경쟁입찰계약, 형상에 의한 계약, 분리동시 입찰계약, 2단계 경쟁
입찰계약)

2) 공고

① 관보, 신문, 게시판 공고

② 입찰참가 자격, 등록기간

3) 입찰과 낙찰

① 입찰 시 오류가 있어도 예정가격 이내라면 낙찰 가능 → 적격자 없을 시 재입찰 실시

② 최저가 낙찰 원칙 → 양질의 공사를 위해 제한적 평균가 낙찰제 도입

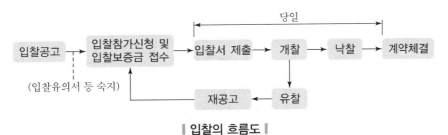

∥ 입찰의 흐름도 ∥

▶▶ **참고**

▶ **입찰제도의 합리화**
- 입찰방식의 결정 : 일반경쟁입찰, 지명경쟁입찰
- 입찰참가자의 자격심사
- 낙찰가격의 제한 : 최저가 낙찰제, 제한적 최저가 낙찰제
- 공사의 분리발주
- 발주공사 도급보증제도

▶ **적격낙찰제도**
- PQ 심사 통과한 입찰자 중 기술력을 중심으로 업체 선별
- 기술점수가 높은 업체에게 낙찰 우선권 부여

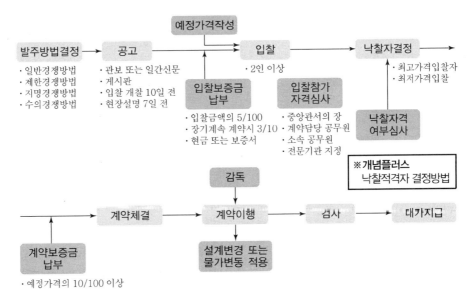

∥ 계약절차 흐름도 ∥

2. 공사입찰방법

- 국가를 당사자로 하는 계약에 관한 사항을 정함으로써 계약업무의 원활한 수행 도모
- 국제입찰에 따른 정부조달계약과 국내계약상대자 간 계약 체결

1) 일반경쟁입찰

① 개념
  ㉠ 관보, 신문, 게시판을 통해 공고
  ㉡ 일정자격을 갖춘 불특정다수의 공사수주희망자 참가
  ㉢ 가장 유리한 조건을 제시한 자를 낙찰자로 선정
  ㉣ 공정성을 확보하고 경쟁에 의한 경제성 확보 의도하에 발주

② 장단점
  ㉠ 저렴한 공사비와 기회균등
  ㉡ 과다경쟁으로 인한 참여업체의 난립과 불공정한 덤핑
  ㉢ 입찰절차 복잡
  ㉣ 낙찰자의 신용, 기술, 경험, 능력 등을 신뢰할 수 없음

2) 제한경쟁입찰

① 개념
  ㉠ 계약의 목적, 성질에 따라 입찰참가자의 자격 제한
  ㉡ 일반경쟁입찰과 지명경쟁입찰의 단점을 보완하고, 장점을 취함
  ㉢ 지역제한, 시공능력, 공사실적 등 고려
  ㉣ 지방자치단체를 중심으로 공사계약과 집행기준 설정 시행

② 장단점
  ㉠ 지역사회 활성화
  ㉡ 기회균등 ×
    - 제한된 공사예정금액
    - 특수장비나 기술 또는 공법에 의한 공사
    - 특수설비 또는 기술에 의한 제조가 불가피한 경우
    - 관할 시도에 주된 영업소가 있는 자 등으로 자격제한

3) 지명경쟁입찰

① 개념

자금력과 신용 등에서 적합한 특정다수의 경쟁참가자 지명

② 장단점

㉠ 불성실한 자가 경쟁에 참가하여 공정경쟁을 방해하는 것 배제

㉡ 특정업체 지명고정시 민원야기와 특혜 문제점 노출

- 특수한 설비, 기술, 자재, 물품 또는 실적이 있는 자
- 계약의 목적을 달성하기 곤란한 경우
- 법적 지정요건을 충족하는 우수시공업자
- 수의계약자 지명

㉢ 불공정한 담합 우려

4) 제한적 평균가 낙찰제

① 개념

㉠ 일명 부찰제

㉡ 중소규모 공사대상으로 일정 예산금액 미만의 낙찰자 결정방식

㉢ 예정가격 일정범위(86.5~87.745%) 이상 금액으로 입찰한 1인 경우 낙찰자로 지정, 2인인 경우 평균금액 산정, 바로 아래 근접 금액으로 입찰한 자를 낙찰자로 결정

② 장단점

㉠ 건설업체의 과도한 경쟁으로 인한 덤핑입찰 방지

㉡ 적정이윤 보장

㉢ 중소건설업체 수주기회 부여

㉣ 기술개발 의욕 위축

㉤ 계획적인 수주활동 불가능

㉥ 사행심 조장

최저가 낙찰제

▶▶ **참고**

➤ **종합심사제**

1 개요

① 현재 300억 원 미만의 경우 적격심사, 300억 원 이상의 경우 최저가낙찰제 실시
→ 공사품질 저하

② 보완책으로 종합평가낙찰제도 도입

㉠ 공사수행능력, 가격, 사회적 책임 등의 점수합계가 높은 업체 선정

㉡ 기술점수 조정방식과 가격점수 조정방식 채택

2 적용대상

구분	종합심사제 Ⅰ	종합심사제 Ⅱ
평가기준	가격 + 공사수행능력	가격 + 공사수행능력 + 사회적 책임
적용대상	100~300억 원의 공공공사	300억 원 이상 공사

3 평가기준

① 공사수행 능력평가

㉠ 시공경험, 배치 기술자 경력, 과거 공공공사 시공평가 점수

㉡ 시공평가 점수의 경우 100억 원 이상 공공공사를 성실히 수행한 자 가점

㉢ 공사난이도 및 규모 등은 시공평가액을 기준으로 입찰등급제 운영

② 입찰가격 평가

㉠ 가격점수는 입찰 평균가격과 발주기관의 입찰 상한가격과 비교산출

㉡ 가격이 낮을수록 높은 점수 부여

㉢ 입찰자는 하도급 대상사업, 수행업체, 하도급 금액을 발주기관에 제출
→ 관계법령에 어긋날 경우 감점

③ 사회적 책임평가

㉠ 공정거래 준수, 고용증대, 안전사고가 낮은 기업에 가점 부여

㉡ 고용 기여도, 근로기준법 · 공정거래법 준수 정도 등 평가

5) PQ(Pre – Qualification)

① 개념

㉠ 입찰자의 시공경험, 경영상태(부채, 유동비율, 이익상태), 신인도평가, 기술능력,
산업재해율 등을 사전종합평가하여 적격자 입찰

㉡ 200억 이상 공사, 22개 공종

② 장단점

㉠ 우수업체 선정 가능 → 건설업체 전문화, 부실공사 방지

㉡ 국제경쟁력 강화

㉢ 실적 위주의 참가자격 제한 → 대기업 유리, 중소기업 불리

㉣ 심사기준 미정립 → 객관화 결여

6) 대안입찰

① 개념

㉠ 원안입찰에 대해 입찰자의 공사수행능력에 따른 대안제출이 허용된 공사입찰

㉡ 설계 · 시공상 기술능력 개발유도

→ 설계경쟁을 통한 공사품질 향상

㉢ 추정가격 100억 이상 공사 중 심의에 의해 낙찰자 선정

② 장단점

㉠ 설계도서상 대체가 가능한 공종에 대해 동등 이상의 기능 및 효과를 가진 신공법, 신기술, 공기단축 등이 반영된 설계

㉡ 발주자가 작성한 설계서상의 가격보다 낮고, 공사기간을 초과하지 않는 범위 내 시공할 수 있는 설계안 의미

▶ 참고

▶ 공사시공방식

1 직영공사
① 시공주가 시공일체의 실무사항을 직접 처리
② 자신의 감독하에 실비로 시공하는 방식

2 도급공사
① 일식도급 : 공사 전체를 도급자에게 시행
② 분할도급 : 전문공종, 공정별, 공구별, 직종별 · 공종별 분할
③ 공동도급
• 대규모 건설공사 대상
• 기술, 시설, 자본능력을 갖춘 회사들이 공동 출자회사 조직

3 설계 · 시공 일괄도급(턴키도급)
계획부터 시공까지 건설업자 책임하에 시행

▶ 도급금액 결정방식

1 총액도급
① 총공사비를 최저가 입찰자와 계약 체결
② 일식 · 분할, 공사별 · 내역별 병용
③ 가장 많이 시행되는 제도

2 단가도급
① 일정기간 시공과 재료, 노력이 요구될 경우
② 재료단가, 노력단가, 수량 · 면적 · 체적단가만을 결정

3 실비정산 보수가산도급
① 직영, 도급공사의 장점을 취하고, 단점 배제
② 발주자 · 감독자 · 시공자 협의를 거쳐 결정한 후 공사비 지급

7) 설계·시공 일괄입찰(턴키입찰)

① 개념

ⓐ 건설업자가 발주자가 필요로 하는 설계와 시공내용을 일체 조달하여 준공 후 인도할 것을 약정하는 도급계약방식

ⓑ 예정가격을 작성하지 않아 낙찰률 없음

ⓒ 플랜트공사, 특정 대형시설공사 등 적용

② 장단점

ⓐ 작업진행이 체계적이고, 업무 간 조율 수월

ⓑ 공기단축, 공법개발, 책임시공, 공사비 절감

ⓒ 건설업체의 최저가 경쟁으로 인한 덤핑입찰

ⓓ 일부 대형업체 수주 가능으로 중소건설업체 수주기회 박탈

ⓔ 품질저하, 과다한 제출도면, 자주 변경되는 설계지침

8) 수의계약(특명입찰)

① 개념

ⓐ 일반경쟁입찰방식으로 계약이 체결될 수 없거나 특수한 사정으로 필요하다고 인정될 경우 계약 체결

ⓑ 견적서 제출 후 경쟁입찰에 단독으로 참가하는 방식

② 해당 공사

ⓐ 소규모공사(전문 : 7천만 원)

ⓑ 특허공법에 의한 공사

ⓒ 신기술에 의한 공사

ⓓ 기타 사유

- 준공시설물의 하자에 대한 책임구분이 곤란한 경우 직전, 현재 시공자와 계약
- 작업상의 혼잡 등으로 동일 현장에서 2인 이상의 시공자가 공사를 추진할 수 없는 경우로서 현재 시공자와 계약
- 마감공사에 있어서 직전, 현재 시공자와 계약

Ⅳ 공사관리

1. 개요

1) 기본원칙

① 싸게, 좋게, 빨리, 안전하게 주어진 공기 내에 양질의 목적물 완성

    ㉠ 싸게 → 경제성 → 원가관리

    ㉡ 좋게 → 품질 → 품질관리

    ㉢ 빨리 → 공사기한 → 공정관리

② 적정이윤을 추구하는 시공계획 + 시공기술 + 시공관리

    → 합리적 공사관리 유도

2) 시공계획

① 설계도면 및 시방서상 양질의 공사목적물 생산

② 일정기간 내 최소비용으로 안전시공 할 수 있는 조건과 방법 결정

③ 최적계획 = 5R + 5M

    ㉠ 5R : 공사의 안전, 품질, 공기 및 경제성 확보를 목표

        • 안전(Right product)

        • 품질(Right quality & Right quantity)

        • 공기(Right Time)

        • 경제성(Right price)

    ㉡ 5M : 노동력, 재료, 시공방법, 기계, 자금 등 적정 활용

        • 노동력(Man)

        • 재료(Materials)

        • 시공방법(Methods)

        • 기계(Mechanical)

        • 자금(Money)

PLUS ➕ 개념플러스

시공계획서 작성 기본방향 & 포함내용

2. 공정관리

1) 개념

① 시공계획에 기초한 공사안전, 공사비 절감, 품질확보 전제하에 일정 계획 · 통제

② 착공에서 준공까지의 시간관리, 공종 간 조율, 자원의 효과적 관리활용을 통한 양질의 목적물 완성

③ 계획(Planning) → 실시(Operating) → 통제(Inspecting)

> ▶▶ 참고
>
> ▶계획기능, 실시기능, 통제기능
> **1** 계획기능
>   ① 시공계획 : 시공방법, 순서결정, 기간산정
>   ② 공정계획 : 공정 내 시공속도 균등배분, 돌관 · 여유공사 작성
>   ③ 조달계획 : 노무, 자재, 기계 등 적정계획, 효율적 운영계획 수립
>
> **2** 실시기능
>   ① 기성관리 : 공사율에 따른 기성지급
>   ② 진행관리 : 문제점 조기 파악 & 대책수립
>
> **3** 통제기능
>   ① 수량관리 : 할증률의 최소화, 공정에 따른 작업량↓
>   ② 공기관리 : 선후공정 파악, 준공시점 고려한 일정관리
>   ③ 노무관리 : 잉여노무조절, 일 · 주 · 월 단위 check

2) 목적

① 경제속도로 공사기간 준수

② 유효한 자재, 인력, 비용 분배를 통한 합리적 운영

③ 공사비, 경비 절감

3) 절차

① 부분작업 시공순서 결정

② 적정 시공기간 산정

  ㉠ 최적공기 : 총건설비가 최소비용인 가장 경제적 공기

  ㉡ 표준공기 : 공사의 직접비를 최소로 하는 최장공기

③ 총공사기간 내 시공속도 균등배분

　㉠ 채산속도 : 시공성과를 낙관할 수 있는 공정속도

　㉡ 경제속도 : 손익분기점에서 적정관리를 통한 공정속도

④ 각 공정 진행

⑤ 공기 내 공사종료

> **▶▶ 참고**
>
> ➤ 공정표
>
> 　**1** 횡선식 공정표(막대그래프 공정표, Bar chart, Gantt chart)
> 　　① 단순공사, 시급한 공사 → 대형공사 적용 ✕
> 　　② 작성이 쉽고, 공사의 개략적 내용 파악 용이
> 　　③ 작업의 선후관계, 세부사항 표기 난해
>
> 　**2** 기성고 공정곡선
> 　　① 공정의 움직임 파악을 위해 횡선식 공정표 결점보완
> 　　② 예정공정과 실시공정을 대비시킨 진도관리 → 그래프식 공정표
>
> 　**3** 네트워크 공정표
> 　　① 일정계획을 네트워크로 표시 → 동그라미, 화살표 표시
> 　　② PERT(일정 중심) & CPM(비용 중심)
>
> ➤ PERT & CPM
>
> | 구분 | PERT | CPM |
> |---|---|---|
> | 개발 | 미해군 | 건설공사(플랜트) |
> | 목적 | 공기 단축 | 비용 절감 |
> | 대상
사업 | 경험이 없는 신규사업, 비반복사업,
작업표준이 불확실한 사업 | 경험이 있는 사업, 반복사업,
작업표준이 확립된 사업 |
> | 시간
추정 | 3점 추정

$$t_\alpha = \frac{t_0 + 4t_m + t_\rho}{6}$$
여기서, t_0 : 낙관시간, t_p : 비관시간

신규사업을 대상으로 하기 때문에
3점 추정시간을 위하여 확률계산 | 1점 추정

$$t_c = t_m$$
여기서, t_c : 소요시간, t_m : 정상시간

경험이 있는 사업을 대상으로 하기 때문에
정상시간치로 소요시간 추정 |
> | 일정
계산 | • 결합점(Event) 중심
• 일정계산 복잡 | • 작업(Activity) 중심
• 일정계산 용이
• 작업 간 조정 용이 |
> | 주공정 | TL−TE = O
여기서, TL : 최지시간, TE : 최조시간 | TF−FF = O
여기서, TF : 총여유, FF : 자유여유 |

PLUS ⊕ 개념플러스

- 횡선식 공정표와 네트워크 공정표 비교
- 네트워크 용어 정리
  - 작업(activity), 작업시간(activity time)
  - 결합점(node, event), 결합점시각(event time)
  - 더미(dummy, 명목상 작업)
  - 여유시간(float)
  - 경로(path) : 한계경로(critical path)

4) 문제점

① 지연공정 발생

　㉠ 일기변화

　㉡ 인력장비 조달

　㉢ 선행공정과의 관계

　㉢ 발주처와의 협의 조율

② 돌관작업(급속공사)

▶▶ 참고

➤ **조경공사의 특수성으로 인한 문제점**

　1 생물을 취급하는 공사

　　① 공정관리 미흡시 하자 대량 발생

　　② 식재적기, 부적기에 따른 부담감

　2 소량, 다품목의 복잡성

　　① 공정역행에 따른 손실공사 발생

　　② 소규모량의 다양한 자재 사용으로 공사금액 부담가중

　3 미적인 작품성

　　① 경관 질적 저하

　　② 미적 감각의 개인차에 따라 질적 완성도 차이 ↑

　4 건설공사의 최종공사

　　① 선행공정의 작업상황에 따른 변수

　　② 공사지연에 따른 연체부담

3. 원가관리

1) 개념

① 시공관리의 핵심내용

② 공사투입비용을 원가요소에 따라 관리하는 것

③ 선급금, 기성금, 준공금

    ㉠ 선급금 : 시공준비금(계약금 10~20%)

    ㉡ 기성금 : 공사 중 시공완성도에 따라 지급 받는 대금

    ㉢ 준공금 : 공사완공시 계약한 공사대금 청구

             = 총공사비 − 선급금 − 기성금

2) 목적

① 소요비용의 최소화

    → 실행예산과 소요비용을 대비시켜 조기에 문제점 해결

② 복합공종의 경우 종합적인 원가관리 요구

    → 공사와 관련된 제반활동을 화폐가치로 환산

3) 문제점

① 소규모 공정으로 건축, 토목의 하도급 취급

    ㉠ 조경공사 특수성을 감안한 원가관리 어려움

    ㉡ 적용 가능한 조경품셈이 없음

② 서로 다른 성격의 공사가 산재되어 행해짐

    ㉠ 토목 : 대규모 물량의 단순공정 반복

    ㉡ 건축 : 좁은 지역 내 집중적 공사

③ 소규모, 다양한 시공 공정, 경제성보다는 미적 부분 중요시

    ㉠ 규모가 작아 자재의 수나 종류 조달시 어려움

    ㉡ 경비지출의 추가부담 발생 → 원가상승의 주요인

④ 살아 있는 유기체를 다루는 공사

    ㉠ 식물생육에 대한 환경관리 → 건축, 토목공종 제외부분

    ㉡ 식재적기, 부적기에 대한 관리비용 고려

    ㉢ 시공지에 따라 재료의 명칭 · 규격 · 가격 상이

4) 대책방안

① 토목, 건축과는 다른 별도의 기준 선정 필요

  → 분할발주하여 조경전문업체 시공

② 품셈의 재개정

  ㉠ 주로 조경식재공사, 유지관리, 절개지 녹화공법 위주

  ㉡ 다양한 공종에 대한 기준 미흡 → 타 분야 유사공정 적용

③ 조경공사 특수성 반영한 세심한 원가관리

④ 지속적인 단가축적 및 데이터베이스화

  ㉠ 소재, 생산량에 대한 시장조사 필요

  ㉡ 자기보유수목, 농장소유시 생산, 유통비용 절감

▶▶ 참고

➤ **총공사비 구성요소**

  1 구성요소 체계

  2 공사원가계산

  ① 산출경비 : 재료비 + 직접노무비 + 직접경비

  ② 순공사비 : 재료비 + 노무비 + 경비

  ③ 총공사원가 : 순공사원가 + 일반관리비 + 이윤

  ④ 계약금액 : 순공사원가 + 일반관리비 + 이윤 + 부가가치세

  ⑤ 총공사금액 : 도급금액(계약금액) + 관급자재비용

4. 품질관리

1) 개념

① 수요자 요구에 맞는 품질제품을 경제적으로 만들기 위한 체계

② 표준시공으로 하자 발생 줄이기

③ 경제적이며 사용자 만족을 고려한 품질을 충족시키기 위한 관리

2) 목적

① 시공능률의 향상

② 품질 및 신뢰성 향상

③ 설계의 합리화

④ 작업의 표준화

3) 종류

① **통계적 품질관리**(SQC ; Statistical Quality Control)

ㄱ) 생산의 모든 단계 내 통계적 수법 응용

ㄴ) 도수분포표, 히스토그램, 산포도 등 파악

ㄷ) plan−do−check 경로

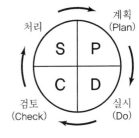

‖ **품질관리 경로** ‖

② **통합적 품질관리**(TQC ; Total Quality Control)

ㄱ) 품질유지 − 평상시 관리 − 관리도법

ㄴ) 품질향상 − 작업개선 − 공정실험법

ㄷ) 품질보증 − 공사검사 − 발취검사

ㄹ) 시험의 품질관리(정품 사용, 건조, 다짐)

ㅁ) 수목형상 품질관리(굴취, 운반, 유지관리 등)

PLUS ⊕ 개념플러스

도수분포표와 히스토그램 비교

5. 안전관리

1) 개념

① 자연재해, 산업재해, 환경오염 등의 재해에 대한 안전성 확보

② 인명, 재산, 시설 등의 관리를 통해 안전한 공사 시행

2) 안전대책

① 안전관리기구의 구성

② 노동재해기구의 방지계획, 안전교육

③ 현장점검 및 현장정리정돈

④ 위험장소의 사전안전대책 강구

⑤ 응급시설 완비 등

Ⅰ 부지 준비

1. 보호대상의 확인 및 관리

1) 문화재

① 부지 내 문화재가 있거나 발굴이 예상되는 지역

② 공사현장 내 매장물의 보호조치 강구

③ 공사 중 발견 시 작업중지 후 문화재보호법 절차에 따라 진행

2) 기존 수목

① 설계단계에서 기존 수목 보호에 대한 적극적 반영

② 수목 주변지형, 토양수분 등의 변화로 고사 빈번

③ 사전에 면밀한 조사 후 작업 진행

④ 보호용 울타리, 지지대 등의 설치 필요

3) 자연생태계

① 희귀동식물, 토양답압, 배수체계의 변화, 수림대 및 습지훼손 등

② 공사착수 전 시공기술자들의 적절한 교육과 보호조치 필요

③ 공사 전 자연지역의 생태조사를 통한 보존 및 재생방안 강구

④ 울타리, 멀칭, 수목의 굴취 및 가식 등의 조치

4) 구조물 및 기반시설

① 공사 시행 전 각종 기반 시설에 대한 자료 수집

→ 관계사와 시험 굴착 등을 통한 사건 확인작업 선행

② 파손되기 쉬운 구조물, 각진 구조물 → 보호시설

③ 기존 설치된 포장구간 → 완충재, 도로우회

④ 상부가 구조적으로 튼튼하지 못한 하부 기반시설 → 경고 및 차단시설

2. 지장물의 제거

구조물	• 포장시설, 기초시설 • 재사용이 가능한 경우 재활용(소형고압블록) • 재활용이 어려운 경우 전문재활용업체나 직접 폐기(콘크리트)
기반공급시설	• 전기, 가스, 상하수도 등 • 지하매설물이므로 전문가의 도움을 얻어 제거작업 시행

3. 재활용과 쓰레기 처리

구분	종류	처리
재활용	철근	고철처리를 통해 환전
	블록, 포장재	경계, 계단용 재료
	파쇄된 콘크리트	포장재료, 맹암거
	고사목, 목재	멀칭재료
	재활용 고무매트, 재활용 플라스틱 수목보호 홀덮개 · 지지대, 재생플라스틱 배수관, 파쇄 콘크리트 포장재 등	조경 공간 내 동일 소재로 활용 가능
쓰레기	재활용이 어려운 재료, 오염토양	
	유기물이 많은 토양 → 수목생육 지장×, 지반침하 유발 가능	
	공장, 환경위해시설(기존 부지) → 환경오염(토양, 수질) 여부 확인	

4. 부지배수 및 침식 방지

1) 표면배수

① 표면유출거리를 짧게, 경사 완만하게 처리 → 침식 최소화

② 지표식생이 제거된 장소 → 대규모 표면유출 피해 가능성↑

③ 비탈면지역 공사초기 파종을 통해 침식방지, 조기녹화효과

 **PLUS ➕ 개념플러스**

> 표면배수의 영점유출(zero runoff)

2) 공사장 내 배수

우수, 혼탁류의 외부유출 방지 → 임시저류시설, 물막이공 설치

Ⅱ 시공측량

1. 개요

1) 측량도구

줄자, 레벨, 평판, 트랜싯

2) 측량기준점

① 수평거리 측량 : 수평면상의 위치확인

② 수준측량 : 수직적인 높이 결정(대부분의 경우 적용)

③ 대부분 수준측량 실시

3) 시공측량

① 부지경계(페인트, 경계말뚝, 울타리 설치) 파악 → 측량전문가

② 조경공사의 경우 부지지형, 주요기반시설, 보호수목 위치 등 파악

③ 사전조율 → 실시설계와 차이점, 부지경계, 인접부지의 영향 등

2. 측량방법(위치기준)

측량방법	내용
좌표법	• 조경분야 평면직교좌표 사용 • X, Y축의 기준선으로부터 평면상의 모든 점은 2개의 치수로 표현 가능 • 기준원점은 현장 내 위치를 정확하게 확인가능
방위각법	• 자오선 기준 시계방향으로 잰 수평각과 기준점에서 측정지점까지 거리 표현 • 소규모 부지 대상 측량시 효과적 • 각도변환으로 인한 번거로움 → 거의 사용되지 않음 • 절대값이므로 타 분야와 자료공유 가능
치수표시법	• 구조물, 시설물 위치나 크기 표시 → 보도, 광장, 녹지, 구조물 등 • 치수표시로 인해 도면 지저분, 이해도↓, 위치의 부정확성 有
측점	• 노로와 하수도의 중심신과 같은 선형구조물 위치 파악시 • 시작점 0+00 표현, 측정거리 20m, 100m • 조경분야에서는 선형요소들이 많지 않아 보조수단으로 사용

Ⅲ 정지 및 표토복원

1. 정지작업

1) 개요

① 부지의 절성토로 인한 지형 변경

② 지반고 계산, 기능성 증대, 미적 향상, 자연과의 조화

2) 고려사항

① 흙의 양과 질

㉠ 흙의 양 : 토취장, 반출장소, 절성토량

㉡ 흙의 질 : 식재, 시설물 설치를 위한 종류의 흙 파악, 표토활용

② 작업과정

㉠ 중장비를 이용하는 대규모 공사

㉡ 토목이나 건축과 조율을 통한 전체적 공정 내에서 반영

㉢ 작업이용의 효율성 도모

③ 기상조건

㉠ 장비 사용으로 인한 날씨조건 고려

㉡ 점토나 유기물이 많은 토양이 젖어 있는 경우 정지작업 금지

㉢ 토양 내 적정 수분을 함유하고 있을 때 다짐작업

㉣ 부지의 배수상태 파악 → 정지작업으로 새로운 웅덩이 조성 방지

㉤ 정지작업 과정시 발생하는 침식방지

3) 정지작업 순서

절성토 → 지반안정 → 다짐 → 토사치환

> ▶▶ 참고
>
> ➤ 용어정리
>   **1** 깎기(절토, 절취, 굴착, Cutting)
>   ① 흙을 파헤치는 행위, 육상작업시 사용
>   ② 수중작업시 수중굴착, 준설(Dredging)
>   **2** 쌓기(성토, Banking)
>   ① 절토한 흙을 일정장소에 쌓거나 버리는 행위
>   ② 쌓아올려 제방과 같은 것을 축제(築堤), 수중작업시 매립(Reclamation)

2. 표토복원

1) 표토

① 15cm 정도의 토양 중 O층과 A층을 말하는 것

② 토지를 조성하는 FL

③ 두께 15cm 전후, 입단구조가 잘 발달된 유기물층과 용탈층

④ 식물 생존환경에 절대적 영향을 미치는 자원(암색, 암갈색)

⑤ 표토채집 → 가적치 → 유지관리 → 활용(복원공법)

2) 채집

① 포크레인 이용

② 표토채취공법

　㉠ 일반채취법 : 대상지 토층이 두꺼운 지역, 평탄지, 완경사지

　㉡ 계단식 채취법 : 토사유출 有, 하층도 혼입 多

　㉢ 표층 절취법 : 중력을 이용하여 하향 작업

③ 15cm 정도 집토

3) 가적치

① 높이 1.5m 이하

② 폭 3m 사다리꼴 적치

4) 운반

운반원칙	주의사항
운반거리 최소, 운반량 최대	중장비에 의한 답압 → 식재부적합 토양
채취구역·채취량 산정, 운반경로 사전확인	습윤상태가 되지 않도록 유의

5) 유지관리

① 가적치장 주변 우수시설 설치

② 집중호우시 비닐 설치

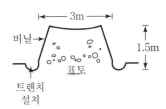

‖ 표토 유지관리 ‖

6) 활용

① 녹지대 잔디심기 전 20cm 복토, 가로수 식재지 객토

② 자연표토를 녹지대에 취부

　→ 표토 내 씨앗발아, 즉 매토종자 활용

Ⅳ 가설시설의 설치

1. 개념

① 조경공사 중 임시로 설치하여 공사를 완성할 목적으로 세운 시설
② 공사가 완료되면 해체, 철거되는 시설

2. 종류

1) 직접가설시설

① 공사용 도로, 전력급수설비
② 규준틀, 비계, 동바리 등

2) 간접가설시설

① 가설건물
  ㉠ 가설사무소, 가설화장실, 작업장, 가설창고, 식당 등
  ㉡ 시멘트창고 설치시
    • A = 0.4 × N/n
    • A : 창고면적, N : 저장포대수, n : 시멘트의 쌓아올리는 단수

② 가설공급시설
  ㉠ 용수, 전력, 전화, 오배수시설
  ㉡ 가급적 기존 시설에 연결하여 설치할 것

③ 가설울타리
  ㉠ 공사장 내 출입단속, 도난위험방지, 미관적 효과
  ㉡ 조경공사의 경우 토목건축공사와 진행되므로 생략되는 경우 빈번

④ 가식장
  ㉠ 현장반입수목을 임시로 가식하기 위한 장소
  ㉡ 관수, 배수, 보양, 관리시설 추가 설치

⑤ 공사용 도로(현장진입로, 가설도로), 가설주차장

I 토공 및 지반공사

1. 개요

① 건설공사 내 흙의 굴착, 싣기, 운반, 성토, 다짐에 관한 작업 전부

② 토질, 지형, 지질, 기후, 홍수위, 지하수위 등 고려

③ 공정, 공사비 등을 고려하여 적당한 공사방법 선택

> **PLUS ⊕ 개념플러스**
>
> ➤ **안식각**
> - 흙의 안정된 경사각도(수평면과 경사면이 이루는 각)
> - 입자가 크면 클수록 안식각이 커지고, 함수비에 영향을 받음

2. 토양 및 토질

1) 흙의 분류

① 사용목적 : 지질학적 분류, 공학적 분류, 농학적 분류

② 입자크기 : 자갈, 거친모래, 가는모래, 미사, 점토

③ 토성 : 식토, 양토, 사양토, 사토, 역토

2) 시공계획

구분	내용
조사	• 시공기준면의 결정을 위해 예정지의 지질 및 토질 사전조사 • 예비조사(자료조사, 현지조사), 본조사(선행조사, 정밀조사)
시공기준면 (Formation Level)	• 절성토량의 안배, 균형은 종단면상의 시공기준면에 의해 결정 • 토공량, 운반거리, 공기는 경제성과 관련
토적계산법	• 단면법, 점고법, 지형도를 이용하는 방법

▶▶ 참고

➤ **토적계산법**

1 단면법

① 도로, 철도, 수로 등 폭에 비해 길이가 긴 경우 측점들의 횡단면에 의해 절성토량 계산

② 중앙단면법 < 각주공식 < 양단면평균법

• 양단면평균법 $\quad V = \dfrac{1}{2}(A_l + A_2) \times L$

• 중앙단면법 $\quad V = A_m \times L$

• 각주공식 $\quad V = \dfrac{1}{6}(A_1 + 4A_m + A_2) \times L$

2 점고법

① 경지정리, 택지조성공사 등 넓은 지역의 땅고르기에 많이 이용되는 방법

② 일반적으로 양단면이 평면일 경우

체적 = 양단면의 중심 간의 수직거리 × 수평면적

• 구형 분할

$$V = \dfrac{1}{4}A(h_l + h_2 + h_3 + h_4)$$

$$V = \sum V_0 = \dfrac{1}{4}A(\sum h_l + 2\sum h_2 + 3\sum h_3 + 4\sum h_4)$$

• 삼각형 분할

$$V = \dfrac{1}{3}A(h_l + h_2 + h_3)$$

$$V = \sum V_0 = \dfrac{1}{3}A(\sum h_l + 2\sum h_2 + 3\sum h_3 + \cdots + 8\sum h_8)$$

3 지형도를 이용하는 방법

① 지형도의 등고선을 이용하여 토량계산

② 토취량, 채석장의 굴착량, 토사장의 사토량 계산 시 이용

③ 단면법의 양단면평균법과 각주공식을 응용하여 계산

$$\sum V = \dfrac{h}{3}(A_0 + A_n) + 2(A_2 + A_4 + \cdots + A_{n-2}) + 4(A_l + A_3 + \cdots + A_{n-1})$$

n은 짝수, 홀수인 경우 최후의 1구간은 양단면평균법을 계산하여 합계

④ 토량의 변화율

㉠ $L = \dfrac{\text{흐트러진 상태의 토량}(\mathrm{m}^3)}{\text{본바닥 자연상태의 토량}(\mathrm{m}^3)}$

㉡ $C = \dfrac{\text{다져진 후의 토량}(\mathrm{m}^3)}{\text{본바닥 자연상태의 토량}(\mathrm{m}^3)}$

Ⅱ 운반 및 기계화 시공

1. 개요

1) 기계화 시공의 장단점

① 장점
  ㉠ 공사기간 단축, 공사품질 향상, 공사비 절감
  ㉡ 인력 불가능 공사 쉽게 처리, 안전사고 감소

② 단점
  ㉠ 기계구입과 관리비용 부담
  ㉡ 숙련된 운전자와 관리자 고용
  ㉢ 소규모 공사시 공사비 부담으로 적용 불가
  ㉣ 기계부품, 연료, 정비, 관리시설 필요

2) 건설기계의 선정

① 공사규모, 기간, 목적, 현장조건, 토질상태 등 종합적 고려
② 유지관리, 기계경비, 최소의 공사비로 완공할 수 있는 장비 선정

3) 기계경비 산정

① 기계경비 = 직접경비 + 간접경비

② 직접경비 = 기계손료 + 운전경비
  ㉠ 기계손료 = 원가감각상각비 + 정비비 + 관리비
    • 원가감각상각비 = (구업기격 − 잔존가치) / 구입연수
    • 정비비 = 구입가격 × 정비비율 / 경제적 내용시간
    • 관리비 = 구입가격 × 관리비율 / 경제적 내용시간
  ㉡ 운전경비 = 운전노무비 + 연료비 + 소모품비
    • 운전노무비 = 기본급 + 제수당 + 상여금 + 퇴직급여
    • 연료비 = 연료단가 × 운전 1시간당 평균소비량 × 운전시간수
    • 소모품비 : 정비비에 포함되지 않는 불도저 삽날, 타이어 등

③ 간접경비 = 운반비 + 조립·해체비 + 기타 기계경비

2. 건설기계화 시공

1) 토공기계

① 불도저 : 흙, 암반 등을 굴착해서 운반하는 건설기계

② 굴삭기 : 굴착과 싣기를 겸할 수 있는 기계

③ 로더 : 토사 굴착 후 이동, 운반기계 등에 적재하는 기계

2) 운반기계

① 덤프트럭 : 적재함에 토사, 자갈 등을 싣고 운반하는 기계

② 기중기(크레인) : 건설재료를 수직 상승, 하강시키는 기계

③ 지게차 : 하물을 적재하거나 트럭에 싣기 위해 들어올리고 옮기는 동력 수레

3) 다짐기계

① 흙, 자갈, 아스팔트 혼합물에 외력을 가해 간극을 최소화하여 일정강도를 갖게 하는 기계

② 외력 종류에 따라 전압식, 진동식, 충격식 롤러로 구분

ㄱ 전압식 롤러 : 자중인 정적하중, 세립토(점토)

ㄴ 진동식 롤러 : 자중과 진동력을 동시에 이용, 조립토(자갈, 모래)

ㄷ 충격식 롤러 : 동적인 충격하중

4) 포장기계

① 콘크리트포장기계 : 제조기계, 운반기계, 포장기계

② 아스팔트포장기계 : 아스팔트플랜트, 살포기, 피니셔 등

③ 노상안정기 : 노상안전장치를 가진 자주식 기계

④ 골재 살포기 : 각종 골재나 흙, 시멘트 등의 재료를 일정 너비와 두께에 맞춰 살포하는 기계

5) 쇄석기계

쇄석기 : 바위나 큰 돌을 작게 부수어 자갈을 만드는 기계

6) 준설기계

① 골재 채취기 : 골재를 채취하는 장치를 갖춘 기계

② 준설선 : 강, 항만 등의 바닥에 있는 흙, 모래, 자갈 등을 파내는 시설을 장비한 배

3. 건설기계 작업능력

1) 기본공식

$$Q = n \cdot q \cdot f \cdot E$$

여기서, Q : 시간당 작업량 [m³/hr, ton/hr, m/hr]

n : 시간당 작업사이클 수

q : 1회 사이클당 표준작업량[m³, ton, m]

f : 토량환산계수

E : 작업효율

2) 불도저

$$Q = 60 \cdot q \cdot f \cdot E / cm \qquad q = q^0 \times e$$

여기서, Q : 시간당 작업량[m³/hr]

q : 삽날의 용량[m³]

q^0 : 거리를 고려하지 않은 삽날의 용량[m³]

e : 운반거리계수

f : 체적환산계수

E : 작업효율

cm : 1회 사이클 시간(분)

$$cm = L / V_1 + L / V_2 + t$$

L : 운반거리 [m]

V_1 : 전진속도 [m/분]

V_2 : 후진속도 [m/분]

t : 기어변속시간(0.25분)

3) 굴삭기(유압식 백호)

$$Q = 3,600 \cdot q \cdot k \cdot f \cdot E / cm$$

여기서, Q : 시간당 작업량 [m³/hr]

q : 버킷 용량 [m³]

K : 버킷 계수

f : 체적환산계수

E : 작업효율

cm : 1회 사이클 시간(초)

4) 로더

$$Q = 3,600 \cdot q \cdot k \cdot f \cdot E/\mathrm{cm}$$

여기서, Q : 시간당 작업량 [m³/hr]

q : 버킷 용량 [m³]

K : 버킷 계수

f : 체적환산계수

E : 작업효율

cm : 1회 사이클 시간(초)

$$\mathrm{cm} = m \cdot l + t_1 + t_2$$

m : 계수 [초/m] 무한궤도식 : 2.0, 타이어식 : 1.8

l : 편도주행거리 (표준 8m)

t_1 : 버킷에 토량 담는 소요시간 [초]

t_2 : 기어변화 등 기본시간과 다음 운반기계 도착시간(14초)

5) 덤프트럭

$$Q = 60 \cdot q \cdot f \cdot E/\mathrm{cm} \qquad q = T / \gamma_t \times L$$

여기서, Q : 시간당 작업량 [m³/hr]

q : 흐트러진 상태의 덤프트럭 1회 적재량 [m³]

γ_t : 자연상태에서의 토석의 단위 중량(습윤밀도) [t/m³]

T : 덤프트럭 적재용량 [ton]

L : 체적환산계수에서의 체적변화율

$$L = \frac{\text{흐트러진 상태의 체적}}{\text{자연상태의 체적}} [\mathrm{m}^3]$$

f : 체적환산계수

E : 작업효율 [0.9]

cm : 1회 사이클 시간(분)

$$\mathrm{cm} = t_1 + t_2 + t_3 + t_4 + t_5$$

t_1 : 적재시간

t_2 : 왕복시간

$$t_2 = \frac{\text{운반거리}}{\text{적재시 평균주행속도}} + \frac{\text{운반거리}}{\text{공차시 평균주행속도}}$$

t_3 : 적하시간 [km/hr]

t_4 : 적재장소 도착시간부터 적재작업 시작시간

t_5 : 적재함 덮개 설치 및 해체시간 [인력 3.77분, 자동덮개 0.5분]

Ⅲ 콘크리트공사

1. 개요

1) 용어정리

① 분말도

㉠ 시멘트 입자의 가는 정도

㉡ 입자가 고울수록 분말도↑, 표면적↑, 수화작용↑, 조기강도↑

㉢ 콘크리트의 강도, 내구성, 수밀성에 큰 영향

② 수화작용

㉠ $CaO + H_2O \rightarrow Ca(OH)_2$

㉡ 시멘트에 물을 넣으면 응결, 경화과정을 거쳐 강도발현

㉢ 이러한 일련의 화학반응을 수화작용, 수화라 일컬음

③ 응결

㉠ 시멘트 풀이 시간경과에 따라 유동성과 점성을 잃고 굳는 현상

㉡ 콘크리트는 1시간 뒤부터 응결 시작, 10시간 후 완료

㉢ 응결시간에 영향을 주는 요인

- 수량↑, 시멘트 풍화작용, 석고 양↑ → 응결속도↓
- 온도↑, 분말도↑ → 응결속도↑

④ 경화

㉠ 응결 후 시멘트 구체가 조직이 치밀해지고 강도가 커지는 상태

㉡ 분말도↑, 알루미나분↑ → 경화속도↑

⑤ 크리프(Creep)

㉠ 일정한 외력 유지 시 시간흐름에 따라 재료변형이 증대되는 현상

㉡ 장기간 하중이 지속될 때 시간경과에 따라 변형 증가

㉢ 결과적으로 콘크리트 형태 변형을 가져옴

⑥ 블리딩(Bleeding)

㉠ 굳지 않은 콘크리트 상태에서 골재와 시멘트 입자 침강

㉡ 물과 입자가 분리되어 상승하는 현상

㉢ 굵은 골재 하단면에 미세한 공극 형성

⑦ 워커빌리티(Workability)

    ㉠ 콘크리트 반죽질기에 따라 작업의 난이도, 재료분리 정도 가늠

    ㉡ 시멘트 사용량↑, 강자갈 사용시 워커빌리티↑

    ㉢ 물의 양이 많을 경우 시공성 용이하나 재료분리현상 생김

⑧ 반죽 질기(Consistency)

    ㉠ 물의 많고 적음에 따라 반죽이 되고 진 정도

    ㉡ 콘크리트의 유동성

⑨ 성형성(Plasticity)

    ㉠ 거푸집의 형태에 맞게 쉽게 다져 넣을 수 있는 상태

    ㉡ 거푸집 분리시 모양이 변하지만 허물어지거나 재료분리현상은 발생하지 않음

⑩ 피니셔빌리티(Finishability)

    ㉠ 굵은 골재 최대치수, 잔골재율, 잔골재의 밀도, 반죽질기 등 평가

    ㉡ 표면 마무리 쉬운 정도

PLUS ➕ 개념플러스

    슬럼프시험

2) 콘크리트 특성

① 요구성질

    ㉠ 소요강도, 적당한 워커빌리티를 가질 것

    ㉡ 균일성 유지, 내구성이 있을 것, 경제적일 것

    ㉢ 수밀성 등 기타 수요자가 요구하는 성능을 만족시킬 것

② 장점

    ㉠ 압축강도, 내화성, 내구성, 내수성↑

    ㉡ 철근콘크리트의 경우 철근과 잘 부착, 철근부식방지, 강도↑

    ㉢ 구조물 시공 용이, 유지관리비↓

③ 단점

    ㉠ 인장강도, 휨강도↓ → 철근보강 필요

    ㉡ 하중 제한, 재시공이 어려움

    ㉢ 균열이 잘 일어나고, 인공미 부여

2. 콘크리트 재료 및 품질

1) 시멘트

① 포틀랜드 시멘트

　㉠ 1종(보통) : 범용성 시멘트, 일반콘크리트 건축, 토목공사

　㉡ 2종(중용열) : 수화열↓, 건조수축↓, 매스·수밀·차폐·서중콘크리트

　㉢ 3종(조강) : 저온 사용, 단기 높은 강도, 긴급공사, 콘크리트 2차제품

　㉣ 4종(저열) : 수화열↓, 건조수축↓, 매스·수밀·차폐·서중콘크리트

　㉤ 5종(내황산염) : 황산염 저항성↑, 지하수, 공장배수시설, 해안구조물

② 혼합시멘트

　㉠ 고로슬래그시멘트 : 내화학성, 장기강도↑, 폐수로·항만·하천 등

　㉡ 실리카시멘트 : 수밀성, 내화학성↑, 도장용·몰탈용

　㉢ 플라이애시시멘트 : 감수효과, 유동성·작업성↑, 경량콘크리트 2차제품

③ 특수시멘트

　㉠ 알루미나시멘트 : 내열성, 조기강도↑, 내화용, 긴급공사

　㉡ 팽창시멘트 : 건조수축보강, 도로 긴급보수공사, 방수콘크리트

　㉢ 초속경시멘트 : 초고속 조기강도, 긴급공사

　㉣ 메슨리시멘트 : 보수성, 작업성↑, 도장용·조적몰탈용

2) 골재

① 크기 : 잔골재, 굵은골재

② 형성원인 : 천연골재, 인공골재, 산업부산물 이용골재, 재생골재

③ 비중 : 보통골재(2.5~2.7), 경량골재(2.0 이하), 중량골재(2.8 이상)

3) 혼화제

① 콘크리트의 경제성, 특수성질 개량

② 시멘트 및 물에 대체하여 사용하는 재료

③ 콘크리트 수화열 저감, 워커빌리티 증진, 초기강도 저하, 장기강도 증진, 알칼리 골재반응 억제효과

④ 고로슬래그, 플라이애시, AE제, 방청제, 방수제, 백화방지제, 착색제

4) 물

3. 콘크리트 배합표시방법

콘크리트 배합시 시멘트, 잔골재, 굵은골재, 혼화재 등의 혼합비율

배합표시방법	내용
절대용적배합	• 각 재료를 콘크리트 1m³당 절대용적(l)으로 표시한 배합 • 배합의 기본이 되고 가장 중요한 요소
표준계량용적배합	• 콘크리트 1m³당 재료량을 시멘트는 포대 수, 골재는 다져진 상태의 표준용적으로 표시한 배합
현장계량용적배합	• 콘크리트 1m³당 재료량을 시멘트는 포대 수, 골재는 다져지지 않은 상태의 표준용적으로 표시한 배합
임의계량용적배합	• 현장계량용적배합과 유사한 방법 • 계량과정에서 로더, 유압식 백호 등 종래의 표준계량용적배합과 다른 임의용적배합 계량방식이 적용된 배합
중량배합	• 각 재료를 콘크리트 1m³당 중량(kg)으로 표시한 배합 • 레미콘 제조에 주로 이용 • 절대용적배합 재료량 × 비중

▶▶ **참고**

➤ **줄눈**

1 신축줄눈
① 콘크리트 구조체 온도변화, 건조, 수축 등에 자유롭게 팽창수축할 수 있도록 완전히 절단
② 절단면 물의 침투방지용 지수판 설치
③ 도로포장 120m, 구조물 15~20m

2 수축줄눈
① 원하는 위치에 균열을 집중시킬 목적으로 설치
② 수밀을 요하는 곳에 지수판 설치
③ 도로포장 6m, 구조물 15~18m

3 시공줄눈
① 1일 시공마무리 부분, 일을 중간에 마무리해야 할 때 설치
② 보통 신축줄눈에 많이 설치

4 시공부주의 줄눈(콜드조인트 ; Cold Joint)
① 레미콘의 운반시간 지연, 다짐불량 등에 의해 먼저 타설한 콘크리트와 나중에 타설한 콘크리트가 접착이 안 돼 분리되는 부분
② 불량줄눈이 발생하지 않도록 시공계획 및 시공 주의

Ⅳ 목공사

1. 목재의 특성과 분류

1) 목재의 조직과 결

① 조직

ㄱ 수심(Pith) : 나무 중심부에 형성된 적은 양의 연한 조직

ㄴ 심재(Heartwood)

- 목재 중심부 죽은 세포로 구성된 약간 짙은 색
- 활동정지, 세포 내부 수지, 탄닌, 광물질 등이 채워짐

ㄷ 변재(Sapwood)

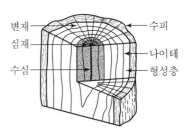

‖ 나무의 조직 ‖

- 형성층 주변 외각의 유세포가 살아있는 다소 연한 색
- 수액이동, 양분저장 등 나무가 활동하는 부분
- 심재에 비해 강도↓, 건조수축↑, 썩음현상, 벌레 침해

ㄹ 수피(Bark) : 형성층 외부를 싸고 있고, 나무 보호

② 결

ㄱ 곧은결(Edge Grain)

- 부재의 넓은 면에 목재의 방사단면 노출
- 목재의 나이테가 평행한 직선형
- 무늬결보다 외관 수려, 수축 · 변형 · 마모↓

ㄴ 무늬결(Flat Grain)

- 부재의 넓은 면에 목재의 접선단면 노출
- 불규칙한 형상의 나이테

(a) 무늬결 먹줄치기   (b) 곧은결 먹줄치기   (c) 목재의 단면

‖ 목재의 무늬결 ‖

2) 목재의 일반적 특성

① 함수율과 기건비중

    ㉠ 함수율

        • 수분의 질량과 건조질량의 비

        • 조경시설물 24% 이하

    ㉡ 기건비중

        • 목재함유수분을 공기 중에서 제거한 상태의 비중

        • 보통 함수율 12%일 때의 비중

② 강도

    ㉠ 섬유와 평행방향의 인장강도가 가장 큼, 압축강도↑

    ㉡ 섬유와 직각방향의 압축강도와 섬유와 평행방향의 전단강도↓

    ㉢ 휨강도는 압축강도의 약 1.75배

    ㉣ 전단강도는 세로방향 인장강도의 1/10

PLUS ➕ 개념플러스

    ➤ **강도의 유형**
      외력의 작용상태에 따라 비틀림강도, 압축강도, 인장강도, 전단강도, 휨강도

---

③ 장단점

    ㉠ 석재나 강재에 비해 가볍고 운반 · 가공 · 취급 용이

    ㉡ 자연친화적 소재로 용도가 매우 다양

    ㉢ 열전도율↓, 온도에 대한 신축성↓, 충격이나 진동 흡수율↑

    ㉣ 부패가 쉽게 이루어지고 내화성↓

    ㉤ 건조변형, 함수율에 따라 수축, 팽창이 큼

    ㉥ 재질 및 방향에 따라 다른 강도, 크기제한

④ 결함의 종류

    ㉠ 옹이(knot) : 가지 제거 후 남은 목재조직

    ㉡ 갈라짐(fiber separation) : 결점에 의해 목재조직 분리

    ㉢ 틀어짐(warp) : 건조에 의해 휨이나 비틀리는 변형

    ㉣ 썩음(decay) : 부후균의 번식으로 목재성분 분해

    ㉤ 변색(stain) : 금속이나 화학약품 접촉으로 나무색 변화

2. 목재의 가공 및 처리

1) 목재의 건조방법

① 자연건조

㉠ 자연상태에서 목재를 건조시키는 과정

㉡ 비용↓, 건조시일↑, 건조 중 부식, 변색, 균열 多

② 인공건조

㉠ 인위적인 온도·습도 조절로 목재를 건조시키는 과정

㉡ 수침법, 자비법, 열기건조법, 증기건조법, 고주파건조법 등

㉢ 조경공사의 경우 주로 증기건조법 사용

- 건조실에서 적당한 습도의 증기를 뿜어내어 건조하는 방법

- 설비비↑, 건조결과 우수

2) 목재의 방부

① 방부제 종류

㉠ 유성

- 원액상태로 사용하는 기름상태 방부제

- 크레오소트(A) : 방부효과↑, 철재부식↓, 악취

- 흑갈색으로 말뚝, 침목 등에 주로 사용

- 흰개미 피해 환경, 공업용제에 사용

㉡ 유용성

- 유성·유용성 목재방부제 + 유화제 → 물에 희석, 액상방부제

- 유기요오드 화합물계(IPBC), 지방산금속염계(NCU, NZN)

- 건재해충 피해환경, 저온인 곳, 자주 습한 환경일 경우 사용

㉢ 수용성

- 물에 녹여 사용하는 방부제

- 방부·방충성↑, 침투성↑, 안전, 물에 녹으며 철 부식

- 크롬·구리·비소화합물계(CCA) : 가압방부용 약제, 세계적으로 90% 사용

- 구리·알킬암모늄(ACQ) : 비용↑, CCA와 동일한 효력, 안전성↑

- 땅, 물, 바닷물과 접하거나 야외에서 사용되는 목재에 적용

② 방부처리방법

　ㄱ 도포법

　　• 목재 표면에 방부제를 바르거나 스프레이로 뿜는 방법

　　• 내부침투가 어려우므로 일시적인 방부처리시 사용

　　• 올림픽 오일스테인, 시라데코, 본덱스 등

　ㄴ 침지법

　　• 목재를 일정시간 약액에 담가 방부처리

　　• 목재표면과 내부에 방부제가 스며들어 방부효과↑

　ㄷ 확산법

　　• 수용성 방부제 처리 후 방수지나 비닐로 싸서 2~4주 방치

　　• 약제가 자연히 확산되도록 하는 방법

　ㄹ 가압처리법

　　• 밀폐용기 속에 목재를 넣고 감압과 가압을 조합하여 약액주입

　　• 방부처리 후 일정기간 양생하여 정착 후 사용

③ 도장방법

　ㄱ 바니시칠

　　• 스파바니시를 3회 걸쳐 얇고 균일하게 칠

　　• 목재의 무늬와 질감을 살려낼 수 있도록 처리

　ㄴ 목부조합 페인트칠

　　• 틈새나 홈을 퍼티로 채우고 거친 면 연마

　　• 표면 내 오염물질 정리

　　• 조합페인트 + 지정희석제(최대 5%) 희석 후 3회 도장

　　• 20℃ 기준 최소 18시간 경과 후 재도장

▶ **참고**

> ➤ 목재의 분류
> ① 용도 : 구조용(강도↑, 내구성↑), 마감용(나무결, 색깔 고려)
> ② 재질 : 경재(재질이 단단한 목재), 연재(재질이 연한 목재)
> ③ 성장 : 외장수(침엽수, 활엽수), 내장수(특수용도, 대나무·야자수)
> ④ 제도 : 원목(통나무, 조각재), 제재목(판재, 각재)

Ⅴ 조경석 및 석공사

1. 개요

1) 개념

① 석재

- ㉠ 암석을 천연모양 그대로 사용
- ㉡ 공사재료로 사용할 수 있도록 모양, 크기를 다양하게 가공한 것
- ㉢ 주택, 정원, 담장, 연못, 옹벽 등 사용

② 조경석공사

- ㉠ 자연석의 조달미달로 인조석 유통
- ㉡ 공사주변 생산자재로 활용
- ㉢ 석재명은 고유 명칭보다 산지명 호칭

③ 석공사(석축)

- ㉠ 사용석재의 중량과 뒤채움으로 안정성 유지하는 마감공사
- ㉡ 높이가 낮고, 기초지반이 양호한 지역에서 사용
- ㉢ 비탈면 보호, 흙막이, 토사붕괴방지 등

PLUS ➕ 개념플러스

석면조경석 문제점 & 대책방안

2) 장단점

- ① 다양한 색 연출, 광택 有, 외관이 장중하고 치밀
- ② 불연성, 내구성, 내수성, 내화학성, 내마모성 우수
- ③ 압축강도↑, 인장강도는 압축강도의 1/10~1/20, 비중 2.65
- ④ 골재, 구조재, 마감재 등 널리 사용
- ⑤ 하중↑, 비용↑
- ⑥ 운반·가공의 어려움, 화열을 받으면 균열, 파괴

2. 조경석공사

1) 재료의 분류

① 산지에 의한 분류

㉠ 산석 : 산과 들 채집, 화강암, 안산암, 현무암 등

㉡ 수석 : 하천 채집, 수경공간 활용

㉢ 해석 : 바닷가 채집, 파도, 해일, 염분에 의한 표면 마모

㉣ 가공조경석 : 깬돌을 가공하여 자연석 형태로 만든 돌, 가격 저렴

② 배치에 의한 분류(경관석 종류)

㉠ 입석 : 세워 쓰는 돌, 사방에서 관상

㉡ 횡석 : 가로로 눕혀서 쓰는 돌, 입석과 병행 배치하여 안정감↑

㉢ 평석 : 상면이 편평한 돌, 주로 앞부분이나 안정감을 요하는 곳 배치

㉣ 환석 : 둥근 돌, 무리배석

㉤ 각석 : 각진 돌, 삼각, 사각 등 다양하게 이용

㉥ 사석 : 비스듬히 세워서 이용, 해안절벽 묘사시

㉦ 와석 : 형상이 소가 누워 있는 것 같은 형상

㉧ 괴석 : 괴상한 모양의 돌, 단독·군치, 관상용

2) 조경석공사

① 경관석 놓기

㉠ 중심석, 보조석 구분 → 크기, 외형, 위치 등 주변환경과 조화

㉡ 군치시 주석과 부석 2석조 기본, 3석조, 5석조, 7석조 등 조합

㉢ 4석조 이상 조합시 1석조, 2석조, 3석조 조합

㉣ 단독배치시 돌의 특성이 잘 나타나도록 관상위치 고려

㉤ 군치시 큰 돌과 작은 돌 간의 조화가 잘 이루어지도록 배치

㉥ 3석조 조합 시 삼재미 원리 적용, 중앙(천, 중심석), 좌우(지, 인)

㉦ 5석 이상 배치시 음양오행원리 적용하여 각각의 돌에 의미 부여

㉧ 돌 묻는 깊이는 경관석 높이의 1/3, 돌받침, 뒤채움 등 안정감 부여

② 디딤돌(징검돌 놓기)

㉠ 보행자를 위해 적절한 간격과 형식으로 배치

㉡ 보행에 적합하도록 지면과 수평으로 배치

ⓒ 징검돌 상단은 수면보다 15cm 높게, 한 면의 길이 30~60cm

ⓛ 배치간격

- 보폭기준 40~70cm, 돌 간격 8~10cm

- 정원 내 간격 적용시 20~30%↓

ⓜ 양발이 각각의 디딤돌을 교대로 디딜 수 있게 배치

- 부득이 한 발이 한 면에 2회 이상 닿을시 홀수 회가 닿도록 배치

ⓗ 디딤돌 크기

- 30cm 내외시 지표면보다 3cm 높게

- 50~60cm인 경우 지표면보다 6cm 높게 배치

ⓢ 디딤돌과 징검돌의 장축은 진행방향과 직각

ⓞ 기본 2연석, 3연석, 2·3연석, 3·4연석 놓기

ⓩ 괴임돌을 놓거나 기초콘크리트 설치하여 흔들리지 않게 처리

③ 조경석 쌓기

ⓐ 설치목적, 지형, 시공성 등에 유의하여 주변환경과 조화되게

ⓛ 설치목적이 저해되지 않는 선에서 상단부는 자연스러운 선형 처리

ⓒ 높이 1~3m 바람직, 그 이상은 안전성 검토요망

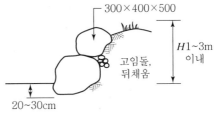

‖ 조경석 쌓기 ‖

ⓛ 절성토면에 적용시 석재면을 경사지게 하거나 들여놓아 쌓기

ⓜ 붕괴방지

- 기초석은 큰 돌 사용, 20~30cm 깊이로 묻힐 수 있게

- 뒷부분 고임돌, 뒤채움

ⓗ 호안, 구조적으로 불안정한 공간 → 잡석, 콘크리트로 기초보강

④ 계단돌 쌓기(자연석 층계)

ⓐ 보행에 적합한 간격과 형식으로 지면과 수평이 뇌노록 배치

ⓛ 경사가 급해 구조적 문제가 야기될 경우 콘크리트로 기초보강

ⓒ 한 단의 높이 15~18cm, 단의 폭 25~30cm

ⓛ 최대기울기 30~35°

ⓜ 계단 폭 1인용 90~110cm, 2인용 130cm

ⓗ 돌계단 높이 2m 초과시, 방향이 급변하는 경우

　　→ 안전을 위해 너비 120cm 이상의 층계참 설치

⑤ 돌틈식재

　　㉠ 조경석공사의 단조로움과 돌틈공간을 메우기 위해 실시

　　㉡ 관목류, 지피류, 화훼류, 이끼류 식재

⑥ 전통조경 석조물 공사

　　㉠ 석가산 : 자연석을 쌓아올려 산의 모양을 축소 표현

　　㉡ 괴석 : 괴이한 형태의 자연석 단독배치

　　㉢ 식석 : 추상적 상징을 나타내는 소형 석조물

　　㉣ 석탑 : 사찰의 석탑을 사용하거나 축소, 모방

　　㉤ 석상 : 넓고 편평한 바위를 탁자나 평상으로 사용

　　㉥ 하마석 : 말이나 가마를 타고 내리는 디딤돌

　　㉦ 석연지 : 큰 돌을 수조로 만들어 연지, 어항으로 사용

　　㉧ 석분 : 괴석을 받쳐놓을 수 있는 돌그릇

　　㉨ 석등 : 야간조명등

　　㉩ 대석 : 사물을 얹어놓을 수 있도록 만든 받침돌

PLUS ➕ 개념플러스

- 전통조경공간 내에서 석재배치기법 : 산치, 군치, 첩치, 특치
- 전통조경 석조물 공사 : 「조경사」 주택정원 中 돌로 만든 경치 참조

3. 석공사

1) 재료의 분류

① 성인에 의한 분류

　　㉠ 화성암 : 화강암, 안산암

　　㉡ 수성암 : 응회암, 사암, 점판암

　　㉢ 변성암 : 대리석

② 경도에 의한 분류

　　㉠ 경석 : 압축강도 500kg/cm² 이상

ⓛ 준경석 : 압축강도 500~100kg/cm² 이상

ⓒ 연석 : 압축강도 100kg/cm² 이하

③ 형상에 의한 분류

구분	특성
다듬돌	• 일정규격으로 다듬어진 돌
막다듬돌	• 다듬돌 규격치수의 가공에 필요한 여분치수 포함 • 다듬돌이 되기 전 여유치수를 가진 돌
견치돌	• 재두각추체 형상, 전면은 평면 • 정사각형으로 뒷길이, 접촉면의 폭, 윗면 등 규격화된 돌 • 4방락, 2방락 • 접촉면의 폭 : 전면의 한 변 길이 1/10 이상 • 접촉면의 길이 : 각각 전면 1변의 평균길이의 1/20, 1/3
깬돌	• 제두방추형 형상 • 견치돌보다 치수가 불규칙하고, 뒷면이 없는 돌 • 접촉면의 폭과 길이 : 각각 전면 한 변의 평균길이 1/20, 1/3
깬잡석	• 모암에서 원석을 깬 돌 • 깬돌보다 형상이 고르지 못한 돌 • 전면의 변의 평균길이는 뒷길이의 2/3
사석	• 막깬돌 중 유수에 견딜 수 있는 중량을 가진 돌
잡석	• 지름 10~30cm 정도로 형상이 고르지 못한 큰 돌
전석	• 크기가 0.5m³ 이상 되는 돌
야면석	• 천연석으로 표면이 가공되지 못한 돌 • 공사용으로 사용될 수 있는 비교적 큰 돌
호박돌	• 호박형의 천연석 • 가공하지 않는 지름 18cm 이상 크기의 돌
조약돌	• 가공되지 않은 천연석 • 지름 10~20cm 정도의 계란형 돌
부순돌	• 잡석을 0.5~10cm 크기의 돌로 깬 돌
굵은 자갈	• 가공되지 않은 천연석 • 지름 7.5~20cm 정도의 둥근돌
자갈	• 가공되지 않은 천연석 • 지름 0.5~7.5cm 정도의 둥근돌
역	• 굵은 자갈과 작은 자갈이 골고루 섞여 있는 돌
굵은 모래	• 지름 0.25~2mm 정도의 돌
잔모래	• 지름 0.05~0.25mm 정도의 돌
돌가루	• 돌을 부숴 가루로 만든 것
고로슬래그 부순돌	• 고로슬래그를 1~40mm로 파쇄 가공한 돌

2) 석공사

① 성돌쌓기

    ㉠ 기초는 쌓기폭보다 넓게 지반을 다지고 생석회 잡석다짐

    ㉡ 성벽의 기울기만큼 층단형식 조성

    ㉢ 시공비↑, 문화재복원공사 활용

② 첩석쌓기(조경석 면쌓기)

    ㉠ 수직형태의 한 면 축조

    ㉡ 돌틈식재, 상단부 식재를 통해 자연미 창출

    ㉢ 인공미와 자연미가 조화된 전통적 돌쌓기 기법

③ 찰쌓기

    ㉠ 쌓아올릴 때 콘크리트로 뒤채움 후 줄눈에 몰탈 사용

    ㉡ 전면기울기 1 : 0.2 이상, 하루 쌓기 높이 1~1.2m

    ㉢ 뒷면 배수 2m²당 지름 약 3~6cm 배수구 설치

④ 메쌓기

    ㉠ 접합부를 다듬고 뒤틈 사이의 고임돌을 고인 후 뒷면 골재 채움

    ㉡ 전면기울기 1 : 0.5, 높이 2m 이하

    ㉢ 견고한 견치돌 사용, 뒤채움 잡석, 자갈 사용

    ㉣ 가장 저렴한 돌쌓기 기법

⑤ 켜쌓기

    ㉠ 한켜한켜의 가로줄눈이 수평적 직선이 되도록 하는 줄쌓기

    ㉡ 돌의 크기와 형태가 규칙적이어서 견고성↓, 미관상 양호

    ㉢ 통줄눈(강도상 결함)×, 높이쌓기 제한

⑥ 골쌓기

    ㉠ 줄눈을 파상 또는 골을 지어가며 쌓는 방법

    ㉡ 견치돌, 깬돌, 깬잡석은 접합에 유의하며 시공

      → 잡석을 이용하여 배고임, 옆고임, 끝고임

    ㉢ 하천의 견치석 쌓기시 활용

3) 석재가공방법

① 혹두기

  ㉠ 요철부위 쇠망치, 날메 등을 이용하여 거칠게 마감

  ㉡ 석재의 견고성, 중량성, 우아미, 자연미

  ㉢ 건축물의 하부, 조경구조물 하단, 석축 등

② 정다듬기

  ㉠ 불규칙한 면을 정 등으로 쪼아 평탄하게 다듬기

  ㉡ 정자국 조밀정도에 따라 거친, 중간, 고운정 구분

③ 도드락다듬기

  ㉠ 도드락망치를 이용하여 표면을 평탄하게 마무리

  ㉡ 도드락망치 자국 조밀상태에 따라 거친, 중간, 고운도드락 구분

  ㉢ 물갈기바탕으로는 사용하지 않음

④ 잔다듬기

  ㉠ 날망치로 정다듬, 도드락다듬면 위를 평탄하게 마무리

  ㉡ 날망치의 날간격에 따라 거친, 중간, 고운잔다듬 구분

⑤ 버너마감(화염처리)

  ㉠ 화강암의 기계켜기 마무리 표면을 불꽃으로 튕긴 표면박피공법

  ㉡ 가장 많이 사용되는 마감방법

⑥ 갈기 및 광내기

  ㉠ 표면가공 중 가장 많은 시간, 비용 소모

  ㉡ 연마공구의 숫돌정도에 따라 거친갈기, 물갈기, 본갈기 구분

   → 광내기(본갈기)는 물갈기보다 더욱 높은 정도의 연마

4) 석재붙임 설치공법

건식	• 볼트를 석재에 고정하여 균열과 백화현상 ×, 강도↑ • 동절기 시공 가능, 시공속도↑ • 돌 두께에 따른 풍압의 영향, 충격파손 우려
습식	• 콘크리트 구체를 이용하여 구조적 안정감 • 돌과 모르타르의 팽창수축에 따른 균열과 백화현상 • 시공속도↓, 하중부담

Ⅵ 조적공사 및 미장공사

1. 벽돌공사

1) 개념

① 건축물의 벽, 칸막이, 차단 등의 기능을 부여하기 위해 목적장소에 시멘트벽돌, 블록, 적벽돌, 기타 등의 쌓기공사

② 벽 자체가 구조체로 작용하는 구조

2) 벽돌벽의 분류

① 내력벽(Bearing Wall) : 상부하중을 받아 기초에 전달

② 장막벽(Curtain Wall)

　㉠ 벽체 자중만 지지

　㉡ 건물의 수직공간을 지지하여 자립하는 벽체

　㉢ 비내력벽(Non-Bearing Wall)

③ 중공벽(Hollow Wall)

　㉠ 외벽의 보온, 방습, 단열 목적

　㉡ 벽돌벽 내부 공간 내 이중벽

3) 벽돌의 종류

① 보통벽돌 : 검정벽돌, 적벽돌, 시멘트벽돌

② 특수벽돌 : 내화벽돌, 오지벽돌(치장벽돌), 아스팔트벽돌, 흙벽돌

4) 벽돌쌓기

① 쌓기두께

　㉠ 0.5B(반장쌓기, 벽체두께 9cm)

　㉡ 1.0B(한장쌓기, 벽체두께 19cm)

　㉢ 1.5B(한장반쌓기, 벽체두께 29cm)

　㉣ 2.0B(두장쌓기, 벽체두께 39cm)

② 놓는 형태

　㉠ 길이쌓기, 마구리쌓기, 엇모쌓기, 무늬쌓기

　㉡ 옆세워쌓기(마구리 세움), 세워쌓기, 영롱쌓기(구멍내기)

③ 나라별

  ㉠ 네덜란드식(화란식)

    • 벽의 끝, 모서리는 七·五 토막

    • 일하기 쉽고, 모서리 튼튼

    • 한국에서 가장 많이 활용되는 방법

  ㉡ 영국식

    • 마구리놓기와 길이놓기 반복

    • 서로 켜마다 어긋쌓기하여 통줄눈이 생기지 않도록 조적

    • 벽모서리 끝에는 반절, 二·五 토막

  ㉢ 미국식

    • 5단까지는 길이쌓기, 그 위 한 켜는 마구리쌓기

  ㉣ 프랑스식

    • 각 켜는 벽돌의 길이와 마구리가 번갈아 나오게 쌓기

    • 통줄눈이 많이 생기는 방식으로 견고성↓, 미관상 양호

    • 二·五 토막, 七·五 토막 등(담장쌓기, 벽체쌓기 활용)

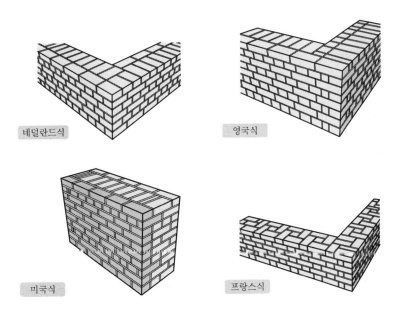

| 나라별 벽돌쌓기 방법 |

2. 시멘트 블록쌓기

1) 블록구조 구분

① 단순조적 : 내력벽, 장막벽(비내력벽)

② 보강블록조 : 철근콘크리트를 보강한 블록쌓기

③ 거푸집블록조 : 거푸집 대용으로 쌓는 블록쌓기

④ 기성재 조립 : 철근, 경량콘크리트 제품

2) 블록의 종류와 규격

① 일반블록

㉠ 기본형 : 390×190×100~210

㉡ 이형블록 : 횡근형, 반절, 반각, 횡반, 한마구리

② 제품블록

㉠ 경량블록 : 보통블록(비중 1.9↓), 중량블록(비중 1.9↑)

㉡ 방수블록 : 투수시험에 합격한 골재 사용

③ 세라믹블록 : 도기질, 석기질 블록, 철근 보강, 치장재

3. 미장공사

1) 미장재료

① 시멘트 : 보통 포틀랜드 시멘트, 백색시멘트

② 석회, 석고, 흙, 점토 등

2) 모르타르 배합비 용도

① 1 : 1 = 치장줄눈, 방수, 기타 중요한 곳

② 1 : 2 = 미장용 정벌 바르기, 기타 중요한 곳

③ 1 : 3 = 미장용 정벌 바르기, 쌓기 줄눈

④ 1 : 4 = 미장용 초벌 바르기

⑤ 1 : 5 = 기타 중요하지 않은 곳

Ⅶ 금속공사

1. 금속의 개요

1) 분류

① 비중 : 경금속(비중 4 이하), 중금속(비중 5 이상)

② 순도 : 순금속(100%), 합금

2) 재료

① 철강 : 탄소강, 특수강

② 비철금속 : 알루미늄과 그 합금, 구리와 그 합금, 납

3) 장단점

① 고체상태에서 결정, 열과 전기의 양도체

② 금속광택, 가공변형 용이, 경도↑, 내마모성↑

③ 비중↑, 녹이 스는 현상, 가공설비 필요, 고비용

④ 색채제한, 가열 시 역학적 성질 저하

4) 제품

① 형강, 봉강

② 판재, 선재

③ 보강철물 : 볼트와 너트, 뒤벨, 리벳

④ 바탕철물

5) 부식방지방법

① 상이한 금속 간 인접, 접촉 금지

② 균질한 것 선택, 사용시 큰 변형시키지 않기

③ 큰 변행을 시행한 경우 풀림화 작업 시행

④ 표면은 편평하고, 깨끗하게, 건조상태로 유지

⑤ 녹 발생시 즉시 제거

⑥ 방부보호피막작업 실시

6) 열처리 및 가공

구분	특성
풀림	• 높은 온도 가열 후 가마 내에서 서서히 냉각 • 강의 조직 표준화, 균질화 → 정상적인 성질로 회복
불림	• 변태점 이상 가열 후 공기 중에서 냉각 • 풀림처리보다 항복점 · 인장강도↑
담금질	• 금속을 고온으로 가열 후 물이나 기름에 냉각 • 강재를 용접할 때 유사
뜨임	• 담금질한 강을 변태점 이하에서 가열하여 인성 증가 • 경도 · 강도↓, 신장률 · 충격값↑
표면경화법	• 표면경화 → 내마모성과 내부에 인성 증가 처리
주조	• 용해된 금속을 틀 속에 부어넣어 응고한 후 원하는 형태로 제품화
단조	• 외부의 힘으로 재료 내 압력을 가해 원하는 형태로 성형 • 재료의 기계적인 성질 개선
판금	• 프레스기계로 판을 가공하여 다양한 모양 제조
압연	• 회전하는 롤러 사이에 재료 통과 • 판재, 형재, 관제 등으로 성형
절삭	• 선반, 드릴링 머신, 밀링머신 등의 절삭기계 이용 • 필요로 하는 형상으로 가공
가단	• 두들겨서 조작, 가공

2. 철재를 이용한 기법

1) 용접법

용접	• 접합부를 용융상태로 만든 후 용제를 첨가하여 접합 • 가스용접, 아크용접, 특수용접
압접	• 접합부를 냉간상태나 상온으로 가열 후 기계압력으로 접합 • 전기저항용접, 가스압접
납땜	• 녹는점이 낮은 금속을 접합부에 녹여서 접합 • 경납접, 연납접

2) 절단법

아크절단, 산소절단, 플라스마 절단

3) 철재의 조립 및 제작설치

녹막이처리 → 가공 → 절단 → 구멍뚫기 → 성형 → 용접 → 볼트 · 리벳접합 → 설치

Ⅷ 도장공사

1. 도료의 개요

1) 개념

① 물체의 표면을 도표하여 건조된 피막층을 형성

② 물체의 성능을 향상시키는 유동상태의 화학제품

2) 원료

① 유지, 수지, 안료

② 건조제, 희석재, 착색제

3) 종류

① 페인트

ㄱ 유성페인트 : 속성건조, 내후성, 내마모성, 금속·목재·콘크리트면

ㄴ 에나멜페인트 : 도막견고, 내후성, 내수성, 착색 선명, 목재·금속면

ㄷ 수성페인트 : 내알칼리성, 무광택, 모르타르·회반죽면

ㄹ 에멀션페인트 : 내수성 내구성, 목재·섬유판

ㅁ 아스팔트페인트 : 내수성, 내산성, 내알칼리성, 전기전열성, 방수, 방청, 전기전열용

② 바니시

ㄱ 투명한 광택이 있는 피막을 형성하는 도료

ㄴ 유성바니시 : 투명도료, 목재 내부용

ㄷ 휘발성 바니시 : 래크(목재 내부용, 가구용), 래커(목재, 금속면)

③ 합성수지도료

ㄱ 건조속도↑, 내산성, 내알칼리성, 내인화성, 내방화성

ㄴ 페놀수지, 에폭시수지, 아크릴수지, 요소멜라민수지, 비닐수지

ㄷ 비닐계 수지도료, 실리콘제(규소제)

④ 방청도료

ㄱ 금속면 보호, 부식방지, 녹막이도료

ㄴ 광명단 : 비중↑, 저장 곤란, 가장 많이 이용하는 도료

ㄷ 징크로메이드계, 방청산화철도료, 위시프라이머

2. 도장공사

1) 개념

① 도료를 사용하여 도막을 구성하는 일련의 공정

② 물체보호, 미적 향상, 색채조절, 안전표시 등

③ 도장하고자 하는 목적, 재료표면상태, 도장시기, 경제성 등 고려

2) 유형 분류

유형 분류	종류
도료 명칭	페인트칠, 바니시칠, 수성페인트칠, 방청·녹막이칠 등
도장방법	분체도장, 소부도장, 합성수지피막, 솔칠, 뿜칠, 침적도장 등
피도물	목재도장, 금속재도장, 콘크리트계 도장 등
도장공정	하도도장, 중도도장, 상도도장 등
도장목적	방청도장, 방부도장, 방청도장, 방음도장 등
피도물 용도	건축도장, 선박도장, 자동차도장 등
건조방법	자연건조도장, 가열전도도장 등

3) 도장방법별 특성

도장 방법	특성
분체도장	• 기계도장, 작업용이, 공정단축, 비용절감 • 색상 변경 곤란, 현장시공 불가, 가열건조시 고온 • 조경시설물, 운동기구
소부도장	• 다양한 색상 적용 가능, 분체도장보다 두꺼운 피막층 형성 • 건조로 필요, 현장시공 불가 • 내구성을 요하는 시설물
합성수지 피막	• 얇은 일정두께 피복, 반영구적, 다양한 색상 적용 가능 • 현장시공불가, 황백화현상, 철강재 이외의 적용 불가능 • 난간, 놀이시설물
솔칠	• 피도물의 특성에 맞는 도장, 작업용이 • 도장공 능력에 따라 결과물 좌우 • 소형시설물
뿜칠	• 피도물의 특성에 맞는 도장, 솔칠보다 시간절약, 작업용이 • 도장공 능력에 따라 결과물 좌우, 환경오염 • 벽체, 구조체
침적도장	• 작업용이, 도료손실 적음, 복잡한 형상도장시 유리 • 침전이 없는 도료한정 • 대형·소형 시설물의 내외면 녹막이칠

4) 도장의 결함

① 균열

　㉠ 건조제 과다 사용, 안료 유성분 비율↓

　㉡ 초벌건조 불충분, 초벌이 약하고 재벌피막이 강할 경우

　㉢ 금속면에 탄력성이 적은 도료 사용 시

　㉣ 건조시간, 배합비율 준수

② 도장박리

　㉠ 바탕처리 · 건조 불량, 기존도장 위 재도장, 작업미숙

　㉡ 초벌과 정벌작업 시 조합재료 차이

　㉢ 바탕면 연마 후 도료별 유의사항 체크

③ 흘러내림, 되뭉침, 주름

　㉠ 바닥면이 고르지 않은 경우

　㉡ 바탕처리 미숙

　㉢ 바탕면 연마 후 얇게 반복 작업

④ 백화

　㉠ 도장시 온도가 낮은 경우

　㉡ 공기 중 수증기가 도장면에 응축

　㉢ 온도, 습도, 환기 조건 확인 후 작업

⑤ 색분리, 변색

　㉠ 바탕면의 건조상태 불량

　㉡ 유기안료 사용시

　㉢ 바탕면 함수율 8% 이하, pH9 이하 유지

⑥ 붓자국, 광택 · 건조불량, 방울맺힘 등

▶ **참고**

> ➤ **도장시 주의해야 할 사항**
> - 정확한 도장 → 미장과 보호 효과 달성
> - 도장시 기상, 바탕재의 면 조정, 도료 및 도장설계, 도장방법 등
> - 한 가지 사항이라도 문제가 생기면 도막 결함으로 연결

04 조경시설공사

I 옥외시설물공사

1. 개요

1) 광의적 의미

① 옥외에 설치되는 조경시설물

② 조경시설물 중 옥외시설물을 별도로 구분하기에는 어려움 有

2) 협의적 의미

① 옥외에 보편적으로 설치되는 단위 시설물

㉠ 안내시설, 휴게시설, 편익시설, 관리시설

㉡ 환경조형시설, 경관조명시설 등

㉢ 대부분 공장에서 제작된 기성품 → 현장에서 조립 · 시공

② 기타 용도와 특성에 따라

㉠ 조경구조물, 수경시설, 운동시설, 유희시설 등

㉡ 현장여건에 맞게 디자인된 기성품, 구조물

2. 특징

1) 재료의 다양성

① 다양한 시설물에 적합한 다양한 재료

② 수목류, 목재, 철재, 석재, 포장재, 배관재, 도장재 등

2) 시설물의 비규격성

① 다양한 성격에 부합된 옥외시설물 설치

→ 표준화, 규격화의 어려움

② 이용자의 특성, 공간기능, 이용패턴, 주변경관 등 고려

3) 공사지역의 산재성

① 일정지역 내 집중적 시공 불가

② 타공사에 비해 시공의 효율성 저하

③ 시공관리의 어려움

4) 시설물의 작품성

① 예술성이 강조된 미적 시설물

　→ 기능적 · 경제적 기준 설치가 어려움

② 미적 감각 + 공학적 지식 + 재료특성에 대한 전문지식 필요

3. 종류

시설명	내용
안내시설	• 안내목적 • 게시판, 각종 표지판, 교통안내표지판, 상업광고 안내판 등
휴게시설	• 휴게 및 휴식을 위한 시설 • 의자, 파고라, 원두막, 정자 등
편익시설	• 편의를 제공하기 위한 시설 • 공중전화부스, 화분대, 시계탑, 우체통, 자전거보관대 등
관리시설	• 조경공간을 유지 · 관리하는데 필요한 시설 • 담장, 녹지보호책, 휴지통, 쓰레기처리장, 관리사무소 등
경관조명시설	• 조경공간의 조명과 야간경관 연출 • 정원등, 공원등, 수목등, 시설조명등, 광섬유 조명 등
환경조형시설	• 조경공간 내 설치되는 예술성 · 작품성이 있는 시설 • 기념물, 환경조각, 석탑, 상징탑, 부조 등

PLUS ➕ 개념플러스

옥외 시설물의 종류와 설치 지침

Ⅱ 조경구조물공사

1. 석축

1) 개요

① 석재중량과 배면토압이 균형을 이루어 안정성을 유지하는 구조물

② 옹벽의 일종으로 비탈면 보호, 흙막기, 토사붕괴방지용 설치

③ 석축의 방법

    ㉠ 채움방식(모르타르 사용 유무) : 찰쌓기, 메쌓기

    ㉡ 사용재료 : 견치석쌓기, 성돌쌓기, 첩석쌓기, 자연석쌓기

④ 견치석, 야면석, 깬돌, 깬잡석을 이용하여 축석

    ㉠ 견치석을 가장 많이 사용

    ㉡ 견치석의 형상은 재두각추체에 가깝고, 전면은 거의 평면을 이루며 대략 정사각형으로 뒷길이, 접촉면의 폭, 윗면 등이 규격화된 돌로서 접촉면의 폭은 전면 1변의 길이의 1/10 이상

2) 찰쌓기

① 표준기울기

석축 높이	절토시 기울기	성토시 기울기
1.5m	1 : 0.20	1 : 0.25
3.0m	1 : 0.25	1 : 0.30
5.0m	1 : 0.30	1 : 0.35
7.0m	1 : 0.35	1 : 0.40
7.0m 이상	1 : 0.40	1 : 0.45

② 주의사항

    ㉠ 쌓아올릴 때 콘크리트로 뒤채움, 줄눈은 모르타르

    ㉡ 전면기울기는 1 : 0.2 이상, 하루쌓기 높이는 1~1.2m

    ㉢ 배수를 위하여 1.5~3m²마다 1개소 비율로 설치

        → 상부보다는 하부 배치 多, 근원부 막힘 주의

3) 메쌓기

① 표준기울기

석축 높이	절토시 기울기	성토시 기울기
1.5m	1 : 0.25	1 : 0.30
3.0m	1 : 0.30	1 : 0.35
5.0m	1 : 0.35	1 : 0.40
7.0m	1 : 0.40	1 : 0.45
7.0m 이상	1 : 0.40	1 : 0.50

② 주의사항

㉠ 가장 저렴한 돌쌓기 방법

㉡ 전면기울기는 1 : 0.25 이상, 높이는 2m 이하

㉢ 접합부를 다듬고 뒤틈 사이에 고임돌을 고인 후 뒤채움 골재 채움

　　→ 전면 견치돌 사용, 뒤채움에 잡석 · 자갈 사용

㉣ 찰쌓기보다 많은 노력 요구

> ▶▶ **참고**
>
> ▶ **터파기 높이와 여유폭**
>
> | 터파기 심도 | 터파기 여유폭 |
> |---|---|
> | 1m 이하 | 20cm |
> | 2m 이하 | 30cm |
> | 4m 미만 | 50cm |
> | 4m 이상 | 60cm |

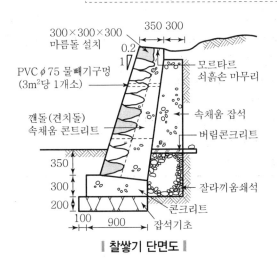

‖ 찰쌓기 단면도 ‖

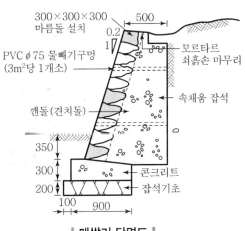

‖ 메쌓기 단면도 ‖

2. 옹벽

1) 개요

① 자연사면을 깎아 도로, 건물, 놀이공간 등의 평탄한 시설부지 확보를 위해 만든 구조물

② 옹벽형태는 지형조건, 기초지반의 지지력, 배면지반의 종류, 경사, 시공여유 및 상재하중 등 경제성 · 시공성 · 유지관리의 용이성 등을 종합하여 판단

2) 특성

유형	세부적 구분	내용
구조적 형태	중력식	• 자중으로 토압 등 외력을 견디는 형식 • 높이 4m, 비교적 낮은 경우 사용 • 부피, 무게↑→ 기초지반 견고 • 콘크리트, 돌쌓기 ※ 반중력식 : 단면을 론이고 철근콘크리트
	캔틸레버식	• 철근콘크리트 구조, 역 T형, L형, 높이 6m • 옹벽 배면에 흙의 무게를 보강하여 토압을 견딜 수 있는 안정성↑ • 중력식 옹벽보다 경제적
	부벽식	• 역 T형 옹벽 설계시 수직벽 강도가 부족한 경우 : 수직벽과 저판 위에 부벽 설치 • 구조적으로 가장 유리한 옹벽
재료적 특성	콘크리트	• 구조적 성능↑, 인공적 분위기 연출 • 배수구, 신축줄눈(9m) 설치 • 노출콘크리트 + 다양한 문양, 색채 연출
	침목 · 방부목	• 자연스러운 분위기 연출 • 재료의 불규칙한 규격, 제품 자체 내 못, 금속으로 인해 사용제약 • 침목 단점 개선한 방부목 → 가격↑
재료적 특성	콘크리트 블록	• 자연스런 분위기, 다양한 색채 연출 • 설치, 시공성 용이 • 콘크리트블록 + 식생 → 식생블록 옹벽(각광)
	돌망태	• 철사로 만든 장방형 주머니에 돌 채움 시공 • 자연미 + 인공미, 시공비↓

3. 계단

1) 개요

① 높이가 다른 두 바닥면을 연결하여 사람이 오르내리기 위해 만든 구조물

② 종류

ㄱ 구조적 형태 : 독립형 계단, 부속형 계단

ㄴ 기초시공법 : 무기초형, 평면 콘크리트 기초형, 계단형 콘크리트 기초형

ㄷ 재료 : 콘크리트계단, 화강석통석계단, 벽돌계단, 조립식 블록계단, 타일 및 판석 계단, 자연석통석계단 등

2) 재료별 단면도

① 점토벽돌계단

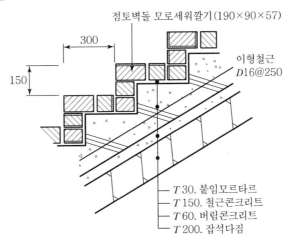

‖ 점토벽돌계단 단면도 ‖

② 화강석통석계단 & 자연석통석계단

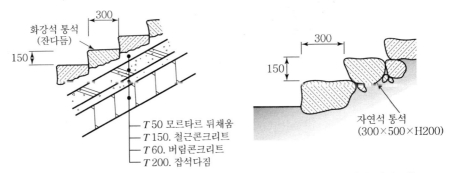

‖ 화강석통석계단 단면도 ‖   ‖ 자연석통석계단 단면도 ‖

4. 조경포장공사

1) 개요

① 보행자, 자전거, 차량통행의 원활한 소통 및 기능유지를 위해 설치한 포장

② 포장면의 지지력 증대, 토양유실 방지, 평탄성 확보, 통행성, 지표성, 미관증진 등

③ 포장면 표면배수 기울기

    ㉠ 원로, 보행자도로, 자전거도로 : 1.5~2.0%

    ㉡ 광장 : 0.5~1.0%

2) 유형 구분

① 이용자 : 보도용 포장, 자전거도로용 포장, 차량용 포장

② 재료별 : 모래포장, 석재포장, 콘크리트포장, 잔디포장 등

③ 공법별

    ㉠ 현장시공형 : 아스팔트포장, 콘크리트포장, 흙다짐포장

    ㉡ 2차 제품형 : 점토벽돌포장, 합성수지포장, 목재포장, 콩자갈포장

    ㉢ 식생 및 시트형 : 잔디블록포장, 인조잔디포장

④ 토양구조

연성포장(Fleible Pavement, 휨성포장)	강성포장(Rigid Pavement)
• 아스팔트 포장	• 시멘트 콘크리트 포장
• 노상, 노반(하층, 하층 · 기층 · 표층)	• 노상, 노반(상층 · 표층, 하층)

3) 포장단면도

① 점토벽돌포장

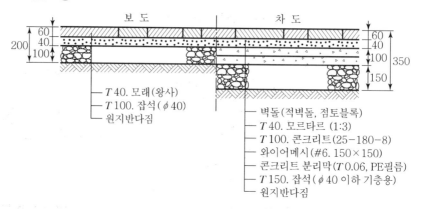

보 도   차 도

- T 40. 모래(왕사)
- T 100. 잡석 (ϕ 40)
- 원지반다짐

- 벽돌(적벽돌, 점토블록)
- T 40. 모르타르 (1:3)
- T 100. 콘크리트(25−180−8)
- 와이어메시 (#6. 150×150)
- 콘크리트 분리막 (T 0.06, PE필름)
- T 150. 잡석 (ϕ 40 이하 기층용)
- 원지반다짐

▎점토벽돌포장 단면도 ▎

▶ 참고

➤ **백화현상**
- 시멘트 가수분해로 인해 생기는 수산화칼륨과 공기 중의 탄산가스와 반응 후 생성
- 원인 : 방수처리 미흡, crack 발생, 재료결함, 배합 및 시공불량, 기상조건, 환경적 영향
- 대책 : 벽체 내부 방수처리, 균열방지, 충분한 양생, 우수품질재료(시멘트, 모래, 물) 사용

② 잔디블록포장

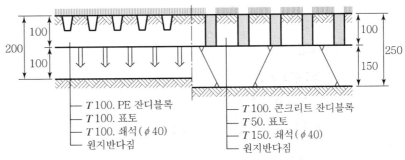

T 100. PE 잔디블록
T 100. 표토
T 100. 쇄석(ϕ 40)
원지반다짐

T 100. 콘크리트 잔디블록
T 50. 표토
T 150. 쇄석(ϕ 40)
원지반다짐

▌ **잔디블록포장 단면도** ▌

③ 고무블록포장

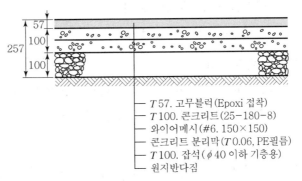

T 57. 고무블럭(Epoxi 접착)
T 100. 콘크리트(25-180-8)
와이어메시(#6. 150×150)
콘크리트 분리막(T 0.06, PE필름)
T 100. 잡석(ϕ 40 이하 기층용)
원지반다짐

▌ **고무블록포장 단면도** ▌

④ 콩자갈포장

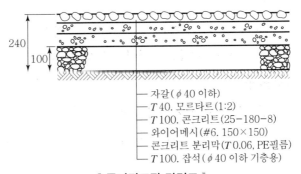

자갈(ϕ 40 이하)
T 40. 모르타르(1:2)
T 100. 콘크리트(25-180-8)
와이어메시(#6. 150×150)
콘크리트 분리막(T 0.06, PE필름)
T 100. 잡석(ϕ 40 이하 기층용)

▌ **콩자갈포장 단면도** ▌

Ⅲ 기타 공사

1. 수경시설

1) 개요

① 물을 이용하여 대상공간의 경관을 연출하기 위한 시설

② 물의 흐르는 형태에 따라 폭포, 벽천, 낙수천(흘러내림), 실개울(흐름), 못(고임), 분수(솟구침) 등으로 세분화

2) 고려사항

① 설치목적 정립

㉠ 물놀이형, 수변감상형, 수질정화형 등

㉡ 물의 연출에 중점을 두고 주변경관과 조화

② 주변조사

㉠ 지역의 기후적 특성 파악

㉡ 급수원과 보충수 확보 고려

㉢ 관계법규에 부합되는 계획

③ 급수원과 수질

㉠ 급수원은 상수, 지하수, 중수, 하천수 등 현지여건에 따라 적용

㉡ 수질은 설치목적, 종류, 주변환경 및 공급원수의 수질, 수량 검토

④ 방수

㉠ 구체의 방수는 담수형태와 특성 파악 후 결정

㉡ 액체방수, 점토방수, 벤토나이트방수 등

⑤ 설비

㉠ 유지목표수질에 따른 정수설비시스템 확립

㉡ 수경제어반, 수중등과 관련된 전기설비 고려

⑥ 유지관리

㉠ 안전성, 경관성, 기능성 목적

㉡ 점검, 청소 등의 관리목록 작성

3) 인공식물섬

① 개념

생태연못이나 호수 등의 수질개선, 생물서식공간, 경관향상 등을 목적으로 설치

② 기능 및 효과

ⓐ 수질개선

- 영양물질 흡수 : N, P 제거, 부영양화 방지

ⓑ 생물서식공간

- 수서생물, 어류, 양서파충류 등
- 생물다양성 증진

ⓒ 주변경관 개선

‖ **인공식물섬** ‖

③ 구조

수생식물 식재 + 부유체(부력) + 고정부(줄, 닻)

4) 폭포와 벽천

① 개념

지형의 높이차를 이용하여 물이 중력방향으로 떨어지는 특성을 활용한 수경시설

② 배치

ⓐ 입구, 광장, 주요 조형요소, 결절점의 초점경관
ⓑ 미기후, 태양광선, 주시각방향 등의 연출효과 감안한 배치
ⓒ 유지관리가 용이한 곳 선정

③ 입면 및 평면형태

ⓐ 자연지형과 조화를 이루는 형태
ⓑ 여러 개의 못을 배치할 경우 상부는 작게, 하부는 크게
ⓒ 설치되는 장소의 공간규모 고려

④ 구조 및 설비

ⓐ 급배수, 전기, 펌프 등 설비시설의 경제성, 효율성, 시공성 고려
ⓑ 물의 순환이용을 위한 저류조 반영
ⓒ 벽체나 바닥수조 내 야간경관 연출을 위한 경관조명 설치

5) 실개울

① 개념

지형의 높이차를 이용하여 물의 경사방향으로 흘러가는 특성을 활용한 수경시설

② 배치

㉠ 입구, 광장, 주요 조형요소, 결절점의 초점경관

㉡ 지형차는 적으나 기울어짐이 있는 곳에 배치

㉢ 못이나 분수 등과 연계하여 설계

③ 입면 및 평면형태

㉠ 설계공간의 특성, 지형조건, 주변시설 등을 고려

㉡ 실개울 형태

• 자연형 공간 · 녹지공간 : 자연소재를 이용한 곡선형 실개울

• 정형적 공간 · 포장공간 : 인공소재를 활용한 직선형 실개울

㉢ 기울기

• 급한 수로는 물거품 생성을 위해 거칠게 처리

• 약한 수로는 수로폭, 선형, 경계부 처리로 다양한 경관 연출

㉣ 평균 물깊이 3~4cm

④ 구조 및 설비

㉠ 물의 순환을 위한 충분한 용량의 하부 못이나 저류조 반영

㉡ 바닥면 훼손방지와 일정수심 유지 → 낙차공, 물흐름 방해석 배치

㉢ 실개울이 길 경우 지면부등침하 대비

⑤ 물의 순환횟수

㉠ 친수시설 : 1일 2회

㉡ 경관용수 : 1일 1회

㉢ 자연관찰용수 : 2일 1회

PLUS ➕ 개념플러스

자연계류형 인공폭포 조성 공사시 고려해야 할 구성요소, 설비, 효율적 시공방법
→ 폭포 + 실개울 접목시켜 생각

---

6) 연못

① 개념

ㄱ 자연적으로나 인위적으로 넓고 깊게 파인 땅에 물이 고이도록 만든 수경시설

ㄴ 수질정화, 경관향상, 야생동물 서식처용으로 조성

ㄷ 침전지, 수생식물 식재구역, 개방수면 비율 중요

② 배치

ㄱ 입구, 광장, 주요 조형요소, 결절점의 초점경관

ㄴ 자연급수, 인공급수 등의 여건에 맞게 반영

③ 입면 및 평면형태

ㄱ 수리, 수량, 수질의 3요소 충분히 고려

ㄴ 수면의 깊이는 연출계획과 이용의 안전성 확보

ㄷ 못 내 시설물 배치 시 물을 뺀 다음의 미관 고려

ㄹ 못의 측벽부 토압에 견딜 수 있는 구조로 설계

④ 구조 및 설비

ㄱ 연못의 기능, 형태, 규모를 고려한 재료, 마감방법 선정

- 단, 내구성과 유지관리 고려
- 점토, 벤토나이트, 콘크리트, 자연석, 타일붙임 등

ㄴ 인공연못일 경우 배수시설, 수위조절을 위한 오버플로 설치

ㄷ 물고기를 키울 경우 수위를 동결심도 이상으로 설계

ㄹ 유입구, 배수구 → 쓰레기 거름용 철망 적용

ㅁ 겨울철 설비의 동파 방지를 위해 퇴수밸브 설치

PLUS ➕ 개념플러스

> 도심지 내 무분별하게 도입이 많이 이루어지고 있는 생태연못의 문제점 &
> 앞으로의 발전방향

▶▶ **참고**

➤ **연못 방수공법**

1 점토방수
① 자연환경 적용 시 가장 이상적인 방법(옥상연못 ×)
② 강우시 물의 탁도 증가, 손실위험
③ 수생식물을 식재하여 수질정화
④ 깊이 1.5~1.8m 구덩이 → 지반 잡석, 생석회 다짐 →
　점토 20~30cm 깔고 다짐 → 자갈깔기, 시트방수

2 벤토나이트방수/시트방수
① 과거 벤토나이트 매트와 상부 필름 따로 제작 시공
　→ 현재 개량형(외부 플라스틱 필름 + 내부 벤토나이트)
② 돌출부나 곡선에 상관없이 시공가능
③ 시공 전 습기주의 → 방수성능 저하
④ 구조물 바탕정리 → 방수취약부위 방수모르타르 → 건조 후 구조체와 밀착되게 시트
　부착 → 이음새 테이핑 → 누름콘크리트 고정 → 상부 자연석 마감

3 산포법
① 흐르는 개울에 적용하여 침하와 세굴방지
② 침식, 토사유출부위 사전조사하여 적용
③ 사전조사 → 벤토나이트＋점토혼합 → 마무리부분 실링마감
　→ 상부 코이어롤, 블록제 마감

4 액체방수
① 가장 저렴하면서 일반적으로 많이 사용되는 방법
② 진동, 움직임, crack에 취약하여 누수사례 빈번
③ 1종, 2종 반영
　방수시멘트 페이스트 → 방수용액 → 방수모르타르

➤ **전통 연못의 방수공법**

1 개념
완전방수의 개념보다는 내수의 의미

2 단면층
① 구성재료 : 점토 · 강회(주재료), 모래, 자갈
② Layer
• 바닥층 : 지반안정층, 내수층
• 측면 : 석축 쌓은 후 점토 · 나토 뒤채움
• 상부 : 자갈 또는 호박돌 포설

3 사례
안압지, 안학궁, 대성산성

7) 분수

① 개념

  ㉠ 공공장소 내 물받이를 만들고 물을 솟구치게 만든 수경시설

  ㉡ 경관 향상 및 관람자에게 청량감 제공

② 배치

  ㉠ 입구, 광장, 주요 조형요소, 결절점의 초점경관

  ㉡ 계획공간 내 지형이 낮은 곳에 위치한 못 안에 설치

③ 입면 및 평면형태

  ㉠ 주변지형, 공간규모에 어울리는 형태

  ㉡ 물이 없을 경우의 경관 고려

  ㉢ 수조의 너비

   • 일반적으로 분수높이의 2배

   • 바람의 영향을 받는 곳은 분수높이의 4배

④ 구조 및 설비

  ㉠ 급배수, 전기, 펌프 등 설비시설의 경제성, 효율성, 시공성 고려

  ㉡ 바람에 의한 흩어짐을 고려하여 분출높이 3배 이상의 공간 확보

2. 놀이공간 & 놀이시설

1) 개요

 ① 놀이시설 : 어린이 놀이를 목적으로 설치하는 시설물

 ② 놀이공간 : 어린이들의 신체단련 및 정신수양을 목적으로 설치하는 어린이놀이터,
  유아놀이터 등의 공간

2) 설계시 고려사항

 ① 면적, 시설 등의 법적 검토

 ② 설계대상공간의 현황분석조사

 ③ 이용자의 구성(나이, 성별, 이용대상 시간대 등)

 ④ 이용계층(어린이용, 유아용) 구분

 ⑤ 장애인의 행동 · 심리 특성을 고려하여 장애인의 이용 고려

 ⑥ 안전성, 기능성, 쾌적성, 조형성, 창의성, 유지관리 등

3) 놀이공간의 구성

① 입지

　㉠ 어린이의 이용에 편리하고, 햇볕이 잘 드는 곳

　㉡ 이용자 연령, 계층을 고려하여 공간 구분

　㉢ 입지에 따른 규모, 형상을 달리하여 장소성 부각

② 평면구성

　㉠ 놀이공간, 휴게공간(관리시설), 보행공간, 녹지공간 구분

　㉡ 놀이터 입구는 도로변에 면하지 않게 배치(2개소 이상)

　㉢ 놀이시설 설치공간, 이용공간, 완충공간 반영

③ 시설배치

　㉠ 단위놀이시설, 복합놀이시설 등을 조화되게 구분해 설치

　㉡ 하나의 놀이공간 내 동일시설 중복배치 ×

　㉢ 동적 놀이시설과 정적 놀이시설 분리

　㉣ 각 기능이 순환연계되도록 배치 → 단, 놀이공간과 통과동선이 상충되지 않게 조율

④ 배식

　㉠ 녹음성, 관상성, 기능성을 가진 수목 선정

　㉡ 넓은 포장공간 주변은 그늘목(대형목) 식재

　㉢ 주거지역 인접시 사생활보호를 위한 방음 · 차폐식재

　㉣ 어린이들에게 위해의 염려가 있는 수목 배제

　㉤ EQ, IQ를 증진시킬 수 있는 계절감 있는 수종 식재

4) 놀이형태와 시설유형

① 놀이형태

　㉠ 매달리기, 오르기, 숨기, 일어서기, 기어가기, 달리기 등

　㉡ 다양한 유형의 놀이형태를 통해 균형감, 조형감, 사회성 증진

② 시설유형

　㉠ 기능 : 한정이용시설, 복합이용시설, 창조적 이용시설, 물놀이시설

　㉡ 설치방식 : 고정식, 이동식

　㉢ 이용자 연령 : 유아놀이시설, 유년놀이시설, 소년놀이시설

　㉣ 설치장소 : 실내놀이시설, 어린이놀이터, 공공놀이시설, 유원시설

　㉤ 주제부여 : 모험, 전통, 감성, 조형, 학습놀이시설

3. 운동공간 & 운동시설

1) 개요

① 운동시설 : 이용자의 운동 및 체력단련을 목적으로 설치되는 시설

② 운동공간 : 이용자의 신체단련 및 운동을 위해 설치하는 공간

2) 설계시 고려사항

① 운동시설의 종류나 규격(체육시설의 설치 · 이용에 관한 법률 의거)

② 종류별 설계대상공간의 경우 관련법 적용

    ㉠ 도시공원(도시공원 및 녹지등에 관한 법률)

    ㉡ 자연공원(자연공원법)

    ㉢ 공동주택단지(주택법)

    ㉣ 휴양림(산림법)

    ㉤ 청소년수련장(청소년기본법)

③ 어린이, 노인, 장애인의 접근과 이용에 불편이 없는 구조와 형태

④ 각 경기의 특성을 감안한 여유공간 확보

3) 운동공간의 구성

① 입지

    ㉠ 쾌적한 경기조건, 자연환경 등을 고려

    ㉡ 설계대상의 성격, 규모, 이용권, 보행동선 등 배치

    ㉢ 배수와 급수, 시설의 유지관리가 용이한 부지 선택

② 평면구성

    ㉠ 운동시설공간, 휴게공간(관리시설), 보행공간, 녹지공간 구분

    ㉡ 이용자가 다수인 경우 주차장과 입구, 광장과 연계

    ㉢ 운동공간과 도로, 주차장 기타 인접시설물 사이 완충공간 확보

    ㉣ 운동장 내 공간규모, 이용자 나이 등을 고려한 운동시설 배치

PLUS ⊕ 개념플러스

운동시설별 규격이 제시된 평면도 작성

→ 테니스장, 배드민턴장, 농구장, 게이트볼장, 축구장

③ 시설배치

　㉠ 이용자 나이, 성별, 이용시간대, 선호도 등을 고려한 도입시설

　㉡ 주거지역 인접시 밤 이용이 예상되는 시설 배제

　㉢ 하나의 설계대상공간 내 서로 다른 운동시설 배치

　㉣ 설계대상공간의 규모와 이용량을 고려하여 체력단련시설 배치

④ 배식

　㉠ 녹음성, 관상성, 기능성을 가진 수목 선정

　㉡ 넓은 포장공간 주변은 그늘목(대형목) 식재

　㉢ 주거지역 인접 시 사생활보호를 위한 방음 · 차폐식재

I 수목식재

1. 개요

1) 요건

① 설계 해당 지역의 환경조건에 적합, 수목 구입 용이

② 수목의 계절적 특성, 고유 수형, 크기 등 고려

③ 혼식의 경우 각 수종 상호 간 병충해를 야기하지 않는 수목 선정

2) 분류법

① 자연적 형상 : 교목/관목, 상록/낙엽, 침엽/활엽/만경류 등

② 생태특성상 : 중부/남부/해안, 심근성/천근성, 양수/중용수/음수

③ 지역특성상 : 향토수종, 외래수종

2. 규격표시

1) 측정기준

① 수고(H) : 지표면에서 수관 정상까지의 거리

② 수관폭(W) : 수관투영면 양단 직선거리

③ 흉고직경(B)

   ㉠ 지표면에서 1.2m 부위의 수간지름

   ㉡ 쌍간시 각간 흉고지름값 70% 적용

④ 근원직경(R)

   ㉠ 지표면의 수간지름

   ㉡ 흉고 이하에서 분지특성을 가진 교목, 관목, 만경류, 어린 묘목 등 적용

   ㉢ 실측 및 환산표에 의한 수목외 규격환산이 곤란한 경우

    → 근원직경은 흉고직경의 1.2배 적용(R = 1.2B)

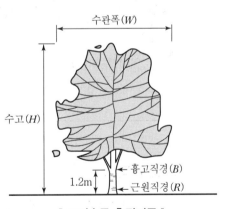

‖ 조경수목 측정기준 ‖

2) 성상별 · 수형별 기준

① 교목류 : 상록교목(H × W), 낙엽교목(H × B, H × R)

② 관목류 : H × W, 연생 × 가짓수 / 만경류 : H × R

Ⅱ 수목굴취

1. 뿌리분의 크기와 형태

① 뿌리분 : 뿌리와 흙이 서로 밀착된 덩어리

② 크기 : 뿌리분의 지름(cm) = $24 + (N-3) \times d$

여기서, N : 근원지름(cm), d : 상수 4(낙엽수를 털어서 파올릴 경우 5)

③ 형태

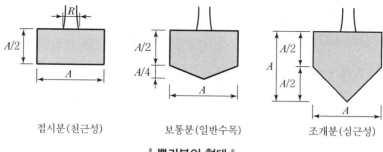

접시분(천근성)   보통분(일반수목)   조개분(심근성)

┃ **뿌리분의 형태** ┃

2. 수목과 뿌리분의 중량

수목의 중량	뿌리분의 중량
$W = W_1 + W_2$ 여기서, W : 수목이식 시의 수목중량 W_1 : 수목의 지상부 중량(수간＋지엽) W_2 : 수목의 지하부 중량	• 접시분 $V = \pi r^3$ • 조개분 $V = \pi r + \dfrac{1}{3}\pi r^3$ • 보통분 $V = \pi r + \dfrac{1}{6}\pi r^3$

3. 굴취법

① 뿌리감기굴취법 : 토양을 붙여서 분을 만드는 방법

② 나근굴취법 : 흙을 털고 뿌리만 캐는 방법

③ 기타 굴취법

　㉠ 추적굴취법 : 뿌리의 끝부분을 추적해나가는 방법

　㉡ 동토법 : 낙엽수 뿌리 주위를 파내서 그대로 심는 방법

　㉢ 상취법 : 수목 뿌리분을 사각형 상자에 담아 운반·이식

Ⅲ 수목이식

1. 검토사항

① 본래의 생육조건과 이식지의 생육조건을 충분히 조사

　　→ 지형, 경사, 지질, 토성, 광, 온도, 수분, 교통, 특수사항 등

② 뿌리의 분포, 2차근, 심근성, 천근성, 식재밀도 등 현장사전조사

③ 이식규격은 근원직경 적용

④ 가식의 경우 식재부분 80%만 적용

⑤ 대형목 이식, 부적기 이식 등 특수기술 적용 여부

2. 뿌리돌림

① 대상수목

　㉠ 노거수나 잔뿌리의 발생이 어려운 수목

　㉡ 이식이 곤란한 수목

② 뿌리분의 크기와 형태

　㉠ 근원직경의 5~6배 표준

　㉡ 깊이는 측근의 발생밀도가 현저하게 줄어든 부위까지

　㉢ 수목에 따른 뿌리분 적용유형

　　• 일반 수목의 경우 보통분

　　• 심근성 수목 조개분

　　• 천근성 수목 접시분

③ 뿌리돌림 시기

　㉠ 사업시행 초기단계 계획수립

　㉡ 시행시기는 이식하기 1~2년 전

④ 뿌리분의 보호

　㉠ 뿌리분은 결속재를 이용하여 감아주고, 보호조치

　㉡ 철선, 새끼, 녹화끈, 녹화마대, 가마니, 밴드, 거적 등

　㉢ 고무밴드의 경우 분해 × → 특별한 경우 이외에는 사용 자제

　㉣ 뿌리의 절단면은 보호조치 후 부패방지용 약제 처치

3. 이식시기

구분		내용
춘식	이식시기	• 봄에 발아하기 전 이식(눈이 싹트기 전) 　㉠ 해토 직후 3월 초~3월 중순 　㉡ 상록수 : 4월 상·중순 　㉢ 낙엽수 : 해토 직후~4월 초 　㉣ 시기를 놓쳤을 경우 장마기 6~7월 • 이른 봄 낮은 기온에 고사 주의
	장점	• 뿌리활착 용이 • 상해, 한해 위험성↓ • 이식 후 경과, 생장과정을 단시일 내 파악
	단점	• 추식에 비해 식재기간↓ • 늦은 봄 발육이 진행되었을 경우 고사율↑
추식	이식시기	• 10월 하순~11월 • 휴면시기이므로 전체적으로 안전한 시기 • 대부분 낙엽활엽수 적용
	장점	• 식재기간이 춘식보다 비교적 긺 • 활착률↑, 장기간 식재기간 가능 • 춘식보다 월등한 생장력
	단점	• 이식성공 여부가 춘식보다 오래 소요 • 동결, 상해시 뿌리노출위험 • 동해, 과습토 지역시 뿌리썩음현상 발생
중간식	이식시기	• 추식과 춘식의 시기를 제외한 시기 • 늦봄부터 초가을 전까지
	만춘식	• 고온을 필요로 하는 수종 • 공중습도가 높은 조건을 필요로 하는 수종 　→ 늦봄부터 장마기 사이 이식 • 상록활엽수
	하계식	• 열대, 난대수목의 경우 초여름 활착 가능 • 여름철 식재나 이식을 하지 않는 것이 원칙이나 특수한 경우 적용 • 소철, 종려나무, 협죽도, 팔손이 등

4. 대형목 이식

① 이식장소, 거리, 도로사정, 작업조건, 토양조건 등 고려

　　→ 수관크기, 뿌리분 크기, 운반방법 결정

② 수목 간의 관계, 주위에 미치는 영향 고려

③ 식재 후 수분, 산소공급 유지를 위해 투수관 설치

5. 식재부적기 이식

① 하절기 식재(5~9월)

　　㉠ 낙엽활엽수는 잎 2/3, 가지 1/2 전정 후 관수, 멀칭시 하자율 저하

　　　→ 가지 내부에서 외부 쪽으로 잎훑기

　　㉡ 굴취 전 가지치기 후 정아, 부정아, 잠아가 움직이기 시작하면 신속하게 이식

　　　→ 잎훑기보다 활착 정도 높음

　　㉢ 상록활엽수 이식시 수목 전체 부위 증산억제제 뿌리기

② 동절기 식재(12~2월)

　　㉠ 식재시 수간 및 수관 전체에 보온 보조재로 동해방지

　　㉡ 표토동결을 방지하기 위해 복토, 멀칭처리

　　㉢ 필요시 방풍네트, 서리제거장치 등 설치

MEMO

PART

06 조경관리학

CONTENTS

SECTION

01 조경관리

PROFESSIONAL ENGINEER LANDSCAPE ARCHITECTURE

I 개요

1. 개념

① 환경 재창조와 쾌적함 연출 목적을 위한 조경공간 관리
② 조경공간의 질적수준 향상과 유지 · 운영 · 이용에 관한 관리

2. 유형구분

구분	내용
유지관리	• 대상공간의 모든 구성요소에 대한 관리 • 수목, 지피초화류, 야생식물, 기반시설물, 편익 · 유희시설물, 건축물
운영관리	• 기능의 효과적인 발휘를 위한 관리 • 예산, 재무제도, 조직, 재산 등의 관리
이용관리	• 이용자에 대한 관리 • 안전관리, 이용지도, 홍보, 행사프로그램 주도, 주민참여 유도

II 조경관리

1. 유지관리 & 운영관리

1) 목표

① 유지관리

ㄱ. 수목, 시설물 관리

ㄴ. 본래 기능을 양호한 상태로 유지

② 운영관리

ㄱ. 일상 이용시 관리대상의 기능 최대한 발휘

ㄴ. 이용자의 쾌적하고 안전한 이용

2) 운영관리계획 수립

① 단위조경공간의 관리규모와 수준 책정

② 각 분야별 관리기술과 대응책 강구

  ㉠ 자연에 대한 간섭(이용과 관리) 정도

  ㉡ 관리기준은 유지수준 정도

③ 관리계획의 수립조건

구분	내용
환경조건	• 자연조건 : 토양, 지형, 온도, 바람 등 • 인위조건 : 오염, 공해, 이용빈도, 이용자 수, 이용행태 등
시설조건	• 종류, 설치목적, 형태, 규모, 재질, 수량 등 • 점검내용, 보수내용, 시기, 횟수 등
기타 조건	• 제도, 제원, 조직 등 • 관리체계 정비, 기능향상요소 등

3) 운영관리방식

방식	대상	장점	단점
직영	• 긴급대응이 필요한 업무 • 연속작업 불가 업무 • 중간체크가 어려운 업무 • 금액 적고 간편한 업무 • 유지관리성 업무	• 책임소재 명확 • 긴급대응 가능 • 관리실태 파악 • 임기응변 조치 가능 • 관리효율 향상	• 업무 타성화 • 인건비 부담 • 관리직원 정체
도급	• 장기단순업무 • 전문지식, 자격 요하는 업무 • 규모 크고, 기술 요하는 업무 • 특수장비를 요하는 업무 • 직영관리가 어려운 업무	• 관리의 효율화 • 전문가 활용 • 관리단순화 • 관리비↓	• 책임소재 불명확 • 관리직원 작업미숙시 : 전문기술 활용 미진

2. 이용관리

1) 목표

① 조성목적에 적합한 이용 유도

② 적극적 이용을 위한 프로그램 작성 및 이용업무 수반

2) 이용자관리

구분	내용
이용지도	• 행위의 금지 및 주의 : 보존, 보전, 보호 • 이용안내 : 안전하고 쾌적한 이용 • 레크리에이션 활동에 대한 상담 · 지도
행사(이벤트)	• 행사개최 필요성 : 행정홍보수단, 커뮤니티활동, 공원녹지 이용 • 행사개최형태 : 공공행사, 체력 · 건강향상 · 오락행사, 문화행사
홍보 · 정보제공 및 의견청취	• 홍보 · 정보제공 : 홍보지, TV, 라디오, 간행물 등 • 의견청취 : 여론조사, 설문조사, 시설견학, 시정간담회 등
안전관리	• 설치하자 · 관리하자 · 부주의 사고에 대한 안전기준 마련 • 사고처리 및 보상대책 수립

▶▶ 참고

▶ **환경해설**

1 정의
① 처음 방문한 환경에 대한 인식을 넓혀주는 활동
② 방문자가 환경이 지니고 있는 다양한 상호관련성을 느끼게 함

2 목표
① 자연환경과 사회환경 간의 연관성 이해
② 환경문제 인지와 해결능력을 지닌 책임감 있는 시민 육성

3 목적
① 방문객의 만족도 상승
• 예리한 인식능력, 감성능력, 이해능력 부여
• 방문객의 풍요롭고 즐거운 경험 도움
• 친환경적 환경관 재정립
② 환경자원관리 목표 성취
• 자연환경 내에서 적절한 행동 유도
• 과잉이용에 따른 훼손지역, 훼손잠재지역 완충
• 자연자원에 대한 인간의 영향력 최소화
③ 홍보수단 활용
• 대상지역 개발 및 관리주체에 대한 정보 제공
• 프로그램 이해 촉진
• 자연 및 관리자 이미지 개선

3. 레크리에이션 관리

1) 목표

① 이용자의 쾌적한 레크리에이션 활동

② 녹지공간의 만족스러운 이용 최대한 보장

③ 레크리에이션 자원의 유지 · 보수

④ 경제적 효율성, 균형성, 공공적 요구 부응

2) 관리의 기본전략

구분	내용
완전방임형	• 가장 원시적 · 재래적 방법 • 자원파괴가 심각한 경우 적용 불가
폐쇄 후 자연회복형	• 레크리에이션 이용에 따라 부지조건이 악화된 경우 • 부지폐쇄를 통한 재생복원 • 오랜 회복시간, 자연중심형 자연지역 적용
폐쇄 후 육성관리	• 손상된 부지 폐쇄 후 빠른 회복을 위해 육성관리 • 외래종 도입, 토양통기작업, 시비 등 • 이용객의 이용이 많은 지역 적용
순환식 개방에 의한 휴식기간 확보	• 충분한 시설과 공간 확보시 가능 • 대부분 공간 미확보로 폐쇄 후 자연회복형, 육성관리형으로 진행
계속적인 개방 · 이용상태 하에서 육성관리	• 가장 이상적 관리전략 • 레크리에이션 활동이 유지되면서 손상구간 복원 • 자연적 생산력이 크고 안정된 부지 내 적용

3) 관리체계

① 이용자관리(Visitor Management)

　㉠ 관리프로그램

　　• 이용자 이용정보, 교육프로그램

　㉡ 이용자 제 특성 이해

　　• 이용자 요구도 위계구조, 참가유형, 이용자 지각특성 등

② 자원관리(Resource Management)

　㉠ 모니터링 : 인간활동에 영향을 주는 모든 주요자원

　㉡ 프로그래밍 : 부지, 식생, 경관, 생태계, 안전관리 등 포함

③ 서비스관리(Service Management)

　㉠ 제한인자 : 관리기관 간 편차, 서비스유형, 이용자태도

　㉡ 관리프로그램 : 지역·부지계획, 특별서비스, 임대차관리

PLUS ➕ 개념플러스

- 레크리에이션 기회스펙트럼(ROS)의 개념, 등급구분, 기준
- 레크리에이션 자격계획시 LAC(허용한계설정) 개념과 설정과정

---

4) 레크리에이션 수용력

① 레크리에이션 공간의 물리·생물학적 환경과 이용자의 이용질에 있어 심각한 악영향을 주지 않은 범위 내에서 이용수준, 공간성격, 이용자 태도 등에 영향을 줌

② 학자들 간 수용력 유형구분

　㉠ LaPage(1963) : 심미적 수용력, 생물적 수용력

　㉡ Chubb & Ashton(1969) : 공간용량, 수용용량

　㉢ O'Riordan(1969) : 환경용량

　㉣ Aldredge(1972) : 시설용량, 자원한계용량, 이용자용량

　㉤ Sudia & simpson(1972) : 설계수용력, 최대수용력, 적정수용력

　㉥ Penfold(1972) : 물리적 수용력, 생태적 수용력, 심리적 수용력

　㉦ Reiner(1975) : 물리적 수용력, 행위적 수용력, 생리적 수용력

　㉧ Godschalk & Parker(1975) : 환경용량, 제도적 수용력, 지각용량

　㉨ 近藤三雄(1980) : 표준수용력, 한계수용력, 적정수용력

▶▶ 참고

▶ 레크리에이션 해설방법

1 안내자 서비스 해설기법

　① 거점식(일정장소, 방문객센터 등)

　② 이동식(자연체험, 자연게임 등)

　③ 강연식(실내, 야외교실, 슬라이드, 영상매체 등)

　④ 제헌식(역사 재현)

2 자기안내 해설기법

　① 전시물(표본전시, 모형제작설치, 해설판 등)

　② 간행물(해설물, 팜플렛 등)

　③ 멀티미디어(녹음정보, 영상물 등)

Ⅰ 수목관리

1. 식재 후 수목관리

1) 지주목

① 3년 이상 식재수목을 지지할 수 있을 정도의 내구성 有

② 재료, 색채, 형태 등 자연친화적 재료 사용

③ 수피의 손상을 최소화하기 위한 보조재(마대, 고무) 설치

④ 종류

⑦ 수목보호용 : 자동차, 보행인, 기계 등으로부터 보호

ⓛ 수목지지용 : 뿌리나 뿌리분의 고착

⑤ 지주 설치방법

구분	설치방법
단각	• 묘목이나 수고 1.2m 이하의 수목에서 지주가 필요한 경우 • 나무줄기의 굵기보다 굵은 1개의 말뚝 고정 • 수목을 고정시키는 가장 쉬운 방법
이각	• 소형 가로수나 수고 1.2~2.5m 이하 수목 • 수목의 중심부터 양쪽으로 일정간격을 벌려 말뚝 고정
삼발이형 (버팀형)	• 견고한 지지를 필요로 하는 수목, R20 이상 수목 • 길이 3m이하, 말구지름 10~15cm 굵은 통나무지주 3본 조합 • 60° 경사로 펼쳐 주간을 잡아메고 지주를 묻는 방법
삼각	• 수고 1.2~4.5m 수목 적용 • 보행자의 통행이 빈번한 곳 적용 • 각재, 박피통나무, 파이프 등 이용
사각	• 삼각 지주보다 견고하게 고정시킬 필요가 있는 수목 • 수간지름 25cm가 넘는 수목 • 미관상 아름답고 가장 튼튼한 방법

구분	설치방법
연계형	• 동일한 규격의 수목이 연속적으로 식재될 경우 • 통나무를 수평으로 사용하여 각각 결속한 후 중요지점에 버팀형 지주를 세워 고정 • 적은 수의 지주목으로 많은 수목을 고정시키는 효과적 방법
당김줄형	• 대형목, 경관을 요하는 중요지점에 설치 • 수목주간에 완충재를 감아 수피를 보호하고, 그 부위에서 세 방향으로 철선을 당겨 지표면 말뚝에 고정시키는 방법 • 눈에 잘 띄지 않아 통행인의 보행시 안전사고 유의 • 철선 끝 스트링을 연결하여 돌풍에 의한 쇼크 방지
매몰형	• 경관을 요하는 중요위치, 지주목에 의해 통행장애유발시 • 지하에 뿌리분을 고정하여 지주목의 효과를 얻고자 할 경우 • 많은 시간, 인력, 경비를 요하는 방법

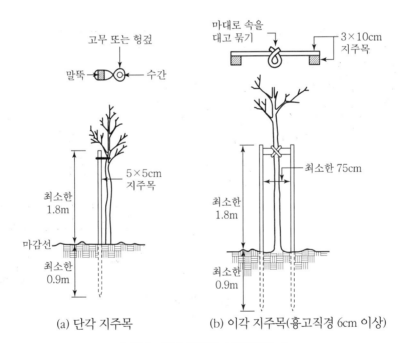

(a) 단각 지주목   (b) 이각 지주목(흉고직경 6cm 이상)

‖ 단각, 이각 지주목 설치상세도 ‖

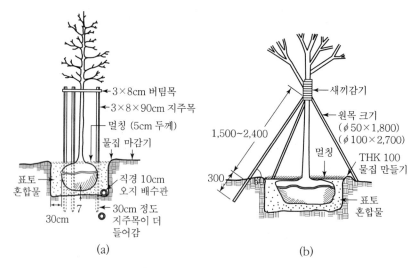

‖ 삼각 지주목 설치상세도 ‖

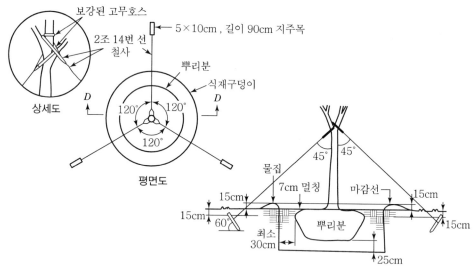

‖ 당김줄 설치상세도 ‖

2) 뿌리보호 덮개

　① 식재지의 공간특성, 이용특성, 장식효과, 유지관리 등 고려

　② 식재수목의 토양환경을 양호한 상태로 유지

　③ 수목의 성장을 고려한 내경과 외경

　④ 장소성을 고려한 디자인 개발 및 적용

3) 멀칭재

① 개념 : 특정재료를 이용하여 토양피복 후 식물생육 증진

② 고려사항

　㉠ 장식성, 구입용이성, 병충해 등 고려

　㉡ 자연친화적 재료로 자연상태에서 분해 가능한 재료 선정

　㉢ 바크, 왕겨, 색자갈, 볏짚, 분쇄목, 모래, 톱밥, 낙엽 등

③ 효과

　㉠ 토양수분유지, 구조개선, 비옥도 증진

　㉡ 토양침식, 고결화, 점토질토양 갈라짐 방지

　㉢ 염분농도, 온도조절

　㉣ 잡초, 병충해 발생 억제

4) 결속재

① 뿌리분은 결속재를 이용하여 감아주고, 보호조치

② 철선, 새끼, 녹화끈, 녹화마대, 가마니, 밴드, 거적 등

③ 고무밴드의 경우 분해 × → 특별한 경우 이외 사용자제

2. 관수와 시비

1) 관수

① 침수식

　㉠ 수간 주위 도랑을 파서 수분공급

　㉡ 측방에서 천천히 물이 스며들도록 하는 방법

　㉢ 급수구의 위치나 토성에 따라 고르게 관수되지 못하는 경우 有

② 도랑식

　㉠ 도랑을 통해 비교적 균일하게 관수할 수 있는 방법

　㉡ 노랑의 길이는 급수구 개수에 따라 달리김

③ 스프링클러식

　㉠ 스프링클러의 배치, 수압, 풍향조건 등에 따라 관수 균일성 다름

　㉡ 동시적으로 큰 면적 관수 가능, 노동력 절감, 균일한 관수

　㉢ 토양경도↑, 지표면 유실 증가, 많은 수분공급으로 식물생육 지장

2) 시비

① 개념

㉠ 수목 성장을 위해 천연·인공양분을 공급하는 적극적 수목관리방법

㉡ 근계발달을 촉진시켜 잎의 생육을 도와 병해충 저항성 증진

② 결핍원소의 현상과 보정

구분	세분화	활엽수 결핍현상	시비방법
		침엽수 결핍현상	
다량원소	질소 (N)	• 황록색 갈변 • 잎 크기 작고 두껍게 변함 • 조기낙엽현상	• 토양시비시 : 100m²당 1~2kg • 엽면시비 : 물 100L당 1kg 희석 후 잎에 살포
		• 침엽이 짧고 황색 • 수관상부 녹색, 하부 황색	
	인 (P)	• 잎이 적색, 자색으로 변함 • 크기 작은 어린 잎 多 • 조기낙엽현상 • 꽃의 수↓, 열매크기↓	• 사질토의 경우 : 100m²당 1~2kg • 점토의 경우 : 100m²당 2~4kg
		• 침엽 구불거림 • 나무하부에서 상부로 고사	
	칼륨 (K)	• 잎의 황화현상, 쭈글쭈글거림, 위쪽으로 말림현상 • 화아는 매우 적게 맺힘	• 사질토의 경우 : 100m²당 2~8kg • 점토의 경우 : 100m²당 8~15kg
		• 침엽 황색, 적갈색 변함 • 끝부분 괴사 • 수고↓, 눈 多, 서리피해	

	칼슘 (Ca)	• 잎 백화, 고사현상
		• 크기 작은 어린 잎 多
		• 새가지의 경우 잎끝부분 고사, 뿌리끝부분 짧아지고 고사
			• 알칼리성 토양의 경우 황산칼륨 시비
			  − 사질토 : 100m²당 40~75kg
			  − 점토 : 100m²당 75~150kg

		• 맹아생육정지 • 잎의 끝부분 고사	

	마그네슘 (Mg)	• 잎 얇아짐, 부서짐,
		• 조기낙엽, 황백화현상
		• 열매크기↓
			• 토양시비시 황산마그네슘 투입
			  − 사토 : 100m²당 12~25kg
			  − 점토 : 100m²당 25kg

		• 잎끝부분 황색, 적색 변함	• 엽면시비시 − 물 100L당 2.5kg 희석 후 잎에 살포

구분	세분화	활엽수 결핍현상		시비방법
		침엽수 결핍현상		
다량원소	황 (S)	• 황록색 갈변 • 잎 크기 작고 두껍게 변함 • 조기낙엽현상		• 토양시비시 황산칼슘 투입 　- 사토 : 100m²당 5~8kg 　- 점토 : 100m²당 8~12kg
		• 침엽이 짧아지고 황색으로 변함 • 수관상부 녹색, 하부 황색 • 잎끝부분 황색, 적색 변함		
미량원소	붕소 (Br)	• 잎 자색, 작고 두꺼워짐 • 열매 쭈글거림, 괴사		• 토양시비시 Borax 투여 　- 사토 : 100m²당 0.2~0.5kg 　- 점토 : 100m²당 0.5~1.0kg • 엽면시비시 붕산투입 　- 100L당 0.125~0.25kg 희석 후 　　잎에 살포
		• 줄기끝부분 정자형 굽어짐 • 맹아, 측아고사		
	구리 (Cu)	• 크기 작은 어린 잎 多 • 새가지 끝부분 갈변		• 토양시비시 황산동 투여 　- 사토 : 100m²당 0.5~1.5kg 　- 점토 : 100m²당 1.5~5.0kg • 엽면시비시 　- 100L당 0.5~0.8kg 희석 후 잎에 살포
		• 어린 침아 잎 끝부분 고사 • 조기낙엽현상		
	철 (Fe)	• 어린 잎 황색 변함 • 크기 작은 어린 잎 多 • 새가지 크기 다소 작아짐 • 조기낙엽현상		• 토양시비시 황산철 투여 　- 사토 : 100m²당 12kg 　- 점토 : 100m²당 18kg • 엽면시비시 　- 100L당 0.5kg 희석 후 잎에 살포
		• 백화현상		
	망간 (Mn)	• 잎 황색 변함, 열매크기↓ • 엽맥을 따라 녹색선 생성		• 토양시비시 황산망간 투여 　- 100m²당 2~10kg • 엽면시비시 　- 100L당 0.25~1.0kg 희석 후 잎에 살포
		• 철분부족현상과 같이 병행		
	아연 (Zn)	• 잎 황색 변함, 낙엽현상 • 크기 작은 어린 잎 多 • 눈은 가늘고 끝부분 고사 • 열매무게↓, 끝부분 뾰족		• 토양시비시 chelate 투여 　- 100m²당 1kg • 엽면시비시 　- 100L당 0.125~0.25kg 희석 후 　　잎에 살포
		• 가지와 잎 크기↓ • 잎 황색 변함		

③ 시비방법

　　㉠ 표토시비법

　　　• 작업시간 신속, 비료유실률 多

　　　• 토양 내 이동속도가 느린 양분의 경우 적용 불가

　　　→ 질소시비 ok, 인 · 칼륨시비 ×

　　㉡ 토양 내 시비법

　　　• 시비목적으로 흙을 갈아 직접 토양 내부로 투입하는 방법

　　　• 용해 어려운 비료시비시 효과적 → 답압방지, 충분한 수분공급

　　　• 구덩이 깊이 25~30cm, 간격 0.6~1.0m

　　　• 방사상, 윤상, 전면, 대상, 점, 선상시비법

　　㉢ 엽면시비법

　　　• 비료를 물에 희석하여 직접 잎면에 살포

　　　• 주로 미량원소 부족시 효과가 빠르게 나타남

　　　• 화창한 날씨에 시비 적용시 효과적

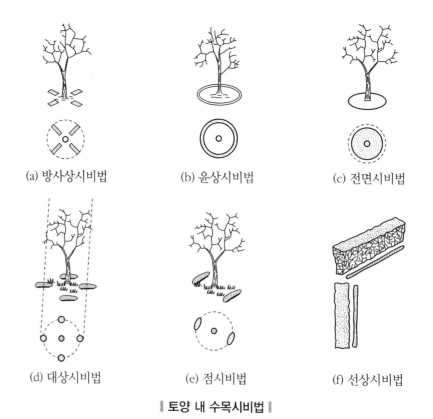

(a) 방사상시비법　　(b) 윤상시비법　　(c) 전면시비법

(d) 대상시비법　　(e) 점시비법　　(f) 선상시비법

┃ **토양 내 수목시비법** ┃

3. 전지 & 전정

1) 용어정의

① 정자(Trimming) : 나무 전체 모양을 일정 양식에 따라 다듬는 것

② 정지(Training)

  ㉠ 수목수형을 영구히 유지·보존

  ㉡ 줄기나 가지생장 등의 수형을 인위적으로 정리하는 기초작업

③ 전제(Trailing) : 생장력과 무관한 가지나 생육방해가지 제거작업

④ 전정(Pruning)

  ㉠ 수목관상, 개화결실, 생육상태 조절 등을 위한 정지

  ㉡ 조경수의 건전한 발육을 도모하기 위한 가지나 줄기 제거작업

2) 목적

① 미관상

  ㉠ 불필요한 줄기나 가지를 제거하여 건전한 생육 도모

  ㉡ 수목이 갖는 본래의 미 추구

② 실용상

  ㉠ 지엽의 생육 양호

  ㉡ 방화수, 방풍수, 방음수, 차폐수 등의 목적 달성

③ 생리상

  ㉠ 도장지, 역지, 혼합지 등 정리하여 통풍, 채광 양호

    → 병충해 방지, 풍해·설해에 대한 저항력↑

  ㉡ 수목활력↑, 개화결실 촉진, 좋은 활착상태 유지

3) 목적에 따른 분류

① 조형을 위한 전정 : 자연스런 형태의 독특한 개성미

② 생장 조정 : 병충해 입은 가지, 고사시, 손상시 등

③ 생장 억제 : 일정 형태 유지, 필요 이상 생육억제

④ 갱신 : 새로운 가지가 나올 수 있게

⑤ 생리조정 : 이식시 가지치기와 잎훑기

⑥ 개화결실 촉진 : 개화촉진, 관상, 개화결실+관상

4) 도구

① 사다리, 톱, 산울타리용 전정기, 보조용 칼

② 전정가위, 적심가위, 적아가위, 고지가위, 혹가위

5) 시기

① **봄전정**(4~5월)

㉠ 상록활엽수 : 잎이 떨어지고 새잎이 날 때(감탕나무, 녹나무)

㉡ 침엽수 : 5월 상순 순꺽이(소나무, 반송)

㉢ 화목류 : 꽃이 진 후 바로(진달래, 철쭉류)

㉣ 여름꽃나무 : 눈이 움직이기 전 이른 봄(배롱나무, 장미)

㉤ 산울타리 : 5월 말(회양목, 사철나무)

㉥ 과일나무 : 이른 봄(복숭아나무, 사과나무)

② **여름전정**(6~8월)

㉠ 낙엽활엽수 : 강전정 피함(단풍나무류, 자작나무)

㉡ 일반수목 : 도장지, 포복지, 맹아지 제거

③ **가을전정**(9~11월)

㉠ 낙엽활엽수 일부 : 강전정은 동해피해

㉡ 상록활엽수 일부 : 남부지방만 실시

㉢ 침엽수 일부 : 묵은 잎 적심

㉣ 산울타리 : 2회 실시

④ **겨울전정**(12~3월)

㉠ 일반수목 : 수형잡기를 위한 굵은 가지 전정

㉡ 교차지, 내향지, 역지 : 가지식별 가능 선별 전정

▶▶ **참고**

➤ **전정을 하지 않는 수종**
- 침엽수 : 독일가문비, 금송, 히말라야시다 등
- 상록활엽수 : 동백나무, 녹나무, 태산목, 팔손이 등
- 낙엽활엽수 : 느티나무, 회화나무, 참나무류, 백목련 등

---

6) 고려사항

① 주변환경과 조화를 이룰 것

② 수목의 생리·생태 특성 등을 잘 파악할 것

③ 전체 수형을 고려하여 각 가지의 세력을 평균화하고, 수목미관 유지

7) 일반원칙

① 고려사항

　㉠ 수목의 주지 하나로 성장

　㉡ 뿌리 자람의 방향과 가지의 유인(誘引) 고려

② 제거해야 할 가지

　㉠ 무성하게 자란 가지, 지나치게 길게 자란 가지

　㉡ 평행지, 역지(逆枝), 수하지(垂下枝), 난지(亂枝)

　㉢ 수형의 균형을 무너뜨리는 도장지

　㉣ 같은 모양의 가지나 정면으로 향한 가지

　㉤ 기타 불필요한 가지

8) 기술

① 굵은 가지 치는 방법

　㉠ 다음 생장을 위한 눈을 하나도 남기지 않고
　　기부로부터 바짝 가지를 자르는 방법

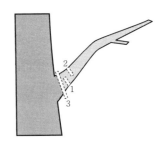

　㉡ 적용

　　• 지상부와 지하부 균형을 맞춰 활착률↑

　　• 햇빛과 통풍이 차단되어 지엽 쇠약

　　• 병충피해 심한 경우 상록수 2/3, 낙엽수 1/3 실시

┃ 굵은 가지 치는 방법 ┃

② 적아(摘芽)와 적심(摘芯)

　㉠ 적아는 눈이 움직이기 전 불필요한 가지 제거작업

　㉡ 적심은 신초의 끝부분을 따버리는 작업

　　→ 가지의 신장 억제

　㉢ 상록수 7~8월경 1회, 낙엽수 이른 봄, 여름 2번 적심 시행

③ **적엽**(잎따기)

  ㉠ 지저분한 수형을 정리하기 위한 잎이나 묵은 잎 제거작업

   • 잎은 광합성을 하는 중요한 기관

   • 특별한 경우 이외 금지

  ㉡ 시행하는 경우

   • 밑잎이 오래되어 기능 저하

   • 통풍이나 일광조사시 방해

   • 과실의 착색 향상

  ㉢ 일반활엽수 7~8월경, 상록활엽수 늦은 여름 실시

④ **아상**(芽傷)

  ㉠ 원하는 자리에 새로운 가지 생성

  ㉡ 꽃눈 형성을 위해 이른 봄 실시

  ㉢ 휴면아 바로 위 상처시 눈이 움직이고, 아래쪽에 주면 생장억제

⑤ **단근, 뿌리돌림**

  ㉠ 목적

   • 수목의 뿌리와 지상부 균형 유지

   • 뿌리의 노화현상 방지, 수목도장 억제

   • 아랫가지 발육증진, 꽃눈 수 증가

   • 이식률 증가

  ㉡ 교목의 경우

   • 근원직경 5~6배 원을 그리고 그 위치에 40~50cm 깊이 구덩이 파기

    −천근성의 경우 넓게, 심근성의 경우 깊게

   • 사방으로 뻗은 굵은 뿌리 몇 개만 남기고 단근

   • 절단면은 지하를 향하도록 직각으로 자름

  ㉢ 관목의 경우 강하게 단근

  ㉣ 생울타리, 지엽밀생, 꽃과 열매, 차폐를 위한 일음수

   • 이른 봄 눈이 움직이기 전 단근 + 시비

   • 뿌리의 신장효과↑

▶▶ 참고

➤ **일반 전정 & 가로수 전정 공사의 품셈기준**

1 일반 전정

(단위 : 인)

흉고 직경		10cm 미만		10cm 이상		20cm 이상	
		조경공	보통인부	조경공	보통인부	조경공	보통인부
낙엽수	겨울	0.05	0.015	0.12	0.036	0.20	0.06
	여름	0.025	0.007	0.065	0.019	0.12	0.036
상록수		0.065	0.019	0.100	0.030	0.18	0.048

*1 전정 후 뒷정리 포함
2 수종, 수고, 장소에 따라 20%까지 가산 가능
3 이식 후 전정작업의 경우 별도 계상
4 전정 = 가지치기＋수형 조절

2 가로수 전정('03년 신설)

(주당)

흉고직경(cm)	조경공(인)	보통인부(인)	고소작업차(hr)
20 이하	0.21	0.65	0.95
21~25	0.28	0.82	0.97
26~30	0.35	1.06	1.15
31~35	0.50	1.51	2.21
36~40	0.53	1.59	3.33
41~45	0.55	1.71	3.40
46~50	0.64	1.84	3.80
51 이상	0.71	2.05	4.27

*1 본 품은 낙엽수의 기본 전정(강전정) 기준
2 약전정 : 본 품 50% 적용
3 상록수 : 본 품 30% 가산
4 공구손료 : 인력품 3% 계상
5 고소작업차 : 트럭탑재형 크레인(5ton) 적용
6 본 품은 안전관리와 전정 후 뒷정리 포함
7 폐기물 처리비 별도 계상

4. 병충해

1) 병원의 분류

① **병원**(病原, Causal Agency)

ㄱ 식물에 병을 일으키는 원인

ㄴ 병원체(病原體) : 생물이나 바이러스

ㄷ 병원균(病原菌) : 균체

② **전염성병**(생물성 병원)

ㄱ 기주(생물, 바이러스)와 병원체

ㄴ 병원체의 종류

- 기주범위가 넓어 많은 종류의 식물을 침해하는 것

- 1종, 몇 종의 한정된 식물만을 침해하는 것

ㄷ 바이러스, 마이코플라즈마, 세균, 진균, 점균, 조균에 의한 병

ㄹ 종자식물, 선충에 의한 병

③ **비전염성병**(비생물성 병원)

ㄱ 부적당한 토양조건

- 토양수분↓, 양분결핍 · 과잉, 유해물질, 통기성 불량 등

ㄴ 부적당한 기상조건

- 지나친 고온 · 저온, 광선부족, 건조 · 과습, 강풍, 폭우, 서리 등

ㄷ 유해물질 : 대기오염, 토양오염, 염해, 농약 등

ㄹ 기계적 상해 : 농기구 등

④ **기주식물 & 감수성**

ㄱ 기주식물 : 병원체가 침입하여 정착한 병든 식물

ㄴ 감수성 : 병원체가 침입하기 전 병에 걸릴 수 있는 상태, 성질

ㄷ 기상, 토양, 재배조건 등 환경조건에 따라 많은 영향

2) 병징 & 표징

① **개념**

ㄱ 병징 : 병든 식물 자체의 조직변화 유래

ㄴ 표징 : 병의 발생을 알릴 때

② 수목의 주요한 병징

ㄱ 국부병징 : 병징이 일부기관에만 나타남

ㄴ 전신병징 : 병징이 전체 기관에 나타남

ㄷ 1차 병징 : 병의 처음 진행

ㄹ 2차 병징 : 1차 병징 후 다른 변화

ㅁ 색깔변화, 천공, 위조, 괴사, 위축, 비대, 암종, 기관탈락, 잎마름, 빗자루모양, 분비, 부패, 동고 · 부란, 지고

3) 수병(樹病)의 발생

병원체의 월동 → 전반 → 침입 → 감염과 병균 → 잠복기간 → 병징(발병) → 병환

4) 식물병의 방제법

① 예방법

ㄱ 비배관리, 환경조건 개선, 전염원 · 중간기주 제거, 윤작 실시

ㄴ 식재식물검사, 작업기구 · 작업자 위생관리, 상처부위 처치

ㄷ 종묘 · 토양소독, 약제살포, 검역, 예찰, 내병성 품종 이용

② 치료법

ㄱ 내과적 요법 : 농약, 약재 주입

ㄴ 외과적 요법 : 외과수술(가지, 줄기, 뿌리)

③ 살균제

ㄱ 보호살균제 : 병원균이 수목에 침입하기 전 살포, 보르도액

ㄴ 직접살균제 : 병환 부위에 뿌려 병균을 죽임

ㄷ 병원체가 기주식물 내부조직에 침입 후 작용하는 치료제

5) 주요 병해 및 방제

① 흰가루병

ㄱ 시문이 잎이나 줄기 내 흰가루 곰팡이가 생기는 식물병

ㄴ 황수화제, 베노밀수화제, 지오판 수화제 살포

ㄷ 느티나무, 단풍나무, 버드나무, 배롱나무, 철쭉나무, 벚나무 등

② 갈색무늬병

ㄱ 잎, 줄기, 열매 내 갈색·흑갈색의 대형 병반 형성

ㄴ 마네브수화제, 동수화제 살포

ㄷ 개나리, 느티나무, 대나무, 무궁화, 황매화 등

③ 탄저병

ㄱ 잎, 줄기, 열매 내 갈색·흑갈색의 병반 형성 → 흑색 포자

ㄴ 마네브수화제, 지네브수화제 살포

ㄷ 동백나무, 버드나무류, 사철나무, 후피향나무 등

④ 잎녹병

ㄱ 잎 뒷면 황색 작은 반점 발생 → 황색 포자 → 흑갈색 작은 반점

ㄴ 마네브수화제, 지네브수화제, 석회황합제 살포

ㄷ 대나무, 버드나무, 소나무, 자작나무, 향나무

⑤ 빗자루병

ㄱ 병든 나무의 경우 작은 가지가 총생하여 빗자루 형태로 고사

ㄴ 파라티온유제, 메타유제, 8-8식 보르도액, 가지제거 후 소각

ㄷ 대추나무, 벚나무, 오동나무 등

⑥ 그을음병

ㄱ 흡즙성 해충의 배설물 기생

　 → 균체가 검은색이므로 잎의 표면에 그을음이 붙은 것처럼 보임

ㄴ 햇빛, 통풍, 흡즙성 해충방제

ㄷ 느티나무, 단풍나무, 배나무, 버드나무, 벚나무, 소나무 등

6) 주요 충해

① 흡즙성 해충 : 깍지벌레류, 응애류, 진딧물류

② 식엽성 해충 : 흰불나방, 텐트나방, 솔나방

③ 천공성 해충 : 소나무좀, 솔잎혹파리, 풍뎅이류, 소나무재선충

PLUS ➕ 개념플러스

- 소나무 재선충병, 솔잎혹파리병, 참나무 시들음병 피해현상 & 방제방법
- 충해 유형별 해충의 종류, 피해 대상수목, 방지법

5. 생육장해

1) 저온의 해(한해, Cold Damage)

① 한상

  ㉠ 열대식물이 0℃ 이하 저온을 만났을 경우

  ㉡ 식물체 내 결빙은 일어나지 않으나 한해로 인해 생활기능 장해로 죽음에 이르는 것

② 동해

  ㉠ 세포막벽 표면의 결빙현상으로 원형질 분리

  ㉡ 식물체 조직 내 결빙이 일어나 조직 및 전부가 죽게 되는 것

> **▶▶ 참고**
>
> ➤ **서리피해의 종류**
> - 만상 : 봄에 늦게 오는 서리에 의한 수목피해
> - 조상 : 가을에 첫 번째로 오는 서리에 의한 수목피해
> - 상열 : 겨울철 수간동결시 수직방향으로 갈라지는 현상
>
> | 종류 | 시기 | 증상 | 피해수종 |
> |---|---|---|---|
> | 만상 | 늦봄, 4월 말
주야 온도차↑
대기·지표면 온도차↑ | 어린가지 고사
낙엽교목 잎 고사
침엽수 엽침 고사 등 | 목련, 단풍나무,
회양목, 참나무,
철쭉, 영산홍 등 |
> | 조상 | 가을 첫서리 시기 | 수형훼손
잎색 갈변, 고사
만상보다 피해심각 | 수목 생장시
내한성이 부족할 때 |
> | 상열 | 겨울철 | 껍질과 수피분리
수목내외층 분리 | 낙엽교목 > 상록교목
배수불량 > 배수양호
활동수목 > 유목·노목 |

2) 고온의 해

① **일소**(日燒, Sun Scald)

  ㉠ 직사광선에 의한 잎이 갈변, 수분증발로 인해 조직 고사

  ㉡ 빛의 강도, 고온, 결빙토양, 건조한 바람 등

② **한해**(旱害, Drought Injury)

  ㉠ 다양한 환경요인에 의해 수분이 결핍될 경우 발생

  ㉡ 토양습도 부족, 통풍 불량, 결빙토양, 상해·질병에 감염된 뿌리 등

3) 물리 · 화학적 상해

① 물리적 상해

㉠ 조경식재시 기계나 인력, 동물 등에 의해 식물 자체 내 해를 가함

㉡ 기계적 상해, 점액 유출, 우박, 화재, 설치류 · 조류 · 지의류의 해

② 조경식재시 화학제품 사용으로 식물의 성장저해와 해를 가함

③ 제초제, 염분해, 과다붕소 사용, 살충제 등

6. 노거수목의 관리

• 수령이 오래됨에 따라 특별히 관리를 요하는 수목

• 상처치료, 뿌리보호, 공동처리, 수간주사, 교접

1) 상처치료

① 자연적, 인위적 피해를 통해 균류, 박테리아, 기생충 감염

② 상처난 가지 치료시 3단계로 나눠 자르고 절단면 도료칠

2) 뿌리보호

① 성토로 뿌리가 깊이 묻힐 때 토양 내 공기부족으로 질식사

② 절토로 뿌리노출시 건조, 직사 위험

→ 돌옹벽(drywall)으로 뿌리보호

3) 공동처리

① 부패부위 처리 후 살균 및 치료(해충제거, 방부작업)

② 공동 충전제(코르크)로 막아 균 침입이나 감염 방지

4) 수간주사

① 노후, 수세쇠약

② 주사기 바늘을 줄기 물관부에 꽂아 약제 투입

5) 교접

① 수피 제거, 영양공급 부족시

② 상처부위에 일년생 가지를 이용하여 접목

7. 기타 수목보호관리

1) 수간주사

① 수간 내 주사를 꽂거나 구멍을 뚫어 약물 주입

② 방법

　㉠ 수목이 수분을 흡수시 뿌리나 엽면에서 흡수되는 능동적 방법

　㉡ 수간주사를 놓는 수동적 방법

③ 주의사항

　㉠ 수피천공 → 천공면 알코올로 닦기(도관이 수액으로 막히지 않게)

　㉡ 주사액이 천공된 곳에 넘치도록 넣은 후 주사기 주입

　　→ 공기차단 필수, 바세린 등으로 빠짐없이 발라 막아주기

　㉢ 주사액 조절량 조절기는 최대치 → 수목 스스로 흡입량 조절

　㉣ 수간 주사 후 천공면은 바세린이나 실리콘 등으로 막아주기

　　→ 병충해, 야생동물 등의 피해 최소화

2) 외과수술

① 수간 내 상처부위가 부패하여 공동이 생길 때 더 이상의 진행을 막기 위한 일련의 과정

② 수간의 지지력을 높여주고, 미관상 자연스러운 수형 유지

③ 부패부 제거 → 소독 및 방부 처리 → 공동충전 → 방수처리 → 표면경화 처리 → 인공수피 처리

▶ 참고

▶ 조경수목 연중관리계획

구분	작업종류	작업시기 및 횟수												횟수
		4월	5월	6월	7월	8월	9월	10월	11월	12월	1월	2월	3월	
수목	전정(상록)		■											1~2
	전정(낙엽)				■									1~2
	관목다듬기		■	■	■	■								1~3
	깍기(생울타리)		■	■										3
	시비			■						■	■	■		1~2
	병충해 방지		■	■	■	■	■	■	■					3~4
	서찍긁기							■	■					1
	제초·풀베기		■	■	■	■	■							3~4
	관수			■	■	■								적의
	줄기감기		■											1
	방한	■							■	■				1
	지주결속고치기				■									1

Ⅱ 잔디 · 초화류 관리

1. 잔디

1) 개요

① 잔디밭을 구성하는 다년생 화본과 초본

② 지피성과 내답압성이 우수하고 재생력이 강한 것

③ 종류

　㉠ 원산지 : 한국잔디, 서양잔디

　㉡ 생육온도 : 한지형 잔디, 난지형 잔디

▶▶ **참고**

➤ **한지형 잔디 & 난지형 잔디**

　1 한지형 잔디

　　① 4계절 푸른 사철잔디

　　② 캔터키 블루 그래스 : 지하경, 재생속도↑, 축구장 · 경기장 多

　　③ 라이그래스 : 마모성↑, 연습장 사용, 조성력↑, 고온다습 약

　　④ 톨훼스큐 : 관리도↓, 내건성 · 내서성↑, 비탈면보호용

　　⑤ 벤트그래스 : 내성, 고온, 내한성 · 내음성↑, 골프장 · 축구장 多

　2 난지형 잔디

　　① 4~9월 생육, 지상 및 지하 포복경

　　② 내한성 · 내음성 : 들잔디 > 금잔디 > 버뮤다그래스

　　③ 들잔디 : 한국잔디 중 내한성, 내서성↑, 관리용이, 내답압성↑

　　④ 금잔디 : 질감양호, 밀도↑, 내한성↓

　　⑤ 버뮤다그래스 : 회복력↑, 다양한 조건에 잘 적응, 내한성↓

　㉢ 생육형 : 완전포복형, 불완전포복형, 주립형

　㉣ 관리요구도

관리요구도	잔디종류
높음	벤트그래스, 켄터키블루그래스, 라이그래스
중간	톨페스큐, 버뮤다그래스
낮음	한국잔디, 파인페스큐

⑪ 사용지역

사용지역	잔디종류
사용빈번구간	톨페스큐, 라이그래스, 한국잔디, 버뮤다그래스
사용이 적으면서 사철 푸른 구간	캔터키블루그래스, 라이그래스, 톨페스큐
겨울철 혹한 추위지역	캔터키블루그래스
여름철 고온 건조지역	한국잔디, 버뮤다그래스, 톨페스큐
음지	파인페스큐, 한국잔디, 켄터키블루그래스
침수우려지역	톨페스큐, 버뮤다그래스
염해예상지역	톨페스큐, 버뮤다그래스, 한국잔디
관리가 어려운 지역	파인페스큐, 톨페스큐, 한국잔디

④ 피복방법 : 종자파종, 뗏장심기, 포복경(지하경)심기

㉠ 종자파종 : 한국잔디(5~6월 초), 한지형 잔디(9~10월)

㉡ 뗏장심기 : 폭과 시공간격에 따라 평떼, 줄떼 시공

㉢ 포복경(지하경)심기 : 포복경 풀어심기, 포복경 네트공법

2) 잔디지반 조성

① 배수

㉠ 일반잔디면 : 표면배수, 2% 기울기

㉡ 운동용 잔디면 : 2% 이내의 표면경사, 주로 심토층 배수

② 잔디지반의 선정

배수구조		특징
심토층 배수구조	우회 배수구조	• 배수구만 설치하여 배수 • 일반잔디밭, 저밀도 이용의 유희용 및 운동장 잔디면 • 수직배수구 지반
	전면 배수구조	• 배수구 이외 식재층까지 배수 용이한 재료로 선정 　－ 식재층 : 중사(0.25~1mm), 조사 60% 이상 점유모래 　－ 유기질 토양개량제 1~4% 혼합 설치 • 운동용과 같은 고밀도 잔디면 • 모래카펫지반, 모래층지반, 다층구조지반, 모래층셀지반 등

③ 심토층 배수구 패턴

㉠ 일반잔디면 : 자연임의형

㉡ 운동용 잔디면 : 어골형, 평행형, 격자형

㉢ 골프장 그린 : 어골형

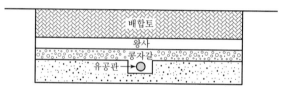

∥ 다층구조지반(USGA System) 단면도 ∥

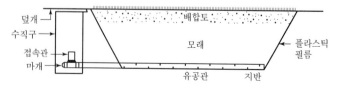

∥ 모래층셀지반(PURR－WICK System) 단면도 ∥

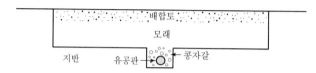

∥ 모래층지반(Thin Rootzone－Two Layer System) 단면도 ∥

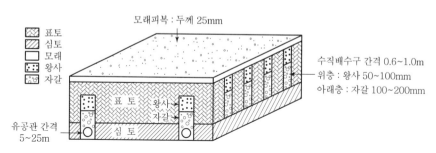

∥ 수직배수구지반(Silt Drainage System) 상세도 ∥

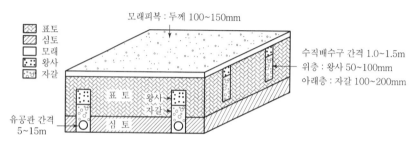

∥ 모래카펫지반(Sand Carpet Drainage System) 상세도 ∥

3) 잔디관리

① 관수

ⓐ 최소량의 관수 : 가뭄에 대처하는 능력, 심층관수 유리

ⓑ 가뭄시 이용제한

ⓒ 균일한 관수분포, 투수상태 관찰

ⓓ 관수시간은 새벽시간이 가장 좋으나 통상 저녁시간에 이루어짐

ⓔ 관수 후 10시간 이내 잔디가 마를수 있도록 관수시간 조절

→ 10~12시간 이상시 병충해 발생 유리한 조건

ⓕ 관수장비 : 대부분 자동관수체계, 스프링클러

> **▶ 참고**
>
> **▶ 스프링클러 헤드 배치간격**
> - 스프링클러 사이 간격 S
> - 측면 라인 사이 간격 L
>   - 일반적인 경우 직경의 55%
>   - 4m/sec 바람일 경우 직경의 50%
>   - 8m/sec 바람일 경우 직경의 45%
>
>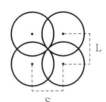
>
> ‖ 사각형 설치 ‖　　　‖ 삼각형 설치 ‖

② 시비

ⓐ 비료성분의 종류 및 역할

비료성분	역할
질소(N)	• C, H, O를 제외하고 가장 필요로 하는 성분 • 효소 및 저장단백질의 주요 구성요소
인산(P_2O_5)	• 식물체 내 에너지전달, 생장점 내 많이 분포 • 종자발아, 유효생장, 발근에 중요한 역할
칼리(K_2O)	• 잔디발육 중요, 세포분열과 삼투압 영향 • 답압, 가뭄, 한해 등 스트레스시 효과↑ • 경기장용 잔디의 경우 매우 중요
철(Fe), 마그네슘(Mg)	• 황화현상, 한지형 잔디 여름시비시 잔디색 유지

ⓑ 시기 및 시비량

- 생육시기 : 집중시비, 1회당 질소시비 4~5g/㎡ 이하
- 속효성 : 잔디관리시, 황산암모늄, 질산암모늄, 요소
- 완효성 : 빈번한 관리작업 유지×, 유기질 비료(퇴비)
- N : P : K = 3 : 1 : 2

③ 잡초방제

구분			특성
물리적 방법	인력 제거		• 가장 많이 사용되는 방법 • 초기 제초작업 多
	깎기		• 반복작업을 통해 식물수세 약 → 제거
	경운		• 대형기계류, 호미, 삽 이용 • 경운+화학적 방법 병행, 효과적
	기타 재료		• 멀칭재료 이용 • 유기물질, 비닐, 왕모래, 콩자갈 등
화학적 방법	약제 작용 기작	접촉성	• 식물전체 고르게 살포시 효과적 • 다년생 잡초 지하부 제거시 비효율적 • 약효↑, 그라목손
		이행성	• 외부조직에서 체내로 이동 • 근사미, 2,4−D
		토양소독제	• 종자포함 모든 번식단위 제거 • 선택적 잡초방제가 어려운 경우 시행 • 궁극적 잡초방제법 ×
	이용 전략	발아전처리	• 대부분의 일년생 화본과 잡초 • 종자번식, 파종 적용 불가 • 광엽잡초 발아억제하여 경엽 처리↓ • 론스타, 스톰프, 시마진, 데브리놀
		경엽처리제	• 다년생 잡초 • 영양기관 전체 제거시 • DSMA, MSMA
		비선택성	• 식물과 잡초구별 어려움 • 사용시기에 따른 선택적 이용 가능 • 근사미, 그라목손

④ 병충해 방제

구분		종류
한국 잔디의 병	고온성	라지패치, 녹병, 엽고병
	저온성	춘고병
한지형 잔디의 병	고온성	브라운패치(입고병, 엽부병), 달러스팟, 면부병(Pythium blight)
	저온성	설부병

⑤ 잔디깎기

㉠ 기계종류

기계종류	특성
릴형	• 가위원리, 잔디가 깨끗하게 잘림 • 고비용, 전문적인 관리 요망, 대규모 잔디관리
회전식형	• 날의 고속회전으로 잔디잎을 잘라냄 • 깨끗하게 잘리지 않고 찢어지는 경우 빈번 • 병충해 발생 우려, 수분손실 야기

㉡ 깎는 높이와 주기

구분	잔디종류		높이
깎는 높이	벤트그래스(골프장 그린)		3~4mm
	한국잔디, KBG, 라이그래스		12~37mm
	톨페스큐		50~75mm
	정원	한지형 잔디	50mm
		한국잔디	30~40mm
주기	기후, 잔디종류, 관리상태에 따라 유동적 전체 높이 30% 정도 높이 유지		

▶▶ **참고**

▶ **잔디 연중관리계획**

구분	작업종류	작업시기 및 횟수												작업 회수
		4월	5월	6월	7월	8월	9월	10월	11월	12월	1월	2월	3월	
잔디	잔디깎기		▬	▬	▬	▬	▬	▬						7~8
	떼밥주기	▬										▬		1~2
	시비	▬	▬									▬		1~2
	병충해방지	▬		▬	▬							▬		3
	제초	▬	▬											3~4
	관수				▬	▬	▬							저외

⑥ 기타 재배관리

작업유형	특성
통기작업	• 집중적 이용으로 단단해진 토양 • 원통형 모양 깊이로 제거하고 구멍 내 흙 채움 • 양분침투 및 뿌리생육 용이
슬라이싱	• 칼로 토양을 베어주는 작업 • 잔디포복경, 지하경 단근 효과 • 통기작업과 유사하나 정도 미약, 잔디밀도↑
스파이킹	• 끝이 뾰족한 장비로 토양 내 구멍 내는 작업 • 통기작업과 유사하지만 토양제거작업 × • 상처↓, 회복시간↓ → 스트레스 기간 중 유용
버티컬 모잉	• 슬라이싱과 유사작업 • 토양표면까지 잔디만 잘라주는 작업 • 잔디밀도↑, 지표면 건조시 상처 多
롤링	• 표면정리작업, 균일한 표면 정리 • 이용에 적합한 상태를 유지시켜주는 작업
베토	• 잔디에 펫밥주는 작업 • 장기적 토질 개선, 단 이질층 형성으로 역효과 有 • 표토층 면고르기, 기계작업 용이, 건조 · 동해피해↓

PLUS ⊕ 개념플러스

• 각각의 잔디병의 특성 및 방제방법
• 조경수/지피식물 유통구조의 문제점 & 개선 방안

2. 초화류

1) 개요

① 화단, 평탄지, 비탈면 등의 피복 및 미화목적을 위해 열식, 군식

② 생육특성과 성상 : 일년초, 숙근초, 구근류, 지피류 세분화

2) 식재

① 일년초

㉠ 3~4월 초 정식

㉡ 장마가 시작되기 전 6월 초 1회 교체

㉢ 장마가 끝나는 8월 중순 2회 교체

㉣ 11월 초 3회 교체시 연중 감상 가능

② 춘식구근과 추식구근

㉠ 춘식구근 : 봄 식재, 가을까지 감상 가능

㉡ 추식구근

• 가을 식재, 봄 개화~6월 초

• 그 이후 일년초에 준해 교체 설계

3) 파종

① 춘파용 3~5월, 정식은 여름 이후

② 추파용 8~10월, 정식 봄시기

③ 직근성, 발아용이, 대립종자, 일부 야생화 직파 가능

㉠ 직근성 : 루피너스, 꽃양귀비 등

㉡ 발아성 : 코스모스, 분꽃 등

4) 설계

① 자생초화류로 지피성, 경관성, 번식력이 우수한 종 선정

② 대상식재지에 적합한 유형 선정 후 설계

→ 파종, 포기심기, 식생네트, 뗏장깔기 등

5) 관리

① 시비 : 전면시비, 측면시비, 엽면시비

② 관수 : 인력, 스프링클러, 점적관수

✱ 국내 주요 야생화

과명	종류
가지과	배풍등
괭이밥과	큰괭이밥
국화과	등골나물, 흰민들레, 벌개미취, 쑥부쟁이, 구절초, 산구절초, 분초, 솜방망이, 단풍취, 뻐꾹채, 미역취, 감국
꿀풀과	꿀풀, 배초향, 용머리, 층층이꽃, 광대수염
난과	복주머니난
돌나물과	가는잎기린초, 바위채송화, 당채송화, 꿩의비름, 기린초
마타리과	쥐오줌풀, 마타리, 돌마타리
마편초과	누린내풀
미나리아재비과	노루귀, 노루삼, 흰진범, 동의나물, 병조희풀, 아아리, 꿩의다리, 할미밀방, 할미꽃, 큰꽃으아리, 바람꽃, 승마, 사위질빵, 미나리아재비, 은꿩의다리, 금꿩의다리, 투구꽃, 꿩의바람꽃
박주가리과	백미꽃
백합과	두루미꽃, 처녀치마, 말나리, 털중나리, 무릇, 흰여로, 노랑원추리, 연영초, 용둥굴레, 참나리, 땅나리, 맥문동, 하늘나리, 하늘말나리, 층층둥굴레, 칠보치마, 산옥잠화, 솔나리, 원추리, 윤판나물, 은방울꽃, 비비추, 왕원추리, 풀솜대, 애기나리
범의귀과	바위말발도리, 바위떡풀, 도깨비부채, 노루오줌대
벼과	갈대, 달부리풀, 참억새, 물억새, 띠, 수크령, 드렁새, 새, 솔새, 개솔새, 기름새
봉선화과	노랑물봉선, 물봉선, 흰물봉선
붓꽃과	꽃창포, 붓꽃, 각시붓꽃, 범부채, 노랑무늬붓꽃
석송과	개석송
석죽과	술패랭이꽃, 동자꽃, 큰개별꽃
수선화과	상사화
앵초과	큰앵초, 까치수영, 좁쌀풀
양귀비과	피나물
용담과	구슬봉이
운향과	백선
인동과	인동덩굴
장미과	짚신나물
제비꽃과	졸방제비꽃, 흰제비꽃, 노랑제비꽃, 고깔제비꽃, 알록제비꽃, 남산제비꽃, 제비꽃, 잔털제비꽃, 단풍제비꽃, 태백제비꽃
쥐방울덩굴과	족두리풀
쥐손이풀과	쥐손이풀

I 기반시설물

■ 포장

1) 아스팔트 콘크리트 포장

① 파손원인 & 보수방법

구분	파손원인	보수방법
균열	아스콘 혼합물 배합 불량	패칭공법, 표면처리공법, 덧씌우기 공법 등
국부적 침하	기초노면 시공불량 노상지지력 부족, 불균형	꺼진 곳 메우기 치환설치(근원적 파손원인 보수)
표면 연화	아스팔트양 과잉 골재의 입도불량	석분, 모래 등 균등살포 후 답압
파상요철	아스팔트 과잉, 입도불량 기층의 연약지반	요철융기부분 깎은 후 정리작업
박리	아스팔트 부족 혼합물의 과열, 혼합불량 → 표층자체 품질불량	패칭공법, 덧씌우기 공법 부분박리시 꺼진곳 메우기

② 단면도

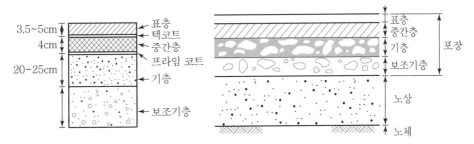

표층(3.5cm)
• 아스팔트 4.9kg/m²
• 조골재 57kg/m²
• 세골재 20.1kg/m²
• 아스팔트 콘크리트 82kg/m²

(a) 구조단면도

중간층(4cm)
• 아스팔트 5.52kg/m²
• 조골재 69.0kg/m²
• 세골재 17.48kg/m²

(b) 표준단면도

‖ 아스팔트포장 구조단면도 및 표준단면도 ‖

2) 시멘트 콘크리트 포장

① 파손원인 & 보수방법

구분	파손원인	보수방법
콘크리트, 슬래브 자체결함	슬립바, 타이바 미사용	• 줄눈 · 표면 균열 – 충전법, 꺼진 곳 메우기, 패칭 – 덧씌우기, 모르타르 주입공법 • 콘크리트 슬래브 꺼짐 – 초기 : 주입공법 – 심한 곳 : 꺼진 곳 메우기, 패칭 • 박리 – 약한 곳 : 시멘트풀 바르기 – 심한 곳 : 시멘트모르타르 바르기
	줄눈설계나 시공 부적합	
	다짐, 양생 등 결함	
노상, 보조기층 결함	노상, 보조층 지지력 부족	
	배수시설 불충분	
	동결융해로 지지력 부족	

② 단면도

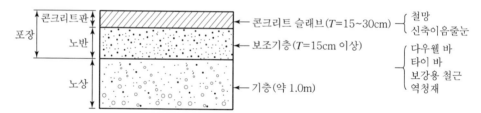

‖ **시멘트 콘크리트 포장단면도** ‖

PLUS ➕ 개념플러스

연성포장 vs 강성포장(「조경시공학」 참조)

Ⅱ 편익 및 유희시설물

1. 의자, 야외탁자

① 유형

  ㉠ 의자 : 등받침 유무에 따라 등받이형, 평상형

  ㉡ 야외탁자 : 탁자형태에 따라 사각형, 원형

② 전반적 관리

  ㉠ 이용자 실태를 고려하여 이용자 편의 도모

  ㉡ 차광시설, 녹음수 등과 같이 병행 설치되도록 계획, 이설

  ㉢ 장시간 머무르는 곳은 목재의자, 습한 장소는 콘크리트 · 석재의자

  ㉣ 물고임 현상이 생기는 곳은 배수시설 설치 후 지면포장

  ㉤ 사용빈도가 높은 곳 시설물 접합부분 관리

③ 사용재료별 관리

  ㉠ 목재 : 인위적인 힘 파손, 온도 · 습도에 의한 파손, 균류 · 충류 피해

  ㉡ 콘크리트 : 균열, 부식

  ㉢ 철재 : 인위적인 힘 파손, 온도 · 습도에 의한 파손

  ㉣ 석재 : 파손, 균열

2. 휴지통

① 전반적 관리

  ㉠ 쓰레기 발생량을 고려하여 관리방식 채택

  ㉡ 휴게시설 주변은 쓰레기 증가에 따른 설치개수, 장소 재검토

    → 청결한 환경유지가 관건

② 보수 및 교체

  ㉠ 기초노출부분 흙 되메우고 다짐

  ㉡ 그을린 부분 보수 후 재도장

  ㉢ 사용빈도가 높은 경우 접합부 확인 후 보수

  ㉣ 본체, 뚜껑, 지지부속이 꺾이고 굽은 것 등은 보수 · 교체

3. 실외조명

① 옥외조명 광원유형

광원유형	장점	단점
백열등	• 전구크기 소형 • 광속유지 우수, 색채연출	• 수명↓, 효율↓, 열 발생
형광등	• 자연스럽고 청명한 색채 • 물체나 건물 강조시 이용	• 빛이 둔하고 흐림 • 변동하는 기온이나 조건시 → 전등발광, 효율 일정유지 ×

수은등	• 수명↑, 발광효율↑
	• 녹색과 푸른색 연출
	   – 타 색채 보완 위해 인코팅 전등 사용
	   – 광장, 고속도로 등에 사용
		• 한번 점등되면 재점등시간↑

금속 할로겐등	• 빛조절, 통제용이 • 색채 연출 우수	• 높은 전압에서만 작동 가능 • 정원, 광장 등 사용곤란
나트륨등	• 열효율↑, 유지관리비↓ • 투시성↑ → 장애물 발견 용이 • 교량, 도로, 터널 내 조명	• 설치비↑ • 일반조명용 부적합(황색등)

② 경관조명 시설 유형

  ㉠ 설치장소 · 기능 · 형태에 따라 유형 구분

  ㉡ 보행등, 수목등, 잔디등, 공원등, 수중등, 투광등, 네온조명, 튜브조명, 광섬유조명 등

  ㉢ 위비추기, 아래비추기, 그림자비추기, 모아비추기, 윤곽비추기, 부딪쳐 비추기 등

> ▶▶ **참고**
>
> ➤ **튜브조명**
> 별도의 등기구 없이 투명한 플라스틱 튜브로 환경조형물 · 다리 · 계단 등의 구조물 ·
> 시설물의 윤곽을 보여주기 위해 설치하는 경관조명 시설

③ 전반적 관리

  ㉠ 전력사용량을 줄이기 위해 밝기조절하거나 수량의 일부를 소등하는 방법 有

  ㉡ 등기구 오염정도는 교통량, 대기오염 정도에 따라 달라짐 → 1년 1회 이상 청소 실시

  ㉢ 수목이나 시설물과 조명등의 위치 겹치지 않게 관리

    → 조도저하 야기, 시설물 위치변경이나 수목전정 · 이식

  ㉣ 주택가 근처의 경우 조명등 이설, 수목식재 등을 통해 조명차단

▶ 참고

➤ 옥외조명기법

구분	특징	예시도
상향조명 (up lighting)	• 태양광과 반대 방향으로 투사 • 사물의 강조나 극적 분위기 연출 • 수목, 건물의 간판, 조각 등 강조	
산포식 조명 (moon lighting)	• 투사 분위기가 달빛 연출과 비슷 • 사적인 공간의 은은한 분위기 연출 • 테라스, 전이공간 등	
투시조명 (vista lighting)	• 시각적 초점 제공 • 방향성을 유도하기 위한 배열, 연출 • 주로 상향식 조명	
보도조명 (path lighting)	• 보행자를 위해 보도 옆 설치 • 보행에 불편함을 주지 않도록 눈부심 없는 조명 선택 • 하향식 조명	
벽조명 (wall lighting)	• 간판이나 벽 표면을 돋보이게 하기 위해 연출 • 낮에는 은폐시키고, 밤에만 강조 • 백열등, 나트륨등 이용	
강조조명 (accent lighting)	• 주변과 대조를 보이는 집중조명 연출 • 어두운 배경에 두드러진 시각적 효과 • 특정 수목이나 조각에 활용	
그림자 조명 (shadow lighting)	• 피사체의 측면이나 상향식 조명 연출 • 독특한 그림자 형상을 주로 활용 • 수목보다 잎이나 가지가 움직이는 경관이 더 중요	
실루엣 조명 (silhouette lighting)	• 피사체의 뒤에서 배경을 조명하여 피사체의 실루엣을 강조 • 피사체와 배경이 근접해야 하고, 많은 빛이 투사 시 실루엣은 사라짐	

4. 표지판

① 표지판의 유형

유형	특징
유도표지	• 문자나 기호를 이용하여 표지판 위치장소, 지명 등 표시 • 교통수단 대상시 국제통용문자, 기호로 도안화
안내표지	• 대상지의 관광, 이용시설, 이용방법 안내 • 대상지 전역의 위치, 거리, 소요시간, 방향 등 기재
종합안내표지	• 지역권의 광역적 정보를 종합적으로 안내 • 공공주택단지, 공원 등
해설표지	• 문화재나 역사적 유물, 배경, 가치 중요성 설명 • 대상물에 대한 지식전달 • 교육적인 효과 강조
도로표지	• 통행시 필요한 행위의 금지, 제한 전달 → 도로사용상 규칙 주지 • 도로상의 위치 지정, 도로이용자의 편의 도모

② 전반적 관리

  ㉠ 청소 : 포장도로, 공원 등(월 1회), 비포장도로(월 2회)

  ㉡ 도장이 퇴색된 곳 재도장(2~3년 1회)

  ㉢ 잘못된 방향, 넘어졌거나 넘어지려고 하는 것들 위치 바로잡기

▶▶ 참고

➤ **안내표지시설 설계요소**

  1 CIP 적용

  ① 시설물의 통일성

  ② 교통수단 대상시 국제 관례로 사용되는 문자나 기호 사용

  2 가독성을 위한 기준

  ① 문자크기는 도로안내, 구역안내, 시설안내, 기타 안내 등으로 분류

  ② 인식성, 방향성, 정보성 등 세분화 고려

  ③ 차량주행속도, 보는 사람, 표지판과의 측면거리 등 파악

  3 가시지역과 거리기준

  ① 거리감, 스케일과 관련하여 통합 도모

  ② 전체적 상징범위부터 가시범위, 가독범위, 교감범위순으로 체계 설정

  ③ 설정장소별 시설, 건물, 보도, 도로, 광장, 녹지공간순으로 구체화

  4 서체, 방향표시, 그림문자(픽토그램), 색체 등 고려

5. 유희시설

① 유희시설의 유형

유형			시설종류
고정식	동적	진동계	그네
		요동계	시소
		회전계	회전그네
	정적	현수운동계	정글짐, 철봉
		활강계	미끄럼틀
		등반계	정글짐, 오름대
		수직계	래더
		수평계	수평대
	조합		조합놀이대, 미로, 놀이벽
이동식	구성놀이		어린이 EQ, IQ 증진시킬 수 있는 조립제작놀이 모래놀이터

② 전반적 관리

ㄱ 염분, 대기오염이 심각한 지역 방청처리, 스테인리스 제품 사용

ㄴ 파손 우려, 파손된 시설물 경우 사용하지 못하도록 보호조치

ㄷ 파손된 시설물 즉시 수리 후 어린이가 이용할 수 있도록 조치

ㄹ 바닥모래의 경우 바람에 날리지 않도록 굵은 모래 사용

ㅁ 놀이터 내 물이 고이는 곳이 없도록 배수, 기울기 조정

PLUS ⊕ 개념플러스

조경공사 하자의 발생원인과 대책 방안

MEMO

PART

07

생태학

CONTENTS

I 복원, 복구, 대체

■ 복원의 목표

1) 복원(Restoration)

① 교란 이전 생태계로 돌아감

② 개념자체의 복원은 현실에서 불가능

2) 복구(Rehabilitation)

① 복원과 유사한 목표

② 회복의 수준이 완전한 생태계는 기대하지 않고, 구조와 기능면에서 약간 떨어지는 상태

③ 최대한 비슷하게 조성하려고 노력

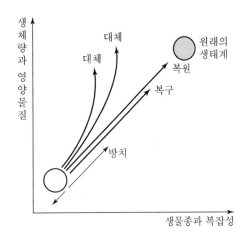

‖ 복원목표 ‖

3) 대체(Replacement)

① 본래의 생태계 재현은 본 대상지 내에서 불가피

② 다른 대상지 내에서 복원, 복구 진행

③ 원래 생태계와는 다르지만 유사한 기능 강화

4) 방치

① 두 가지 형태로 진행

② 긍정적 진행 : 천이가 이루어져 극상으로 진행

③ 부정적 진행 : 죽은 생태계

PLUS ➕ 개념플러스

보존, 보전, 보호 차이점
• 자연성과 인간의 간섭 정도 차이구분

Ⅱ 생태학의 종류

1. 보전생물학

1) 연구대상

① 생물다양성의 근원과 보전에 관한 연구

② 희귀종과 멸종위기종의 복원 강조

③ 복원목표를 종의 보전과 개체수 증대로 설정

2) 적용 & 응용

① 멸종위기종의 보전, 유전적 다양성의 보전

② 보전 전략프로그램과 교육, 홍보

3) 보전과 인간사회

① 생물종과 서식처가 법적으로 보호될 수 있는 방안

② 국제적 협약, 국제적 기금, 미래 세대를 위한 의제

2. 복원생태학

1) 연구대상

① 자연생태계의 체계와 기능 모방

② 인간이 훼손시킨 자연을 치유하여 기존 생태계 유지

③ 생태학적 원리 + 자기 치유적 자연 재창조

④ 복원의 목표 : 복원(Restoration), 복구(Rehabilitation), 대체(Replacement)

2) 복원의 종류

① 생태계수준의 복원

ㄱ 공간규모를 생태계로 구획

ㄴ 생태계 구조와 기능 복원

② 경관수준의 복원

ㄱ 생태계복합체로서 경관수준으로 공간규모 확장

ㄴ 생산자뿐 아니라 소비자의 서식처 복원 고려

3. 경관생태학

1) 연구대상

① 생태계의 집합체인 전체 경관을 대상

② 개별 종 복원보다는 생태계 전반의 복원 목표

③ 경관 내에서 식물과 동물, 그 주변환경(기온, 토양, 에너지 등)과의 상호작용 연구

2) 경관구조(Landscape Structure)

① Patch – Matrix Model

ㄱ 모든 생태계는 Patch, Corridor, Matrix로 구성

ㄴ 경관요소간의 크기, 형태, 종류에 따른 분포 연구

② 도서생물지리설

ㄱ 섬 내 식물과 동물이 지리학적 거리나 면적에 따라 어떻게 다른 분포를 보이는지 연구

ㄴ Sloss 논쟁, 다이아몬드 이론

2) 경관기능(Landscape Function)

① 구조는 기능을 변화 → 수직적 구조, 수평적 구조

② 수직적 구조

ㄱ 생태계의 단면을 수직적 분포에 따라 분석

ㄴ 토양생태계 → 생물다양성 영역 → 성층권

③ 수평적 구조

ㄱ 생태계의 단면을 수평적 분포에 따라 분석

ㄴ 천이에 따른 다양한 생태계 연결

ㄷ 수생태계 → 습지생태계 → 사구생태계

→ 육상생태계

3) 경관변화(Landscape Change)

① 시간의 경과에 따른 경관의 구조와
기능, 변화 연구

② 기후변화, 에너지 물질변화 등

✱ 보전 · 복원 · 경관생태학 비교

구분	대상	원리
보전생물학	개체	유전학
복원생태학	군집	천이
경관생태학	경관	메타개체군 이론

Ⅲ 생태계

1. 생태계 구성요소

- 살아있는 유기체와 그 주변환경과의 상호작용 시스템
  → 물질적 순환, 에너지 흐름 연구
- 생물적 구성요소 + 비생물적 구성요소로 구성

1) 생물적 구성요소

① 살아있는 생명체

② 생산자(식물) + 소비자(동물) + 분해자(세균, 곰팡이)

2) 비생물적 구성요소

① 생물체의 주변환경을 이루는 구성요소

② 빛, 습도, 온도, 토양, pH 등

2. 먹이사슬 vs 먹이그물

1) 먹이사슬, 먹이연쇄

① 단순히 생산자와 소비자 간 수직적 관계만을 표현

② 이론상의 관계로 실세계에서는 불가능

③ 녹색식물 → 토끼 → 호랑이

2) 먹이그물, 먹이망

① 생산자와 소비자 간 수직·수평적 관계 표현

② 실질적 생태계 내에서 복잡한 관계망 형성

③ 녹색식물 → 토끼, 염소, 양 → 호랑이, 사자

> **PLUS ➕ 개념플러스**
> - 생태계 내에서 5차 이상의 고차 소비자가 생존 불가능한 이유
> - 생태계 내 계단식 구조

3. 생태적 지위와 길드

1) 생태적 지위(Ecological Niche)

① 생태계 내에서 종이 수행하는 전반적 역할

② 구조적 + 기능적 분포

③ 공간지위(Spacial Niche)

　㉠ 생태계 내에서 종의 공간적 위치와 기능적 역할

　㉡ 종의 서식처 기반

④ 영양지위(Trophic Niche)

　㉠ 생태계 내에서 종 간 먹이관계 집중

　㉡ 생산자와 소비자, 저차소비자와 고차소비자 간의 경쟁적 관계

⑤ 다차원적 지위(Hypervolume Niche)

　㉠ 생태계 내에서 공간지위, 영양지위 단독의 형태로 나타나지 않음

　㉡ 생물적 · 비생물적 요소 모두 포함한 형태로 지위관계 형성

2) 길드(Guild)

① 생태계 내에서 생활공간이나 먹이자원을 공유하는 개체군의 집합

② 영소길드(Nesting Guild) : 서식처 공유

③ 채이길드(Foraging Guild) : 먹이자원 공유

4. 생태학적 피라미드(Ecological Pyramid)

1) 역삼각형 형태(▽)

① 에너지소비량

　㉠ 영양단계별 소비되는 총 에너지의 양

　㉡ 저장되는 에너지보다 전환되는 에너지양이 더 많음

　㉢ 생태계 내에서 5차 이상의 고차소비자 생존 불가능

② 생물학적 농축(Biological Concentration)

　㉠ 오염물질이 저차 → 고차소비자로 갈수록 생물체 내에 축적되는 양이 많아짐

　㉡ 수은, 카드뮴, 다이옥신, 고엽제 등

2) 삼각형 형태(△)

① 개체수 피라미드

㉠ 영양단계별 생물의 개체수 표현

㉡ 생산자 → 저차소비자 → 고차소비자로 갈수록 개체수↓

② 생체량 피라미드

㉠ 영양단계별 생물 전체 생체량 계산

㉡ 개체수 × 무게 → 녹색식물의 생물량이 절대적

③ 에너지 피라미드

㉠ 영양단계별 보유한 총 에너지

㉡ 영양단계가 높아질수록 전환에너지양이 많아짐

5. 생태계의 종류

1) 토지피복

① 토지의 표면이 이루고 있는 구성요소에 따라 구분

② 육지생태계, 수생태계, 초지생태계, 농경지생태계 등

2) 인간의 간섭 정도

① 자연생태계

㉠ 원시적인 자연상태 그대로

㉡ 원생림, 습원 → 보존, 보전대상 多

㉢ 인간의 간섭이 이루어지지 않은 지역

② 반자연생태계

㉠ 인간의 인위적 행위가 규칙적으로 반복되는 생태계

㉡ 자연천이가 억제되어 편향천이가 일어남

㉢ 초지, 농경지

③ 인공생태계

㉠ 인간간섭이 지속적으로 나타나는 생태계

㉡ 도시생태계

Ⅳ 생물과 인간 간의 거리

1. 동물과 인간 간의 거리

1) 도주거리(Flight Distance)

① 일정거리 이내로 범위가 좁혀지면 도망가는 거리

② 도주거리 이상 거리확보시 경계 해소

　→ 동물의 성, 연령, 적의 종류, 환경에 따라 다름

2) 공격거리(Attack Distance)

① 도주거리를 침범당한 후 막다른 곳에 이르면 위협 감지

② 방어적 의미에서 방어거리라고도 불림

3) 임계거리(Critical Distance)

① 도주거리와 공격거리 간의 임계반응을 나타내는 거리

② 한계거리, 막다른 거리 → 범위가 좁혀지면 공격

③ 동물원 설계시 가장 주목해야 할 거리

2. 조류와 인간 간의 거리

1) 비간섭거리

① 조류가 인간을 적으로 인식하면서도 이동하지 않는 거리

② 달아나거나 경계자세를 취하지 않고 먹이섭취 → 조류대상 설계시 중요

③ 비간섭거리 줄이는 비법 : 사파리차, 관찰벽, 먹이 매달기

2) 경계거리

① 행동을 멈추고 경계소리를 내거나 꼬리, 깃 등 행동으로 표현

② 인간 존재에 대해 경계는 취하나 장소이동은 하지 않음

3) 회피거리

인간과 적정 거리 유지, 이동이 시작되는 거리

4) 도피거리

인간이 접근함에 따라 단숨에 장거리 이동 → 인간을 위협적인 존재로 인식

Ⅴ 개체군의 상호작용

1. 동종개체군(아종개체군)

1) 세력권(텃새)

① 일정한 범위의 공간 차지, 다른 개체나 개체군의 침입을 막는 것

② 생활조건이 같은 개체들을 분산시켜 개체군의 밀도 조절

③ 은어 1m²의 세력권

2) 순위제

① 먹이나 배우자 선택시 힘의 강약에 의해 순위결정

② 개체군 내 질서유지를 위해 중요한 역할

③ 닭 개체군 먹이 먹는 순서

3) 리더제

① 통솔형 리더, 나머지는 명령 복종

② 경험이 많거나 힘이 세고, 영리한 개체

③ 원숭이(힘센 수컷), 코끼리(경험 많은 암컷)

4) 사회생활(분서)

① 개체군의 역할이 나눠져 있고, 전체적으로 분업구조

② 꿀벌, 개미

2. 이종개체군

1) 포식과 피식

① 먹고 먹히는 관계, 저차소비자와 고차소비자 간의 경쟁구도

② 토끼와 호랑이

2) 기생과 숙주

① 숙주로부터 일방적 영양분 공급 → 숙주는 부정적, 기생생물 긍정적 관계

② 겨우살이, 뻐꾸기 탁란

3) 경쟁

① 종간경쟁과 종내경쟁

② 경쟁배타의 원리(Gause의 원리)

→ 먹이자원에 대한 종내경쟁이 심하게 일어나면 한 종은 죽고, 한 종만 살아남는 현상

4) 공생

① 한 종과 다른 한 종이 같은 공간 내에 같이 살아가는 구조

② 편리공생, 편해공생, 원시공생, 상리공생

편리공생	• 한 종은 긍정적 영향, 한 종은 영향을 주지도 받지도 않음 • 해삼과 숨이고기
편해공생	• 한 종은 부정적 영향, 한 종은 영향을 주지도 받지도 않음 • 소나무숲, 하부식재
원시공생	• 두 종이 있으면 서로에게 매우 긍정적 • 둘 중 하나가 없다면 생존은 가능하지만 생활이 불편해짐 • 소와 소 등의 진드기를 쪼아먹는 새
상리공생	• 두 종의 생존에 있어 절대적인 관계 • 둘 중 하나가 없다면 생존에 있어서도 매우 불이익 • 콩과식물과 질소고정박테리아, 악어와 악어새

> ▶ 참고
>
> **1** 종풍부도(Richness)
>   ① 군집 내 일정 면적에 있는 종의 수
>   ② 생물종의 많고 적음을 나타내는 수치
>   ③ 종다양성과 비교
>
> **2** 종다양성(Diversity)
>   ① 군집구조를 종수와 개체수 관계로 나타냄
>   ② 종풍부도와 종균등도를 동시에 포함하고 있어야 함
>   ③ 계획이나 설계에서 종다양성에 대해 서술하지만 대부분 종풍부도
>
> **3** 종균등도(Eveness)
>   ① 군집 구성 생물종 간의 개체수의 균등성을 나타내는 수치
>   ② 생태계 내 풍긴 형평성
>
> **4** 상대적 풍부도(Abundance)
>   ① 종풍부도(종수)와 상대적 풍부도(개체수)
>   ② 한 군집 내 각 종에 대한 개체수가 상대적으로 얼마나 많은지 고려

I 개념

1. 경관(View vs Landscape)

1) View

    ① 일반적인 시각적 경관

    ② 눈으로 바라다보이는 표면적 의미

2) Landscape

    ① 지리학의 개념에서 출발하여 토양 기반

    ② 시각적 경관 + 그 내부에서 일어나는 생태계 전반

    ③ 항공사진의 발달로 모자이크 개념 파악 시작

2. 경관생태학

1) 정의

    ① 경관 내에서 생물과 그 주변 환경 사이의 복합적인 상호작용을 연구하는 학문

    ② 경관모자이크, 경관패턴 등 특정한 분포나 질서를 가진 지역 연구

2) 경관생태학자

    ① 지리학자 Troll

        ㉠ 경관생태학은 경관과 생태학 각각이 갖는 개념들이 통합된 개념

        ㉡ 종합적인 접근과 평가, 해석을 하고자 하는 과학자의 노력에 의해 발생했다고 주장

        ㉢ 경관은 Patch, Corridor, Matrix로 구성

    ② 경관생태학자 Forman

        ㉠ 경관생태학의 세 가지 측면 초점

        ㉡ 경관의 구조, 기능, 변화

        ㉢ 기초적인 Troll의 이론에 경관생태학 집대성

Ⅱ 구성

1. 경관의 구조

1) Patch – Matrix Model

① 경관을 점(Patch), 선(Corridor), 면(Matrix)에 의해 생태계를 관찰함

  ㉠ Patch

    • 바탕에 형성된 비선형적인 모양, 위치, 크기, 모양, 수

    • 유형 : 잔류패치, 재생패치, 도입패치, 환경자원패치, 교란패치

  ㉡ Corridor

    • 하천, 강과 같은 선형적인 모습, 너비, 연결성

    • 자연통로 : Line Corridor, Stream Corridor, Strip Corridor, Stepping Stones, Landscape Corridor

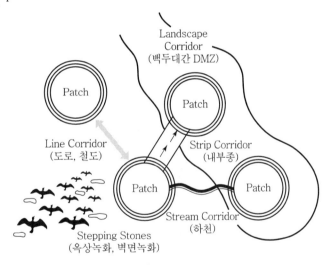

‖ 자연통로의 종류 ‖

    • 인공통로 : 육교형, 박스형, 터널형, 선형, 파이프형

PLUS ⊕ 개념플러스

    • 생태통로 유용성과 한계성
    • 자연환경보전법상 생태통로 유형별 조성방안(생태통로 설치 및 관리지침 참조)
    • 생태통로 모니터링시 동물확인방법(생태조사론 표유류 조사 참고)

• 기능 : Habitat, Conduit, Filter, Source & Sink

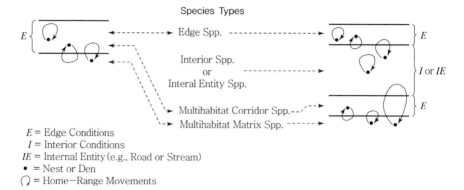

E = Edge Conditions
I = Interior Conditions
IE = Internal Entity (e.g., Road or Stream)
• = Nest or Den
$\cap$ = Home−Range Movements

(a) Habitat

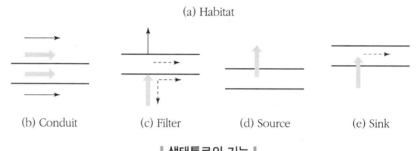

(b) Conduit   (c) Filter   (d) Source   (e) Sink

‖ 생태통로의 기능 ‖

• 주안점 : Cover, Food, Water, Corridor

  – Cover(은신처) : 몸을 숨길 수 있는 공간 필요, 관목숲

  – Food(먹이) : 식물성 먹이, 동물성 먹이, 인위개변적 먹이

  – Water(물) : 소택형 습지, 하천, 연못

  – Corridor(이동로) : 유전자 교환, 피난처, 동물의 이동

ⓒ Matrix

• 단위면적당 가장 큰 규모

• 전체면적의 50% 이상일 때 바탕, 기질로 해석

• 최소 250ha↑, 침엽수림일 경우 1,000ha↑

• Patch가 작으면 Matrix에 의해 잠식당할 수 있음

 **PLUS ⊕ 개념플러스**

야생동물 유치를 위한 생태연못 조성 시 고려해야 할 사항

2) 도서생물지리설

① 섬에서 살고 있는 생물(식물+동물)이 지리학적 생김새(거리, 면적)에 따라 분포가
달라질 수 있음을 연구하는 이론

→ 거리가 가까울수록, 면적이 클수록 생물의 이동률↑

② Sloss 논쟁

㉠ Single Large Or Several Small

→ 총 면적이 같은 경우 하나의 큰 경관조각과 작은 여러 개의 경관조각 중 어느 것
이 생태적으로 건전한가에 대한 논쟁

㉡ 임내종일 경우 SL, 임연종일 경우 SS 유리

서식처크기	생태학적 가치
SL (Single Large)	• 낮은 차수의 하천망 연결성↑, 어류와 육상생물 이동 용이 • 대형척추동물의 행동권 내 은신처와 서식처 역할, 내부종 유지 • 매트릭스를 통한 종의 공급처 역할 • 다양한 서식처를 요구하는 종들에게 미소서식처 제공 • 교란이 필요한 종들에게 자연교란과 가까운 체계 제공 • 환경 변화시 멸종에 대비한 완충작용
SS (Several Small)	• 내부종의 지역적 멸종 후 종분산과 재정착을 위한 서식처와 징검다리 역할 • 가장자리종의 종밀도↑, 개체군 크기↑ • 매트릭스의 이질성은 토양 침식 감소, 포식자로부터 은신처 제공 • 크기가 작은 공간에 서식하는 종들을 위한 서식처 제공 • 흩어져 있는 작은 서식처와 희귀종 보호

③ 다이아몬드 이론(1976)

㉠ 도서생물지리설을 응용하여 보호구 설계지침 작성

㉡ 서식처 크기, 개수, 거리, 연결성, 형태 등

(A) 서식처의 크기가 큰 것이 작은 것보다 더 좋고,

(B) 같은 면적일 때에는 작은 여러 개의 서식처
보다 하나의 큰 서식처가 유리

(C) 서식처끼리의 거리가 짧을수록,

(D) 각각의 거리가 동일할수록 더 좋으며

(E) 이동통로가 있어야 하고,

(F) 길쭉한 형태보다는 원형일 때 생태적으로 더
건강한 서식처 형성

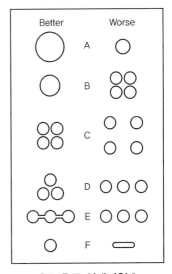

‖ 보호구 설계지침 ‖

2. 경관의 기능

1) 수직적 구조

① 지층 + 대기권층 + 성층권

㉠ 지층 : 토양단면 R → C → B → A → O

㉡ 대기권층

- 생물공동체 영역 → 다층구조 식재
- 지피 → 초본 → 관목 → 교목
- 길드결정(채이길드, 영소길드)

㉢ 성층권 : 대기권 밖의 영역

2) 수평적 구조

① 카테나 구조 : 토지피복이 다른 이질적 생태계의 연속체

② 시간적 흐름에 따라 생태계 변화 → 천이 유도

③ 수생태계 → 습지생태계 → 사구생태계 → 육상생태계 등

3. 경관의 변화

① 기후변화, 온도변화(열섬, 온난화) → 생태계 변화

② 생물종의 절멸 : 최소존속개체군 이내일 경우

③ 분석기법 : RS, LiDAR, GIS 등

㉠ RS(Remote Sensing) : 원격탐사

- 물질이 태양에너지의 전자파 세기 분포를 이용 → 물질형상이나 변화양상 파악
- 넓은 파장역의 전파 이용으로 눈으로 볼 수 없는 물질이나 현상 파악 가능

㉡ LiDAR(Light Detection and Ranging)

- 항공기에 지상레이더를 부착하여 대상지 스캐닝
- 2차원, 3차원 자료 분석 가능 → but 고비용

㉢ GIS(Geographic Information System)

- 지리정보체계
- 구성요소 : 자료, 소프트웨어, 하드웨어, 이용자, 방법론

PLUS ⊕ 개념플러스

절멸의 소용돌이

Ⅲ 경관이론

1. 주연부 vs 가장자리 효과

1) 주연부효과(Ecotone)

① 전이생태계 : 두 가지 이상의 생태계가 만나서 형성

② 독특한 생태적 · 환경적 특성이 있는 제3의 생태계

2) 가장자리 효과(Edge Effect)

① 하나의 생태계와 인접되는 가장자리 부위에 생기는 효과

② 다른 지역과 달리 가장자리에서 개체군의 밀도나 종다양성이 높아지는 현상

    ㉠ 두 가지 생태계에 서식하는 종(Multi-habitat Species) 모두 출현 가능

    ㉡ 제3의 생태계에서 서식할 수 있는 종(General Species) 출현 가능

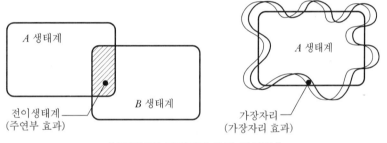

‖ 주연부와 가장자리 효과 차이점 ‖

▶▶ 참고

1 일반종 (Generalist-General Species)

  ① 교란에 적응하는 능력 우세

  ② 전이생태계, 가장자리 지역에서 생존능력 뛰어남

  ③ 대부분 주변에서 쉽게 볼 수 있는 종

2 특수종(Specialist-Special Species)

  ① 일반종과 다르게 특수한 서식조건, 먹이 요구

  ② 일정지역, 일정면적 이상을 요구하는 내부종 포함

  예 코알라(먹이 · 유클립투스), 산림내부종(서식처 ; 일정지역, 일정면적)

3 다양한 서식처를 요구하는 종 (Multi-Habitat Species)

  ① 두 개 이상의 서로 다른 서식처 요구

  ② 서식처간 이동하며 먹이자원과 은신처, 잠자리처, 휴식처 마련

  예 양서류

2. 경관조각 굴곡 효과

1) 반도 효과 (Peninsula Effect)

① 넓은 지역에서 반도 지역으로 갈수록 종다양성, 종수 ↓

② 돌출부 면적 ↑ → 전체적인 변화율 ↓

   → 경관조각 내부 환경과 차이가 미미

‖ 반도 효과 ‖

2) 깔때기 효과 (Funnel Effect)

① 넓은 지역에서 좁은 지역으로 이동시 돌출부를 통로로 삼는 경향

② 생물보호구역 설정시 응용 가능

‖ 깔때기 효과 ‖

3) 울타리 효과 (Drift−Fence Effect)

① 돌출부는 종을 조각 내부로 끌어들이는 효과 有

② 부정적으로 외부종이나 해충을 유입시키는 역기능

③ 재정착 속도를 높여 국지적 멸종 방지

통로인식

‖ 울타리 효과 ‖

4) 창시자 효과 (Founder Effect, Drift Effect)

① 개체수가 적은 경우인 초기개체군 시기 발생

② 시간이 지남에 따라 병목 효과 발생

   → 개체군의 크기가 커짐에 따라 일부지역 개체군 쏠림현상 발생

5) 병목 효과 (Bottle Neck Effect)

① 개체군의 크기가 병이나 재해 등으로 급격히 감소한 경우

② 갑자기 개체군이 많아지더라도 유전적 다양성을 기대하기는 어려움

③ 부모개체(유전적 다양성 ↑) → 병목현상(극적인 개체군 감소)

   → 살아남은 소수의 부모개체(유전적 다양성 ↓) → 다음 세대(유전적 다양성 ↓)

‖ 병목 효과 ‖

6) 벤추리 효과 (Venturi Effect)

① 우묵한 곳에 집중되는 현상

② 굴곡이 많은 조각일 경우 우묵하게 들어간 곳 풍속 가장 ↑

③ 섬의 경우 배정착시 풍속 ↓

‖ 벤추리 효과 ‖

3. 파편화 영향

- 커다란 서식처가 2개 이상의 서식처로 나뉘어지는 것
- 영향 : 서식처 면적↓, 서식처간 단절, 가장자리면적 多, 내부면적 小

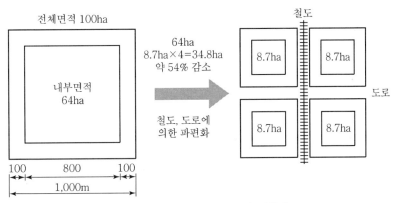

∥ 도로 · 철도에 의한 파편화 영향 ∥

1) 초기 배제 효과 (Intial Exclusion)

① 파편화가 진행되는 초창기에 배제

② 큰 면적을 요구하는 종 or 민감한 종은 초기 이동하거나 멸종

2) 장벽과 격리화

① 도로, 댐건설이 이루어진 경우 이동 불가

② 개체군 수↓ → 근친교배, 인위적 간섭 → 멸종

③ 절멸의 소용돌이

3) 혼잡 효과

① 파편화 초기 어느 한쪽으로 몰리는 현상

② 일시적 현상이나 일부 수용력이 벗어나 몰리는 경우

　　 → 경쟁가열화로 개체군 밀도가 낮아짐

4) 국지적 멸종

① 장기적 관점시 국지적으로 특정종 멸종 야기

② 영양단계가 높은 종, 지리적 분포범위가 좁은 종, 개체군 크기가 작은 종

③ 이동성이 낮은 종, 특이한 서식처를 요구하는 종

I 생태조사

1. 정의

① 특정 생물군의 개체군 수준 조사 및 연구

② 환경영향평가 등의 경우 전 시스템을 총괄하는 생태계조사

③ 하지만 생태조사와 생태계조사의 의미 구분 필요

2. 조사목적

1) 기본목적

① 주어진 조사대상지역의 생태계 특성 면밀히 파악

② 생태계의 보존 · 보전 · 복원에 대한 바람직인 방향과 틀 제시

③ 이용 가능한 측면에서 인간과 주변환경과의 상호작용 검토

④ 포괄적인 의미로 생물다양성 보전에 기여

기본 목적	주요내용
생태계의 보존	• 각 생물군과 더불어 생물의 서식지역을 포함한 특정 대상지역의 보호 • 인간의 간섭이 전혀 없는 것을 전제
생태계의 보전	• 불특정 다수지역의 한정적 보호 • 일부 인간의 간섭이 있으며, 이용 가능 측면 고려
생태계의 복원	• 훼손되고, 파괴된 지역의 새로운 복구 • 지속 가능한 발전을 위한 회복

2) 최근의 생태조사

① 생물다양성의 증진을 위한 학술적인 측면

② 훼손, 파괴된 생물계 복원을 위한 자연환경복원

　　㉠ 목적에 따른 특정 생물군을 위한 생태조사

　　㉡ 전반적 실태 파악을 위한 생태계 조사를 할 것인지 결정 필요

3. 계획수립

① 사전 과제 수행목적을 정확히 인지하는 것이 중요

② 생태조사계획 수립 후 사업 추진

항목	수립원칙
조사목적의 인지	• 일반 학술조사와 특정 사업(개발사업) 구분
조사대상 우선순위 결정	• 천연기념물, 멸종위기야생동식물 우선 조사 • 각 생물군 특성에 따른 조사시기 결정
주변환경 및 생물군과의 연관성 고려	• 환경요인 및 주변 서식 동식물 특성 검토
자료수집	• 과거 선행 연구자료 비교 · 검토
문제점 및 대안제시	• 문제점 파악 및 현실성 있는 대안 제시 • 현지관찰, 생태학 실험, 모델링 등

4. 조사항목

1) 생물종 분석

① 천연기념물, 희귀 및 멸종위기 야생동식물, 우점종 등

② 조사지점, 서식처 특성별로 항목 산정

PLUS ⊕ 개념플러스

- 멸종위기 야생생물 Ⅰ, Ⅱ급
- 환경부 지정 환경정화수종

2) 생물군 조사

① 관찰을 우선적으로 실시

② 부득이한 경우 채집 실시

③ 그 외 현지에서 야간각성, 사진촬영, 녹음 등을 통한 기록 수행

④ 분석, 조사뿐 아니라 주변 환경에 대한 철저한 조사와 이해 선행

5. 조사빈도

- 조사시기와 조사횟수 중요
  - 각 생물군별 지역별·계절별 분포특성과 먹이섭식 패턴이 다르기 때문
  - 전체 생태계를 이해하고, 오차율을 줄일 수 있으며 생태복원에 매우 중요한 단서 제공

- 생태조사는 자주, 많이 할수록 좋지만
  - 비용, 인력, 시간의 제한
  - 계절별 연 4회 or 월 1회 정도 적당

1) 계절별 조사

① 이동성이 큰 고등동물(척추동물)

   ㉠ 선택적인 서식처 특성 선호

   ㉡ 조류의 경우 텃새와 철새로 나뉘어 계절 출현특성이 매우 다름

② 식물

   ㉠ 육상식물 : 대부분 여름이전 조사가 가장 중요

   ㉡ 수생식물 : 여름 장마 이전, 9월 이후 종 확인 어려움

2) 산란시기·개화시기별 조사

① 특정 생물군

   ㉠ 생물의 생태 특성 파악이 가장 중요 → 조사시기 결정 요인

   ㉡ 동물의 산란기, 식물의 개화기는 근본적 경향 비슷

② 동물

   ㉠ 봄 시기 4~6월 사이 산란기와 짝짓기 기간

   ㉡ 성체 출현이 많음

③ 곤충류

   ㉠ 봄과 여름 시기 우화하여 성체상태

   ㉡ 가을 이후 알과 유충 상태의 종 관찰

   ㉢ 조사에 따른 생태 특성 파악이 어려움

Ⅱ 식물 군집구조 조사방법

• 계절별로 다양한 서식지를 직접 방문하여 조사
• 전문적인 식견과 소요되는 시간에 의해 크게 좌우 → 전문가의 충분한 시간 투자
• 식물명의 정리는 학명을 기본으로 하며 국명 병기

1. 조사구 설정

① 식생의 균질성과 입지조건의 현황 사전 확인
② 주변 효과 방지를 위한 일정거리 이격 후 조사구 설정

2. 조사구 추출법

밀도조사 실시 : 정량적조사, 정성적 조사

> **PLUS ⊕ 개념플러스**
>
> ➤ **밀도**
> • 특정 생물군의 서식지에서 단위면적당 개체수
> • 일부 생체량 의미

1) 전수조사

① 대상지 내 정량적 조사에 의한 전체 개체수를 산정
② 매우 정확하나 현실상 불가능한 방법 → 시간, 비용, 인력제한
③ 조사과정에서 다양한 비표본오차 발생

2) 표본조사

① 시간, 비용, 인력대비 효율적 방법 모색
② 임의로 일부 표본 추출 → 표본을 대상으로 집단의 크기와 특성을 밝히는 통계학적 방법
③ 식물, 동물, 이동성이 유무에 따라 조사방법 결정

> **PLUS ⊕ 개념플러스**
>
> 표본추출방법은 추출단위가 표본으로 추출될 확률을 미리 정하는 확률추출법 사용
> → 대표적 방법 : 층화추출방법, 계통추출방법

3. 조사구 형태

1) 방형구법(Quadrat Methods)

① 일정면적의 조사구 설정

② 그 지역 내 모든 동물 혹은 식물의 전수 확인 방법

③ 매우 정확한 결과치 제공

④ 대표성을 띄고 있는 조사지점 선택

    ㉠ 교목림 100~400m²

    ㉡ 관목림 25~100m²

    ㉢ 키 큰 초본류 초원 4~25m²

    ㉣ 키 작은 초원 1~4m²

⑤ 방형구 가장자리 효과

    ㉠ 길고 좁은 직사각형일수록 정확도가 떨어짐

    ㉡ 둥근 원모양일수록 가장자리가 좁기 때문에 가장 정확

    ㉢ 조사자의 분류학적 지식에 의해 왜곡 가능

2) 대상법(Transect)

① 식생조사에 있어 방형구법은 비실용적이고, 시간이 많이 소요됨

② 기준선을 따라 일정폭을 지닌 띠 형태의 조사구

③ 두 줄 사이의 폭을 일정하게 유지하고 그 속의 생물조사

④ 생태적 천이의 연속적인 단계나 전이대의 군집연구시 효율적

⑤ 환경의 연속적인 구배에 따른 생물반응 조사시 이용

3) 선차단법(Line Intercept)

① 한 줄 직선을 늘이고, 그 선에 접하는 생물조사

② 면적 고려 ×

③ 선의 길이를 단위로 하여 밀도 또는 상대밀도 적용

    → 선에 접하는 식물개체의 접합길이 / 줄의 총 길이

④ 서로 구분하기 어려운 식물개체의 정확한 절대밀도 측정 불가능

    ㉠ 초지군락연구

    ㉡ 염분에 따른 염생식물 조사

Ⅲ 동물 군집구조 조사방법

- 조사지역 내 동물 분포와 생태계가 건강한지 평가 가능
- 현장조사를 실시하기 전 조사항목과 조사 대상종 결정
- 정확한 조사시기 설정
  → 각 분류군에 따른 산란기, 이동기, 동면기 등 이용, 동물 피해 최소화
- 나지, 하천, 습지, 해양 등 특정 생태계의 경우
  → 조사 분류군의 숫자 조정 필요
  → 조사기간과 경비 면에서 효과적

1. 기본자료 정리 및 분석

- 현지조사 결과 바탕
  - 종의 분포면적, 분포지역 특성 분석
  - 시간에 따른 서식영역 변화 등을 도식화

- 종의 보전계획 작성

1) 분포도

① 수집된 종에 대한 서식정보를 지도상에 표기하는 방법
② 소형종은 유효

2) 서식영역 분포

① 종의 서식정보가 확인된 지점의 외곽선을 연결하는 방법
② 보전지역의 설정 등에 유리한 방법
③ 서식영역 내에 분포하는 도로, 인가 등은 면적에서 제외

3) 그리드 분포도

① 조사지역 내를 일정한 규격으로 구획화
② 구획단위 내의 서식정보를 지도화하는 방법
③ 데이터베이스화, 자연환경정보 등의 분석에 용이
④ 현지조사 자료수집에 많은 경비와 시간 필요

‖ 분포도 ‖

‖ 서식영역 분포 ‖

‖ 그리드 분포도 ‖

2. 곤충조사

1) 고려사항

① 인위적인 변형이 큰 지구와 작은 지구

② 하천차수에 의해 하천환경이 변형된 지구

③ 하천, 시가지, 농경지, 산지 등을 고려한 다양한 지점 설정

2) 조사시기와 횟수

① 봄, 여름, 가을

② 시기마다 3회 이상

3) 조사방법

① 임의채집법

    ㉠ 포충망(30~40cm)으로 직접 잡는 방법

    ㉡ 다양한 환경에서 여러 종류를 대상으로 사용

    ㉢ 조사 인원수와 시간을 균등하게 적용

② 쓸어잡기법

    ㉠ 수림, 관목림, 초원에 쓰는 방법

    ㉡ 정량채집의 경우 장소를 바꾸어 가면서 30회 단위로 3회 반복

③ 털어잡기법

    ㉠ 털어잡는 횟수를 10회 정도 실시 → 망에 떨어진 곤충을 독병에 넣기

    ㉡ 다양한 나무에서 채집을 3회 정도 반복

④ 라이트 트랩법

    ㉠ 투명한 수은등, Black light 이용

    ㉡ 밝은 조명이 없는 곳에서 실시해야 효과적

3. 어류조사

① 조사지점별 삼각망을 1개, 자망 2개를 설치

② 계절별 1~10일 동안 잡힌 어류조사

③ 루어 낚시를 이용한 조사 : 연 1회

④ 직접채집이 가능한 지역 → 투망, 족대, 유인어망을 이용 채집

4. 양서류조사

1) 직접확인방법(포획조사)

① 무미양서류(개구리)

ㄱ 바위틈 또는 하천, 수로, 계곡, 저습지 주변의 초지

ㄴ 조사주변지역을 따라 좌우 10m 간격으로 이동 중인 개체 채집

ㄷ 포충망을 이용하여 채집

② 유미양서류(도롱뇽과)

ㄱ 하천 중 유속이 느린 곳을 찾아 작은 바위를 들추어 유생 확인

ㄴ 물이 고여있는 작은 웅덩이에 산란한 알을 찾아 종 확인

ㄷ 성체는 활엽수림에 있는 음지 쪽 고목을 들추거나, 바위틈 확인

ㄹ 야간시 곤충채집용 추락 덫을 설치한 뒤 덫에 빠진 종 확인

③ 도마뱀류

ㄱ 묵정밭, 초지주변, 하천변과 햇볕이 잘 드는 곳

ㄴ 도로변에 이동 중인 개체는 포충망 이용

④ 뱀류

ㄱ 저지대의 임연부 일대, 묵정밭 주변 뱀 집게와 포충망 이용

ㄴ 석축, 돌담, 경작지, 돌 밑을 들추어 채집

2) 간접확인방법

① 무미양서류 : 울음소리로 종을 판단

② 파충류 : 허물을 수거하여 서식 유무 판단

3) 청문조사

① 전문가, 해당 지역 학교의 교사 및 동호회를 중심으로 실시

② 파충류는 뱀집이나 전문인을 대상으로 실시

③ 각 생물의 출현시기, 분포상황, 특정 종이 분포상황 등 파악

ㄱ 이전의 조사결과 미리 정리

ㄴ 가능한 이전 조사 이후의 상황 등에 대한 정보 수집

5. 포유류조사

1) 족적조사 모래판

① 확실한 이동로에 설치

② 크기는 설치위치, 대상동물에 따라 달라짐

    ㉠ 발자국이 깊이 찍힐 수 있게 모래판 깊이 약 5~10cm

    ㉡ 발자국이 장기간 남아있을 수 있도록 고운 모래 사용

③ 조사범위가 한정적이고 훼손의 위험이 큼

④ 동물의 종, 개체수, 이동방향 등을 조사

2) 족적조사관

① 동물이 통과할 수 있는 원통 모양의 관

② 중앙에 발자국이 찍힐 수 있는 흰색 종이 설치

③ 족적조사용 모래판의 용도와 같음

3) 무선추적방법

① 동물 신체에 발신기를 부착하여 위치를 수신기로 조사

② 조사연구결과 정확, 전반적인 동물생태조사에 필수적

③ 인력, 기간, 동원장비, 예산 낭비 우려

4) 포획조사

① 포획기를 이동로, 잠자리, 서식지에 설치

② 조사연구결과 정확하나 포획기 분실 위험

③ 특정지역 서식밀도조사에 적합

5) 야간조명 이용조사

① 빛을 받는 눈의 섬광으로 동물조사

② 빛을 본 동물이 머뭇거리는 동안 신속하게 특징 파악

③ 야간조사이므로 동물종 식별, 연령, 암수 등의 구분 어려움

④ 동물저항에 유의

6) 비디오/사진관찰 조사

① 동물 이동지역에 설치하여 동물행동 기록 조사

② 장기간에 걸친 동물행동 파악에 편리

③ 탐조관 내 비디오시설 설치 후 관찰 가능

④ 장비고장 문제 발생

PLUS ➕ 개념플러스

생태통로를 이용하는 동물의 확인방법 응용가능

▶▶ 참고

➤ **목표종의 유형**

1 지표종(Ecological Species)
유사한 서식지나 환경조건에 발생하는 군락을 대표하는 종

2 중추종(Keystone Species)
① 생물군집에 있어서 생물 상호작용의 필요가 있는 종
② 사라지면 생태계가 변질된다고 생각하는 종

3 우산종(Umbrella Species)
① 영양단위의 최상위에 위치하는 대형 포유류나 맹금류 등
② 서식에 넓은 면적 필요
③ 지키면 많은 종의 생존이 확보된다고 생각되는 종

4 상징종(Flagship Species)
① 아름다움이나 매력적인 모습을 어필할 수 있는 종
② 일반사람들에게 서식처의 보호를 호소하는 데에 효과적인 종

5 희소종(Threatened Species)
① 서식지의 축소, 생물학적 침입, 남획 등
② 절멸의 우려가 있는 종

6. 조류조사

1) 포획조사

① 소형종 관찰이나 새들이 이동하는 시기에 종 확인

② 그물이나 총을 이용하여 채집조사

③ 최근에는 새그물을 이용하는 방법 이외에는 잘 사용하지 않음

2) 직접관찰

① 정점조사

　㉠ 전망이 높은 산이나 해안에서 주로 이용

　㉡ 조사정점에 머무르며 주변의 조류 확인

　　→ 쌍안경, 야외망원경 활용

　㉢ 조류의 서식유무 조사 후 사진촬영

　㉣ 조사시간은 한 지점에서 30분 정도

② 선조사법

　㉠ 일정한 속력으로 걸으면서 조사

　㉡ 조사자 양쪽에 나타나는 조류형태, 비행모양, 울음소리 식별

　㉢ 조사선은 지형, 식생 등 주변 환경을 반영하여 설정

　㉣ 시속 1.5~2.5km 정도의 빠르기로 걸으면서 조사 · 관찰

3) 청문조사

① 현지주민, 수렵인, 양농인, 약초재배꾼 등을 대상

② 종의 사진을 보여주면서 종의 도래시기, 도래 유무 확인

③ 연령, 성별, 학력에 따른 편차 ↑

SECTION 04 비탈면 녹화

PROFESSIONAL ENGINEER LANDSCAPE ARCHITECTURE

I 개념정리

1. 미티게이션(Mitigation)

- 개발사업시 보전해야 할 서식처가 있는 경우 미티게이션 기법 활용
- 도로개설로 인한 서식지 파괴 복원기법

구분	내용
회피	• 보전해야 할 서식처를 피하는 것 • 도로노선 우회
저감	• 서식지 분절시 생태통로 등으로 연결시키는 방법 • 대상지 내 중요서식지를 피해 노선 재설계
대체	• 다른 곳에 유사한 환경을 만들어 주는 것 • 환경이 가진 생태적 기능을 보상하는 것

당초안

① 회피 : 서식환경과 노선 분리

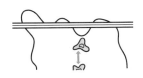

② 저감 : 이동통로와 노선 분리

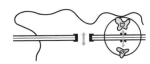

③ 저감 : 도로 상·하부 이동통로 확보

④ 대체 : 다른 지역에서 서식환경 복원

‖ 도로를 건설할 때의 미티게이션 개념 ‖

PLUS ⊕ 개념플러스

복원, 복구, 대체 차이점 / 보존, 보전, 보호 차이점

2. 비탈면

1) 개념

① 절토, 성토에 의해 발생된 인위적인 지형

② 절토비탈면과 성토비탈면 → 자연환경, 지질, 안정조건 등 모든 여건 차이 有

2) 비탈면의 특징

① 구조적 특징

㉠ 침식, 붕괴, 낙석 등 재해발생요인을 잠재적으로 가진 공간

㉡ 외부의 힘에 의해 균형 파괴된 공간으로 매우 불안정한 상태

㉢ 성토비탈면

- 토질 균일하게 조정하여 안정처리가 비교적 용이
- 흙을 쌓아올린 경우 발생되는 비탈면 → 안전한계경사 29~34°

㉣ 절토비탈면

- 지질, 지형, 기상, 피복식물의 영향으로 불안정한 구조 다수
- 토지이용효율 측면에서 급경사로 실시

→ 안전한계경사 : 토사 35~44°, 연암 41~51°, 경암 50~80°

② 생태적 특성

㉠ 메마른 심토층이 드러나서 식물생육환경 조건 열악→식물정착 열악한 유효토양층

㉡ 식생의 천이 과정이 순조롭지 않음 → 경사 35° 이상, 피도 80% 이하

3) 비탈면의 목적

구분	목적
비탈면 안정	• 비탈 지표면의 침식세굴방지, 표층슬라이드 억제 • 토양보전과 장기적으로 식생에 의한 근계 네트워크화
생태복원	• 암석지의 자연토양 복원에 의한 생태적 식생기반 조성 • 선구수종의 적극 도입으로 지속적인 식생천이 유도 • 다양한 식물에 의한 식생군락 조성
경관녹화	• 재래초목본에 의한 아름답고 자연스러운 경관 형성 • 주위경관과의 연계성 및 조화로움 확보

Ⅱ 비탈면 공법

- 비탈면 녹화
  - 도로, 주택단지, 산업단지 등의 개발로 인해 발생된 비탈면 적용
  - 자연식생재료를 이용하여 녹화하는 방법

- 공법 적용시 비탈면의 재료, 기울기, 경도 등 파악 후 공법 선정
- 특히 물이 많은 지역일 경우 배수 유의
  - 산어깨 산마루측구
  - 종단, 횡단으로 배수로 설치

1. 고려사항

1) 급경사

① 성토시 1 : 2
② 절토시 1 : 1.5 비율 유지

2) 토심 부족

① 암반시 1.0~1.5m 이상
② 표토복원공법 3~5cm 이상

3) 침식

① 종자 파종시 침식으로 인한 유실
② 초기토양 안정 필요

4) 토양경도

① 27mm 이상이면 식생불가지역
② 17mm~22mm 보통
③ 단립보다는 입단구조가 좋음

> **PLUS ➕ 개념플러스**
>
> **➤ 토공 단면 명칭**
> 비탈, 비탈머리, 비탈기슭, 뚝머리, 턱, 비탈경사

＊비탈면의 생육적합도 판정기준

판정기준		식물생육 특성
비탈면 경사도	30도 이하	• 키가 큰 수목 위주의 식물군락 복원과 주위 재래종의 침입 가능 • 식물 생육이 양호하고, 피복이 완성되면 표면침식은 거의 없음
	30~35도	• 그대로 방치하였을 경우 주변으로부터의 자연침입으로 식물군락이 성립되는 한계각도이며 식물의 생육은 왕성
	35~40도	• 식물의 생육은 양호한 편이나 키가 낮거나 중간 정도인 수목이 많아 초본류가 지표면을 덮는 군락조성이 바람직
	45~60도	• 식물의 생육은 다소 불량하고 침입종이 감소 • 키가 낮은 수목이나 초본류가 형성되는 관목숲 조성이 바람직
	60도 이상	• 생육이 현저하게 불량해지고 수목의 키가 낮게 성장 • 초본류의 쇠퇴가 빨리 일어남 • 바위의 틈 사이 뿌리 신장을 기대하여 관목 도입
토사 지반 / 토양 경도	10mm 미만	• 건조하기 쉽기 때문에 종자 발아 저조의 가능성 • 정착식물의 생육은 양호함
	점성토 10~23mm 사질토 10~25mm	• 지상부, 지하부 모두 생육 양호 • 수목의 식재에도 적합
	점성토 23~30mm 사질토 25~30mm	• 일반적으로 토양 속 식물 뿌리의 신장에 장해
	30mm 이상	• 뿌리의 신장이 곤란, 인위적 생육기반 조성 필요
	암반	• 뿌리의 신장이 불가능하므로 인위적 생육기반 조성 필요 • 암반에 틈새가 있는 경우 수목류의 뿌리신장 가능

2. 도입종

1) 선정기준

① 초기 발아율이 우수하고 성장이 빠른 수종

② 기후변화에 대한 적응성이 높은 수종

③ 내성이 강하고 경관적으로 아름다움을 제공해주는 수종

④ 야생동물의 서식에 유리한 수종

⑤ 외래종보다는 향토재래종 권장

PLUS ➕ 개념플러스

식물이 생육 불가능한 토양경도 : 27mm

✱ 향토재래종과 외래종 비교

향토재래종	외래종
• 채종 곤란, 대량종자 구입 어려움 • 종자 고가, 발아율 저조 • 인력파종공법 > 분사식 파종공법 • 자연생태환경에 적응력 우수 • 천이 정착 후 장기간 생육 가능 　→ 안정적 식생군락 형성	• 종자품종 다양, 구입 용이 • 발아율 높고, 뿌리발달 양호 • 훼손지 선구수종 유리 • 자연천이 유도 • 개별적 환경특성에 부합되지 못할 때 　→ 식생정착 불가

✱ 재래종 조달방법

구분	내용
표토채취	• 매토종자를 포함한 표토 채취 후 녹화할 장소에 뿌림 • 습지, 이차림 등의 복원
매트이식	• 매토종자나 표토를 매트형으로 조성 후 녹화장소에 붙임 • 기존 장소와 유사한 식생복원, 초원복원
종자파종	• 다량의 종자 채취 후 녹화장소에 파종 혹은 흩어뿌림 • 비탈면 복원
묘목재배	• 목본종자를 채취 후 묘목을 재배하여 녹화장소에 이식 • 공장외곽부, 도로식수대 등 녹지대 조성
근주이식	• 수목 근원부위 벌채 후 그 근주를 이식 • 맹아성 강한 수목 이식시 주로 이용
소스이식	• 종자가 붙은 식물개체를 녹화할 장소에 이식 • 그 종자를 파종하여 주위에 개체 번식 • 군락 내에서 개체수가 적은 수종 이식에 적용

2) 자연천이 유도

① 1~2년 : 토양안정

② 3~4년 : 관목림

③ 5~7년 : 교목(선구수종)

④ 7~20년 : 소나무 등 교목류

3) 식물종

① 초본류 : 잔디, 쑥, 억새 등

② 관목 : 참싸리나무, 조팝나무 등

③ 교목 : 해송, 참나무, 가죽나무,
　　　　붉나무, 오리나무 등

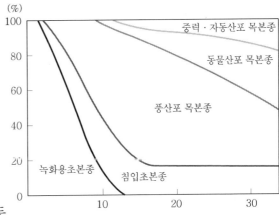

‖ 식생천이 진행에 따른 식물 산포형 조성 변화 ‖

3. 녹화공법

1) 비탈면 식재녹화공법

① 비탈면에 식재를 통해 녹화시키는 방법

② 초기부터 완성단계 연출 가능

③ 식생정착이 어려울 경우 식재공으로 보강 필요

공법		적용대상	장점	단점
잔디 심기	평떼심기공법	토사	• 주변경관과 조화, 다목적 활용 • 종자 · 치수 침입 활발	• 인건비↑, 인력 부족 • 숙련된 기술, 지속적 유지관리 필요
	줄떼심기공법			
네트잔디공법		토사, 마사토	• 시공간편 • 경관양호	• 인력↑ • 네트 고정 불량시, 비탈 불안정시 위험
잔디줄기살포공법		토사	• 시공방법 간편 • 국내 떼를 이용하여 녹화	• 착근 불량, 살포시기 제한(봄철) • 지속적인 유지관리 필요
잔디줄기시트공법		토사	• 시공시 인력 절감 • 경관 양호, 시공방법 간편	• 시공과정 불편 • 주로 평지 시공
잔디씨밭이대		토사, 마사토	• 평지시공 유리, 시공방법 간편 • 녹화효과 우수	• 비탈시공 불리 • 지속적인 유지관리 필요
식생매트공법		토사	• 내구성 양호, 작업 용이 • 표면침식 방지	• 인력시공 • 주름이 생기지 않도록 시공
식생대공법		토사	• 시공 간편 • 녹화효과 빠름	• 인력시공 • 내구성↓
새심기공법		토사	• 주변경관과 조화 • 다목적 활용(휴게공간)	• 인건비↑ • 기술자 부족(인력 부족)
식생반공법		토사	• 녹화효과↑, 종자유실 방지 • 시공비 저렴	• 인력시공 • 건조 피해 발생 용이
식생자루공법		토사, 마사토	• 종자, 비료 유실 적음 • 시공 간편, 내구성↑	• 인력시공 • 자루나 접촉부위 유실
식생구멍공법		토사, 연암	• 부분녹화 유리 • 시공 간편	• 전면녹화 불리 • 지속적인 유지관리 필요
분묘묘식재공법		토사, 마사토	• 부분녹화 유리 • 시공이 간편	• 인력시공 • 전면녹화 불리
소단상객토식수공법		토사, 암반	• 부분녹화 유리 • 재래 수목 이용	• 녹화효과↓, 인력시공 • 지속적인 유지관리 필요
새집공법		암반	• 부분녹화 유리 • 재래종자, 수목 이용	• 인력시공, 전면녹화 불리 • 숙련된 기술 필요
차폐수벽공법		암반	• 시공 간편 • 시공비↓	• 인력시공

2) 비탈면 파종녹화공법

① 비탈면에 종자로부터 발아하여 녹화시키는 방법

② 토양 속에 뿌리가 정착되어 지반 강화 효과

③ 자연천이과정을 거쳐 완성된 자연경관

공법		적용대상	장점	단점
네트 · 종자 뿜어붙이기 공법	코이어네트	토사	• 시공 간편 • 단시간 내 대규모 시공 • 가격 저렴 • 강우시 종자유실 방지 • 보습력 증대	• 내구성 불량 • 경관 불량 • 집중호우시 침식 발생
	주트네트			
	코이어메시			
	주트메시			
	코이어매트			
볏짚거적덮기공법		토사	• 가격 저렴, 시공 방법 간편 • 강우시 종자유실 방지	• 내구성 불량(3년) • 집중호우시 침식 발생
종자뿜어붙이기공법		토사, 연암	• 가격 저렴, 시공방법 간편 • 단시간 내 대규모 시공	• 강우시 종자 표토 유실 • 암반부에 식생활착 불량
암반사면 부분녹화공법		암반	• 자연성 최대 활용 • 경관양호	• 시공비↑, 인력시공 • 전면녹화 불리
폐타이어 법면녹화공법		토사, 마사토	• 폐자재 활용 • 비탈안정 유리	• 식생생육 불리한 기반재 • 지속적인 유지관리 필요
종비토뿜어 붙이기공법	R/S 녹색토공법	암반	• 시공 간편, 녹화효과↑ • 하수슬러지 이용	• 자연식생천이 불리 • 지속적인 유지관리 필요
	배합토 뿜어붙이기공법 (식양토)	암반	• 시공 간편, 녹화효과↑ • 폐자재 이용	• 자연식생천이 불리 • 지속적인 유지관리 필요
	텍솔녹화토공법	암반	• 시공 간편, 녹화효과↑ • 연속장섬유 사용	• 자연식생천이 불리 • 환경문제 야기, 유지관리 필요
	SF 녹화공법	토사, 연암	• 시공 간편, 녹화효과↑ • 생태적인 면 고려	• 시공의 연속성 불량 • 지속적인 유지관리 필요
	원지반식생 정착공법	토사, 연암	• 시공 간편 • 천연재료 이용	• 식생생육 불리한 기반재 • 지속적인 유지관리 필요
	ASNA 공법	암반	• 시공시스템 체계적 • 녹화효과↑	• 시공의 연속성이 떨어짐 • 자연식생천이 불리
힘줄박기공법		토사	• 비탈안전 유리 • 타 공법과 병용	• 시공 복잡, 많은 장비 소요 • 숙련된 기술 필요
격자틀붙이기공법		토사	• 비탈안전 유리, 시공 간편 • 타 공법과 병용	• 숙련된 기술 필요 • 인력시공
블록붙이기공법		토사	• 시공 간편 • 비탈안정 유리	• 숙련된 기술 필요 • 인력시공
콘크리트 · 모르타르 뿜어붙이기공법		암반	• 시공 간편 • 비탈안정 유리	• 경관불량 • 용출수 배출 불리

PLUS ⊕ 개념플러스

- 비탈사면의 안정화를 위한 공법 분류
  - 비탈면 보호공법 / 비탈면 안정공법

- 기반재에 따른 공법 분류
  ① 비탈면이 암일 경우
  ② 비탈면이 토사일 경우
    - 점성이 있는 경우 / 점성이 없는 경우

- 「비탈면 녹화설계 및 잠정지침」 참조

✱ 비탈면의 입지조건별 녹화공법의 선정

비탈면의 입지조건				녹화공법	
지질	비탈면 기울기	토양의 비옥도	토양경도 (mm)	초본 녹화	목본·초본의 혼파 녹화
토사	45° 미만	높음	23 미만 (점성토)	• 종자뿜어붙이기 • 떼붙이기 • 식생매트공법	• 종자뿜어붙이기 (흙쌓기에 사용) • 식생기반재 뿜어붙이기
	45° 미만	낮음	27 미만 (사질토)	• 종자뿜어 붙이기 • 떼붙이기 • 식생매트공법 • 잔디포복경심기 • 식생자루심기(이상 추비 필요) • 식생기반재 뿜어붙이기 (두께 1~5cm)	• 식생기반재 뿜어붙이기 (두께 1~5cm)
	45° ~60°	–	23 이상(점성토) 27 이상(사질토)	• 식생구멍심기(추비 필요) • 식생기반재 뿜어붙이기 (두께 3~5cm)	• 식생혈공식생기반재 뿜어붙이기(두께 3~5cm)
절리가 많은 연암, 경암	–	–	–	• 식생기반재 뿜어붙이기 (두께 3~5cm)	• 식생기반재 뿜어붙이기 (두께 3~5cm)
절리가 적은 연암, 경암				식생기반재 뿜어붙이기(두께 5cm 이상)	

※ 식생기반재 뿜어붙이기는 두께가 3cm 이상인 경우 원칙적으로 철망붙임공 병용
  식생기반재 뿜어붙이기의 두께는 공법에 따라 적정한 값 적용

Ⅲ 산포와 천이

1. 산포

1) 개념

① 식물은 뿌리정착으로 스스로 이동 불가

② 유전자 차원에서 종자, 꽃가루 형태로 이동

2) 유형

① 꽃가루에 의한 유전자 이동

  ㉠ 매개체 : 꽃가루(화분)

  ㉡ 매개방법 : 풍매화, 수매화, 충매화

    • 바람, 물, 새, 곤충에 의해 수분 및 수정이 이루어짐

  ㉢ 과정 : 상리공생

    • 풍매화나 조매화는 폴리네이터라는 운반자에 의해 이동

    • 운반자는 꿀이나 꽃가루 일부를 식료로 섭취

  ㉣ 문제점

    • 최근 폴리네이터(벌, 나비 멸종)의 소멸

    • 자생지 존속에 영향

② 종자에 의한 유전자 이동

  ㉠ 풍산포

    • 바람에 의한 운반

    • 종자는 가볍고 긴털이나 날개 등 가벼운 운반기관 보유

    • 수목의 경우 주로 양수, 자작나무, 적송, 버드나무, 국화과

    • 천이 초기 선구종 多

  ㉡ 수산포

    • 하천이 유수나 해류에 의한 운반

    • 종자는 가볍고, 자루모양의 기관 발달

    • 주로 수변에 서식하는 종

    • 연꽃, 수선화

    • 천이 초기 선구종 多

ⓒ 기계산포(자동산포)

- 종자를 흩뿌리는 기구발달

- 거리의 한계성으로 수 m에서 수십 m 내외

- 봉선화류, 제비꽃, 콩

ⓔ 동물산포

- 부착형 산포

  - 동물의 몸에 부착하여 운반

  - 종자는 갈고리 모양의 강모나 접착성 외피 발달

  - 도꼬리, 도둑놈의 갈고리

- 피식형 산포

  - 동물 체내에 집어넣고 배설물로 배출

  - 주로 조류나 포유류를 통한 방법

  - 조산포는 새에 의해 운반되므로 인지하기 쉬운 색채나 형상 선호

- 저식형 산포

  - 종자운반종이 일정거리 이상 운반

  - 땅속에 저장해 생육 가능하게 하는 방식

  - 포유류인 쥐와 다람쥐, 조류의 어치류

3) 문제점

① 도시화에 따른 서식형 파편화로 인한 동물산포(저식형) 감소

② 풍산포와 조산포 압도적 증가

▶▶ 참고

> **▶ 녹음효과**
> ① 식물 하부에 종자가 떨어져 그 식물에 의해 빛의 양 감소
> ② 태양광에 비해 적색광과 근적외선비가 커짐
> ③ 부모개체가 종자발아 저해나 휴면 유도

---

2. 천이

1) 개념

① 생물군집의 시간경과에 따른 군집의 연속적 변화

② 순차성에 따라 1차 천이와 2차 천이로 구분

③ 환경에 따라 건성 & 습성천이, 독립영양 & 종속영양천이로 구분

2) 유형

① 순차성과 시간성

　㉠ 1차 천이

　　• 무에서 유로 생성되는 천이단계(From the scretch)

　　• 빈영양화에서 시간의 흐름따라 단계별로 극상에 이름

　㉡ 2차 천이

　　• 1차 천이 중 교란에 의해 파괴된 이후에 진행되는 천이과정

　　• 기본적 토양, 양분, 수분 등 전제 → 극상 도달

　　• 1차 천이에 비해 속도가 상당히 빠름

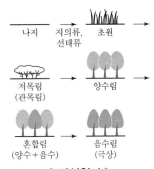

‖ 건성천이 ‖

② 수분의 유무

　㉠ 건성천이

　　• 토양, 양분, 수분이 없는 나지에서 시작

　　• 지의류와 선태류의 초기종과 정착종의 양분 생성

　㉡ 습생천이

　　• 빈영양호가 토양으로 메워져 초원화되는 과정

　　• 빈영양화에서 부영양화로의 진화과정

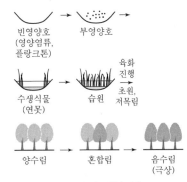

‖ 습생천이 ‖

> **PLUS ⊕ 개념플러스**
>
> • 진행방향에 따른 구분 : 진행천이 & 퇴행천이
> • 외부압력의 유무 : 자생천이 & 타행천이

③ 자립의 유무

　㉠ 독립영양천이

　　• 자기 스스로 영양원소를 생성할 수 있는 생물군 중심의 천이

　　• 기본적 생체량과 구조적 형태 내제

　　• 초기의 종구성과 다양성, 생체량, 유기환경 증가

　　• 성숙단계 → 안정화단계 → 극상단계

　　• 천이 초기종으로 풍산포, 수산포 해당

　㉡ 종속영양천이

　　• 종속 영양생물로 서식

　　• 적조현상의 원인인 식물성 플랑크톤

　　• 1차 영양식물에 전적으로 의지하는 고차동 · 식물의 우위종

　　• 천이 후기종으로 동물산포, 중력산포 해당

④ 천이계열

　㉠ 정상천이계열

　　• 순조롭게 식생이 발달하고 종다양성이 높아짐

　　• 초기 풍산포로 목본종이 늘고, 후기 동물산포나 중력산포로 확장

　　　– 풍산포는 종의 공급원과 거리에 영향을 받음

　　　– 조산포는 산포를 담당할 나뭇가지의 존재 유무에 따라 달라짐

　　　– 다람쥐나 쥐 등의 포유류산포는 동물이동공간 확보 관건

　㉡ 편향천이계열

　　• 칡군락이나 아카시아 군락

　　• 다른 식물의 생육이 억제되고, 후계수가 자라기 어려움

　　• 군락을 의식적으로 제거하지 않으면 천이진행 정체

　　• 타감물질의 작용은 초기도입식물 선택 중요

> ▶▶ 참고

➤ 타감작용(Allelopathy)
　① 식물이 성장하면서 일정한 화학물질 분비
　② 자신은 아무런 영향을 받지 않으면서 경쟁되는 주변식물의 성장이나 발아 억제
　③ 소나무와 그 인접한 하부식생, 단풍나무, 아카시아군락

3) 천이추진모형

① 촉진조절모형

　　㉠ 천이 초기종이 후기종의 정착 촉진

　　㉡ 초기종이 변화시킨 환경이 결국 초기종의 도태 결정

　　㉢ 선구종, 오리나무, 자귀나무 등 콩과식물

② 내성조절모형

　　㉠ 내성이 강한 종이 극상 도달

　　㉡ 천이 초기종이 후기종의 정착에 영향을 주지 않음

　　㉢ 관목이나 초본류의 군락식재

③ 억제조절모형

　　㉠ 초기종이 변화시킨 환경이 초기종과 후기종 도태 결정

　　㉡ 초기 정착종이 다른 종의 정착 방해·교란

　　㉢ 도시생태계 내에서는 인간에 의해 인위적인 억제조절 빈번

　　㉣ 남산 위의 소나무

▶▶ **참고**

▶ **환경포텐셜**
- 특정 대상지 내 종의 서식이나 생태계 성립 잠재성
- 입지포텐셜, 종의 공급 포텐셜, 종간 관계의 포텐셜, 천이의 포텐셜로 세분화

1 입지포텐셜
　① 토지의 환경조건이 특정 생태계 성립에 미치는 잠재성
　② 기후, 지형, 토양, 수환경 등

2 종의 공급 포텐셜
　① 대상지간 종 공급에 대한 잠재성
　② 식물의 종자, 동물의 개체 이동

3 종간 관계의 포텐셜
　① 생물간 상호작용을 형성하는 종간 관계에 대한 잠재성
　② 공생, 기생, 경쟁 등

4 천이의 포텐셜
　① 시간흐름에 따른 생태계 내 변화과정, 변화속도, 변화결과 잠재성
　② 입지포텐셜, 종의 공급 포텐셜, 종간 관계 포텐셜에 의해 결정

I 산림

1. 종류

1) 자연림

자연식생의 원시림 지칭

2) 이차림

① 자연림이 인간간섭, 자연교란에 의해 파괴된 것

② 2차적으로 발달하여 유지되는 삼림

3) 인공림

① 산지의 조림지 식생

② 층 구조 단순

③ 교목층을 구성하는 우점종의 수령, 형태, 높이 균일

2. 구조

- 수직적 구조 : 다층구조 식재
- 수평적 구조 : 삼림군락 +
  임연군락(망토군락+소매군락)
  - 세 가지 식물군락형은
    캐노피에 의해 차이

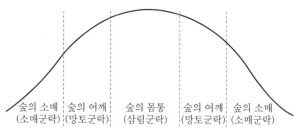

| 숲의 소매 | 숲의 어깨 | 숲의 몸통 | 숲의 어깨 | 숲의 소매 |
|(소매군락)|(망토군락)|(삼림군락)|(망토군락)|(소매군락)|

┃ 산림생태계 구조 ┃

  - 빛 조건과 입지의 안정성에 따라 공간적 배분 뚜렷
  - 구조적 기능은 식생발달에 따른 천이와 밀접한 관계

1) 삼림군락

① 입지의 안정성 지속적 확보

② 보전을 위해 임연군락 보호 필수

2) 망토군락

① 소매군락으로부터 삼림군락으로 이행하는 식생유형

② 삼림군락에 대한 가장자리 효과 완충

  ㉠ 숲바닥의 수분증발과 풍동 완화

  ㉡ 인간 접근을 막아주는 물리적 구조체

③ 입지거리, 지형, 토지환경조건, 인간간섭정도에 따라 독특한 종조성

  ㉠ 밀폐형(칡군락)

  ㉡ 개방형(찔레나무군락)

3) 소매군락

① 망토군락으로부터 개방입지로 이행하는 식생유형

② 망토군락에 대한 완충기능

③ 녹지 속에 형성된 개방공간을 따라 발달하는 초본식물사회

④ 소형 동물(특히 곤충)의 이동통로에 기여

⑤ 인간간섭빈도, 토질, 수분, 망토군락에 의한 빛 조건에 따라 종 구분

  ㉠ 인간간섭에 의해 유지되는 경우多

  ㉡ 다년생의 초본, 목본식물종의 정착이 거의 불가능한 서식처

✱ 삼림생태계의 특성

구분	식물기능형	층구조	모양	간섭빈도	천이 정착시간	주요 수종
삼림군락	교목식물종	다층	면적층	거의 없음	20년 이상	졸참나무군락 신갈나무군락 등
망토군락	덩굴식물종	2층	띠형	보통	5년 이상	칡군락, 찔레꽃군락
	가시식물종					누리장나무군락
	관목식물종					예덕나무군락 등
소매군락	초본식물종	단층/이층	띠형	빈번	1~2년	왜모시풀군락
						이삭여뀌군락
						쑥군락 등

PLUS ➕ 개념플러스

차일 : 망토군락과 소매군락 간 수관을 연결하는 얇은 막, 넝쿨식물류

Ⅱ 도시숲

1. 정의

1) 광의의 의미

① 대도시 지역의 나무, 초본이 자라는 모든 공간 내에 심어진 식생

② 숲, 가로수, 공원, 학교, 수변지역, 묘지, 도로의 중앙분리대 등

2) 협의의 의미

① 도시 및 인접지역에 위치한 산림

② 도시지역 내 존재하는 도시공원 및 산림지역을 포함하는 개념

  → 도시민 삶의 질과 매우 밀접한 관계

2. 유형

1) 점적 공간

① 도시 내 소규모 녹지공간

② 지역민의 휴식공간 및 야생동식물의 은신처, 휴식처

③ 학교숲, 어린이공원, 소공원 등

2) 선적 공간

① 일정 녹지대 폭을 구성하고 있는 선형의 녹지공간

② 도심지 내 경관창출 및 야생동물의 이동로 역할

③ 가로수, 녹도, 걷고 싶은 거리, 연결녹지 등

3) 면적 공간

① 일정 규모 이상의 산림생태계를 구성하는 녹지공간

② 인간을 위한 치유 · 휴양의 공간, 야생동물의 먹이처 · 서식처

③ 생태공원, 국립공원, 자연공원, 근린공원 등

3. 필요성 or 기능

1) 대기환경 개선

① 15년생 한 그루의 나무가 어른 5명의 탄산가스 흡수

② 1ha의 도시숲이 16톤의 탄산가스 흡수 및 12톤의 산소 생산

2) 도시 내 기후조절

① 여름철 태양의 복사열 흡수

② 한 그루의 나무가 수분 400리터/일

→ 대형 에어컨 5대를 20시간 동안 가동효과

3) 청소부

① 먼지 제거효과가 풀밭의 100배

② 잎이 넓은 활엽수는 68톤/1ha 먼지 제거

4) 자연치료사

① 숲을 볼 수 있는 병실환자는 그렇지 못한 환자보다 회복률이 8% 높음

② 우리나라의 경우 7,000억원/연 의료비 절감 효과

5) 녹색댐

① 국내 숲에서 저장할 수 있는 물

→ 모든 다목적댐과 저수지의 1.6배 해당

② 댐건설비용 절감

6) 소음조절

① 생울타리 조성시 소음차단 효과

㉠ 기계소음 40%

㉡ 청소차소음 50%

㉢ 어린이놀이터 소음 50%

② 소음원을 완충시켜 도시의 생활환경 개선

PLUS ⊕ 개념플러스

Green Banking

4. 복원관리

1) 갱신

① 경관식재, 기능식재, 숲틈 관리식재 등의 기능에 따른 관리

② 맹아갱신, 하층식생 갱신, 매토종자 활성화

2) 보육

① 지속가능한 도시숲 관리 목적

② 토양의 물리성 개선, 양료순환

③ 사면안정기법, 낙엽긁기, 덩굴제거

3) 임분관리

① 임분 : 나무의 종류, 나이, 생육상태가 비슷한 숲의 단위

② 임분의 밀도 조절을 위한 간벌 실시

　㉠ 개체간의 종내경쟁을 인위적으로 조정

　㉡ 임목의 양이나 질 향상

4) 기타

① 입지에 따라 수변보호, 하상관리 등에 의한 수계관리기법 적용

② 임연부 보호 식재

　㉠ 주변식생과 유사한 패턴 적용

　㉡ 자생수, 향토수종 선정

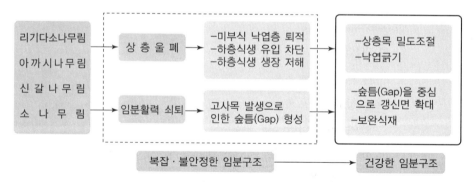

┃ 임분구조 개선을 위한 사업적 대응 방안 ┃

▶▶ 참고

➤ **생태적 식재복원 기법**
- 생태적 식재복원은 산림생태계, 비탈면 녹화에서 매우 중요함
- 자연에 맡기는 식재설계 : 사람의 힘을 가하지 않고, 자연에 의해 식물들이 분포, 성장, 천이할 수 있도록 하는 설계
- 자체적 유지능력과 활력을 갖는 데 시간 필요
- 계속적 관리가 필요한 설계로서 천이가 유도될 수 있도록 계획

1️⃣ naturalization(자연화)
   ① 사람이 기반 환경을 조성, 적절한 곳에 배치
   ② 식재 후 자연적 경쟁, 천이
   ③ 극상림으로 발달할 수 있도록 유도

2️⃣ colonization(식민지화기법, 개척화기법)
   ① 식생이 정착할 수 있는 환경만 조성
   ② 나지 형태로 조성
   ③ 자연스러운 주변 종 이입

3️⃣ natural regeneration(자연적 재생방법을 활용한 식재설계)
   ① 기존 산림이 발달해 있는 곳에 적합
   ② 조성 후 관리에 초점 – 교란의 원인을 제거(seed source)
   ③ 비용이 저렴하나 시간이 오래 걸림

4️⃣ nucleation(핵화 기법을 이용한 식재설계)
   ① 수종을 한데 모아 핵처럼 조성
   ② 핵심종이 자리 잡히며 자연적인 재생(natural regeneration) 가속화
   ③ 산림 다양성이 적은 지역에 바람직함
   ④ 생물종이 서식하게 하는 데 유용한 방법

5️⃣ management succession(관리된 천이)
   ① 여러 식물종이 혼식하여 식재
   ② 선구수종, 속성수, 보호목 등을 혼식

6️⃣ prototype(복사이식)
   ① 인근 대상지 식생을 포함시켜 그대로 옮겨주는 방식
   ② 자연식생 원형을 이용

Ⅲ 등산로

1. 정의

① 경관이 수려하거나 역사적·문화적 유적이 있어 주변을 감상하고 느낄 수 있도록 조성한 길

② 산림 내 인간이 지나갈 수 있는 임도

2. 세부 고려사항

1) 야생동식물

① 중요서식지 우회

② 잠재적 영향이 심각한 지역 제외

2) 토양

① 지반이 안정적인 구조

② 영향권 분석을 통해 잠재적 훼손지역 파악

ㄱ) 낙석지대, 눈사태지역 회피

ㄴ) 토사유실위험 구간 : 축대목, 흙막이 설치

3) 경관

① 하천이나 호수, 계곡의 적극적 이용

② 생태적 다양성 최대화

③ 등산로 유지·관리비용 최소화

4) 경사

① 7% 이상적인 경사, 10% 이상 피함

② 25% 이상 계단 조성, 가능한 한 짧게 조성

③ 0%에 가까운 경우 등산로를 조성하지 않음

3. 노선설계

1) 노선선정

① 자연적으로 형성된 등산로 이용

② 기존 등산로 중 경관특성이 우수한 지역 설정

③ 다양한 관찰대상이 존재하는 장소 연결

④ 위험요소가 적은 지역

2) 노선의 형태

① 일직선형, 중복순환형, 위성형, 방사형, 미로형, 순환형

② 이용객이 지루함을 느끼지 않도록 순환형, 일직선형 자제

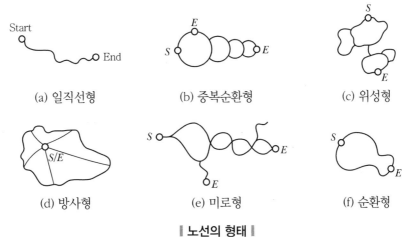

(a) 일직선형	(b) 중복순환형	(c) 위성형
(d) 방사형	(e) 미로형	(f) 순환형

‖ 노선의 형태 ‖

3) 상세계획

① 노선거리

  ㉠ 등산로나 자연학습로는

    45분~1시간 정도(1~2km 적당)

  ㉡ 산악등산로, 국립공원3~4시간 코스

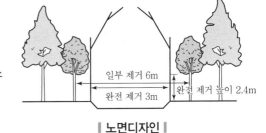

일부 제거 6m

완전 제거 3m

완전 제거 높이 2.4m

‖ 노면디자인 ‖

② 노폭

  ㉠ 2명이 지나갈 수 있는 1.8m

  ㉡ 체류공간 필요

  ㉢ 완전 제거폭 3m, 일부 제거폭 6m, 완전 제거 높이 2.4m

③ 노면상태

  ㉠ 일정구역 상황에 따라 자갈이나 목재칩 포설

  ㉡ 체류공간 데크 설치

④ 자연관찰로 노면경사

  ㉠ 종단경사 10%

  ㉡ 횡단경사 4%

4) 훼손유형과 복구방법

구분	훼손유형	복구방법
뿌리 노출	• 표면침식이 장기간 진행 • 주변 수목 뿌리노출	• 부엽토, 토사 등 통기성 재료를 사용 하여 복토 • 흙 채움 후 풀포기 이식으로 식생보강
암석 노출	• 보행시 충격 흡수가 안 됨 • 보행 장애요소	• 목재데크, 목재계단 신설 • 난간, 펜스 등 안전시설 보강 • 통행금지 및 우회등산로 배정
바닥 침식	• 뿌리노출 장기간 방치시 표면침식 가속 • 토층 균형 상실로 인한 등산로 패임현상	
통행 과밀	• 의도적이지 않은 별도의 통행노선 설계 • 직접적이기보다는 간접적 훼손유형 • 우회지점의 지름길 선택	• 훼손된 지역 식생복원 공사 • 기존등산로 경계파악 • 노면포장, 배수시설, 계단 등 노면정비
노폭 확대	• 과밀 또는 등산로 훼손 원인 • 통행불편 기인	

5) 복구원칙

① 배수

　㉠ 유수에 의한 노면 침식방지

　㉡ 지표수 집중방지로 2~4% 횡단경사 → 종단경사 방향으로 횡단배수로 설치

② 노면폭

　㉠ 고밀도 노선 2.0m

　㉡ 중밀도 노선 1.5m

　㉢ 저밀도 노선 1.2m

③ 식재복원 공사

　㉠ 계획등산로의 자연발생로

　　• 자연상태 양호 : 접근통제 등 보호조치계획 마련

　　• 자연상태 보통 : 등산로 추가계획

　　• 자연상태 훼손 : 지형복구 후 식재계획, 휴식년제 유도

　㉡ 등산로 경계부 밖의 훼손지는 주변식생과 유사한 패턴 복원

④ 안전시설

　㉠ 고산 초원지대, 습지 통과시 목재데크 설치

　㉡ 이용자의 안전과 생태계 보호차원 경계펜스 설치

Ⅳ 산불

1. 정의

산림이나 산림에 맞닿는 지역의 재료 등이 교란에 의해 발생한 불(산림보호법)
→ 산림 내 낙엽, 낙지, 초본류, 임목 등

2. 발생원인

자연적 교란	인위적 교란
• 자연발생적으로 생겨난 사례	• 사람의 인위적 개입에 의해 발생된 불
• 낙뢰, 가뭄, 마찰 등	• 사람에 의한 실화, 방화, 담뱃재 등

3. 종류

1) 지중화

① 두꺼운 유기물층을 가진 산림의 땅속에서 불꽃 없이 연소

② 서서히 연소되나 강한 열기 지속

③ 눈에 보이지 않아 제2차 피해 속출

2) 지표화

① 지표면의 낙엽이나 마른 풀 등 연소

② 불길의 강도는 낮고, 빠른 속도로 확산 → 수목 피해↓,
진화 용이

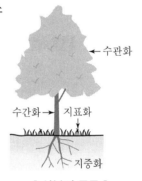

‖ 산불의 종류 ‖

3) 수간화

① 나무 줄기를 통해 연소

② 지표화, 낙뢰로 인한 경우 발생

4) 수관화

① 지표화와 수간화가 수관부에 닿아 연속적으로 발생

② 불길이 수관에서 주변 나무의 수관으로 확산

③ 불길이 강해 수목 전체 피해 → 진화의 어려움

④ 침엽수림 > 활엽수림

Ⅰ 자연습지

1. 개념

1) 사전적 의미

① 토양에 다량의 수분을 포함하는 땅

② 하지만 습지 정의나 분류체계는 학자 간 의견 다양

2) 람사르조약(제1조 제1항)

① 자연 or 인공, 영구적 or 일시적, 정수 or 유수, 담수 · 기수 · 염수

② 수심 6m를 넘지 않는 해수지역 포함

③ 늪, 습원, 이탄지, 물이 있는 지역

> ▶▶ 참고
>
> ➤ 람사르조약
> - 물새서식처로서 국제적으로 중요한 습지에 관한 협약
> - 습지에 서식하는 동식물을 보호하기 위한 국제협약
> - 환경문제에 관해 체결된 최초의 국제협약 중 하나
> - 습지가 갖는 경제 · 문화 · 과학적 가치 인식

> PLUS ➕ 개념플러스
>
> 람사르조약에 등록된 우리나라 습지와 각 습지의 특성 정리

3) 습지보전법(제1장 총칙 제2조)

① 담수, 기수 or 염수가 영구적 · 일시적으로 표면을 덮고 있는 지역

② 지나치게 포괄적인 범위로 지형학적 관점에서 사용하기 어려움

2. 현황

1) 1990년대

① 습지에 대한 인식 부족

㉠ 국토의 확장과 식량자급을 위한 농지확보 용도

㉡ 갯벌에 대한 대규모 간척 및 매립 시행

㉢ 소택지 혹은 늪은 악취 및 모기 발생 이유로 매립

② 생태적 기능 무시

㉠ 농업용수 저장기능 강조

㉡ 체계적인 습지보전이 이루어지지 못함

2) 2000년대 이후

전국내륙습지조사사업 진행

㉠ 1999년 습지보전법 제정 → 2000년부터 5년마다 시행

㉡ 보전가치가 높은 습지 → 습지보호지역 지정

> ▶ 참고
>
> ▶ **자연환경보전의 기본원칙**
> 1 자연환경보전이란 자연환경을 체계적으로 보존·보호 또는 복원하고, 생물다양성을 높이기 위하여 자연을 조성하고 관리하는 것을 말함
> 2 자연환경은 지속가능한 이용, 국토의 이용과 조화·균형, 자연생태와 자연경관의 보전·관리, 모든 국민의 참여 유도, 생태적 균형유지, 공평한 비용부담, 국제협력 증진의 기본원칙에 따라 보전되어야 함
> ① 지속가능한 이용
>   ㉠ 자연환경은 모든 국민의 자산으로서 공익에 적합하게 보전
>   ㉡ 현재와 장래의 세대를 위하여 지속가능하게 이용
> ② 국토의 이용과 조화·균형
> ③ 자연생태와 자연경관의 보전·관리
>   – 인간활동과 자연의 기능 및 생태적 순환의 촉진
> ④ 모든 국민의 참여 유도
>   ㉠ 자연환경보전 참여
>   ㉡ 자연환경을 건전하게 이용할 수 있는 기회 증진
> ⑤ 생태적 균형 유지
>   ㉠ 자연환경을 이용하거나 개발시 생태계 균형과 가치 유지
>   ㉡ 파괴·훼손·침해시 최대한 복원·복구되도록 노력
> ⑥ 공평한 비용분담
>   ㉠ 자연환경보전에 따르는 부담은 공평하게 분담
>   ㉡ 자연환경으로부터의 혜택은 지역주민과 이해관계인이 우선적
> ⑦ 국제협력 증진
>   – 자연환경보전과 자연환경의 지속가능한 이용을 위한 약속

3. 분류

- 국내 습지분류체계는 연구자나 기관에 따라 다양
- 람사르습지 기준 의거 연안습지, 내륙습지로 구분
  → 연안습지(해양수산부), 내륙습지(환경부)
  → 관리 이원화로 명확한 책임구분의 어려움

1) 연안습지

① 해안형

⊙ 바닷물에 잠겨있는 개방된 해양이나 해안

ⓛ 갯벌, 모래사구, 신두리사구 배후습지

② 하구형

⊙ 담수와 해수가 혼합되는 반폐쇄지역인 수생태계

ⓛ 금강하구, 낙동강하구, 만경강 · 동진강 하구

③ 석호형

⊙ 바다가 모래로 가로막혀 생긴 호수

ⓛ 기후변화 결과로 생긴 자연호수

ⓒ 동해안 일대 경포호, 청초호 등 18개

2) 내륙습지

① 호수형

⊙ 물이 고여 있는 지역, 수심 2m 이상, 면적 8ha 초과

ⓛ 호수, 저수지, 대규모 연못

② 소택형

⊙ 수생식물이 서식하고, 수심 2m 이내, 면적 8ha를 넘지 않는 습지

ⓛ 대부분의 내륙습지

③ 하천형

⊙ 수로(channel) 안에 있는 모든 습지

ⓛ 양재천, 수원천 등

4. 기능 및 역할

1) 수질정화기능

① 수생식물에 의한 탈질, 흡착, 침전기능

② 햇빛 산란에 의한 오염물질 산화효과

③ 식생여과대(vegetation filter system)

2) 수문학적 기능

① 홍수통제, 지하수 함량

② 농·공업용수 공급

③ 자연댐 역할

3) 생태적 기능

① 야생동물의 섭식, 서식처로 곤충, 어류, 조류의 산란처

② 추이대(ecotone) 역할

③ 생물종다양성 증진

ⓐ 가급적 굴곡이 많을수록 종다양성에 유리

ⓑ 도시생태계 내에서는 직선형, 원형 권장

→ 가장자리 길이 최소화

4) 문화적 기능

① 도심지 내 지역명소나 지역특색지역

② 자연교육 학습의 장

5) 경제적 기능

① 댐건설 비용 감축

② 관광상품으로 지역활성화

6) 기후조절기능

① 도시열섬화 현상완화

② 미기후 개선 : 대기의 온·습도 조절

③ 연안습지의 경우 해일피해 방지

Isolated wetland(고립된 습지)
물새 서식처, 야생동물 서식처,
홍수 조절, 경관미 제공

lake margin wetland(호수 주변 습지)
고립된 습지 기능, 유입수에 포함된
침전물·영양물질 제거, 어류 서식처

riverine wetland(하천형 습지)
고립된 습지 기능, 침전물 조절,
제방안정, 홍수 유도

esturine and coastal wetland
(하구 및 해안 습지)
고립된 습지 기능, 어류 및 조개류 서식처,
해양성 어류 영양공급처, 침식 방지

barrier island wetland(장벽성 습지)
언덕에 생육하는 동식물 서식처, 파도로부터 배후지
보호, 경관미 제공 ex) 사구습지

‖ 입지조건에 따른 습지기능(USGS) ‖

5. 구성

1) 공간적 구성(Unesco MAB)

① 핵심지역, 완충지역, 전이지역으로 세분화

ⓐ 핵심지역 : 핵심지구

- 자연성이 높은 지역으로 인간의 이용을 최대한 배제
- 관리나 전문가를 위한 최소한의 공간 이용

ⓑ 완충지역 : 생물다양성 관리지구, 현명한 이용지역, 사유지구역

- 생물다양성 관리지구는 보전, 교육, 훈련이 이루어짐
- 현명한 이용지역은 생태적으로 지속 가능하게 이용 가능(양어장)
- 사유지구역은 통제제한을 받는 곳 (군사지역)

ⓒ 전이지역 : 일반적 접근지구

- 남녀노소 누구나 이용할 수 있는 공간
- 습지의 중요성을 인식시킬 수 있는 공간

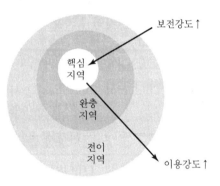

┃ 유네스코 맵 용도지역 ┃

② 습지보전법상 용도지역 구분

습지보호지역, 습지주변관리지역, 습지개선지역

PLUS ⊕ 개념플러스

Unesco Map 용도지역 & 3대 기능 정리

2) 세부 구성요소

① 생물적 요소

ⓐ 식물 : 토양의 안정화, 생물의 서식처 역할

ⓑ 동물 : 육지동물, 수생동물, 수서동물 등

ⓒ 미생물 : 유기물 및 무기물의 분해

② 비생물적 요소

ⓐ 물 : 수심에 따른 산소전달, 투과, 광합성 매개체

ⓑ 토양 : 육지와 물을 연계하는 전이생태계

▶▶ 참고

➤ **염생습지**

1 종류

① 갯벌
- 만조시를 제외하곤 대부분 해수에 잠겨있는 지역
- 갯골 형성
- 잦은 침수에 의해 염농도가 높아 식물이 생존하지 않음

② 저위습지
- 밀물 때만 수시로 해수에 잠기는 지역(해발 0m)
- 해홍나물, 퉁퉁마디, 갯눈쟁이 서식
- 식생이나 연체동물들의 교란작용에 의해 층리 발달은 없음

③ 고위습지
- 만조를 제외하고 해수 영향을 거의 받지 않는 지역
- 주로 갈대군락 우점종

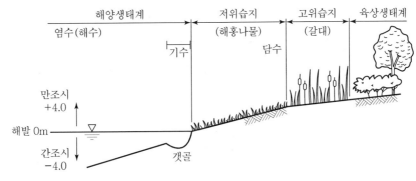

‖ 염생습지 구조 ‖

2 물리 · 화학적 특성

① 갯벌
- 평균입도 : 모래 < 실트 < 점토 순
- 유기물 함량이 가장 낮음
- 전기전도도는 가장 높은 염류도 값을 나타냄

② 저위습지
- 평균입도 : 모래 < 점토 < 실트 순
- 유기물 함량은 갯벌보다는 높고, 고위습지와 비슷
- 전기전도도는 갯벌보다 낮음

③ 고위습지
- 평균입도, 유기물 함량 : 저위습지와 비슷
- 전기전도도는 갯벌과 저위습지보다 현저히 낮음
  → 갯벌 > 저위습지 > 고위습지

Ⅱ 인공습지

1. 개념

① 수질정화를 목적으로 인간에 의해 인공적으로 조성된 습지
② 현재 경관 향상, 생물다양성 증진을 위한 습지 조성도 이루어지고 있음

2. 공간의 구성

1) 침전지(Sediment Pond)

① 나뭇가지, 쓰레기 등 초기 부유물질 제거
② 수생식물이 대체로 서식하지 않음

2) 수질정화구역(Closed Water)

① 수생식물 85% 정도 일 때 가장 효과적
② 수중식물(침수, 부엽, 부유식물)과 정수식물 서식

‖ 수질정화구역 수생식물 분포도 ‖

3) 야생동물 서식구역(Open Water)

① 개방수면 비율 50%일 때 가장 효과적
② 오리류 등 수면성 조류의 채식 및 유희장소

4) 하중도 or 인공섬(Island)

① 비행조류, 잠수성 조류의
   휴식장소
② 인간의 간섭과 접근 방지
③ 인공식물섬 : 수생식물,
   부유체, 고정닻

‖ 습지의 구성 ‖

3. 종류

1) 수질정화용 인공습지

① **자유수면형 인공습지**(FWS ; Free Water Surface System)

　㉠ 습지의 수표면이 대기에 노출되어 자연습지와 유사

　㉡ 정수식물을 통해 정화

　㉢ 수처리 효과뿐 아니라 아름다운 경관 창출

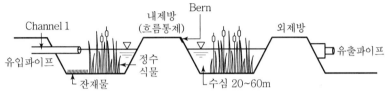

‖ **자유수면형 인공습지** ‖

② **지하흐름형 인공습지**(SF ; Subsurface Flow System)

　㉠ 지면이 물에 잠기지 않으며 땅속에 트렌치 설치

　㉡ 자갈과 모래를 넣어 유입수가 흐르면서 정화

　㉢ 오수를 처리하거나 특정 물질을 걸러내기 위한 방식

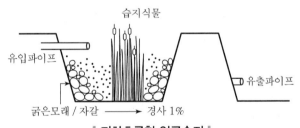

‖ **지하흐름형 인공습지** ‖

③ **부유식물 인공습지**

　㉠ 부레옥잠, 개구리밥 등의 부유식물 이용

　㉡ 부유식물이 영양염류(SS)를 흡수하여 정화

　㉢ 영양염류를 제거하기 위해 부유식물 수확

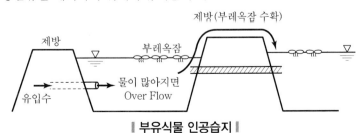

‖ **부유식물 인공습지** ‖

2) 대체습지

① 조성 위치

ㄱ on site

- 기존 위치의 장점을 살림
  - 조성기간 동안 가치, 기능 상실
- 개발에 의한 훼손이 있을 경우 조성

❘ 조성위치에 따른 대체습지 ❘

ㄴ off site

- 비용 多
- 원래 기능 발휘가 안 될 경우 대체 조성

❘ 서식처 관점의 대체습지 ❘

② 서식처의 관점

ㄱ in-kind

- 손실된 습지와 똑같은 기능, 가치 부여
- 조성시 시간이 오래 소요되나 기존 생태계 영향 최소화

ㄴ out-of-kind

- 손실된 습지와 다른 기능을 가진 습지
- 때때로 습지가 아닌 서식처로 조성되는 경우 有
- 다른 형태의 기능, 형태 조성으로 원래 습지기능 상실

▶▶ 참고

➤ **습지은행(Mitigation Banking)**

1 개념
- ① 개발사업 시행 전 훼손될 습지영향을 파악하여 미리 습지 조성
- ② 향후 사업시행시 조성된 습지만큼 훼손 가능
- ③ 선조성 후개발

2 특징
- ① 보상습지 면적은 훼손면적 대비 동일면적 조성 원칙
- ② 다른 유형 습지 조성시 더 많은 면적 요구 가능

4. 습지복원시 고려사항

1) 개방수면 비율

① 2m 내의 습지의 경우, 소택지형 적용가능

② 홍수조절(20%), 수질정화(15%), 야생동물 유치(50%)

• 얕은 수심 0~0.3m, 깊은 수심 0.3~1m, 개방수면 1~2m

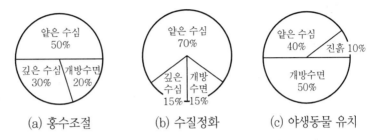

(a) 홍수조절 (b) 수질정화 (c) 야생동물 유치

‖ 습지기능에 따른 개방수면 비율 ‖

2) 유역(Watershed) 대비 습지의 크기

① 습지는 유역면적의 1~15% 범위 내

② 80ha 이상의 유역일 때 홍수조절과 수질정화를 위해 5% 조성

③ 80ha 이하일 때는 습지최소면적 40,000m² 이상으로 조성 → 생물다양성 최대가 되는 면적

3) 식생여과대 폭

① 수질정화를 위한 효과적인 거리 20~40m

② 질소와 박테리아 제거시 100m 거리 필요 / 생활하수 20~40m, 중금속 100m 이상

4) 습지의 분포와 굴곡

① 큰 습지 한 개보다 여러 개의 작은 습지가 야생동물에게 유리

② 불규칙한 호안은 수질정화 및 서식처의 기능 10~20% 증가

③ 단, 도심지의 경우 직선, 원형호안 조성 권장 → 가장자리 길이 최소화

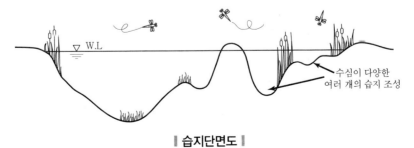

‖ 습지단면도 ‖

I 일반사항

1. 개념

1) 사전적 의미

① 빗물과 그 밖의 지표수가 모여 물길을 따라 흐르는 것

② 일반적으로 물과 그 주변공간의 통합체인 하천환경 그 자체

2) 법제적 의미

① 지표면에 내린 빗물 등이 모여 흐르는 물길

② 국가하천, 지방하천, 소하천, 하천구역, 하천시설

2. 기능 및 역할

1) 기본기능

① 이수

㉠ 상업, 농업, 공업용수 및 수원, 수력발전 등

㉡ 물을 이용하는 기능

② 치수

㉠ 홍수방지를 목적으로 지역안전을 위한 기능

㉡ 하천주변에 인간이 사는 한 대비해야 하는 가장 기본적 기능

③ 환경 : 자정기능 + 서식처기능 + 친수기능 + 공간기능

→ 1999년 2월에 개정된 하천법에 새롭게 추가된 기능

㉠ 자연생태계에서 나오는 부산물을 스스로 깨끗이 하는 자정기능

㉡ 동식물의 서식처기능

㉢ 수변위락, 수변경관 등의 친수기능

㉣ 과밀화 도시에서 귀중한 공간자원을 제공해주는 공간기능

2) 생태적 기능

① **서식처**(Habitat)

　㉠ 생물이동 연결, 개체군의 유전자 흐름 용이

　㉡ 번식, 휴식, 포식, 채식의 서식기능 제공

② **이동로**(Corridor)

　㉠ 에너지, 바람, 동물, 식물의 씨앗 등의 통로

　㉡ 통로들끼리 연결된 서식처가 높은 밀도의 개체군 유지

③ **여과**(Filter)

　㉠ 방풍림을 거쳐오는 해풍의 경우 좋은 사례

　㉡ 해안습지는 완충여과대 역할

④ **장벽**(Barrier)

　㉠ 너무 넓은 하천폭은 이동단절 야기

　㉡ 장벽을 완화시키기 위해서는 주변과 비슷한 재질로 복원

⑤ **공급원과 수용처**(Sourct & Sink)

　㉠ 식물이나 동물종의 번식 후 주변으로 확산

　㉡ 주변지역 수종의 풍산포, 수산포 등으로 종 이동

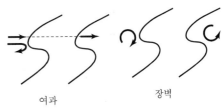

서식처　　이동로

여과　　장벽

공급원　　수용처

‖ **습지의 기능** ‖

3) 사회 · 문화적 기능

① **인류문명의 발상지**

　㉠ 지역의 고유한 역사, 문화, 전통을 창출하는 공간

　㉡ 최근에는 여가공간으로서 활용욕구 증대

② **도심과 외곽생태계의 연결통로**

　㉠ 대부분 도시하천은 도시외곽의 산속에서 발원

　㉡ 도시하천은 흐르는 물과 함께 야생동물의 이동통로로 이용

③ **도시 어메니티 증진의 필수요소**

　㉠ 열섬현상 완화

　㉡ 역사 및 문화와 연계한 하천환경 조성

　㉢ 도시 내 생태공원 및 휴식공간으로 활용 가능한 녹색자원

3. 유형

1) 법제적 구분

① 국가하천
ㄱ 국토 보전상 또는 국민경제상 중요한 하천
ㄴ 국토교통부장관이 그 명칭과 구간을 지정하는 하천

② 지방하천
ㄱ 지방의 공공이해와 밀접한 관계가 있는 하천
ㄴ 시 · 도지사가 지정

③ 소하천
ㄱ 하천법의 적용 또는 준용을 받지 않는 하천
ㄴ 특별자치도지사, 시장, 군수, 구청장이 지정

2) 기능상 분류

① 자연하천
ㄱ 자연 그대로의 하천(역동성, 불균일성, 연속성)
ㄴ 자연 상태를 유지하는 하천
ㄷ 하천기능 양호, 공학기능 미흡 또는 불필요

② 방재하천
ㄱ 이수, 치수 목적으로 정비된 하천
ㄴ 환경기능 미흡

③ 점용하천
ㄱ 타용도 이용을 목적으로 하천부지가 점용된 하천
ㄴ 환경기능 매우 불량

④ 공원하천
ㄱ 친수성을 강조하여 재정비된 하천
ㄴ 친수기능 회복, 이수 · 치수 기능 유지, 서식처 기능 미흡

⑤ 자연형 하천
ㄱ 생물서식을 강조하여 보강된 하천
ㄴ 이수 · 치수 기능 유지, 서식처 기능 보완, 단순녹화 기능

> ▶ 참고

➤ **하천사업의 변천사**

1 1960년대 이전 : 자연하천
　① 자연적 기능, 환경기능은 매우 양호
　② 야생동물의 이동통로, 서식처 역할
　③ 홍수 위험 노출 등 공학적 기능은 매우 불량
　④ 수위변동에 따라 하천이용구역 빈번하게 변화

2 1960년대 : 방재하천
　① 자연재해 방지 목적
　② 치수위주의 하천정비
　③ 생태 · 조경 역할보다 토목공학 중요시
　④ 임시방편적 계획 · 설계 다반사

3 1970년대 : 복개하천
　① 도시 내 소하천을 대상으로 한 복개
　② 소하천의 수질 악화 개선
　③ 하천 자체의 황폐화 해결 방편
　④ 콘크리트를 주재료로 사용하여 하천 정비
　⑤ 직강화, 유속↑, 생태계 기능 악화 등 하천기능 상실 야기

4 1980년대 : 점용하천
　① 도시지역 유일한 공공공간인 하천부지를 타용도로 점용
　② 경제적으로 복개가 가능한 중대하천으로 조성
　③ 도시하천 부지를 주차장, 체육공간으로 이용
　④ 인간활용이 증대됨에 따라 하천변 오염 심각

5 1990년대 : 공원하천
　① 저수로 호안에 돌붙임하고, 고수부지에 초목 식재
　② 산책로, 자전거도로 설치 등 일종의 하천 공원화 사업
　③ 친수기능이 부각되나 생물서식처 기능은 방재하천 수준
　④ 생물다양성이 높은 하천공간 내 인간활동 증가
　　→ 도심지 내 야생동물 서식처 기능 상실

6 2000년대 : 생태하천
　① 자연에 가깝게 되살아난 하천으로 자연형하천
　② 하천서식처의 보전 · 복원에 중점
　③ 토목공학과 함께 조경 · 생태분야에 관심 집중
　④ 무생물재료인 콘크리트 재료 사용보다는 자연소재 활용
　　→ 생명공간 재창조

Ⅱ 국내 하천 특성

1. 일반적 특성

1) 현황

① 계절에 따른 하천 유출변화량↑

㉠ 6~9월 강수량 연강수량의 2/3

㉡ 봄철 마른장마기간 長

② 무계획적인 하천변 개발과 이용

㉠ 공동주택의 밀집, 상업지역 or 공업지역 등의 용도

㉡ 유역이 협소하고 높은 토지이용강도

㉢ 도시하천 주변토지의 불투수성 면적 증가

③ 인공하천화

㉠ 하천의 직선화, 콘크리트 호안으로 획일화, 하상의 평탄화 등

㉡ 사행천에 비해 짧은 홍수도달시간

㉢ 많은 토사가 하류로 운반되어 퇴적됨으로서 고수부지 발달

㉣ 자연공간, 생태공간으로서의 가치 상실

④ 수질오염

㉠ 하수도 정비가 미흡한 지역일 경우

㉡ 생활하수, 공업용하수 유입

2) 문제점(개선사항)

① 정책적 관점

㉠ 관리체계의 이원화

• 국토교통부(국가하천), 시 · 도(지방하천), 행정자치부(소하천) 관리

• 하천을 연속체 개념으로 지속가능하게 정비하는 데 한계점

• 수환경의 수량(국토교통부)과 수질(환경부)에 대한 관리 이원화

㉡ 수익사업공간으로 인식

• 하천의 자원화(무분별한 골재채취 허가 남발)

• 하상의 단순화, 수질오염, 하천의 변형 초래

• 생태계 불균형 심화

② 제도적 관점

　　㉠ 이 · 치수 위주의 하천정비기본계획

　　　　• 하천의 물리적 다양성, 종횡단적 연속성 무시

　　　　• 자정능력, 경관 등 약화

　　　　• 생물종 서식공간 훼손 및 파편화

　　㉡ 예산에 의한 공정(process) 결정 및 일정

　　　　• 자연변화의 대처나 공정으로 진행 필요

　　　　• 현 제도상 공사기간 및 당해 연도의 예산에 맞춰 작업공정 변경

　　　　• 예산낭비 및 부실공사의 우려

　　㉢ 하천의 표준단면도 일괄 적용

　　　　• 물과 토사가 이동하는 역동성 있는 유기체

　　　　• 하천의 단순화 및 인위적 지형변화 등 여러 가지 문제 야기

　　　　• 현장여건을 감안한 현장 유연성 필요

　　㉣ 담당자의 잦은 교체에 의한 업무의 연속성 단절

　　　　• 하천에 대한 체계적 관리의 어려움

　　　　• 담당자의 하천 환경에 대한 주기적인 교육 필요

③ 기술적 관점

　　㉠ 특정 분야 담당사업

　　　　• 토목공학, 생태학, 경관학 등 최소한 세 분야의 공동작업 필요

　　　　• 광범위하게 이해를 하고 있는 넓은 시야를 가진 generalist 육성

　　㉡ 인위적이며 복잡한 공법 적용

　　　　• 과다한 비용 소요 및 관리의 어려움

　　　　• 자연의 입지파악 및 천이를 예측하여 최소한의 환경정비 필요

　　　　• 자연의 천이과정 존중

　　㉢ 콘크리드 위주의 재료시용

　　　　• 다양한 형태 및 종류의 건설재료 필요

　　　　• 친환경 재료 위주의 공법 선정

　　　　• 장기간에 걸친 다양한 현장경험 및 시행착오 요구

2. 건천화

1) 원인

① 도시화에 따른 불투수면적 증가

ㄱ 증발량 증가

ㄴ 지하수 유출량 감소

② 하천의 직강화

ㄱ 하천의 유속이 빨라짐

ㄴ 유수의 체류시간이 짧음

③ 지하수 고갈

ㄱ 지하공간의 개발과 무분별한 지하수 개발 이용

ㄴ 도시하천으로 복류되어 흐르는 유량 감소

④ 하절기에 집중된 강우 특성

ㄱ 하천 평상시 유량 유지의 어려움

ㄴ 강우기의 하천 범람

⑤ 강우와 지하수의 하수관거 유입

ㄱ 하천 내 좌우안의 고수부지에 차집관로 설치

ㄴ 평상시 하천으로 유입되는 양이 거의 없음

2) 방지대책

① 하천유지유량제도(평상시)

ㄱ 하천의 정상적 기능 유지 목적

ㄴ 평상시 하천에 흘러야 하는 최소한 유량 산정

ㄷ 하천관리지표로 활용

② 홍수량 할당제도(홍수시)

ㄱ 하류로 흘려보낼 수 있는 최대홍수량을 지역별 할당

ㄴ 도시의 홍수저류능력과 지하수 보수능력을 동시에 제고

ㄷ 대부분의 하천거점별 홍수량 정보부족으로 실효성 ↓

Ⅲ 하천설계

1. 공간설계

1) 기본원칙

① 자연하천 모델화

ⓐ 인위적인 간섭 지양

ⓑ 현상 보전 원칙

② 하천 본래의 경관에 가깝게 복원

ⓐ 과거지도 이용

ⓑ GIS, RS, LiDAR 등을 활용하여 비교분석

▶▶ 참고

➤ **하천설계 기본방향**

1 하천이 갖는 역동성 인식
  ① 시간과 상황에 따라 변화무쌍
  ② 과거, 현재, 미래의 모습을 반영한 하천상 제시

2 하천이 갖는 연속성 보장
  ① 종적 네트워크와 횡적 네트워크 고려
  ② 일정구간 · 영역의 문제가 아닌 하나의 연결체로 인식
  ③ 유역단위로 거시적 관점에서 평가

3 하천이 갖는 다양성 확보
  ① 하천 내 다양한 공간의 변화 주의 → 여울과 소, 사행, 사주, 수심의 고저차 등
  ② 표준화 작업으로 일관된 시각이 아닌 공간별 특성화

4 하천별 개성 존중
  ① 현재의 모습은 과거의 시간을 담은 자연변화 과정
  ② 철저한 현황조사 · 분석을 통한 계획 수립

---

③ 친환경소재 사용

ⓐ 무생명재료 사용 최소화

ⓑ 생명재료를 주재료로 이용

④ 식생 훼손구간 복원

ⓐ 기존 식생구간 최대한 보존

ⓑ 수생식물역, 정수역의 다양한 소생물권 확보

2) 하천단면

① 저수로 호안

ⓐ 고수부지 침식방지 목적

ⓑ 하천생태계와 육지생태계의 전이대

ⓒ 종다양성이 가장 풍부한 곳

ⓓ 자연형 저수로 호안공법 사용 필요

② 하도, 여울, 소

ⓐ 주기적인 퇴적과 침식을 반복하여 만들어짐

ⓑ 수생식물이 생존할 가장 간편하고 효과적인 방법

ⓒ 여울과 소는 다양한 흐름과 하상재료 제공

- 여울 : 물살이 빠르고, 산소가 풍부한 곳

- 소 : 물이 깊고, 물살이 느린 곳

③ 보, 거석, 징검다리

ⓐ 어류의 피난처, 이동처

ⓑ 조류의 휴식처

④ 홍수터

ⓐ 식생군락 : 갯버들, 부들, 물억새

ⓑ 습생군락 : 창포, 줄, 세모고랭이

ⓒ 자연생태학습장으로 활용 가능

⑤ 저수로 호안

ⓐ 치수능력 유지 · 보전

ⓑ 자연생태계 복원과 보전

ⓒ 호안 특성에 따라 견고한 재료(콘크리트), 부드러운 재료(식생) 적용

‖ 하천단면도 ‖

3) 저습지 설계

① 장소

　㉠ 저습지 환경에 적합한 생물종 서식환경 고려 후 설계

　㉡ 표면유거수가 집중되는 장소

　㉢ 하천 본류와 연결되는 생태환경 기반 조성

　㉣ 배수가 불량하거나 물이 많이 고이는 곳 → 습초지 조성 후 조류의 서식처로 유인

② 식물 선정

　㉠ 자생식물 중 정수기능이 우수한 습지 식물 도입

　㉡ 수생식물과 구분하여 식재 위치 결정

　㉢ 침수빈도와 침수정도를 고려하여 식물종 선정

③ 수위

　㉠ 하천본류와 같은 레벨

　㉡ 유지용수를 안정적으로 확보

4) 서식환경 설계

① 목표종 선정

　㉠ 하천 및 주변생태계가 가지는 환경특성 파악

　　→ 생물유형별로 서식조건을 파악하여 먹이환경 제공

　㉡ 종의 특성 고려

　　→ 번식처(서식처, 산란지, 새끼의 성장 등) 조성

　　→ 은신처, 휴식처, 피난처 및 수면장소 제공

② 하천조경기법 선정

　㉠ 다양한 생물종이 서식할 수 있는 다양한 생물서식환경 조성

　㉡ 다양한 생물서식환경 조성을 위한 다양한 식생대 조성

③ 조류 서식처 설계

　㉠ 부리로 둥지를 마련하는 조류(물총새) : 흙 제방이나 흙 웅덩이 조성

　㉡ 길내나 수풀에 둥지를 마련하는 조류 : 비간섭거리를 고려한 넓은 공간 확보

PLUS ➕ 개념플러스

　• 조류의 관찰거리 → 비간섭거리, 경계거리, 회피거리, 도피거리
　• 비간섭거리를 줄이는 방법 → 관찰벽, 사파리차, 먹이매달기

© 중하류역에 서식하는 조류(백로류)

- 수심이 얕고, 경사가 완만한 하천변 조성

② 물새류를 유지하기 위한 습지

- 은신처나 번식처로서의 저습지 2/3
- 먹이 획득을 위한 개방수면 1/3
- 물새류가 선호하는 수생식물 생육수심 30~60cm 유지

＊조류유인을 위한 먹이식물 식재

구분	수종
교목/관목	팽나무, 산뽕나무, 벚나무, 아그배나무, 황벽나무, 감나무, 딱총나무, 섬딱총나무, 두릅나무, 쥐똥나무, 쉬나무, 개오동, 개머루나무, 노박덩굴, 멀구슬나무, 팥배나무, 고욤나무, 청미래덩굴, 찔레나무, 조팝나무 등
습지/수생식물	갈풀, 억새, 매자기, 마름, 가래, 놈개구리밥, 나도겨이삭, 큰고랭이, 버들여뀌 등
작물	메밀, 벼, 보리, 옥수수, 콩, 조, 수수, 시금치, 배추 등

④ 어류 서식처 설계

㉠ 어류 서식환경 제공을 위해 여울과 소 조성

구분		어종
하천 지형	깊은 소	어름치, 열목어, 잉어
	얕은 소	붕어, 참붕어
	유속이 빠른 여울	피라미, 돌고기
	유속이 느린 여울	희수마자, 모래무지
하상 구조	모래바닥	모래무지
	자갈바닥	돌고기, 꾸구리, 돌상어
	진흙이나 해감이 깔려 있는 바닥	숭어
	수초가 있는 곳	붕어, 잉어
	민물조개가 서식하는 곳	납자루

㉡ 지류 및 사수역을 조성하고, 갈대 등 식재 : 산란장소 또는 홍수시 피난처 제공

㉢ 식재를 통한 그늘 조성 ; 수온유지, 수질정화, 수서곤충 유인

㉣ 하중도나 둔치 쪽 협수로 조성시

- 지류의 규모, 깊이, 형상을 다양하게 반영
- 수심은 어류 서식에 적합한 0.3~1.0m 이상 조성

⑤ 기타 수중 · 수변동물 서식처 설계

㉠ 양서파충류 및 갑각류 → 하천변 흙 속에서 동면

곤충류 및 패류 → 흙 속 or 하천변 식물의 잎을 산란장소 선택

⇒ 콘크리트 호안보다는 식생호안으로 조성

㉡ 곤충류 서식

- 다공질의 추이대 공간 창출
- 웅덩이와 습지, 정체역 등 다양한 서식환경 조성

㉢ 수서곤충

- 여울과 소 조성
- 수질, 수온, 하상을 양호한 상태로 유지

㉣ 부착조류 : 거석이나 자갈을 바닥포설

✱ 생물종에 따른 서식환경

구분	여울	소	수제/제방	하중도	침수/부엽식물	추수식물	수변림(하반림)
부착조류	착생기체	–	–	–	착생기체	–	–
수생곤충	먹이/서식처	먹이/서식처	반딧불 부화	–	먹이/서식처	성충의 먹이/서식처	먹이(낙엽/가지)/성충서식처
육생곤충	–	–	–	먹이/서식처	–	먹이/서식처	먹이/서식처
어류	먹이/산란/서식처	은신처/먹이/서식처	–	–	먹이/서식처(치어)	고수위시 피난장소	–
조류	먹이	먹이	서식처	서식처	먹이/둥지/은신처	먹이/서식처/보금자리	먹이/서식처/보금자리

구분		수변림	추수식물	부엽식물	침수식물
어패류/치어 · 유생	산란 및 서식처	·	○	○	○
조류	잠자리, 산란 및 서식처	○	○	+	·
	먹이처	○	○	○	○
곤충류/양서류	서식처 및 먹이처	○	○	○	○
저서동물/어패류	먹이처	+	○	○	○
부착생물	착생기반	·	○	○	○

2. 배식설계

1) 자연호안의 생태

① 특성

ㄱ 두 가지 성질이 다른 환경과 접하여 생긴 환경제반 조건

ㄴ 식물군락, 동물군집의 이동이 보이는 부분

ㄷ 추이대, 에코톤

- 생물종다양성이 높은 공간
- 제3의 종이 나타나는 전이생태계

② 기능

ㄱ 다양한 환경으로 생물 군락 생존 가능

ㄴ 에코톤의 전형으로 어류, 식물 등 수자원 보호

ㄷ 들새, 곤충, 개구리 등 다양한 서식환경 제공

ㄹ 주변지역의 생물군집, 자연경관 풍부

③ 생태적 구조

ㄱ 수변림

- 연안대 : 육지, 목본식물 군락
- 연목대 : 버드나무, 오리나무 군락
- 경목대 : 느릅나무, 팽나무 군락
- 조류 및 곤충의 은신처, 그늘 제공, 인간의 휴식처

ㄴ 습생식물대(Riparian)

- 수제선에 내접한 지하수위가 높은 장소 식생
- 일시적 침수지역에서 생육
- 침식에 강해야 함
- 선버들, 갯버들, 키버들

ㄷ 정수식물대(추수식물대)

- 수중토양에 뿌리를 내려 수면보다 높게 잎을 신장시킴
- 생육유속범위 : 0.05~0.4m/s
- 대형 추수식물(갈대, 부들, 물억새)
- 소형 추수식물(미나리, 꽃창포)

▶▶ **참고**

➤ **갈대의 식재방법에 따른 채취 및 이식방법**

식재방법	채취/이식방법	고려사항
파종	• 갈대 결실비율, 발아비율↓ • 어린 시기 타 식물과 경쟁력↓	• 인력↑, 실용성↓ • 묘의 생산법으로 적합
포기심기	• 갈대 : 지하경 및 뿌리 포함 20~30cm 잘라 이식 • 이식시 포기보다 크게 구멍을 파고, 심은 뒤 진흙 다짐	• 수중 식재시 새눈이 수면 위로 나오도록 수심 30cm 한계 • 묘의 채취, 운반시 인력부담 증가 • 채취한 흙의 경우 객토
지하경 심기	• 갈대군락 지하경의 경우 새싹을 붙인 상태로 20~50cm 길이로 이식 • 이식의 밀도는 약 40~50cm 간격	• 수분이 많아 관수하지 않는 토지 내 식재에 적합 • 수중 식재 부적합
줄기심기	• 갈대줄기 뿌리를 비스듬히 자름 • 직경 2~3cm 막대기를 흙 속에 30cm 정도 박아 구멍을 만든 후 그 속에 2~3개의 갈대싹을 넣고 다짐	• 수중식재 가능 • 줄기마디 사이 부분을 반드시 붙여서 자를 것 • 수분이 부족한 장소 내 식재는 갈대를 심고 관수 후 다짐작업할 것(뿌리활착률↑)

ㄹ 수생식물대

- 생육유속범위 : 침수식물(0~1.5m/s), 부엽식물(0~0.2m/s)
- 침수식물
  - 부영양화가 심하면 생육불가
  - 조류와 어류의 먹이 역할
- 부유식물 : 물속이나 물 위에 떠서 생활
- 부엽식물
  - 호수의 부영양화 조기 예방
  - 치어의 산란처 역할

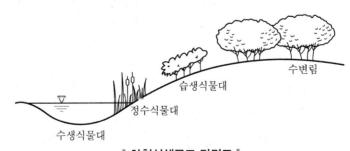

| 하천식생구조 단면도 |

2) 연중 침수기간에 따른 하천의 식생대

① 생태적 구조

  ㉠ 수생식물역(연중 침수)

  ㉡ 정수식물역(연중 150일 이상 침수)

  ㉢ 연수목구역(연중 30~150일 이내 침수)

  ㉣ 경수목구역(연중 30일 이내 침수)

  ㉤ 침수되지 않는 경수림

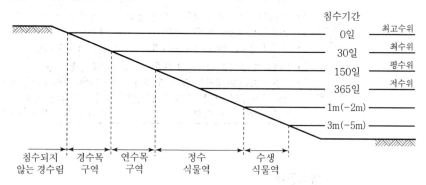

┃ 연중 침수기간에 따른 하천의 식생대 ┃

② 식재수종

  ㉠ 관목을 우선적으로 선택

  ㉡ 침엽수보다는 활엽수 식재 : 분해도 차이

  ㉢ 다년생 초본류의 파종 및 식재 병행 : 시공 초기 지표면 침식 방지

  ㉣ 교목식재시 수리계산 실시 : 치수안정성 확보

▶ 참고

▶ 하천변 식재시 주요 권장수종

자생	성상	내습성/호습성	식재 권장 수종		식재위치
			우선수종	보조수종	
자생수종	교목	강함	버드나무, 왕버들, 능수버들, 개수양버들	–	둔치 및 측단
		보통	느릅나무, 팽나무	신나무, 귀릉나무, 곰솔, 모감주나무, 피나무	둔치 및 측단
		약함	느티나무, 벚나무	자귀나무, 밤나무, 소나무, 상수리, 참오동	측단
	관목(만경류)	매우 강함	갯버들, 눈갯버들	–	비탈 및 둔치
		보통	–	조팝나무, 붉나무, 송악, 개나리, 찔레	뒷턱 및 측단
		약함	–	싸리, 칡	뒷턱 및 측단

Ⅳ 하천복원방향

1. 패러다임의 전환

1) 유역관리체계의 변화

① 선 개념 → 면 개념 확대

② 시간에 따른 미래의 공간변화 예측, 고려

구분	현재	미래
공간변화 예측	저수로 중심의 사업전개 → 고정된 형태 유지	사행화 유도 → 하천공간의 장기적 변화 예측 필요
사업범위 확대	개수된 구간 한정 → 단순 생태 공원화	하천을 중심으로 생태계 연결
이해관점 변화	저수로, 제외지 구역 한정	물의 흐름에 대한 이해 바탕 → 유역 전체로 확대

2) 물환경관리체계 마련(공원화 → 자연화)

① 사업방향의 전환

　㉠ 과거의 이·치수사업

　　→ 이·치수기능 > 친수기능 = 생태복원기능

　㉡ 자연형 하천정화사업

　　→ 생태복원기능 > 친수기능 = 이·치수기능

② 하천의 평가 및 관리기준 전환

　㉠ BOD 중심의 이·화학적 수질기준

　　→ 생물지표종을 이용한 생태적 건강성 평가

　㉡ 수생태 건강성 조사 및 평가기법 개발

3) 국토 차원의 생태네트워크 구축

① 횡적 생태네트워크

㉠ 단편적인 하천생태복원사업 → 하천의 주변자연환경 연계

㉡ 산지 · 농촌 하천의 경우 : 저수로 → 둔치 → 제방 → 산, 들

㉢ 도시하천일 경우 : 저수로 → 둔치 → 제방 → 옥상녹화, 도시공원 → 산, 들

② 종적 생태네트워크

㉠ 하천 내 일정 구간 → 실개천에서 연안까지 연계

㉡ 발원지 → 상류 → 중류 → 하류 → 하구 → 연안

- 상류부(원류구역) : 침식작용
- 중류부(운반구역) : 운반작용
- 하류부(퇴적구역) : 퇴적작용

③ 전국토의 생태네트워크 구축

㉠ 횡적 + 종적 생테네트워크

㉡ 공간단위에서 유기적으로 연결

㉢ 종합적 · 체계적인 생태네트워크

4) 주민 참여형 사업추진체계 정립

① 문제점

㉠ 관(공급 · 관리자) → 민(수요자)의 관계로 진행

㉡ 유역단위가 아닌 독립적 행정구역으로 사업분리

→ 서로 다른 하천계획, 사업의 효율성 저하

㉢ 편의시설 이용제한에 따른 사업추진 저하

→ 주차장, 경작지 철거로 주민반발

② 정립방향

구분	현재	미래
주체	• 관주도	• 협의체주도 (전문가＋지역주민＋환경단체＋지차체＋기업)
방향	• 관(공급자) → 민(수요자) • 단순한 토목사업 전개	• 민(협의체) : 하천상 제시, 계획 수립 • 관 : 기술적 검토, 행정절차에 따른 사업 진행

5) 하천별 특성에 맞는 결과도출

① 공사 중심 → 목표설정 중심

　　㉠ 하천의 현재모습만 반영 → 과거 · 현재 · 미래를 종합적으로 고려한 목표 설정

　　㉡ 과거 → 역사, 문화성, 고유생태, 경관 고려

　　㉢ 현재 → 이 · 치수 중심, 친수공간 조성

　　㉣ 미래 → 하천공간의 확대, 주민들의 하천상 반영

② 다양한 분야의 전문가 참여확대

　　㉠ 현재 토목 · 조경 중심의 사업추진체 구성원

　　㉡ 생태, 생물, 수리 · 수문, 지리 · 지형, 경제, 역사 등 전문가 참여

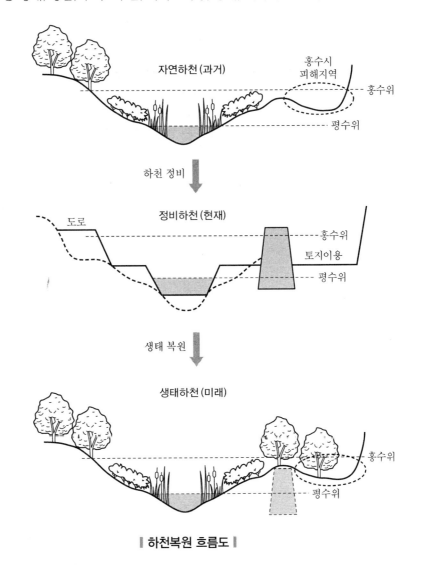

‖ 하천복원 흐름도 ‖

2. 자연형 하천사업 추진방향

구분	추진방향

치수	• 직강화 → 사행화
	  − 유속저감, 하천유수 확보
	• 과거의 하천구역 회복
	  − 하천의 역동성 보장
	  − 홍수터 복원 등 하천구간 확대

생태계	• 종적 생태계 + 횡적 생태계 연결성 보장
	  − 보, 천변주차장 철거 등
	• 서식처 조성 및 종다양성 회복
	  − 습지복원 및 비오톱 조성
	  − 소 · 여울 등 수중생물 서식처 조성

공간	• 하천공간의 재자연화
	  − 지나친 인공구조물 및 친수시설 배제
	• 하천공간 이해관점의 확장
	  − 물의 순환에 대한 이해를 바탕으로 유역단위의 물관리 추진
	  − 우수 · 지하수 등을 이용한 건천화 해결방안 모색

조경기술사의 길을 제시해주는

조경기술사
Mind Map Book
I권

PROFESSIONAL
ENGINEER

http://www.yeamoonsa.com

최신 개정판

PROFESSIONAL ENGINEER LANDSCAPE ARCHITECTURE

조경기술사의 길을 제시해주는

조경기술사
Mind Map Book

II권

김 보 미

조경기술사
문화재수리기술자
자연환경관리기술사

PROFESSIONAL
ENGINEER

이 책의 구성

- **제8편** 과년도문제 용어해설
  (2012~2018년)

 예문사

PROFESSIONAL ENGINEER LANDSCAPE ARCHITECTURE

조경기술사의 길을 제시해주는

조경기술사

Mind Map Book

II권

김 보 미

조경기술사
문화재수리기술자
자연환경관리기술사

PROFESSIONAL
ENGINEER

이 책의 구성

• 제8편 과년도문제 용어해설
  (2012~2018년)

예문사

PART 08 과년도문제 용어해설

PART 08 과년도문제 용어해설

CONTENTS

(2012~2018년)

※ 최대한 출제자의 의도에 맞게 풀이하려고 하였으나
정확히 일치하지 않을 수 있음을 양해 바랍니다.

구분	문항	기 출 문 제
1교시	1	전면책임감리 대상 건설공사
	2	조경공사업, 조경식재공사업, 조경시설물 설치공사업의 건설업 등록기준
	3	식물의 생육에 적합한 토양기반 조건
	4	수처리에 이용되는 습지식물(정화식물) 10가지
	5	국화과 식물 중 개미취속(Aster)과 국화속(Chrysanthemum) 다년생 자생식물 10종의 개화기와 꽃색
	6	조경수목에서 질소(N), 인산(P), 칼륨(K) 부족시 나타나는 결핍증상과 대책
	7	토양수분 중 모관수와 중력수
	8	2011년 11월에 제정된 '도시농업의 육성 및 지원에 관한 법률'에서 제시하는 도시 농업의 유형 및 내용
	9	불도저와 로더의 시간당 작업량(m^3/hr) 계산공식
	10	비탈면 안정 보호 및 보강공법
	11	생태면적률의 개념 및 적용제도
	12	우리나라 옥상녹화와 관련된 법규 및 지원제도
	13	다음 조경수목의 학명을 적으시오. 가) 은행나무　나) 소나무　다) 느티나무　라) 주목　마) 회화나무 바) 상수리나무　사) 팥배나무　아) 왕벚나무　자) 배롱나무　차) 회양목
2교시	1	최근 국회에 발의된 도시숲의 조성 및 관리에 관한 법률제정(안)에 대하여 설명하고, 현행 도시공원 및 녹지 등에 관한 법률과의 상충되는 점에 대한 귀하의 의견을 제시하시오.
	2	천연기념물(식물, 동물, 지형지질, 천연보호구역) 및 명승 지정현황을 설명하고, 우리나라의 자연유산보전 확대방안에 대하여 설명하시오.
	3	대도시 인근지역에 신도시를 건설하는 데 있어서 도시기반시설(공원,녹지)을 조성하고자 한다. 이에 대한 조경업무의 절차에 대하여 구체적으로 설명하시오.
	4	현재 국립공원 내 케이블카 설치 찬반양론이 제기되고 있다. 이에 대한 문제점 및 조경가적 입장에서의 대응방안에 대하여 의견을 제시하시오.
	5	공사원가의 구성항목인 재료비, 노무비, 경비, 일반관리비, 이윤, 부가가치세에 대하여 설명하고, 원가계산시 유의할 점에 대하여 설명하시오.
	6	식재공사 후 발생하는 하자의 원인을 유형별로 구분한 후, 이에 대한 방지대책에 대하여 설명하시오.
3교시	1	토공량 산정방법인 단면법(斷面法), 점고법(點高法), 등고선법(等高線法)의 계산방식을 설명하고 특징을 비교하시오.
	2	헌인릉(獻仁陵), 광릉(光陵), 서삼릉(西三陵), 홍유릉(洪裕陵)에 대해 약술하고, 조영적(造營的) 차이점을 설명하시오.
	3	공원녹지의 수요분석방법에 대하여 구체적으로 설명하시오.
	4	물의 수직적 낙차를 이용한 벽천설치공사의 시공과정을 설명하시오.
	5	환경부에서 제시하는 생태통로 설치 후 실시하는 모니터링의 방법 및 활용방안에 대하여 설명하시오.
	6	조경설계기준에서 제시하는 경관석의 종류 및 경관석을 놓는 방법에 대하여 설명하시오.
4교시	1	1950년 이후 출생한 서양 현대조경작가(4인)의 사상적 배경, 주요 작품의 특징에 대하여 설명하시오.
	2	전통정원으로서 낮선 가시 벳그림(占畵畵)에 나티니고 있는 조선시대 인지(園池)의 특징을 선명하시오.
	3	대도시에 인접한 택지개발사업지구 내 공원, 녹지를 조성하고자 한다. 현상공모시 제시할 조경설계용역 과업지시서를 구체적으로 작성하시오.
	4	외부공간 계단설계시 단면, 단, 계단참, 램프, 난간 및 핸드레일, 높이와 폭에 관한 설계기준을 제시하시오.
	5	'어린이놀이시설 안전관리법'에서 규정한 어린이놀이시설 안전점검의 항목 및 방법에 대하여 설명하시오.
	6	관거배수계통의 유형을 그림으로 그려 제시하고 각각의 특성에 대하여 설명하시오.

01 전면책임감리 대상 건설공사

1. 개요

① 책임감리란 시공감리와 관계 법령에 따라 발주청으로서의 감독권한을 대행하는 것을 말하며 전면책임감리와 부분책임감리로 구분함

② 전면책임감리는 계약단위별 공사 전부에 대하여 책임감리업무를 수행하는 것으로 총 공사비가 200억 원 이상이어야 함

③ 대상 공사는 교량, 공항 등 22개 공종 및 감리 적정성 검토에 따른 대상건설공사, 발주청이 필요하다고 인정하는 공사임

2. 전면책임감리 대상 건설공사

- 100m 이상의 교량이 포함된 공사
- 댐 축조
- 에너지저장시설
- 항만
- 지하철
- 발전소
- 폐수종말처리시설
- 상수도(급수설비 제외)
- 관람집회시설
- 공용청사(5천 제곱미터 이상)
- 변전공사

- 공항
- 고속도로
- 간척
- 철도
- 터널공사가 포함된 공사
- 폐기물처리시설
- 하수종말처리시설
- 하수관거
- 전시시설
- 송전공사
- 공동주택(300세대 이상)

조경공사업, 조경식재공사업, 조경시설물 설치공사업의 건설업 등록기준

1. 개요

① 조경공사업은 종합적인 계획 · 관리 · 조정에 따라 수목원 · 공원 · 녹지의 조성 등 경관 및 환경을 조성하는 공사로 종합공사임

② 조경식재공사업은 조경수목 · 잔디 및 초화류 등을 식재하거나 유지 · 관리하는 공사로 식재공사, 특수식재공사와 수세회복공사 등의 전문공사임

③ 조경시설물 설치공사업은 조경을 위하여 조경석 · 인조목 · 인조암 등을 설치하거나 야외의자 · 파고라 등의 조경시설물을 설치하는 전문공사임

2. 건설업의 등록기준

구분		특징
조경공사업	기술능력	• 건설기술관리법에 의한 국토개발분야의 조경기사 또는 조경분야의 중급기술자 이상인 자 중 2인을 포함한 조경분야 기술자 4인 이상 • 건설기술관리법에 의한 토목분야 건설기술자 1인 이상 • 건설기술관리법에 의한 건축분야 건설기술자 1인 이상
	자본금	• 법인 : 7억 원 이상 • 개인 : 14억 원 이상
	시설 · 장비	• 사무실
조경식재 공사업	기술능력	• 건설기술관리법에 의한 조경분야 건설기술자 또는 국가기술자격법에 의한 관련종목의 기술자격취득자 중 2인 이상
	자본금	• 법인 및 개인 : 2억 원 이상
	시설 · 장비	• 사무실
조경시설물 설치공사업	기술능력	• 건설기술관리법에 의한 조경분야 건설기술자 또는 국가기술자격법에 의한 관련종목의 기술자격취득자 중 2인 이상
	자본금	• 법인 및 개인 구분 없이 2억 원 이상
	시설 · 장비	• 사무실

03 식물의 생육에 적합한 토양기반 조건

1. 개요

① 식물의 생육에 적합한 토양기반은 식재기반으로 일컬으며 식물뿌리가 생육할 수 있는 토양층을 말함

② 조경용 식물의 건전한 생육을 위한 식물근권환경의 조성에 적용하며 건축, 해안매립지 등의 식물생육 부적합한 환경의 인공지반까지 포함함

③ 토양평가항목에 따라 상·중·하·불량 4등급으로 나누고, 일반식재지 지하, 열악한 매립지나 인공지반 위 중, 고품질·경관조성지 상급을 적용함

2. 토양의 물리·화학적 평가항목과 평가기준

구분	평가항목		평가등급			
	항목	단위	상급	중급	하급	불량
물리적 특성	유효수분량	m^3/m^3	0.12 이상	0.12~0.08	0.08~0.04	0.04 미만
	공극률	m^3/m^3	0.6 이상	0.6~0.5	05~0.4	0.4 이하
	투수성	cm/s	10^{-3} 이상	10^{-3}~10^{-4}	10^{-4}~10^{-5}	10^{-5} 이하
	토양경도	mm	21 미만	21~24	21~24	27 이상
화학적 특성	토양산도(pH)	—	6.0~6.5	2.2~6.0 6.5~7.0	4.5~5.5 7.0~8.0	4.5 미만 8.0 이상
	전기전도도(E.C.)	dS/m	0.2 미만	0.2~1.0	1.0~1.5	1.5 이상
	염기치환용량(C.E.C.)	cmol/kg	20 이상	20~6	6 미만	—
	전질소량(T−N)	%	0.12 이상	0.12~0.06	0.06 미만	—
	유효태인산함유량	mg/kg	200 이상	200~100	100 미만	—
	치환성 칼륨(K⁺)	cmol/kg	3.0 이상	3.0~0.6	0.6 미만	—
	치환성 칼슘(ca⁺⁺)	cmol/kg	5.0 이상	5.0~2.5	2.5 미만	—
	치환성 마그네슘(Mg⁺⁺)	cmol/kg	3.0 이상	3.0~0.6	0.6 미만	—
	염분농도	%	0.05 미만	0.05~0.2	0.2~0.5	0.5 이상
	유기물 함량(O.M.)	%	5.0 이상	5.0~3.0	3.0 미만	—

3. 토양 기반조건

식물의 종류	토양의 깊이		배수층의 두께(m)
	토양등급 중급 이상	토양등급 상급 이상	
잔디, 초화류	0.30	0.25	0.10
소관목	0.45	0.40	0.15
대관목	0.60	0.50	0.20
천근성 교목	0.90	0.70	0.30
심근성 교목	1.50	1.00	0.30

04 수처리에 이용되는 습지식물(정화식물) 10가지

1. 개요

① 수처리에 이용되는 습지식물은 뿌리, 줄기, 잎의 분포특성에 따라 정수식물(추수식물), 수중식물로 나눌 수 있음

② 정수식물은 식물의 생육높이 2m를 기준으로 키가 큰 정수식물과 키가 작은 정수식물로 나눌 수 있고 이에 해당되는 종으로 갈대, 부들과 미나리, 창포 등이 있음

③ 수중식물은 부엽식물, 부유식물, 침수식물로 나눌 수 있고 이에 해당되는 종으로 연꽃·마름과 개구리밥·부레옥잠, 검정말·나사말 등이 있음

2. 습지식물(정화식물)

유형		특징
정수식물 (추수식물)	대형	• 갈대 : 습지, 갯가, 호수 주변의 모래땅에 군락 형성 • 부들 : 뿌리줄기가 옆으로 뻗으면서 퍼지고 원주형
	소형	• 미나리 : 들판이나 개울 서식, 정화효과 뛰어남 • 창포 : 연못가나 도랑가 서식, 꽃색에 따라 다른 명칭 부여
수중식물	부엽식물	• 연꽃 : 진흙 속에 서식, 주택이나 사찰 연못에 식재 • 마름 : 연못이나 소택지 내 서식, 일년생 초본식물
	부유식물	• 개구리밥 : 개구리가 사는 곳에서 자라고, 올챙이가 먹는 풀 • 부레옥잠 : 엽병의 중앙이 부레와 같이 수면에 뜨기 때문에 명칭
	침수식물	• 검정말 : 저수지나 연못에 자라는 침수성 여러해살이풀 • 나사말 : 연못이나 흐름이 느린 강가에 자라는 침수성 여러해살이풀

05 국화과 식물 중 개미취속(Aster)과 국화속(Chrysanthemum) 다년생 자생식물 10종의 개화기와 꽃색

1. 개요

① 국화과 식물은 우리나라 산야에서 주로 볼 수 있는 야생화로 두상부에 낱꽃들이 무리를 지어 꽃을 피우는 특성이 있음
② 개미취속(Aster) 식물에는 쑥부쟁이, 참취, 개미취, 벌개미취, 해국 등이 있고, 국화속(Chrysanthemum) 식물에는 감국, 구절초, 바위구절초, 산국, 큰감국 등이 분포하고 있음

2. 종류

종류		생육적 특성
개미취속 (Aster)	쑥부쟁이 (Aster yomena)	• 7~10월경 • 설상화는 자주색, 통상화는 노란색
	참취(Aster scaber)	• 8~10월경, 흰색
	개미취 (Aster tataricus)	• 쑥부쟁이와 비슷한 형상 • 7~10월경, 푸른색이 도는 보라색
	벌개미취 (Aster koraiensis)	• 한국의 특산식물, 고려쑥부쟁이라고도 불림 • 10월, 연한 보라색
	해국(Aster spathulifolius)	• 7~11월경, 연한 보라색
국화속 (Chrysanthemum)	감국 (Chrysanthemum Indicum)	• 쌍떡잎식물 초롱꽃목 국화과의 여러해살이풀 • 키는 40~80cm • 10~11월, 노란색
	큰감국 (Chrysanthemum Indicum)	• 보통 감국꽃보다 약 두 배 정도 큼 • 관상가치가 뛰어남 • 10~11월, 노란색
	산국 (Chrysanthemum Boreale)	• 산구화라고도 불림 • 식물 전체에 흰 털이 있으며, 키는 40~80cm 정도 • 10~11월, 노란색
	구절초 (Chrysanthemum Zawadskii)	• 땅속뿌리가 옆으로 뻗으면서 새싹이 나옴 • 키는 50cm 정도 • 9~10월, 연한 분홍색
	바위구절초(Chrysanthemum Zawadskii Var. Alpinum)	• 금강산, 설악산, 함남 등의 고산지대에 분포 • 9~10월, 흰색, 분홍색

06 조경수목에서 질소(N), 인산(P), 칼륨(K) 부족시 나타나는 결핍증상과 대책

1. 개요

① 수목은 광합성으로 탄수화물을 합성하여 필요한 에너지를 얻고, 탄수화물을 기초로 하여 여러 대사작용 시 질소, 인산, 칼륨 등 무기양료를 필요로 함
② 무기양료의 기능은 식물조직의 구성, 효소의 활성, 삼투압 조절, 완충제, 세포막의 투과성 조절 등 매우 다양함
③ 결핍증상으로는 잎의 황화현상, 괴사, 백화현상, 반점과 가지의 고사, 열매의 기형 등이 있고, 시비의 적절한 사용으로 예방할 수 있음

2. 결핍증상과 대책

구 분	결 핍 증 상	대 책
질소(N)	• 잎의 황화현상과 조기낙엽 • 잎이 작고 얇아짐 • 가지가 가늘고 짧아짐 • 꽃이 늦게 많이 핌 • 열매는 작고 가볍고 일찍 성숙	• 요소비료 • 황산암모늄 비료 • 질산나트륨 비료 • 엽면시비 • 토양표면 살포
인산(P)	• 잎이 녹색 혹은 짙은 녹색 • 엽맥, 엽병 잎뒷면이 보라색으로 변함 • 꽃이 적게 개화 • 열매가 작고 양이 적음	• 과린산 석회 • 토양 내 혼합
칼륨(K)	• 잎의 가장자리와 옆맥 사이 황화현상 • 가지가 여름에 고사 • 꽃과 열매가 적음	• 황산칼륨 • 염화칼륨 • 토양 내 혼합

07 토양수분 중 모관수와 중력수

1. 개요

① 토양수분은 토양을 구성하는 물질인 토양삼상, 즉 고상·기상·액상 중 액상에 해당하는 것으로 결합수, 흡습수, 모관수, 중력수로 구분됨
② 흡습수는 흙입자 표면에 고착된 얇은 막 모양의 물로 중력과 모관력에서는 이동하지 않고 가열에 의하여 제거할 수 있는 수분임
③ 모관수는 모관력에 의하여 유지되고 있는 물이며 중력수는 중력에 의하여 흙입자 사이를 자유로이 이동할 수 있는 수분임

2. 모관수와 중력수

종류		특징
모관수		• 토양의 작은 공극인 틈과 모세관에 존재하는 수분 • 표면장력에 의하여 흡수 유지 • 식물이 삼투압 등을 활용하여 흡수하여 이용할 수 있는 유효수분
중력수		• 토양의 공극을 채우고 있는 물 • 토양에 의해 흡착되어 있지 않아 중력에 의하여 이동 가능
기타	결합수	• 토양의 고체에 결합되어 있는 물 • 식물은 이용할 수 없으나 결합된 화합물의 성질에 영향
	흡습수	• 토양 표면에 부착된 물 • 식물이 흡수하려는 힘보다 세게 부착되어 식물이 이용할 수 없음

2011년 11월에 제정된 '도시농업의 육성 및 지원에 관한 법률'에서 제시하는 도시농업의 유형 및 내용

1. 개요

① 도시농업의 육성 및 지원에 관한 사항을 마련함으로써 자연친화적인 도시환경을 조성하고, 도시민의 농업에 대한 이해를 높여 도시와 농촌이 함께 발전하는 데 이바지함을 목적으로 함

② 도시농업의 유형은 주택활용형, 근린생활권, 도심형, 농장형·공원형, 학교교육형 도시농업으로 세분화됨

2. 도시농업의 유형 및 내용

유형	내용
주택활용형	• 주택·공동주택 등 건축물의 내부·외부, 난간, 옥상 등을 활용 • 주택·공동주택 등 건축물에 인접한 토지를 활용
근린생활권	• 주택·공동주택 주변의 근린생활권에 위치한 토지 등을 활용
도심형	• 도심에 있는 고층 건물의 내부·외부, 옥상 등을 활용 • 도심에 있는 고층 건물에 인접한 토지를 활용한 도시농업
농장형·공원형	• 공영도시농업농장이나 민영도시농업농장 또는 도시공원 활용
학교교육형	• 학생들의 학습과 체험을 목적 • 학교의 토지나 건축물 등을 활용한 도시농업

09 불도저와 로더의 시간당 작업량(m³/hr) 계산공식

1. 개요

① 불도저는 트랙터의 전면부에 토공판을 장착하고 후면에는 리퍼 등의 부속장치를 부착하여 흙, 암반 등을 굴착해서 운반하는 건설기계로서 굴착, 운반, 집토, 정지, 다짐작업을 할 수 있음

② 로더는 불도저의 속도기능을 보완한 것으로 버킷에 의해 토사를 굴착한 후 이동하여 운반기계 등에 적재하는 기계로서 주로 중량물 적하, 운반 및 이동원석 또는 토사의 싣기, 흩어진 암석 정리 등의 작업을 함

2. 시간당 작업량(㎥/hr) 계산공식

1) 불도저

$$Q = 60 \cdot q \cdot f \cdot E / cm \qquad q = q^0 e$$

여기서, Q : 시간당 작업량[m³/hr] q : 삽날의 용량[m³]

q^0 : 거리를 고려하지 않은 삽날의 용량[m³] e : 운반거리계수

f : 체적환산계수 E : 작업효율

cm : 1회 사이클 시간(분)

$cm = L / V_1 + L / V_2 + t$

L : 운반거리[m]

V_1 : 전진속도[m/분]

V_2 : 후진속도[m/분]

t : 기어변속시간(0.25분)

2) 로더

$$Q = 3{,}600 \cdot q \cdot k \cdot f \cdot E / cm$$

여기서, Q : 시간당 작업량[m³/hr] q : 버킷 용량[m³]

K : 버킷계수 f : 체적환산계수

E : 작업효율

cm : 1회 사이클 시간(초)

$cm = m \cdot l + t_1 + t_2$

m : 계수[초/m] 무한궤도식 : 2.0, 타이어식 : 1.8

l : 편도주행거리(표준 8m)

t_1 : 버킷에 토량을 담는 데 소요되는 시간[초]

t_2 : 기어변화 등 기본 시간과 다음 운반기계가 도착될 때까지의 시간(14초)

10 비탈면 안정 보호 및 보강공법

1. 개요

① 비탈면이란 자연적 또는 인위적 요인에 의하여 발생한 경사지형의 사면으로 도로건설 등 각종 개발사업으로 인하여 많은 비탈면이 발생하고 있으며, 구조적·생태적·경관적으로 매우 불안정한 공간임

② 비탈면의 침식, 붕괴 방지 등 안정을 위한 공법에는 비탈면 보호공법, 비탈면 안정공법, 비탈면 녹화공법 등이 있음

2. 비탈면 안정 보호 및 보강공법

1) 비탈면 보호공법

① 비탈면에 식물을 도입하고, 토목적 수단으로 피복·보호하는 방법

② 불안정한 훼손지 표면의 고정을 목적으로 시공
  ㉠ 비탈표면의 토사 유출 방지
  ㉡ 비탈면의 구조적 안정

③ 공법의 종류
  ㉠ 식생공법, 옹벽공법, 비탈틀공법
  ㉡ 콘크리트블록붙이기, 콘크리트뿜어붙이기 등

2) 비탈면 안정공법

① 비탈면을 안정하기 위한 공법

② 소규모 방지책 : 자체틀공법, 블록공법

③ 대규모 방지책 : 배토공법, 지하수 배제공법

3) 비탈면 녹화공법

① 녹의 재생·회복·창출·보호 등에 관한 계획, 시공, 관리 등의 총칭

② 녹화공법의 목적
  ㉠ 자연생태계의 회복과 보전
  ㉡ 식생경관의 조성과 보전

③ 주요공법 : 종자뿜어붙이기, 식생기반재 뿜어붙이기 등

11 생태면적률의 개념 및 적용제도

1. 개요

① 생태면적률이란 주택성능등급 인정 및 관리기준에 의한 주택성능등급 중 외부공간의 등급을 평가하는 개념으로 공간계획 대상면적(건축 대지면적) 중에서 자연의 순환기능을 가진 토양면적의 비율을 말함

② 도시관리계획 차원에서 무분별한 포장을 막고, 친환경적인 공간계획을 실현하는 제도적 수단을 마련해 쾌적한 도시생활환경을 만드는 것이 목적임

③ 환경부와 국토교통부가 공동추진한 신축아파트, 사전환경성 검토 및 환경영향평가 대상사업, 신도시 건설사업 시 생태면적률제도 및 지침 등에 의거하여 적용받음

2. 생태면적률 적용제도

1) 사전환경성 검토대상

① 택지개발예정지구 지정(10만 m² 이상)

② 도시개발구역의 지정

2) 환경영향평가 대상

① 도시개발사업(25만 m² 이상)

② 도시 및 주거환경정비(30만 m² 이상)

③ 대지조성사업(30만 m² 이상)

④ 택지개발사업(30만 m² 이상)

⑤ 국민임대주택단지조성사업(30만 m² 이상)

12 우리나라 옥상녹화와 관련된 법규 및 지원제도

1. 개요

① 옥상녹화란 인공적인 구조물 위에 인위적인 지형·지질의 토양층을 새로이 형성하고, 식물을 주로 이용한 식재를 하거나 수공간을 만들어서 녹지공간을 조성하는 것임

② 옥상녹화는 대지 안의 조경, 도시공원 및 녹지 등에 관한 법률, 생태면적률 지침 등의 관련법규에서 다루고 있으며 옥상공원 지원사업을 통해 기존의 회색빛 공간을 녹색공간으로 탈바꿈하고 있음

2. 옥상녹화 지원제도

1) 사전심사

① 각 자치구별 옥상면적 99m² 이상 신청 가능

② 전체비용의 50~70% 서울시 지원

2) 지원내용

① 구조안전진단 실시

㉠ 서울시 비용 전액 지원

㉡ 10월까지 접수 후 상반기 조성 가능

② 설계 및 공사비 50% 지원

㉠ 초화류 위주로 식재하는 경량형의 경우 9만원/m²

㉡ 혼합형 및 중량형의 경우 10만8천원/m²

③ 공사비 최대 70% 지원

㉠ 남산가시권역 내 옥상공원화 특화구역 해당

㉡ 최대 15만원/m²

13 다음 조경수목의 학명을 적으시오.

가) 은행나무	나) 소나무	다) 느티나무	라) 주목	마) 회화나무
바) 상수리나무	사) 팥배나무	아) 왕벚나무	자) 배롱나무	차) 회양목

1. 개요

① 조경수목은 보통명과 학명으로 나눌 수 있는데, 보통명은 각국어로 불리는 것이고, 학명은 국제적인 규칙에 의해 명명되는 것임

② 학명은 전 세계적으로 통일되어 정확하고, 신속하게 의사소통이 이루어질 수 있지만 발음 및 문자조합이 생소하고, 종의 정확한 묘사가 요구되어 일반인들이 사용하는 데 다소 어려움이 있음

2. 학명(Genus or Generic Name) 명명법

1) 속명

① 식물의 일반적 종류를 의미

② 항상 대문자로 시작

③ 참나무류(Quercus), 단풍나무류(Acer), 소나무류(Pinus)

2) 종명

① 한 속의 각각 개체 구분을 위한 수식적 용어

② 서술적인 형용사로 표현

③ 소문자로 시작

3) 명명자

① 정확도를 높인 완전한 학명

② 생략되거나 줄여서 사용되기도 함

③ 변종이나 품종은 종명 다음에 var, for 기재

④ 재배 품종시 : Cultivated Variety

3. 수목 학명

은행나무	Ginkgo Biloba	상수리나무	Quercus Acutissima Carr
소나무	Pinus Densiflora	팥배나무	Sorbus Alnifolia K.Koch
느티나무	Zelkova Serrata Makino	왕벚나무	Prunus Yedoensis Matsumura
주목	Taxus Cuspidata Siebold Et Zucc	배롱나무	Lagerstroemia Indica Linnaeus
회화나무	Sophora Japonica Linnaeus	회양목	Buxus Microphylla Siebold Et Zuccarini

구분	문항	기 출 문 제
1교시	1	환경해설의 목적
	2	녹화계약(綠化契約)
	3	한지형 잔디를 사용한 다목적 잔디광장의 표준단면도(None Scale)
	4	생태면적의 공간유형 중 '저류 · 침투시설 연계면'
	5	감성정원(Emotional Quoient 정원)의 주요 설계요소
	6	커뮤니티 가든(Community Garden)
	7	점토블록 계단 표준단면도(None Scale)
	8	CM(Construction Management)과 감리제도의 비교
	9	비보(裨補)와 엽승(厭勝)
	10	안압지의 공간적 특성
	11	내건(耐乾) 조경
	12	홍만선의 산림경제(山林經濟)에서 언급된 주거지의 입지조건
	13	한반도에 자생하는 대나무의 5가지 속(屬) 및 각 속별 수종 제시
2교시	1	최근 조경분야는 인접분야의 관련 법령의 제정과 개정추진 등으로 조경업역의 시비가 잦아지고 있다. 사례를 열거하고, 문제점과 대처방안을 설명하시오.
	2	용산 미군기지의 반환에 따른 공원화 계획으로 국가공원이 대두되고 있다. 용산국가공원의 개념과 의의, 조성방안에 대하여 설명하시오.
	3	궁원, 주택, 별서, 사찰 등 전통정원 지당의 호안처리에 대하여 대표적 사례를 들어 비교 설명하시오.
	4	물 재생(하수처리장) 부지를 주민 친화적 공간으로 조성하고자 한다. 계획 방향과 주요 고려사항, 구체적 공간 활용방안에 대하여 설명 하시오.
	5	우리나라에서 조경소재로 활용 가능한 소나무과(Pinaceae 科) 종류를 속(屬), 종(種)의 단계로 분류하여 학명 또는 영명을 명기하고 설명하시오.(단, 소나무과에 해당하는 속은 3속, 소나무속에 해당하는 종은 5종).
	6	전통마을의 입지에 있어 적용된 Passive design적 요소를 설명하고, 이에 대한 귀하의 의견을 제시하시오.
3교시	1	최근 우리나라에 국제 및 국내 규모의 정원박람회 개최가 준비되고 있다. 해외정원박람회(영국, 독일, 네덜란드, 프랑스 등) 사례를 들고, 정원박람회의 개최효과를 설명하시오.
	2	참나무 시들음병의 발병원인, 매개충의 생활사 및 방제방법에 대하여 설명하시오.
	3	한국의 역사마을(하회, 양동)이 세계문화유산으로 지정되었다. 그 지정의 사유 및 의의에 대하여 설명하시오.
	4	지구촌 도처에서 한국정원(공원)이 많이 조성되고 있다. 3개소 사례를 들고 한국성(韓國性) 또는 전통성(傳統性) 표현의 특성, 문제점 및 개선방향을 설명하시오.
	5	바람통로의 개념, 유형 및 기능에 대하여 설명하시오.
	6	최근 국토해양부에서 수립한 '건축물 녹화 설계기준'에 의한 옥상녹화 설계 및 시공상의 유의사항에 대하여 설명하시오.
4교시	1	조선시대 왕릉의 공간구성 및 각 공간별 구성요소를 설명하고, 특히 능원의 석조물에 대하여 구체적으로 설명하시오.
	2	문화재청에서는 경주, 공주, 부여, 익산 등 4개 지역을 고도지구(古都地區)로 지정하였다. 지정내용에 대하여 설명하고, 고도지구에 대한 귀하의 의견을 제시하시오.
	3	석재가공(마감)의 종류와 특성을 설명하고, 장대석 쌓기(화계)의 표준단면노를 삭싱아시오.(None Scale)
	4	배수가 불량한 풍화암 지반(지하부 깊이 : 1.5m)에 장송(H12.0×R65)을 식재하고자 한다. 시공 시 고려해야 할 사항을 열거하고, 배수처리시설, 식재지반 조성 및 지주목의 표준상세도를 작성하시오.(None Scale)
	5	파 4홀 골프코스의 표준평면도(None Scale)를 작성하고, 골프코스의 공간별 성격과 조경식재 개념을 도식(圖式)하여 설명하시오.
	6	콘크리트 포장 줄눈의 종류와 각각의 특징을 설명하고, 설치방법을 도식(圖式)하여 설명하시오.

01 환경해설의 목적

1. 개요

① 환경해설은 방문자가 환경이 지니고 있는 아름다움과 복잡성, 다양성, 상호관련성에 대한 민감함, 경이로움, 호기심 등을 배가하여 느끼게 하고, 처음 방문한 환경에서도 편안한 마음을 갖게 하는 등의 환경에 대한 인식을 넓혀주는 활동임

② 이는 자연환경과 사회환경 간의 연관성을 이해하고, 환경문제의 인지와 해결능력을 지닌 책임감 있는 시민육성을 목표로 함

2. 환경해설의 목적

1) 방문객의 만족도 상승

① 예리한 인식능력, 감성능력, 이해능력 부여

② 방문객의 풍요롭고 즐거운 경험 도움

③ 친환경적 환경관 재정립

2) 환경자원관리 목표 성취

① 자연환경 내에서 적절한 행동 유도

② 과잉이용에 따른 훼손지역, 훼손잠재지역 완충

③ 자연자원에 대한 인간의 영향력 최소화

3) 홍보수단 활용

① 대상지역 개발 및 관리주체에 대한 정보 제공

② 프로그램 이해 촉진

③ 자연 및 관리자 이미지 개선

02 녹화계약(綠化契約)

1. 개요

① 도시녹화 등에 관한 조례에서 지방자치단체가 공원과 녹지확충을 위해 도시지역 내 토지소유주와 계약을 체결하는 것을 말함

② 이는 기존 녹지를 보전·보호하고, 도시지역 내 녹지 부족에 대비하여 녹지 창출 및 건강하고, 어메니티 높은 도시환경 조성을 목적으로 함

2. 녹화 계약

1) 식재

① 녹화종류

    ㉠ 녹화계약구역의 목적과 의도 고려

    ㉡ 지역주민과 협의를 통한 녹화수목 선정

② 녹화장소

    ㉠ 주택지 : 개인정원, 옥상, 벽면, 발코니 등

    ㉡ 보호수가 있을 경우 : 그 주변지역 포함

2) 식재관리

① 관리내용

    ㉠ 수목의 가지치기, 전지

    ㉡ 병해충의 방제, 비료주기

② 계약서 명시내용

    계약구역 내 벌채, 제거, 녹화면적 축소 금지

03 한지형 잔디를 사용하는 다목적 잔디광장의 표준단면도(None Scale)

1. 개요

① 한지형 잔디는 잔디의 생육온도에 따라 분류할 때 난지형 잔디에 비해 상대적으로 낮은 15~24℃에서 왕성한 생장이 이루어지는 초종임

② 켄터키블루그래스, 벤트그래스, 톨페스큐, 페레니얼 라이그래스 등의 종류가 있으며, 잔디광장 조성 시 2~3종을 혼합하여 사용함

③ 다목적 잔디광장 조성 시에는 배수력, 경제성, 관리요구도 등을 고려하여 적정한 잔디 지반조성이 필요함

2. 한지형 잔디광장의 표준단면도

1) 지반조성 시 고려사항

① 잔디지반의 배수

표면배수, 심토층배수

② 잔디지반의 선정

수직배수구, 모래층지반, 다층구조지반, 모래층셀지반

③ 심토층 배수구의 패턴

자연임의형, 어골형, 평행형, 격자형 등 지형에 적합한 유형 선정

2) 표준단면도

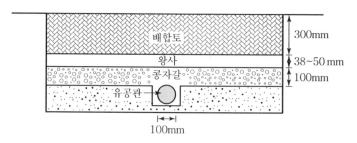

Scale : None

┃ 다층구조지반(USGA System) 단면도 ┃

04 생태면적률의 공간유형 중 '저류·침투시설 연계면'

1. 개요

① 도시개발에 따른 콘크리트 구조물 및 아스팔트 포장이 증가하여 자연 및 생태적 기능이 훼손됨에 따라 도시공간의 생태적 기능 유지 및 개선을 종합관리할 수 있는 공간계획 차원의 생태면적률이 도입됨

② 이 중 저류·침투시설 연계면은 지하수 함양을 위한 우수침투시설 또는 저류시설과 연계된 포장면으로 저류·침투시설과 연계된 옥상면, 저류·침투시설과 연계된 도로면 등을 사례로 들 수 있음

2. 저류·침투시설 연계면

1) 저류·침투시설과 연계된 옥상면

① 초기 유출수는 표면 퇴적물 포함

② COD, SS 등의 오염농도가 높음

③ 간단한 여과과정 처리 후 저류·침투 가능

④ 먼지나 동물의 배설물 등의 유입가능성으로 초기 빗물 배제 시설 필요

2) 저류·침투시설과 연계된 도로면

① 불특정 다수 오염물질이 유입될 가능성 높음

② BOD 농도가 비교적 높음

③ 교통량에 따라 탁도의 농도가 달라짐

④ 복잡한 여과과정처리 후 저류·침투시킬 것

⑤ 토사 등의 유입에 따른 막힘 현상 해결 필요

05 감성정원(Emotional Quoient 정원)의 주요 설계요소

1. 개요

① 감성정원은 물리적 조경수목이나 시설을 통하여 인간이 느끼게 되는 오감, 즉 시각 · 청각 · 촉각 · 미각 · 통각 등을 자극하여 자연과의 정서적 교감을 느끼게 해주는 자연공간, 조경공간을 일컬음

② 설계시 공간정돈은 기하학적으로 배치하고, 자연스러움은 식물로 연출하는 원리를 기반으로 오감체험시설물을 배치함

2. 주요설계요소

1) 공간형태

① 기하학적, 정형적 형태

② 정돈된 느낌, 안정감 부여

2) 식재

① 자연스러운 스크린 기법

· 자연경관과 유사한 환경조성

② 숲의 구조 응용

㉠ 다층구조 식재+숙근초 배치

㉡ 꽃의 아름다움과 향을 이용한 파라다이스 분위기 조성

3) 오감체험시설물

① 적극적 체험공간 계획

② 허밍스톤(구멍뚫린 돌), 자연소리 듣기 등

06 커뮤니티 가든(Community Garden)

1. 개요

① 커뮤니티(Community)와 가든(Garden)의 합성어로 공공텃밭, 공공채원, 동네정원 등으로 통용되고 있음

② 커뮤니티 가든은 자연을 소유하는 것이 아니라 자연을 즐기는 장소로 인식하고, 주민들과 공유하고, 공간을 어떻게 이용할 것인가에 대해 자발적으로 참여를 유도함

③ 미국, 캐나다, 일본 등지에서 지역활성화 차원의 커뮤니티 장과 도시녹지 확보, 도시재생운동 등으로 재해석되어 활용되고 있음

2. 개념

1) 통용되는 의미

① 공공텃밭, 공공채원 : 함께 참여한다는 의미＋텃밭의 의미 강조

② 동네정원 : 집 근처의 공공정원

2) 커뮤니티 가든

① 자기가 사는 동네에 있는 정원
- 울타리를 동네로 영역확장, 공동체를 형성하는 동네를 위한 정원

② 커뮤니티를 위한 공동정원
- 자연을 즐기는 장소로 인식전환, 자발적인 주민참여 유도, 인간과 자연문화와의 관계 설정

3. 사례

구분		내용
미국	도시개선운동의 일환	• 1960년대 이후 뉴욕 중심 • 미국 도심부 빈곤지역 · 슬럼지역 개선
	공한지 재생사례	• 시카고 도심 내 오래 방치된 농구코트 • 36개 텃밭 조성－먹거리 제공, 교육프로그램 제공
캐나다	2010 커뮤니티 가든 프로젝트	• 국유지 공원, 공토, 유휴지 대상, 20달러 텃밭분양 • 음식물 쓰레기를 활용한 퇴비정원
	나만의 뒤뜰(MOBY ; My Own Back Yard)	• 정원을 텃밭으로 유도, 안전한 먹거리 생산
일본	도시형 녹지환경 프로젝트	• 도시주민이 주체, 시민농원, 꽃가득히 운동과 별개
	공동 프로젝트	• 시민참가 혹은 협동장소 강조

07 점토블록계단 표준단면도(None Scale)

1. 개요

① 계단은 평지가 아닌 곳에 보행을 위하여 설치하는 동선으로 폭과 높이, 참, 난간 등을 적합한 구조와 규격으로 설치하여야 함

② 계단폭은 연결로의 폭과 같거나 그 이상으로 하며, 단 높이는 18cm 이하, 단 너비는 26cm 이상으로 함

③ 옥외에 설치하는 계단은 최소 2단 이상으로 하며 계단 바닥은 미끄러움을 방지할 수 있는 구조로 설계함

2. 점토블록의 특징 및 계단 표준단면도

1) 점토블록의 특징

① 점토 등을 주원료로 하여 성형, 건조, 소성시켜 제작

② 자연소재의 사용, 투수성 등 친환경 재료

③ 주변경관과의 조화로 경관성 우수

2) 계단 표준단면도

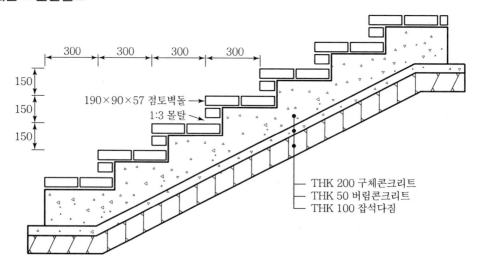

Scale : None

‖ 점토블록계단 표준단면도 ‖

08 | CM(Construction Management)과 감리제도의 비교

1. 개요

① CM은 건설공사에 관한 기획, 타당성 조사, 분석, 설계, 조달, 계약, 시공관리, 감리, 평가 또는 사후관리 등에 관한 관리를 수행하는 것을 말함

② 감리제도는 개별법에 의하여 공사 각 단계에서 설계도서 검토, 품질관리지도, 부실공사와 부조리 감시 등과 같이 발주자가 위임한 기능을 수행함

③ CM과 감리는 싸게, 좋게, 빨리, 안전하게 주어진 공기 내에 양질의 목적물을 완성한다는 목적은 같으나, 업무수행 범위에 차이가 있음

2. CM과 감리제도 비교

구분	CM(Construction Management)		감리제도	
정의	• 공정, 원가, 품질관리의 목적 달성 • 공사 개시부터 종료까지 전문적인 관리		• 감리전문회사가 발주청으로서 감독권한 대행 • 설계도서, 기타 관계서류 대로 시공 여부 확인 • 품질관리, 시공관리, 공정관리, 안전및환경관리 등에 대한 기술지도	
업무 범위	기획 단계	• 건설사업 기획	책임감리	• 200억 이상, 22개 공정
	설계 전 단계	• 설계용역 및 입찰참가요청서(RFP) 작성 • 총 사업비 산정		
	설계 단계	• 설계일정 및 진척사항 관리, VE • 설계도서 검토, 공사비 산정, 사업비용 보고서 작성	시공감리, 검측감리	• 책임감리 이외의 공사
	입찰 및 계약 단계	• 입찰공고 및 입찰서류 배포, 사전자격 심사	설계 감리	• 설계단계만 과업 수행
	시공 단계	• 공사비, 공사기간 Check • 공정관리, 원가관리, 품질관리	시공단계	• 공정관리, 안전관리, 기성검사 • 하도급 검토, 각종 시험 입회
	시공 후 단계	• 시운전 협조, O&M(Operation & Maintenance) 매뉴얼 작성 • 사업에 관한 전반적 사후평가	시공 후 단계	• 시운전 협조, 각종 마무리 보고서 • 사업 관련 각종 문서정리 전달 및 교육

09 비보(裨補)와 염승(厭勝)

1. 개요

① 비보와 염승은 오행론의 상생·상극 원리에 기초하며 자연과 인간이 불균형 상태에 있을 때 평형으로 이끄는 조절원리를 말함

② 비보는 풍수지리상의 부족한 점을 인위적 조작으로 보완한다는 개념으로 조산, 연못, 인공식재 등의 조성으로 형국의 허를 보완하는 플러스 방식을 취함

③ 염승은 외부의 흉한 기를 차단하기 위해 해태, 석구, 장승과 같은 상징적 구조물을 설치하거나 식재를 하는 것을 의미하여 기운을 완화시키는 마이너스적 방식을 취함

2. 비보와 염승

1) 비보

① 글자

　㉠ 之, 玄을 이용하여 부족한 기운 보완

　㉡ 흥인지문 : 서울의 동쪽 기운 보완

② 수구막이

　㉠ 동네 입구의 바쁜 기운을 막아 숲 조성

　㉡ 바닷가나 강 : 태풍과 홍수를 예방하는 생태적 의미 포함

2) 염승

① 숭례문

　• 화마의 기운을 누르기 위해 세로로 글자 배치

② 소쇄원 지형형국

　㉠ 지네형국이기에 그를 억누를 수 있는 담장 조성

　㉡ 지네와 대응한 대상지 반대마을을 닭뫼라고 명칭

10 안압지의 공간적 특성

1. 개요

① 안압지는 신라시대 때 달빛이 아름다운 연못으로 월지라고 불렸으나 신라가 망하고, 고려시대 때부터 관리를 하지 않아 갈대가 무성한, 기러기(안, 雁)와 오리(압, 鴨)가 앉아 있는 연못(지, 池)이란 의미로 불리어짐

② 북서쪽으로는 건물터와 회랑으로 이루어진 직선적 형태로 구성되어 있고, 남동쪽으로는 서해안의 리아스식 해안선을 모방하여 자유곡선 형태로 구성됨

2. 공간적 특성

1) 북서쪽 경계(직선)

① 독립된 건물터 5개소
② 각 건물을 연계한 회랑으로 구성
③ 가공된 장대석 이용

‖ 안압지 배치도 ‖

2) 남동쪽 경계(자유곡선)

① 서해안의 리아스식 해안선 모방
② 무산십이봉의 가산 축조
③ 기묘화초 식재

3) 연못 내부

① 봉래, 방장, 영주 삼신을 형상한 섬 축조
② 동남쪽 모서리 : 수로와 입수구
③ 북쪽호안 : 출수구(4단 조절장치)

11 내건(耐乾)조경

1. 개요

① 내건조경이란 건조에 견딜 수 있는 친환경 조경방법으로 한정된 수원 내에서 비용저감과 관리효율화를 꾀하기 위해 도입된 개념임

② 내건조경을 유지하는 방법으로는 우수활용, 중수도 시스템 구축, 내건성 수종 도입, 유지관리 최소화 등임

2. 조경방안

1) 우수활용

① 수순환 재활용 시스템

② Large Scale : 함양지, 유수지, 저류지(Bio Detention) 확보

③ Small Scale : 빗물정원, 자갈수로, 잔디수로(Bio Swale)

2) 중수도 시스템 구축

① 생활용수 차집 후 수질별 차등 활용

② 1등급 : 화장실, 세차시

③ 2등급 : 녹지 관수, 바닥 포장 청소

3) 내건성 수종 도입

① 건조지대나 척박한 지대에 잘 견디는 수종

② 옥상조경의 경우 새덤류 식재

4) 유지관리 최소화

① 점검, 보수, 청소, 경비 등의 일련의 인력활동계획 축소

② 점적관수나 스프링클러 시스템 도입

12 홍만선의 산림경제(山林經濟)에서 언급된 주거지의 입지조건

1. 개요

① 조선 숙종 때 농업과 일상생활에 관한 광범위한 사항을 기술한 소백과사전으로 총 4권 4책으로 구성되어 있고, 내용은 16지로 주거와 관련된 제1지 복거(卜居)론에서 주택 등 건축물의 터 선정과 기초공사 등에 관해 기술되어 있음

② 주거지의 입지조건은 크게 길한 긍정적(Positive) 조건과 불길한 부정적(Negative) 조건으로 나누어 기술하고 있음

2. 주거지의 입지조건

1) Positive Condition

① 동쪽이 높고, 서쪽은 낮을 것

② 집터주위 사면이 높고, 가운데가 낮으면 가난해짐

③ 집의 동쪽으로 흐르는 물이 강이나 바다로 가면 길함

④ 북쪽에 큰 길을 두면 나쁘고, 남쪽에 큰 길이 있으면 좋음

⑤ 주거지 땅은 윤기가 있고, 트여 있어야 함

2) Negative Condition

① 탑, 무덤, 절, 사당, 대장간, 군영이 옆에 있으면 불길

② 산등성이가 흘러내린 곳, 흐르는 물과 맞닿은 곳

③ 물이 모여서 나가는 곳

④ 초목이 잘 자라지 않는 땅

⑤ 막다른 골목길, 매립지, 파산한 집

⑥ 마당에 연못이 있는 집

⑦ 무덤 위의 집, 대문에서 안방이나 부엌이 보이는 곳

13 한반도에 자생하는 대나무의 5가지 속(屬) 및 각 속별 수종을 제시

1. 개요

① 약칭으로는 '대', 한자어로는 죽'竹'이라고 불리고, 벼과, 대나무과의 다년생식물로 상록식물이며 세계에서 가장 빠르게 자라는 식물이기도 함

② 전 세계적으로 12속 1,200여 종이 있고, 국내에는 4속(왕대속, 해장죽속, 조릿대속, 이대속)·14종, 중국 등지에서 Acidosasa 속 등이 자생하고 있음

2. 각 속별 수종 제시

종류	생육적 특성
왕대속(Phyllostachys)	• 높이 10~30m, 지름 3~20cm • 줄기 대형, 눈은 각마디별 2개씩 • 한국에서는 죽순대·오죽·솜대·반죽·관암죽·왕대의 6종류 자생
해장죽속(Arundinaria)	• 높이 0.5~7m, 지름 2~30mm • 마디가 긴 편, 처음 덮여 있던 흰 분이 녹색으로 변함 • 한국 중부와 남부에 해장죽 1종 자생
조릿대속(Sasa)	• 높이 0.3~5m, 지름 2~15mm • 긴 털, 꽃이삭의 자루가 김 • 한국 전역에 고려조릿대, 섬조릿대, 제주조릿대, 조릿대, 갓대, 섬대 6종 자생
이대속(Pseudosasa)	• 산기슭이나 평지에 군생, 관상용 • 이대, 자주이대 2종
Acidosasa 속	• 대부분 중국 남부에서 발견됨 • Acidosasa Breviclavata, Acidosasa Brilletii, Acidosasa Chinensis

구분	문항	기 출 문 제
1교시	1	(a) 소나무와 해송, (b) 백송과 리기다소나무의 생태적 특성비교
	2	정부계약의 종류
	3	공사의 낙찰자 결정 방법
	4	견치석의 찰쌓기와 메쌓기 단면상세도(Non scale)
	5	자생종 백합과(科) 백합속(屬) 10종의 종류와 특성
	6	수목의 비전염성병과 구별되는 전염성병의 특징
	7	건설공사 표준품셈에서 제시하는 토질 및 암의 종류
	8	화단 조성방식의 종류별 특징
	9	수목의 '분열조직계'와 '영구조직계'
	10	한국잔디(Zoysia Grass)와 켄터키블루그래스(Kentucky Bluegrass)의 특성비교
	11	Howard(1898)의 전원도시(Garden City)
	12	자연공원법에서 규정하고 있는 '용도지구'의 종류
	13	이중환(李重煥)의 택리지(澤里志) 복거총론(卜居總論) 중 '지리(地理)편'의 주요 내용
2교시	1	조경공사의 하자분쟁을 완화할 수 있는 방안에 대해 설명하시오.
	2	영국 풍경식 정원의 성립(成立)에 영향을 준 요인들에 대하여 설명하시오.
	3	「문화재 수리 등에 관한 법령」에 의하면 조경문화재수리기술자가 문화재조경설계에 참여할 수 있는 범위가 극히 제한되어 있다. 현행제도의 문제점과 문화재 조경설계에 주도적으로 참여할 수 있는 법적ㆍ제도적 개선방안을 제시하시오.
	4	교목 굴취 시 근계의 뿌리 특성별 분모양을 그림을 그려 설명하고, 각각에 해당하는 수종을 3개씩 쓰시오.
	5	환경오염에 의한 도시림의 쇠퇴 징후와 개선대책을 기술하시오.
	6	생태복원으로서 인공섬 조성방안에 대하여 기술하시오.
3교시	1	도시공원을 개발할 때 '마케팅 개념'이 도입되어야 하는 이유와 적용방법을 설명하시오.
	2	그린 인프라(Green Infrastructure)의 개념, 가치와 장점, 그린인프라가 제대로 기능하기 위한 원칙들을 각각 설명하시오.
	3	레크리에이션 이용의 특성과 강도를 조절하는 관리기법 3가지를 설명하시오.
	4	환경설계방법 중 자료수집방법의 종류와 설계에 응용된 사례를 설명하시오.
	5	「도시공원 및 녹지 등에 관한 법령」에서 규정한 '저류시설의 설치기준'에 대해 설명하시오.
	6	경관의 심리적 특성 분석을 위한 경관선호도평가 측정방법 중 쌍체비교(Paired Conparison)법과 리커트 척도(Likert scale)법에 대해 설명하시오.
4교시	1	공원과 같은 공공재(公共財)의 경제적 가치를 평가할 수 있는 대표적인 기법에는 여행비용법(Travel Cost Method), 가상가치평가법(Contingent Valuation Method), 헤도닉 가격법(Hedonic Pricing Method)이 있다. a) 공공재의 경제적 가치를 평가해야 하는 이유 b) 공공재의 경제적 가치를 일반재와 동일한 방법으로 평가할 수 없는 이유 c) 각 방법의 평가요령
	2	William Whyte는 그의 저서 'The Social Life of Small Urban Space'에서 광장이용률에 영향을 미치는 7가지 요소들을 제시하였다. 각각을 설명하시오.
	3	토양에서 C/N비, 함수량 및 온도가 질소의 무기화(無機化)와 부동화(不動化)에 미치는 영향에 대하여 설명하시오.
	4	조선시대 「동궐도(東闕圖)」에는 '판장'과 '취병'이 나타난다. 판장과 취병에 대해 조성방법을 중심으로 설명하시오.
	5	비탈면 훼손지의 발생유형과 환경포텐셜 개념을 적용한 생태적 복원방향에 대하여 설명하시오.
	6	최근 범죄 발생 우려가 높아지면서 건축물에 범죄예방설계 가이드라인을 적용하고 있는바, 이에 대한 '공동주택 설계기준'을 제시하시오.

01 (a) 소나무와 해송, (b) 백송과 리기다소나무의 생태적 특성비교

1. 개요

① 소나무는 고대시대부터 현재까지 많이 애용되고 있는 수목으로서 한국의 대표적인 전통조경수임

② 소나무류는 소나무 잎 개수에 따라 2엽송, 3엽송으로 나뉠 수 있으며 대표적인 2엽송은 소나무 · 해송, 3엽송은 백송 · 리기다소나무임

③ 분포지역과 수피색, 희귀성의 정도에 의해 2엽송인 소나무와 해송은 육송 혹은 해송으로 3엽송인 백송과 리기다소나무와 육안으로 쉽게 구분됨

2. 생태적 특성 비교

구분		소나무(Pinus Densiflora)	해송(Pinus Thunbergii)
2엽송	분포지역	한국, 중국 북동부, 일본	한국(중부 이남), 일본
	수피	붉은빛을 띤 갈색	검은빛을 띤 갈색
	활용	관상용, 정자목, 신목, 당산목	용재수, 화분(식용, 약용), 해풍림
구분		백송(Pinus Bungeana)	리기다(Pinus Rigida)
3엽송	분포지역	중국	한국(전국)
	수피	회백색	적갈색
	활용	정원수, 풍치수, 천연기념물	사방조림용

02 정부계약의 종류

1. 개요

① 계약이란 발주자에게는 정확한 계약목적물의 완성을, 계약상대자에게는 계약의 이행에 따른 정당한 대가를 요구하는 것임

② 건설공사의 계약은 수주자의 요구와 발주자의 승낙으로 성립되는 법률적 행위로서 정부가 계약을 체결하기 위해서는 우선 계약목적물, 계약체결방법 및 계약체결 절차 등을 결정하여야 함

2. 정부계약의 종류

1) 계약 목적물별

① 공사계약
- 건설공사, 전기공사, 전기통신공사 등

② 물품제조 · 구매 계약

③ 용역계약
- 계획 및 설계, 감리, 폐기물처리 등

2) 계약체결형태별

① 총액계약, 단가계약
② 장기계속계약, 계속비계약, 단년도 계약
③ 공동계약, 단독계약

3) 계약체결방법별

① 경쟁입찰계약
- 일반경쟁입찰, 제한경쟁입찰, 지명경쟁입찰

② 수의계약

03 공사의 낙찰자 결정방법

1. 개요

① 공사의 낙찰이란 경쟁입찰 등의 방법으로 공사의 목적물을 완성할 도급업체를 결정하는 것임
② 낙찰의 결정방법은 최저가 낙찰제, 적격심사, 설계시공 일괄입찰, 대안입찰, 기술제안입찰 등이 있으며 입찰의 방법에 따라 낙찰의 결정 방법은 다름

2. 공사의 낙찰자 결정방법

구분	내용
최저가 낙찰제	• 경쟁원리에 부합되고 예산절감에 기여 • 기업의 견적능력 제고 • 원가절감을 위한 기술개발 유도 • 무리한 저가낙찰로 인한 부실시공 우려
적격심사 (Pre Qualification)	• 참가자격을 사전심사하여 적격자만 입찰에 참가 • 시공경험, 기술능력, 경영상태, 신인도 등 평가 • 부실공사 예방, 지역업체, 중소건설업체 지원 • 주로 대형공사 위주의 진행, 소요시간 과다 등 행정력 투입의 약점
대안입찰	• 원안설계에 대하여 기본방침의 변경 없는 대안으로 입찰 • 신기술, 신공법, 공기단축 등이 반영된 설계 • 설계가보다 공사금액이 낮고, 공기 단축
설계시공 일괄입찰 (Turn-key Base Contract)	• 모든 설계서를 계약상대자가 직접 작성 • 공정관리 용이, 공사비 절감, 공기단축이 가능 • 창의성 있는 설계유도 및 책임시공 • 설계내용의 변경이 불가하여 품질저하의 우려
기술제안 입찰	• 입찰자가 설계서 검토 후 시공계획, 공사비 절감 등 제안 • 입찰자가 기술경쟁 강화의 목적 • 공사비, 생애주기비용, 공기단축방안, 에너지관리방안 등 심사 • 기술제안서 작성비용의 보상문제, 공기단축을 위한 품질저하 우려

04 견치석의 찰쌓기와 메쌓기 단면상세도(Non scale)

1. 개요

① 견치석의 형상은 재두각추체에 가깝고, 전면은 거의 평면을 이루며 대략 정사각형으로 뒷길이, 접촉면의 폭, 윗면 등이 규격화된 돌로서 접촉면의 폭은 전면 1변 길이의 1/10 이상이어야 함

② 석공사는 사용재료에 따라 견치석, 장대석 등으로 모르타르의 사용 유무에 따라 찰쌓기와 메쌓기로 분류함

2. 견치석 쌓기

구분	찰쌓기	메쌓기
특징	• 쌓아올릴 때 콘크리트로 뒤채움, 줄눈은 모르타르 • 전면기울기는 1 : 0.2 이상, 하루쌓기 높이는 1~1.2m • 배수를 위하여 2m²마다 지름 3~6cm의 배수구 설치	• 접합부를 다듬고 뒤틈 사이에 고임돌을 고인 후 뒤채움 골재 채움 • 전면기울기는 1 : 0.3 이상, 높이는 2m 이하 • 가장 저렴한 돌쌓기, 견치돌 사용, 뒤채움에 잡석, 자갈 사용
단면 상세도		

05 자생종 백합과(科) 백합속(屬) 10종의 종류와 특징

1. 개요

① 자생종 백합과는 약 280속, 4,000종 이상의 다년생초, 관목으로 이루어져 있으며 주로 온대와 아열대 지방이 원산지임
② 한국에는 30여 속 130여 종이 자라고 있는데 비비추속, 부추속, 원추리속, 백합속, 둥글레속, 애기나리속의 다년생초와 청미래덩굴속의 덩굴관목을 흔히 볼 수 있음
③ 백합속에는 참나리, 산나리, 하늘말나리, 말나리, 솔나리, 땅나리, 털중나리, 중나리, 하늘나리, 날개하늘나리 등이 국내에서 자생하고 있음

2. 백합과 백합속 10종

1	참나리(Lilium Lancifolium)	• 한국 중부이남 분포 • 황적색 꽃, 짙은 자색 반점 • 관상용 식물
2	산나리(Lilium Auratum)	• 한국 전역 분포 • 흰색 꽃, 적갈색 반점
3	하늘말나리(Lilium Tsingtauense)	• 산기슭이나 낙엽수림 주변 • 꽃은 누런빛을 띤 붉은색 바탕에 자주색 반점
4	말나리(Lilium Distichum)	• 꽃이 측면, 하늘말나리는 꽃이 하늘방향 • 생육고도의 차이 (예 소백산 해발 1,000m 이상 말나리, 그 이하 하늘말나리)
5	솔나리(Lilium Cernum)	• 전국적으로 분포, 개화기시 남획 위험성으로 보존이 필요한 식물 • 홍자색 꽃, 자줏빛 반점 • 꽃이 옆을 향해 피면서 잎이 솔잎처럼 가늘어 명칭
6	땅나리(Lilium Callosum)	• 중부이남 산과 들 분포, 짙은 홍색 꽃 • 솔나리는 고산지역인 반면 땅나리는 낮은 지역에서 자생
7	털중나리(Lilium Amabile)	• 한국 전역의 산 풀밭에서 흔히 자라는 식물 • 황적색 꽃에 자색 반점이 불규칙하며 꽃잎 전체에 분포하지 않음 • 줄기에 어긋나는 피침형 잎은 양면에 잔털이 빽빽이 나 있음
8	중나리(Lilium Leichtlinii)	• 한국 전역의 산과 들의 풀밭에서 흔히 자라는 식물 • 꽃이 참나리에 비해 조금 작으며 무늬는 참나리와 아주 비슷함 • 줄기에 어긋나는 선형 잎에는 털이 없거나 약간 있음
9	하늘나리(Lilium Concolor)	• 고산성 식물, 진황적색 꽃에 자주색 반점 • 잎은 어긋나고 넓은 선형 • 꽃이 위를 향해 피며 뒤로 젖혀지지 않음
10	날개하늘나리	• 산지 숲속, 황적색 꽃에 자주색 반점 • 잎은 어긋나고 피침형

06 수목의 비전염성병과 구별되는 전염성병의 특징

1. 개요

① 수목은 여러 가지 원인에 의해 피해를 받을 수 있고 수목이 비정상적인 상태에 있을 때를 병이라고 하며 전염성병과 비전염성병으로 구분함

② 수목의 비전염성병은 무기양분 또는 수분의 부족과 과습, 고온 또는 저온, 공해 및 화학물질 등 비생물적 요인에 의한 병으로서 전염성이 없음

③ 전염성병은 곰팡이, 세균 등 생물성 원인인 병원체에 의해 생긴 병으로서 전염성이 있고, 감염이 서서히 진행되면서 피해부위가 점차 확대됨

2. 전염성병의 특징

1) 병원체

① 바이러스 : 포플러 모자이크병, 느릅나무 얼룩반점 병

② 파이토플라스마 : 대추나무, 오동나무 빗자루병

③ 곰팡이(진균) : 엽고병, 녹병, 그을음병, 흰가루병 등

④ 선충 : 소나무 재선충병, 뿌리혹선충

2) 전염성이 있음

3) 이웃나무와 비교시 병징의 특징

① 이상기후가 발생한 적이 없음

② 피해가 2~3일 사이에 갑자기 나타나지 않고 서서히 진행됨

③ 특별한 위치에만 모여 있지 않을 때

④ 물리적 상처, 곤충의 가해 흔적이 없을 때

⑤ 다른 수종은 건강하고, 같은 속 또는 같은 수종에만 피해가 나타남

07 건설공사 표준품셈에서 제시하는 토질 및 암의 종류

1. 개요

① 토질은 점토, 실트, 모래 등 흙을 구성하는 물질비율에 따라 나타나는 토양성질로서 흙의 조성, 구조, 물성, 역학적 성질, 압밀 등의 호칭임

② 건설공사 표준품셈에서 제시하는 토질의 종류는 보통토사, 경질토사, 고사점토 및 자갈 섞인 토사, 호박돌 섞인 토사 4가지가 있고, 암은 풍화암, 연암, 보통암, 경암, 극경암의 5가지 종류가 있음

2. 건설공사 표준품셈에서 제시하는 토질 및 암의 종류

구분		특징
토질의 종류	보통토사	• 보통상태의 실트, 점토 모래질 흙 및 이들의 혼합물 • 삽, 괭이를 사용할 정도의 토질
	경질토사	• 견고한 모래질 흙이나 점토 • 괭이나 곡괭이를 사용할 정도의 토질
	고사점토 및 자갈 섞인 토사	• 자갈질 흙, 견고한 실트, 점토 및 이들의 혼합물 • 곡괭이를 사용하여 파낼 수 있는 단단한 토질
	호박돌 섞인 토사	• 호박돌 크기의 돌이 섞인 흙 • 굴착에 약간의 화약을 사용해야 할 정도로 단단한 토질 • 지름 18cm 이상 크기의 돌이 혼합
암의 종류	풍화암	• 일부 곡괭이 사용 가능 • 암질이 부식되고 균열이 1~10cm 정도 • 굴착 또는 절취에 약간의 화약 사용
	연암	• 혈암, 사암 등으로서 균열이 10~30cm 정도 • 굴착 또는 절취에 화약을 사용 • 석축용으로는 부적합한 암질
	보통암	• 풍화 상태는 보이지 않음 • 굴착 또는 절취에 화약을 사용 • 균열 30~50cm 정도의 암질
	경암	• 화강암, 안산암 등 • 굴착 또는 절취에 화약을 사용 • 균열상태가 1m 이내 • 석축용으로는 쓸 수 있는 암질
	극경암	• 암질이 아주 밀착 • 단단한 암질

08 화단 조성방식의 종류별 특징

1. 개요

① 화단이란 인간의 실외 생활공간을 보다 기능적이고, 정서적이며 아름다운 공간으로 조성하기 위해 화훼, 조각, 암석 및 기타 구조물과 조화를 이루는 조경을 말함
② 화단은 관상의 시기, 식물의 종류, 화단의 모양, 설치장소, 양식 등에 따라 계절별(봄, 여름, 가을화단), 재식종류별(1년초, 숙근, 구근, 화목화단), 장소별(평지, 옥상, 창가, 베란다화단), 형태별(원형, 각형, 혼합형), 양식별(경재, 침상, 수재화단) 특징이 달라지므로 화단종류를 선정한 다음 조경계획을 세우는 것이 바람직함

2. 화단 조성방식의 종류별 특징

조성방식	종류	특징
평면화단	화문화단	양탄자화단, 기하학적 문양을 연출한 화단
	리본화단	동선을 따라 리본처럼 배치된 화단
	포석화단	사람이 건널 수 있게 잔디와 디딤돌 포석
입체화단	기식화단	가운데는 높은 식물을 심고, 둘레에는 낮은 식물 배치
	경제화단	인도와 차도 경계, 집과 도로 경계목적 화단
	노단화단	계단을 따라 이어지는 화단
	석벽화단	암석 사이에 식물을 배치한 화단
특수화단	암석화단	기이하고 다양한 암석들 배치
	침상화단	움푹 패인 장소에 식재 후 위에서 밑을 볼 수 있게 조성
	수재화단	연못수생식물을 이용
	단식화단	한 가지 종류만 식재한 장미원, 튤립원
	창문화단	베란다, 창문가에 배치

09 수목의 '분열조직계'와 '영구조직계'

1. 개요

① 수목의 분열조직계는 세포분열과 생장이 일어나는 식물체 부위를 말하며 위치에 따라 정단분열 조직, 측면분열조직, 정간분열조직으로 나뉘어짐

② 수목의 영구조직계는 분열조직이 세포분열의 능력을 상실하고 성숙하여 영구조직 세포가 되는데 식물체의 대부분을 차지하며 표피조직과 유조직으로 나뉘어짐

2. 수목의 '분열조직계'와 '영구조직계'

1) 분열조직계

① 정단분열조직

　㉠ 생장점인 뿌리와 어린줄기 끝

　㉡ 초기의 식물체 기본구조 형성(식물의 1차 생장)

② 측면분열조직

　㉠ 관다발, 코르크층의 부름켜

　㉡ 줄기 둘레와 굵기 증가(식물의 2차 생장)

③ 절간분열조직

　마디 사이, 잎 아래쪽으로 줄기에서 잎이 붙는 장소

2) 영구조직계

구분	표피조직	유조직
위치	식물체 표면을 덮는 조직	식물체 대부분 차지
특징	엽록체가 거의 없음	생활력이 왕성한 살아있는 세포
형성조직	뿌리털, 공변세포, 잎·줄기 층	동화, 저장, 분비, 통도조직 등

10 한국잔디(Zoysia grass)와 켄터키블루그래스(kentucky Bluegrass)의 특성비교

1. 개요

① 잔디는 화본과의 여러해살이 풀로서 지피식물로 가장 많이 사용되고 있으며 생육온도에 따라 한지형 잔디와 난지형 잔디로 구분함

② 한국잔디는 여름철에 생육이 왕성한 금잔디, 비로드잔디, 버뮤다 그래스와 함께 난지형 잔디에 포함되고 우리나라의 기후 환경에 적합함

③ 켄터기블루그래스는 봄·가을철에 생육이 왕성한 벤트그래스, 톨페스큐, 페레니얼라이그래스 등과 함께 한지형 잔디에 속함

2. 한국잔디와 켄터키블루그래스의 특성비교

구분	한국잔디	켄터키블루그래스
생육 적온	• 25~30℃ 난지형 잔디	• 15~20℃ 한지형 잔디
뿌리생육 적온	• 24~29℃	• 10~18℃
주요 특징	• 포복경, 지하경으로 퍼짐 • 내건성, 내서성, 내한성, 내병성, 내답압성이 우수 • 고온에 잘 견딤	• 지하경으로 옆으로 퍼짐 • 내한성이 강함
토양 및 기타 환경	• 잔디밭 조성에 많은 시간 소요 • 손상 후 회복속도가 느림 • 황화현상이 깊 • 녹색기간이 5~9월로 짧음	• 경기장, 골프장에 많이 사용 • 배수가 잘 되고 비교적 습하며 중성·약산성의 비옥토에서 잘 자람 • 녹색기간이 3~12월로 깊

11 Howard(1898)의 전원도시(Garden City)

1. 개요

① 미래의 전원도시(Garden City of Tomorrow)에서 개념을 정립한 하워드는 이상도시의 모형인 유토피아적 도시, 전원도시를 제창함

② 영국의 산업혁명에 의한 공업화, 열악한 과밀 주거지 형성, 도시환경 오염 등 다양한 사회문제가 발생하여 이에 대한 반발로 제기됨

③ 이를 극복하기 위해 대도시 인구분산을 위한 소도시론을 펼치고, 생산활동 효율성을 향상시키는 자급자족 도시, 도시 · 농촌 개념을 제안함

2. 전원도시의 특징

구분		특징
전원도시 요건		• 도시 인구규모 제한을 위한 계획인구 설정 • 토지공유제 • 도시주변부 일정면적 이상의 농업지대 확보 • 도심지 내 충분한 오픈스페이스 확보 • 경제적 자급을 위한 산업 유치 • 시민의 자유와 협동권리 향유	![전원도시 개념도] 전원도시 공원+녹지 전원도시 농경지 전원도시 중심도시 전원도시 농경지 전원도시 전원도시 공원+녹지 전원도시 ∥ 전원도시 개념도 ∥
계획 내용	규모	• 시가지 약 400ha, 인구 약 32,000명
	방사능 모양 계획	• 중심부 공공시설, 중간지역 주택과 학교 • 외곽지대 공장, 창고, 철도

12 자연공원법에 규정하고 있는 '용도지구'의 종류

1. 개요

① 자연공원법은 자연공원의 자연생태계와 자연 및 문화경관 등을 보전하고, 지속 가능한 이용을 목적으로 제정됨

② 공원관리청은 자연공원을 효과적으로 보전하고 이용할 수 있도록 하기 위하여 용도지구를 공원계획으로 결정함

③ 용도지구는 자연공원의 보전, 복원, 이용 정도에 따라 공원자연보존지구, 공원자연환경지구, 공원마을지구, 공원문화유산지구로 세분화될 수 있음

2. 용도지구

종류	내용
공원자연보존지구	• 생물다양성이 특히 풍부한 곳 • 자연생태계가 원시성을 지니고 있는 곳 • 특별히 보호할 가치가 높은 야생동식물이 살고 있는 곳 • 경관이 특히 아름다운 곳
공원자연환경지구	공원자연보존지구의 완충공간
공원마을지구	• 마을이 형성된 지역 • 주민생활을 유지하는 데 필요한 지역
공원문화유산지구	• 지정문화재를 보유한 사찰, 전통사찰의 경내지 • 문화재의 보전에 필요하거나 불사에 필요한 시설 설치지역

13 이중환(李重煥)의 택리지(擇里志) 복거총론(卜居總論) 중 '지리(地理)편'의 주요 내용

1. 개요

① 이중환은 조선시대 후기 실학자로 우리나라 실정에 입각한 실제적인 사고를 추구했으며 이익의 학풍을 계승하여 인문지리학 연구의 선구자임
② 택리지는 총 4장으로 구성된 풍수지리와 관련된 서적으로 제 3장의 복거총론에서는 사람이 살기 좋은 공간으로 지리, 생리, 인심, 산수가 갖춰져야 한다고 명시함
③ 지리편은 터를 선택할 때 확인해야 할 6가지 주안점인 수구, 야세, 산형, 토색, 수리, 조산조수에 대한 내용을 구체적으로 저술하고 있음

2. 주요내용

구분	내용
수구	• 물어귀가 막힌 곳에 터잡기 • 탁 트인 들에 입지시 물의 방향과 반대로 터의 판국 막기
야세	• 사방의 높은 산, 해의 출몰이 짧은 곳, 북두칠성이 보이지 않는 곳 등 흉터 • 높은 산중이라도 넓은 들을 보유한 곳
산형	• 주산이 높고, 단정하며, 맑고, 부드러운 산형 • 집터를 위요하는 형태 • 산맥이 둔하고 약하거나 생기가 없고, 무너짐, 비뚤어짐, 기울어짐이 있는 곳은 좋지 않음
토색	• 모래흙 • 붉은 진흙, 검은 자갈밭, 누런 가루흙은 죽은 흙
수리	• 땅속에 흐르는 물의 이치 • 물의 흐름이 지리형국에 맞게 분포 • 물이 모이는 장소는 부유한 집과 명망 높은 마을 분포
조산조수	• 배산임수 형국 으뜸 • 앞산이 멀면 맑고, 우뚝할 것, 가까우면 밝고, 깨끗할 것 • 물의 흐름은 산맥과 방향이 같고 조화로울 것

구분	문항	기 출 문 제
1교시	1	심근성 조경수목의 중량계산방법
	2	우수유출량 산출방식
	3	여름에 꽃이 피는 조경수종 4종 이상(수목 학명 및 특징)
	4	설악산, 지리산, 한라산 국립공원 내 명승
	5	환경부 지정 생태계 교란 외래식물(5가지 이상)
	6	환경정화수종
	7	빗물 저장형 녹지(Rain Garden)
	8	조경공사 원가관리의 문제점과 개선대책
	9	산석붙임 앉음벽(H=400, 옹벽형)의 단면도(None Scale)
	10	「장애인·노인·임산부 등의 편의증진보장에 관한 법률」에 의한 '장애인 등의 통행이 가능한 접근로' 설계기준
	11	바이오매스(Biomass)
	12	하천 생물서식처(비오톱) 설계 시 기본적인 고려사항(5가지 이상)
	13	경관분석방법의 종류 및 주요 내용
2교시	1	우리나라 조경실무현황(조경설계 및 공사업체 수, 연간 조경설계 및 공사금액, 조경기술자 수 등)에 대해 설명하고, 향후 조경분야의 발전방향에 대해 논하시오.
	2	2010년 이후 지정된 역사문화명승을 열거하고, 이것이 명승으로 지정된 준거에 대해 설명하시오.
	3	조경공사 표준시방서에 명기된 비탈면의 보호공법을 열거하고, 각 공법의 특징과 설계·시공·유지관리의 고려사항을 설명하시오.
	4	대도시 도심의 도로구조물 또는 교각 하부공간에 대한 공간적 특성과 조경계획시 고려사항, 도입 프로그램 등을 설명하시오.
	5	옥상녹화시스템을 구성하는 방수층과 방근층의 유형 및 특징에 대해 설명하시오.
	6	조경공사의 하자담보책임을 규정하는 관련 법규에 대해 설명하시오.
3교시	1	창덕궁 대조전, 낙선재, 주합루, 의두합 및 운경거 권역의 화계조성기법에 대해 비교 설명하시오.
	2	조경수목의 주요 병해 및 충해 4가지씩 들고 방제법에 대해 설명하시오.
	3	공원설계에 적용할 수 있는 범죄예방환경설계 기법들을 최근 국토교통부가 「도시공원 및 녹지 등에 관한 법률 시행규칙」 개정안을 중심으로 설명하시오.
	4	현행 「건설산업기본법 시행령」의 '조경건설업 등록기준'을 나열하고 기술자 보유기준의 문제점을 설명하시오.
	5	토양의 화학성 정도를 가늠하는 항목 중 산도(pH), 전기전도도(EC), 양이온 치환용량(CEC)들과 식물생육의 관계에 대해 설명하시오.
	6	개정된(2012년 7월) 「환경영향평가법」의 개정 사유 및 주요 개정내용에 대해 설명하시오.
4교시	1	전통산업경관(다랑이논, 구들장논, 독살, 염전, 죽방렴, 차밭 등)의 문화유산적 가치에 대해 설명하고 이것의 활용방안에 대해 설명하시오.
	2	서양의 대표적인 실험주의 조경가(4인 이상)의 주요 작품 및 작품 경향에 대해 설명하시오.
	3	평지에 반원형(지름 5m) 목재데크를 설치하고자 한다. 평면도, 골조배치도, 장선배치도, 단면도를 각각 작성하시오.(자재명, 규격, 치수 기입, None Scale)
	4	놀이시설물 또는 체육시설물의 탄성포장재의 종류, 제조 및 시공시 문제점, 종류별 표준단면도를 제시하시오.
	5	경관계획 수립시 조망점(주요 관찰지점)을 정하고 이를 기준으로 계획을 수립하는 것이 효율적이다. 객관적이고 합리적인 조망점 선정과정에 대해 설명하시오.
	6	「중소기업제품 구매촉진 및 판로지원에 관한 법률」에 의한 공사용 자재의 직접구매제도에 대해 설명하시오.

01 심근성 조경수목의 중량계산방법

1. 개요

① 조경수목의 중량계산 방법은 수목 지상부 중량과 수목 지하부 중량을 합한 값을 말함

② 수목의 지상부 중량은 수목의 잎과 나뭇가지의 많고 적음에 따라 무게가 달라지기 때문에 보합률이 필요하고, 지하부 중량은 뿌리분의 형태에 따라 적용값이 달라짐

③ 심근성 수목의 경우 뿌리분은 조개분을 적용하여 산정해야 함

2. 중량 계산방법

수목전체중량(W) = 수목 지상부 중량(W1) + 수목 지하부 중량(W2)

1) 지상부 중량(W1)

$W1 = K \cdot \pi \cdot (d/2)^2 \cdot H \cdot W0 \cdot (1+P)$

여기서, K : 수간형성계수 (0.5)

π : 3.14

d : 흉고직경(m)

H : 수고(m)

W0 : 수간의 단위체적당 중량(kg/m^3)

P : 지엽의 다과에 의한 보합률(임목 0.1, 독립수 0.2)

2) 지하부 중량(W2)

$W2 = V \cdot K$

여기서, V : 뿌리분 형태에 따른 체적(m^3)

K : 뿌리분 단위당 흙 중량(1,300 kg/m^3)

접시분	$V = \pi r^3$	천근성 : 버드나무, 눈향, 때죽나무, 편백, 사철나무 등
보통분	$V = \pi r^3 + 1/63\pi r^3 ≒ 3.6 r^3$	일반수목 : 은행나무, 벚나무, 단풍나무, 느티나무 등
조개분	$V = \pi r^3 + 1/3\pi r^3 ≒ 4 r^3$	심근성 : 소나무, 백합나무, 전나무, 참나무, 목련 등

※ r : 뿌리분의 반경($\frac{4D}{2}$)

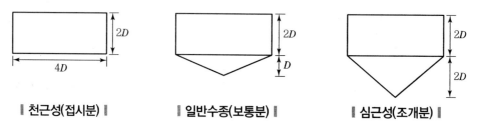

‖ 천근성(접시분) ‖   ‖ 일반수종(보통분) ‖   ‖ 심근성(조개분) ‖

02 강우 유출계수, 우수 유출량 계산

1. 개요

① 우수유출량은 일정 수역 안에 내린 강수량 중 지표면에 흡수, 증발되고 남은 빗물이 배수체계에 도달되어 배수되어야 할 총 부하량임

② 부지설계 시 배수계획을 수립할 때는 정확한 우수 유출량을 산정하고 이를 바탕으로 국부적 집중호우 등에 대비한 여유율을 충분히 고려하여야 함

2. 우수 유출량 산정 및 강우 유출계수

1) 우수유출량 최대치 산정

$$Q = \frac{1}{360} CIA$$

Q : 우수유출량, C : 유출계수, I : 강우강도, A : 배수면적

2) 강우 유출계수

① 유출계수는 토지이용 상태와 표면 피복 상태에 따라 다름

② 도시계획 용도지역별 유출계수

지역	공원지역	주거지역	공업지역	상업지역
유출 계수	0.1~0.2	0.3~0.5	0.4~0.6	0.6~0.7

③ 일반지역 유출계수

지역	공원, 광장	잔디, 정원	삼림지역
유출 계수	0.1~0.3	0.05~0.25	0.01~0.2

03 여름에 꽃이 피는 조경수종 4종 이상(수목 학명 및 특징)

1. 개요

① 조경수목은 봄, 여름, 가을, 겨울 사계절에 따라 나무의 꽃, 수피, 열매의 모습이 다양하게 변화하여 각 공간에 공간감과 색을 부여함

② 그중 여름에 꽃이 피는 조경수목은 배롱나무, 능소화, 무궁화, 쉬땅나무 등이 있음

2. 여름에 꽃이 피는 조경수종 4종

	조경수종	생육적 특징
1	배롱나무	• Lagerstroemia Indica • 낙엽활엽소교목 • 꽃은 7~9월에 피고, 홍자색 · 흰색
2	능소화	• Campsis Grandiflora • 능소화과 낙엽성 덩굴식물 • 꽃은 8~9월에 피고, 황홍색
3	무궁화	• Hibiscus Syriacus(Althaea Frutex) • 낙엽관목이나 2~4M로 교목화가 되기도 함 • 꽃은 7~10월에 피고, 꽃색깔 다양
4	쉬땅나무	• Sorbaria Sorbifolia Var. Stellipila • 낙엽활엽관목으로 개쉬땅나무, 밥쉬나무라고 불림 • 꽃은 6~7월에 피고, 흰색

04 설악산, 지리산, 한라산 국립공원 내 명승

1. 개요

① 명승이란 문화재 보호법에 따라 예술적인 면이나 관상적인 면에서 기념물이 될 만한 국가지정문화재로 자연경관이나 현상 등을 지정하여 자연경관 · 역사문화경관 · 자연문화경관으로 분류됨

② 국립공원 내 명승으로는 설악산 내 울산바위, 비룡폭포 등, 지리산 내 화엄사 일원, 한실계곡 등, 한라산 내 백록담, 선작지왓 평원 등이 있음

2. 국립공원 내 명승

구분		내용
설악산	울산바위	• 설악산 북쪽에 있는 해발 780m의 암봉 • 기이한 봉우리가 울타리를 설치한 것 같은 데서 유래
	비룡폭포	• 설악산 국립공원의 외설악지역 위치 • 기반암하천인 산지하천
지리산	화엄사 일원	• 지리산 노고단 서쪽에 위치한 사찰 • 대웅전, 석등, 석탑, 탱화, 암자 등 포함
	한실계곡	• 울주군 언양읍 한실마을 내 위치 • 여러 개의 소와 너럭바위, 공룡발자국 화석 분포
한라산	백록담	• 한라산 산꼭대기 화산 분화구에 생긴 호수(화구호) • 백록(흰사슴)으로 담근 술을 마셨다는 전설에서 유래
	선작지왓 평원	• 한라산 고원의 초원지대 중 영실기암 상부에서 윗세오름에 이르는 곳 • 작은 돌이 서 있는 밭이라는 의미 • 털진달래, 산철쭉을 비롯한 낮은 관목류 분포

05 환경부 지정 생태계 교란 외래식물(5가지 이상)

1. 개요

① 환경부에서는 살아 있는 유기체인 동물과 식물, 그리고 그 주변환경의 체계를 교란시키는 외래생물을 지정하여 국내의 자생종을 보호하고자 함

② 법정 생태계 교란 외래생물은 총 18종으로 이중 외래식물은 돼지풀, 서양등골나물, 물참새피, 도깨비가지, 가시상추 등이 있음

2. 법정 생태계 교란 외래식물

	종류	특징
1	돼지풀	• 쌍떡잎식물 국화과의 한해살이풀 • 6.25 전쟁 당시 유입되어 전국 각지 야생상태 분포 • 많은 양의 꽃가루로 비염과 호흡기질환 유발
2	서양등골나물	• 쌍떡잎식물 국화과의 여러해살이풀 • 중부지방을 중심으로 야산이나 아파트 단지 화단에 널리 분포 • 외래종 중 페놀을 가장 많이 방출하여 자생종 성장 방해
3	물참새피	• 사료 등의 물자에 섞여 유입되는 것으로 파악 • 습지에 서식하여 하천변이나 논두렁에서 군락지 분포 • 군락을 형성하여 다른 식물이 서식하는 것을 방해
4	도깨비가지	• 꽃이 가지를 닮고, 줄기와 잎에 가시가 많아 명칭 유래 • 북미에서 온 귀화식물로 사료를 도입하는 과정에서 유입 • 종자와 뿌리의 빠른 번식력으로 지정
5	가시상추	• 쌍떡잎식물 국화과의 한해살이 또는 두해살이풀 • 길가, 논둑, 밭둑, 개울가, 빈터 등에서 서식 • 90% 정도 초본층, 5% 정도 관목층으로 구성

06 환경정화수종

1. 개요

① 환경정화수종이란 대기오염, 수질오염, 토양오염 등 각종 주변환경의 오염으로부터 저감시켜주는 기능을 가진 수종을 말함
② 환경정화수종으로는 대기 중의 배기가스나 유해물질을 흡착하는 은행나무, 가죽나무, 은단풍 등이 있고, 수질 내 질소나 인의 오염물을 정화시켜주는 포플러, 버드나무류 등이 있으며 토양의 척박함이나 오염도를 개선시켜주는 자귀나무, 회화나무 등이 있음

2. 환경정화수종

구분		내용
대기오염물질 흡착	은행나무	• 분진, 먼지 흡수능력 높음 • 가로수, 주차장 그늘목 등 활용도 높음
	가죽나무	• SO_2 흡수능력 높음 • 완충수림, 경관수림 조성시 사용
	은단풍	• 대기 중 CO_2 흡수능력 높음 • 가로수나 조경수로 활용도가 높지는 않음
수질 정화	포플러	• 넓게 퍼지는 근계는 오염물질을 흡수·정화시 유리 • 질소, 인산 등의 흡수에 탁월 • 질소오염물질 약 90%, 제초제 성분 약 10~20% 제거
	버드나무류	• 카드뮴 등 중금속 흡수능력 우수 • 쓰레기 매립지에서의 적응성 탁월
토양성질 개선	오리나무	• 뿌리혹박테리아를 통해 질소 고정 • 토양 내 비옥도 증진
	호랑버들나무	• 중금속 카드뮴 정화에 매우 우수한 능력

07 빗물 저장형 녹지(Rain Garden)

1. 개요

① 빗물 저장형 녹지(Rain Garden)란 식물이나 토양의 화학적·생물학적·물리학적 특성을 활용하여 주위 환경의 수질과 수량 모두를 조절하는 자연지반 내의 녹지를 말함

② 생물학적 저류지(Bio-retention)로 오염된 유출수를 흡수하고, 이 물을 토양으로 투수시키기 위해 식재를 활용함

2. 설계시 유의사항

구분	내용
빗물취수 및 배수	• 비가 많이 내리는 지역이나 부지 쪽으로 배수로 설치 • 배수개념도 작성 • 표준강우데이터를 이용한 배수용량 산정
토양 침투성 측정	• 강우 직후 흡수정도 측정 • 시추통한 지하수면 위치나 토양 내 흡수량 산정
식재설계	• 기존 식재나 주변 식생 고려 • 녹지 연계를 통한 배수 유도
기타	• 모든 기존 설비 지도화 • 빗물처리량 산정 후 유입/제한 조절

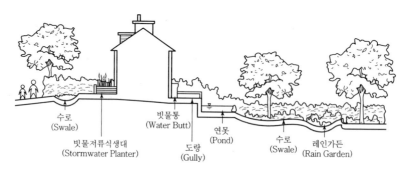

수로
(Swale)

빗물통
(Water Butt)

빗물저류식생대
(Stormwater Planter)

도랑
(Gully)

연못
(Pond)

수로
(Swale)

레인가든
(Rain Garden)

‖ 빗물 저장형 녹지 레인가든 적용사례 ‖

08 조경공사 원가관리의 문제점과 개선대책

1. 개요

① 조경공사는 일반건설공사에 비해 소규모이면서도 다양한 재료를 사용하고 자연환경과 기후 조건에 따라 작업여건의 변화가 큰 특성으로 작업계획의 수립과 운영이 제대로 이루어지기 어려움

② 또한 건축이나 토목과 같은 연계 공정에 크게 반응하므로 이러한 변수를 고려하여 시공관리가 필요하고 조경공사의 특수한 성격에 부합하는 원가관리가 이루어져야 함

구분		내용
문제점	정확한 원가산출 곤란	• 현장의 조건, 지역적 차이가 있어 원가의 표준 적용이 곤란 • 추가공사, 설계 변경으로 인한 공사비 변화 • 공사 규모와 수주 조건에 따른 원가 편차
	재료비 절감의 어려움 (표준 제품 사용 한계)	• 공산품과 달리 식물은 단기간에 대량 생산 불가능 • 자연재 사용에 따른 공급 탄력성 저하
	시공비의 증가	• 살아 있는 식물의 시공(식재) 환경에 따른 비용 발생 • 생육환경 유지(부적절한 식재시기, 식재조건), 관수, 방제, 보양, 시비 등 • 미적 요구 조건 충족을 위한 설계, 정밀 시공 비용(인건비, 기계경비 등)
	경비의 증가	• 소규모 공사에 따른 구입비, 운반비 등의 저감 효과 미미 • 다품종, 소량 투입에 의한 경비 추가 부담 • 현장여건에 따라 장비의 투입량이 큰 폭으로 변동, 기계경비 증가
	유지 비용과 하자 비용의 증가	• 환경 조건에 민감하여 하절기, 동절기 관리비 발생 • 고사 등 하자 예측이 어렵고 하자에 따른 하자 비용 증가
	예측 불가능 공정과 촉박한 마감일정	• 토목, 건축 중심의 공사 일정에 따른 조경 공정 예측이 어려움 • 촉박한 일정에 따른 무리한 공사 진행
개선 대책	표준원가의 작성	• 사전 원가 추정에 필요한 표준 원가 자료를 작성하여 활용
	사전 조사와 계획	• 계약조건, 도면과 시방서 검토를 통해 원가 변동 요인 파악
	실행 예산의 집행 통제	• EVMS를 활용하여 실적 진도와 투입원가를 실시간으로 관리 • 공사비 보고서 작성과 활용
	표준화 · 공업화 · 기계화 확대	• 조경 시설물의 표준화 및 사전 제작 조립으로 인한 현장 시공 감소
	공정 계획 및 운영	• 공정표의 작성 및 진도 확인 관리 • 타 공정과의 연계 고려, 공정 마찰 및 작업 지연 방지
	정보화에 의한 원가 분석 및 관리	• BIM, VC를 통한 원가 예측 및 관리 • 원가 관리의 전산화

09 산석붙임 앉음벽(H = 400, 옹벽형)의 단면도(None Scale)

1. 개요

① 앉음벽이란 휴게공간, 운동공간, 놀이공간 내에 설치하여 여러 사람이 앉아 휴식할 수 있게 만든 구조물의 일종임

② 산석붙임 앉음벽의 단면도는 잡석다짐, 버림콘크리트, 콘크리트로 구체를 구성하고, 붙임모르타르로 산석을 구체에 부착시킴

2. 단면도

1) T100 잡석다짐, T50 버림콘크리트

• 앉음벽을 지지해주는 기초부

2) T150 콘크리트 구체

① 앉음벽의 형태 조정

② D13 이형철근으로 강도보완

3) T45~50 붙임모르타르

① 산석을 콘크리트 구체에 붙이는 역할

② 표면에 모르타르가 보이지 않도록 처리

4) T80~90 산석붙임

① 윗면에 편평한 산석 준비

② 친환경적 소재로 이용자에게 인기 높음

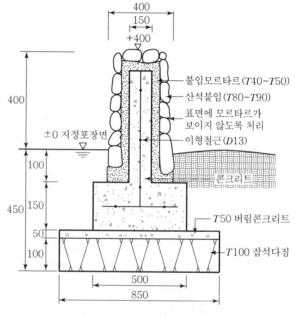

┃ 앉음벽 단면도 ┃

「장애인 · 노인 · 임산부 등의 편의증진보장에 관한 법률」에 의한
'장애인 등의 통행이 가능한 접근로' 설계기준

1. 개요

① 장애인 · 노인 · 임산부 등이 생활을 영위함에 있어 안전하고, 편리하게 시설 및 설비를 이용하고 정보에 접근하도록 보장함으로써 이들의 사회활동참여와 복지증진에 이바지함을 목적으로 함
② 장애인이 접근 가능한 접근로의 설계기준은 유효폭 및 활동공간, 기울기, 경계, 재질과 마감, 보행장애물 등으로 나눠 세분화할 수 있음

2. 설계기준

유효폭 및 활동공간	접근로 유효폭	• 1.2m 이상
	교행공간	• 휠체어나 유모차 등의 이동공간 • 50m마다 1.5×1.5m 이상
	휴식공간	• 경사진 접근로가 연속될 경우 • 30m 마다 1.5×1.5m 이상의 참 설치
기울기 등	접근로 기울기	• 1/18 이후 • 지형상 곤란한 경우 1/12
	단차	• 대지 내를 연결하는 주 접근로와 연결로 간 • 높이 차 2cm 이하
경계	차도 분리시설 설치	• 접근로와 차도 경계부분 • 연석, 울타리 등 • 설치 곤란한 경우 상이한 바닥재 질감 사용
	연석 크기 및 색상	• 높이 6~15cm 이하 • 접근로 바닥재와 다른 색상 선정
재질과 마감	접근로 바닥 표면	• 논슬립재 • 평탄한 마감레벨
	포장재 시공	• 이음새 틈이 벌어지지 않도록 주의 • 면을 평탄하게 시공
	위험구간(Hall)	• 덮개 설치 • 표면은 접근로와 동일한 높이로 마감 • 격자나 틈새는 2cm 이하 간격 유지
보행장애물	지상구조물	• 가로등, 전주, 간판 등 설치시 • 통행에 지장을 주지 않는 범위 내에서
	가로수	• 지면으로부터 2.1m까지 가지치기

11 바이오매스(Biomass)

1. 개요

① 바이오매스는 에너지원으로 이용되는 식물, 미생물 등의 생물체량 또는 생물량으로 나무, 곡물, 식물, 농작물 찌꺼기, 축산 분료, 음식쓰레기 등 생물체를 태우거나 열분해, 발효, 에스테르화시켜 발생하는 에너지원 모두를 총칭하여 사용함

② 바이오매스 활용시 잠재력이 크고, 현재 문제시되고 있는 이산화탄소 등의 환경오염을 저감시킬 수 있으나 기술력 향상, 처리비용 과다, 투자비 등의 문제가 있음

2. 유용성과 한계성

구분	특징
유용성	• 녹조류, 폐목재류, 쓰레기 등 풍부한 자원과 큰 파급효과 • 폐기물 등을 활용하는 환경친화적 생산시스템 • 이산화탄소를 소모시켜 온실가스 등 환경오염 저감 • 생성 에너지 형태가 에탄올, 메탄올 가스 등 다양
한계성	• 자원이 흩어져 있어 원료 수거 · 처리비용의 과다 • 에너지원 원료가 다양해 필요한 기술 또한 다양 • 목재류, 녹조류 과도한 이용시 환경파괴 위험 상존 • 원료에서 에너지를 뽑아내기 위해 대규모설비 투자 필요

12 하천 생물서식처(비오톱) 설계시 기본적인 고려사항(5가지 이상)

1. 개요

① 하천이란 일반적으로 물과 주변공간의 통합체인 하천환경 그 자체를 말하므로 생물서식처로서 하천환경의 특성을 이해하고, 탄력적으로 접근해야 함

② 기본적인 고려사항으로는 자연하천의 모델화, 하천 본래경관 복원, 보전과 복원구간 구획, 목표종에 따른 공간계획, 친환경재료 선정 등이 있음

2. 고려사항

구분	특징
자연하천의 모델화	• 인간의 영향을 받지 않은 하천 조사 • 인위적인 간섭 지양, 현상 보전 원칙
하천 본래경관 복원	• 과거 지도, 문헌 등을 이용 • 주변과 대상지가 연계될 수 있도록 유도
보전과 복원구간 구획	• 다양한 소생물권 보전 －하천식생대(수중식물역, 정수식물역, 하변림 등) 영역 확보 • 훼손된 구간 복원계획
목표종에 따른 공간계획	• 어류, 양서파충류, 수서곤충류 등 • 다양한 은신처, 먹이처, 잠자리처 확보 • 종다양성, 종균등성, 종풍부도 고려
친환경재료 선정	• 호안, 보, 제방 설계시 무생명재료 최소화 • 생명재료 주재료로 이용

13 경관분석방법의 종류 및 주요 내용

1. 개요

① 경관이란 자연이나 지역의 시각적 풍경과 인간활동이 작용하여 만들어낸 특정 지역의 통일된 특성까지 포함하여 자연경관과 문화경관으로 구분할 수 있음

② 경관분석방법에는 기호화 방법, 심미적 요소의 계량화 방법, 메시분석방법, 시각회랑방법으로 세분화하여 살펴볼 수 있음

2. 경관분석방법

구분		특징
기호화 방법		• K. Lynch에 의해 도시경관을 기호로 분석 • Paths, Districts, Nodes, Landmarks, Edges
심미적 요소의 계량화 방법		• Leopold에 의해 계곡경관을 분석 • 특이성 정도를 계산하여 상대적 가치로 계량화
매시분석방법		• Ian McHarg에 의한 중첩분석법 • 경관타입을 체계화한 후 일정 간격으로 구획, 경관평가 • 요인별로 등급 분류 후 점수 환산하여 경관특색 도출
시각회랑방법	Visual Corridor	• Litton의 산림경관 유형 • 거시적 경관 : 파노라믹경관, 지형경관, 위요경관, 초점경관 • 세부적 경관 : 관계경관, 세부경관, 일시적 경관
	View Shaft	• 뉴질랜드 Wellington District Plan 내 해안경관 대상 • 구릉지에 형성된 주거지에서 바다로의 조망확보를 위해 도입 • 조망축을 명확하게 설정하는 것이 가장 중요

구분	문항	기 출 문 제
1교시	1	생태조경분야 중 환경정비기술 분야에서 사용되는 '완화(Mitigation)'
	2	생태조경설계의 공간패턴 기술인 '프랙털(Fractal)'의 개념과 특징, 차원
	3	랜드스케이프 어바니즘의 '수평적 표면(Surface)'
	4	드로스케이프(Drosscape)
	5	타감작용(Allelopathy) 의의 및 주요 타감작용 수목(2가지)
	6	수직정원(Vertical Garden)의 환경기능
	7	최근 참나무류에서 많이 발생하는 병명과 방제대책
	8	산골장(散骨葬)의 환경효과
	9	경관형성의 우세원칙
	10	지수조정률에 의한 물가변동 설계변경 시 비목군 분류(10개)
	11	수경시설 계획 시 고려사항
	12	「도시공원및녹지등에관한 법률시행규칙」상의 도시공원 내 범죄예방 계획 · 조성 · 관리의 기준(5가지)
	13	자연환경보전의 기본원칙
2교시	1	조경설계에 있어 공간(Space)의 특성(Characteristics)과 질(Quality)을 공간의 규모(Scale), 형태(Form), 색채(Color), 공간의 추상적 표현(Abstract Spacial Expression) 등의 차원에서 논하시오.
	2	LID(Low Impact Development) 기법에 있어서 분산형 빗물관리의 정의 및 구성요소에 대하여 설명하고 조경분야에서의 활용방안에 대하여 논하시오.
	3	친환경적 주거단지를 위한 지하주차장 건설의 문제점과 개선방안을 설명하시오.
	4	도시 내의 육교, 고가 등 도로구조물은 도시경관상 문제가 되고 있다. 이러한 도시구조물의 경관 개선방안을 설명하시오.
	5	2014년 1월부터 시행된 공동주택 하자의 조사, 보수비용 산정방법 및 하자판정기준 등 조경분야와 관련된 내용에 대하여 설명하시오.
	6	조경수목에 피해를 주는 오염물질의 종류, 피해증상 및 방지대책에 대하여 설명하시오.
3교시	1	조경설계공모의 진행과정과 문제점을 설명하고 전문위원 또는 총괄전문가(Professional Advisor)의 역할에 대하여 설명하시오.
	2	「도시재생활성화를 위한 특별법」이 2013년에 제정되었고 조경분야에서도 여기에 대한 대응전략이 필요하다. 랜드스케이프 어바니즘 관점에서 본 도시재생 전략 8가지에 대하여 설명하시오.
	3	대규모 공사개발이 아닌 곳에서 표토 보존 및 활용은 공정상, 표토보관 장소 등 많은 현실적인 어려움이 있는 바 이를 개선할 수 있는 방안에 대하여 설명하시오.
	4	자연형 근린공원에서 이용객의 무분별한 이용으로 인하여 발생되는 문제점과 해결방안에 대하여 설명하시오.
	5	토양의 물리적 · 화학적 · 생물적 성질에 대하여 설명하시오.
	6	한국 전통조경에 영향을 끼친 사상과 각 사상이 조경문화에 끼친 사례에 대하여 설명하시오.
4교시	1	한국 조경의 도입의 특성과 향후 조경분야 발전 전략에 대하여 논하시오.
	2	현대조경설계에서 '과정(PROCESS)' 개념과 과정기반적 접근의 설계방법 적용이 가져오는 4가지 특성에 대하여 논하시오
	3	서울시에서는 한양도성을 세계문화유산에 등재하려고 하는 바 한양도성의 가치에 대하여 설명하시오.
	4	일반적으로 가로활성화가 되어 있는 도시가로의 폭원은 광로, 대로보다는 중로, 소로 등 좁은 가로에서 많이 나타나는 바, 그 이유에 대하여 설명하시오.
	5	중부지방에 있어서 에너지 절약형 주택조경계획 및 설계 지침에 대하여 설명하시오.
	6	소규모 환경영향평가의 대상, 대상사업의 종류와 범의에 대하여 설명하시오.

01 생태조경분야 중 환경정비기술 분야에서 사용되는 '완화(Mitigation)'

1. 개요

① 1978년 환경보존의 개념에서 확대된 용어로 도로나 다리, 호안 등의 건설이 야생동물이나 생태계에 미치는 영향을 가능한 한 극소화로 억제하는 것을 의미함

② 완화(Mitigation)의 카테고리는 회피, 저감, 대체의 기법으로 분류됨

2. 카테고리

구분	특징
회피(Avoidance)	• 모든 영향으로부터 사전예방 • 사업의 실시장소를 환경영향이 없는 지점으로 변경 • 도로계획의 경우 보전생태계지역을 피하여 노선 선정
저감(Reduction)	• 영향의 최소화를 꾀하는 것 • 사업을 자세히 검토함으로써 영향을 가능한 한 적게 하는 것 • 도로의 선형이나 구조를 검토하여 동물의 이동경로나 서식지역 보전
대체	• 대체할 수 있는 환경 창출 • 자체 환경이 가진 생물적인 기능을 보상해 주는 것 • 이동경로 확보나 대체 산란지 조성

02 생태조경설계의 공간패턴 기술인 '프랙털(Fractal)'의 개념과 특징, 차원

1. 개요

① 프랙털(Fractal)이론은 1차원, 2차원 등의 정수 이외의 차원을 갖는 도형으로 구름의 형태나 숲의 수관 등 자연물의 형상을 수학적 대상으로 파악하고 표현하기 위해 도입함

② 리아스식 해안의 해안선이나 하천 지류의 형태, 나뭇가지와 잎의 형태 등에서 나타나며 생태조 경설계에서는 자연과 닮은 공간을 조성하기 위해 쓰임

2. 프랙털(Fractal)

구분	내용
개념	• 자연의 복잡성과 불규칙성을 수학적으로 표현 • 자기상사성 : 어느 부분을 확대해 보더라도 전체와 같은 도형으로 표출 • 리아스식 해안의 해안선, 하천 지류, 나뭇가지와 잎의 형태 등
특성	• 자기유사성, 무작위성 • 반복과 무한, 중합과 흔적 • 시간에 따른 진화 • 복잡성 속에 규칙성 • 만델브로에 의해 명칭
차원	• 1차원, 2차원 등의 정수 이외의 차원 • Fraction 단어에서 파생 : 분수, 단수의 의미

03 랜드스케이프 어바니즘의 '수평적 표면(Surface)'

1. 개요

① 랜드스케이프 어바니즘은 탈장르를 지향하는 조경의 새로운 시도로 도시, 건축 등 타 분야와의 융합으로 지속가능한 도시발전을 추구하며 경관을 조성함

② 랜드스케이프 어바니즘의 실천주제로 프로세스(Process), 수평적 표면(Surface), 생태성(Ecology), 상상력(Imaginary)로 표현됨

③ 수평적 표면은 정보, 미디어, 교통, 물자, 자본, 사람 등의 흐름이 증대됨에 따라 불확실성과 유동성이 증대되기 때문에 공간의 분할, 배치, 구성 등의 시공간적 조직이 필요함

2. 수평적 표면(surface)

구분		특징
개념상의 오류	표면	• 1차원적인 의미로 귀결 • 국토의 70%가 산으로 이루어진 국내 땅의 조건과 부적합 • 공간적 해결책 제시가 어려움
	판	• 공간의 물리적 구분보다 공간의 행위나 특질이 이루어지는 장 • 여러 요소들의 상호작용 장
유형	도시의 표면 (Surface of Urban)	• 도로, 주차장 등 • 인간에 의해 조성된 인공적인 판
	생태의 표면 (Surface of Ecology)	• 산, 습지, 하천, 농경지 등 • 개발로 인해 자연의 표면과 격리와 단절
	문화의 표면 (Surface of Culture)	• 레저, 레크리에이션, 장소성 • 가시적인 부분보다 역사적 · 문화적 의미 부여

04 드로스케이프(Drosscape)

1. 개요

① 드로스케이프(Drosscape)란 Dross(폐기물)와 Scape(경관)의 합성어로 지속가능한 도시를 만들기 위한 접근 전략을 일컬으며 기능과 수명을 다하고 도심 속에 버려진 공간 등이 재조명되면서 부각된 신조어임

② 이러한 공간들은 도시가 생산해내는 배설물 처리 공간, 탈산업화 이후 유기된 공간, 규정이 애매한 공간으로 구분할 수 있음

2. 유형

1) 도시가 생산해내는 배설물 처리 공간

① 도시화가 남기고 간 버려진 폐기물

② 쓰레기매립지, 하수처리장

③ 선유도공원, 프레쉬킬스공원

2) 탈산업화 이후 유기된 공간

① 새로운 양상으로 진화한 도시의 엔트로피적 부산물

② 이전적지, 오염지, 사용되지 않는 산업시설

③ 라빌레뜨 공원, 다운스뷰파크, 하이라인, 용산공원

3) 규정이 애매한 공간

① 기능적인 역할은 하고 있으나 의미를 생산해내지 못하는 공간

② 고속도로, 거대한 주차장

③ 일시적으로만 사용되는 공지

05 타감작용(Allelopathy) 의의 및 주요 타감작용 수목(2가지)

1. 개요

① 타감작용(Alleropathy)은 식물이 성장하면서 일정한 화학물질이 분비되어 자신은 아무런 영향을 받지 않고 경쟁되는 주변식물의 성장이나 발아를 억제하는 작용을 말함

② 주요 타감작용을 하는 수목으로는 소나무와 그 인접한 하부식생, 단풍나무, 아카시아군락이 대 표적인데 이러한 수목은 다른 식물의 생육을 억제시키고, 후계수가 이입되기 힘든 여건을 형성 하므로 초기 수종 선정시 유의해야 함

2. 주요 타감작용 수목

1) 소나무

① 소나무 잎, 뿌리, 줄기로부터 화학물질 분비

② 햇빛 경쟁의 우위선점을 위해 다른 수목이 자라는 것을 방해

③ 국내 야산에서는 참나무와 서로 경쟁

2) 단풍나무

① 가을철 단풍이 드는 현상

② 붉은색의 단풍잎에는 다른 수목의 성장을 억제하는 안토시아닌 물질 분비

③ 단풍나무 씨앗을 제외한 다른 나무의 발아를 억제하기 위한 것

06 수직정원(Vertical Garden)의 환경기능

1. 개요

① 수직정원(Vertical Garden)이란 도시화 진행에 따른 도심지 녹지공간 부족 대체수단으로 수평적 정원공간의 효율적 이용을 제고하여 건물수직 벽면에 자연토층을 만들어 식물이 자랄 수 있는 환경을 조성하고자 하는 조경방법 중 하나임

② 수직정원은 도시개발로 인해 훼손된 도시생태계의 복원, 기후변화에 따른 도시 미기후 조절, 도시재생을 통한 도시 어메니티 증진 등 다양한 환경기능을 제공함

2. 수직정원의 환경기능

구분	특징
도시생태계 복원	• 도시종을 위한 Biotope 조성 • 생물서식공간 제공 • 생물종다양성 증진
도시 미기후 조절	• 도시 열섬화 현상 완화 • 햇빛, 미세먼지, 증발산량 완화·조절 • 우수 유출 지연을 통한 도시홍수 예방
도시 어메니티 증진	• 건물 외관의 녹화로 도심지 경관 재생 • 중요 조망점에서의 시각적 질 제고 • 녹시율, 녹피율, 녹적률 향상

07 최근 참나무류에서 많이 발생하는 병명과 방제대책

1. 개요

① 참나무 시들음병은 병원균이 나무 속에서 수분 상승을 차단해 말라 죽게 하는 병으로, '광릉긴나무좀' 벌레가 병원균을 매개해 발생함

② 참나무 역병은 곰팡이 수목 병원균인 Phytophthora Ramorum에 의해 발생되는 치명적 전염병으로 수목에 궤양 등의 병징이 나타나며 고사함

2. 병명과 방제대책

구분		내용	
참나무 시들음병	병원	라펠라 속의(Raffaelea sp.) 신종 곰팡이	
	매개충	광릉긴나무좀(Platypus koryoenis)	
	기주	참나무류(주로 신갈나무), 서어나무	
	방제법	구역 베어내기	• 봄과 가을에 걸쳐 피해 구역을 일정 규모로 베어낸 후 훈증, 소각
		훈증	• 메탐소디움을 이용한 매개충의 훈증방제 • 방제대상목 : 고사목, 매개충의 밀도가 높은 나무
		화학적 방제	• 소나무 송진에서 추출한 '투루펜틴'이라는 친환경 물질을 이용하여, 줄기에 침입한 광릉긴나무좀 벌레를 살충
		매개충 포획 · 제거 방법	• 유인목을 심어 매개충을 유인 제거 • 생물학적 방제 : 광릉긴나무좀 수컷의 복부에서 분비되는 페로몬을 이용해 만든 유인제를 활용하여 매개충 제거 • 나무에 끈끈이를 설치해 포획
		저항력 향상	• 나무의 밀도를 조절해 저항력이 약해진 노령목의 내성 증강 유도
참나무 역병	병의 특징	곰팡이병, 수매전염, 공기전염	
	병원	Phytophthora Ramorum	
	기주식물	참나무속, 진달래속, 동백속	
	병징	• 지표면에서 1~2m 떨어진 줄기가 적갈색 → 검은색으로 탈색 • 흑적색 · 흑갈색 즙액 누출, 잎반점 · 잎마름 증상	
	방제법	현장 조사	• 병 발생지점에서 반경 2km 이내 모든 식물 병 유무 전수조사 • 토양샘플 정밀조사
		확산방지를 위한 조치	• 병 발생 지역 기주식물은 다른 지역으로 이동 제한
		약제살포 및 기주식물 폐기 등	• 병 발생식물의 폐기조치 → 병 발생 확인 반경 30m 이내 모든 식물 수거 후 소각 등 폐기 조치

08 산골장의 환경효과

1. 개요

① 산골장이란 고인의 화장한 유골을 자연이나 지정된 장소 등에 뿌리거나 안장하는 장법으로 땅속에 뼛가루를 뿌리고 그 위에 장미나 꽃 등을 심어 화단을 조성하는 꽃장과 강이나 바다에 유회를 뿌리는 바다장, 나무 아래 뿌리는 나무장으로 구분됨

② 묘지 조성과 납골당 설치로 인한 국토 훼손이 심각한 현재 산골장은 국토의 효율적 이용과 자연을 훼손하지 않는 친환경 장사방법으로 새로운 장묘문화의 대안이 될 수 있음

2. 환경효과

구분	특징
에코 다잉(Eco Dying)	• 울타리나 비석과 같은 인공물을 최대한 배제 • 화단조성이나 나무식별 표식만을 이용한 친환경 장사방법 • 기존 환경을 최대한 이용하여 자연훼손 최소화
국토의 효율적 이용	• 기존 포화된 분묘·납골시설 대체방안 　－서울시 면적의 1.6배 묘지면적 • 기존의 수목이나 자연을 이용하여 유골을 뿌리거나 매장
도시재생	• 묘지, 납골시설 등의 불량경관 제고 • 지역이기주의를 유발하는 혐오시설 탈피 • 녹시율, 녹피율, 녹적률 향상
자연과 인간의 공생	• 자연자원의 중요성과 인간의 만족도 동시 고려 • 도심지 내 생물서식공간으로서의 역할 • 시민의식 개선을 통한 생활형·주제형 공원으로 재조명

09 경관형성의 우세원칙

1. 개요

① 경관은 자연경관과 도시경관 · 농촌경관으로 구성된 문화경관 즉 인공경관으로 대변되며 경관이 형성되기 위해서는 조망축과 조망점으로 표출됨
② 경관을 구성하는 지배적인 요소인 우세요소를 미학적으로 부각시키며 주변의 대상과 비교될 수 있는 것으로 대조, 연속, 축, 집중, 상대성, 조형 등의 방법이 있음

2. 우세원칙

유형	특징
대조(대비, Contrast)	• 현저하게 차이가 나는 두 요소를 비교하여 특징과 속성을 강조 • 직선과 곡선, 수직과 수평 등
연속(Sequence)	• 형태나 선이 어떤 의미를 가지고 계속적 느낌을 주는 리듬 • 가로수, 장식물, 열주 등
축(Axis)	• 사물의 가장 중요한 부분이나 활동의 중심 • 공간의 주요 건물, 환경을 축으로 이용한 공간배치
집중(Convergence)	• 정점이나 초점으로 유도하도록 하는 원리 • 리듬의 요소인 방사, 점이와 병행하면 효과적
상대성(대등, Codominance)	• 수평 또는 수직인 하나의 축을 중심으로 균등하게 분배 • 시각, 무게, 질감 등을 이용하여 다양한 조합 가능
조형(구성, Enframement)	• 여러 가지 재료를 이용하여 구체적인 형태나 형상 구성 • 점, 선, 면을 활용한 공간과 시설물 배치

10 지수조정률에 의한 물가변동시 비목군 분류(10개)

1. 개요

① 지수조정률에 의한 계약금액 변경은 계약금액을 구성하는 비목을 유형별로 구분하여 비목군을 편성하고 각 비목군의 순공사비에 대한 가중치(계수)를 산정한 후 비목군별로 공표 및 공인되어 있는 지수조정률(K)을 산출하여 계약금액을 조정하는 방식임

② '비목군'이라 함은 계약금액의 산출내역 중 재료비, 노무비 및 경비를 구성하는 비목을 노무비, 기계경비 또는 한국은행이 조사·발표하는 생산자물가기본분류지수 및 수입물가지수표상의 품류에 따라 계약체결 시 분류한 비목을 말함

③ 비목군은 계약 기간 중 설계 변경이나 비목군 분류 기준의 변경이 있는 경우를 제외하고는 변경하지 못함

2. 비목군

코드	비목(대분류)	내 용
A	노무비	• 공사와 제조로 구분하며 간접노무비 포함
B	기계경비	• 공사에 한하며, B′ : 국산 기계경비, B″ : 외국산 기계경비로 구분
C	광산품	—
D	공산품	—
E	전력·수도 및 도시가스	—
F	농림·수산품	—
G	실적공사비	• 공사에 한하며, G1 : 토목, G2 : 건축, G3 : 기계설비부문으로 구분 • 일부 공종에 대하여 재료비·노무비·경비 중 2개 이상 비목의 합계액을 견적받아 공사비에 반영한 경우 해당 부문(G1, G2, G3)의 실적공사비 포함
H	산재보험료	—
I	안전관리비	—
J	고용보험료	—
K	퇴직공제부금비	—
L	국민건강보험료	—
M	국민연금보험료	—
Z	기타 비목군	—

11 수경시설 계획 시 고려사항

1. 개요

① 수경시설은 물을 이용하여 대상공간의 경관을 연출하기 위한 시설로서 물의 흐르는 형태에 따라 폭포, 벽천, 낙수천(흘러내림), 실개울(흐름), 못(고임), 분수(솟구침) 등으로 나눔
② 수경시설 계획시 설치목적 정립, 주변조사, 급수원과 수질, 방수, 설비, 유지관리 등이 고려되어야 함

2. 고려사항

구분	특징
설치목적 정립	• 물놀이형, 수변감상형, 수질정화형 등 • 물의 연출에 중점을 두고 주변경관과 조화를 이룰 수 있도록 계획
주변조사	• 지역의 기후적 특성 파악 • 급수원과 보충수 확보 고려 • 관계법규에 부합되는 계획
급수원 및 수질	• 급수원은 상수, 지하수, 중수, 하천수 등 현지여건에 따라 적용 • 수질은 설치목적, 종류, 주변환경 및 공급원수의 수질과 수량 검토
방수	• 구체의 방수는 담수형태와 특성 파악 • 액체방수, 점토방수, 벤토나이트방수 등
설비	• 유지 목표 수질에 따른 정수설비시스템 확립 • 수경제어반, 수중등과 관련된 전기설비 고려
유지관리	• 안전성 · 경관성 · 기능성 목적 • 점검, 청소 등의 관리목록 작성

「도시공원 및 녹지 등에 관한 법률 시행규칙」상의 도시공원 내 범죄예방 계획, 조성, 관리의 기준(5가지)

1. 개요

① 아파트 · 학교 · 공원 등 도시생활공간 내에서 설계 단계부터 범죄를 예방할 수 있도록 다양한 안전시설 및 수단을 적용한 환경설계를 통한 범죄예방기법이 도입되고 있음

② 그중 도시공원 내 범죄예방 계획, 조성, 관리의 기준 5가지로는 자연적 감시, 접근통제, 영역성 강화, 활용성 증대, 유지관리 기법이 있음

2. 범죄예방을 위한 계획, 조성, 관리의 기준

	기준	특징
1	자연적 감시	• 내외부에서 시야를 최대한 확보 • 밀식 · 차폐형 수목보다는 관목형 수목 식재 • 공공장소 시설 내부를 볼 수 있도록 투명유리로 제작
2	접근통제	• 이용자들을 일정한 공간으로 유도하거나 통제 • 이용자 동선 유도로 일탈적인 접근으로 거부 • 진입이 용이한 후미진 공간에는 각종 식물을 심어 정원 조성
3	영역성 강화	• 공적인 장소임을 분명하게 표시될 수 있는 시설 등 배치 • 공간의 책임의식 부여와 이용을 위한 공간 및 시설계획 • 주출입구, 산책로, 어린이놀이터 내 CCTV, 가로등 설치
4	활용성 증대	• 다양한 계층의 이용자들이 다양한 시간대에 이용 가능 • Barrier-free Design & Universal Design 도입
5	유지관리	• 안전한 공원 환경의 지속적 유지 고려 • 자재 선정과 디자인 적용 제고

13 자연환경보전의 기본원칙

1. 개요

① 자연환경보전이란 자연환경을 체계적으로 보존·보호 또는 복원하고, 생물다양성을 높이기 위하여 자연을 조성하며 관리하는 것을 말함

② 자연환경은 지속가능한 이용, 국토의 이용과 조화·균형, 자연생태와 자연경관의 보전·관리, 모든 국민의 참여 유도, 생태적 균형 유지, 공평한 비용부담, 국제협력 증진의 기본원칙에 따라 보전되어야 함

2. 기본원칙

구분	내용
지속가능한 이용	• 자연환경은 모든 국민의 자산으로서 공익에 적합하게 보전 • 현재와 장래의 세대를 위하여 지속가능하게 이용
국토의 이용과 조화·균형	• 종합적이고 효율적인 이용·개발·보존 • 국토의 균형있는 발전 도모
자연생태와 자연경관의 보전·관리	• 인간활동과 자연의 기능 및 생태적 순환의 촉진
모든 국민의 참여 유도	• 자연환경보전 참여 • 자연환경을 건전하게 이용할 수 있는 기회 증진
생태적 균형 유지	• 자연환경을 이용하거나 개발시 생태계 균형과 가치 유지 • 파괴·훼손·침해시 최대한 복원·복구되도록 노력
공평한 비용부담	• 자연환경보전에 따르는 부담은 공평하게 분담 • 자연환경으로부터의 혜택은 지역주민과 이해관계인이 우선적
국제협력 증진	• 자연환경보전과 자연환경의 지속가능한 이용을 위한 약속

구분	문항	기 출 문 제
1교시	1	1차 천이와 2차 천이, 건성천이와 습성천이 상호 비교
	2	주차장의 설계과정과 주차배치방식(그림 표현)
	3	자연해설방법의 종류 및 원칙
	4	「매장문화재 보호 및 조사에 관한 법」상의 지표조사 대상 건설공사의 종류와 면제대상
	5	강희안의 「양화소록(養花小錄)」에 대한 개괄적인 내용과 언급된 식물 10종
	6	설계도면(Engineering Drawing)과 시공상세도(Shop Drawing)
	7	'한국조경헌장'의 제정 배경과 주요 내용
	8	공원일몰제
	9	엔지니어링 대가기준 원가산정 시 추가업무
	10	겨우살이(Mistletoe)의 병징 및 방제방법
	11	공사계약 이행 중 계약상대자의 부도로 계약 해지 시 새로운 계약대상자 선정방법
	12	섬생물지리이론
	13	벚나무빗자루병의 병원균, 병징 및 방제방법
2교시	1	원가계산방식과 실적공사비방식의 특성과 문제점 및 개선방안을 비교 설명하시오.
	2	수목전정(가지치기)에 대한 기본원칙과 계절별 전정방법을 설명하고 계절별로 전정이 가능한 수목 7가지를 기술하시오.
	3	독일, 미국 및 영국의 도시농업 사례와 조경분야의 역할을 설명하시오.
	4	유럽 정원박람회의 기원과 유형, 순천 정원박람회장의 폐회 이후 관리방안을 설명하시오.
	5	2014년 개정된 「경관법」의 주요내용, 의의 및 조경분야의 역할을 설명하시오.
	6	「국가를 당사자로 하는 계약에 관한 법률 시행령」에 따른 공동도급의 유형인 공동이행방식, 주계약자관리방식, 분담이행방식을 유형별로 상호 비교하고 적용시 장·단점과 특징을 설명하시오.
3교시	1	수생식물인 연(蓮)과 수련(垂蓮)의 차이점 및 연을 연못에 심을 경우 식재방법을 설명하시오.
	2	식재 부적기(하절기, 동절기)의 식재 및 관리방법을 설명하시오.
	3	조경공사 표준시방서 및 조경설계기준의 문제점과 개선방안을 설명하시오.
	4	도시자연공원구역의 정의, 지정·경계설정 및 변경기준, 건축물·공작물 설치허가의 일반기준에 대하여 설명하시오.
	5	녹색건축물 조성 및 지원법 시행령(2013)에 따라 통합된 녹색건축인증제도의 조경부문 관련내용, 문제점 및 개선방향을 설명하시오.
	6	이웃과의 관계, 좋은 거주환경을 추구하는 커뮤니티 디자인의 도입배경, 사례, 발전방안 및 조경가의 역할에 대하여 설명하시오.
4교시	1	대기오염물질이 수목에 미치는 영향에 대해 설명하고, 특히 아황산가스(SO_2), 질소산화물(NO_x), 오존(O_3), PAN, 불소(F)의 피해가 수목(활엽수, 침엽수 구분)에 나타나는 병징을 설명하시오.
	2	청나라 대표 원림중의 하나인 이화원(頤和園)의 조성 특징을 설명하시오.
	3	최근 조경분야는 '정원'과 관련하여 인접분야가 발의한 수목원 관련 법안과 충돌하고 있다. 문제점과 해결방안을 설명하시오.
	4	국가 정책상 '복지'가 중요한 과제로 자리잡고 있다. '복지'의 차원에서 조경의 역할을 설명하시오.
	5	수경시설의 일종인 분수공사는 구조체공사, 배관, 기계설비, 조명설비, 방수, 마감공사등의 공정으로 구성된다. 이 중 기계설비공사에 필요한 수경시설 및 시공 시 유의사항을 설명하시오.
	6	도시변화에 대응하는 도시공원의 미래를 적절히 보여주는 것으로 평가되는 다운스뷰 파크(Downsview Park)의 설계전략과 의의를 설명하시오.

1차 천이와 2차 천이, 건성천이와 습성천이 상호비교

1. 개요

① 천이란 생물군집의 시간경과에 따른 연속적 변화를 의미함

② 시간의 순차성에 따라 1차 천이와 2차 천이로 나뉘고, 수분의 유무에 따라 건성천이와 습성천이, 자립의 유무에 따라 독립영양천이와 종속영양천이로 구분됨

2. 천이의 유형

구분		내용
순차성과 시간성	1차 천이	• 무에서 유로 생성되는 천이단계 • 빈영양화에서 시간의 흐름 따라 단계별로 극상에 이름
	2차 천이	• 1차 천이 중 교란에 의해 파괴된 이후에 진행되는 천이과정 • 기본적 토양, 양분, 수분 등 전제 → 극상 도달 • 1차 천이에 비해 속도가 상당히 빠름
수분의 유무	건성천이	• 토양, 양분, 수분이 없는 나지에서 시작 • 지의류와 선태류의 초기종과 정착종의 양분 생성 • 나지 → 지의류·선태류 → 초원 → 저목림(관목림) → 양수림 → 혼합림 → 음수림
	습성천이	• 빈영양호가 토양으로 메워져 초원화되는 과정 • 빈영양화에서 부영양화로의 진화과정 • 빈영양호(영양염류, 플랑크톤) → 부양양호 → 수생식물(연못) → 습원 → 초원 → 저목림 → 양수림 → 혼합림 → 음수림

02 주차장의 설계과정과 주차배치방식

1. 개요

① 주차장은 자동차의 주차를 위한 시설로서 노상주차장, 노외주차장, 부설주차장으로 나뉨
② 설계과정은 목표설정 → 현황조사 및 분석 → 기본구상 → 기본계획 및 설계순으로 이루어지고, 배치방식은 주차방향에 따라 평형주차, 사각주차(90°, 60°, 45°)방식이 있음

2. 설계과정과 주차배치방식

구분		특징
설계과정	목표설정	• 주차유형설정 • 지상 · 지하주차장, 노상 · 노외 · 부설주차장
	현황조사 및 분석	• 대상지 내외 조사분석 • 통행량, 도로여건, 세대수 등
	기본구상	• 공간의 벤다이어그램화 • 주차장의 위치, 동선체계 등 고려
	기본계획 및 설계	• 구체적인 공간배치와 규격 • 공간수용량 산정
주차배치방식	평형주차	• 자동차의 세로축을 도로의 선형과 평형되게 주차 • 폭 2.0m×길이 6m
	사각주차	• 도로나 주차장의 연석에 비스듬하게 주차 • 주차하는 방향에 따라 90°, 60°, 45° 주차방식이 있음 • 60° 주차가 사용상 편리, 직각(90°)주차의 수용대수가 가장 많음 • 폭 2.3m×길이 5m

03 자연해설방법의 종류 및 원칙

1. 개요

① 자연환경해설은 방문자가 환경이 지니고 있는 아름다움과 복잡성, 다양성, 상호 관련성에 대한 민감함, 경이로움, 호기심 등을 배가하여 느끼게 하고, 처음 방문한 환경에서도 편안한 마음을 갖게 하는 등의 환경에 대한 인식을 넓혀주는 활동임

② 자연해설방법은 안내자 서비스 해설기법과 자기안내 해설기법으로 나뉠 수 있으며, 6개의 원칙에 의거하여 시행되고 있음

2. 종류 및 원칙

구분		특성
종류	안내자 서비스 해설기법	• 거점식(일정장소, 방문객 센터 등에서 이용정보 제공) • 이동식(자연체험, 자연게임 등) • 강연식(실내, 야외교실, 슬라이드, 영상매체 등) • 재현식(역사 재조명을 통한 재현, 준비소요시간↑)
	자기안내 해설기법	• 전시물(표본전시, 모형제작설치, 해설판 등) • 간행물(해설물, 팸플릿 등) • 멀티미디어(녹음음성정보, 영상물 등)
원칙		• 방문자의 사전경험과 연결 • 지식이나 정보를 전달하되 그 이상의 것을 전달 • 과학적 · 역사적 · 건축적 · 예술적 자료 → 통합적인 자료 제시 • 가르치는 정보가 아닌 자극시키는 정보 • 부분보다는 전체를 표현 • 어린이와 어른해설방법 분리

「매장문화재 보호 및 조사에 관한 법 상의 지표조사」 대상 건설공사의 종류와 면제대상

1. 개요

① 매장문화재 보호 및 조사에 관한 법률은 매장문화재를 보존하여 민족문화의 원형을 유지·계승하고, 매장문화재를 효율적으로 보호·조사 및 관리하는 것을 목적으로 함

② 지표조사 대상사업은 동일한 목적으로 분할하여 연차적으로 개발하거나 연접하여 개발함으로써 사업의 전체면적이 3만㎡ 이상인 건설공사를 말함

2. 대상 건설공사 종류와 면제대상

1) 대상 건설공사 종류

① 토지에서 시행하는 건설공사

　㉠ 사업면적 3만 m² 이상

　㉡ 매장문화재 유존지역면적 제외

② 내수면어업법에 따른 내수면에서 시행하는 건설공사

　㉠ 사업면적 3만 m² 이상

　㉡ 단, 골재채취사업의 경우 사업면적 15만 m² 이상

③ 연안관리법에 따른 연안에서 시행하는 건설공사

　㉠ 사업면적 3만 m² 이상

　㉡ 단, 골재채취사업의 경우 사업면적 15만 m² 이상

④ ①~③의 사업면적 미만이지만 지방자치단체장이 인정하는 지역의 건설공사

　㉠ 과거에 매장문화재가 출토된 지역

　㉡ 매장문화재가 발견된 곳으로 신고된 지역

　㉢ 역사문화환경 보존육성지구 및 역사문화환경 특별보존지구

　㉣ 서울특별시의 조례로 정하는 구역

　　• 퇴계로, 다산로, 왕산로, 율곡로, 사직로, 의주로 및 그 주변지역

　㉤ 그 밖에 문화재가 매장되어 있을 가능성이 큰 지역

2) 면제대상

① 유물이나 유구 등을 포함하고 있는 지층이 이미 훼손된 지역의 건설공사

② 공유수면 매립, 하천·해저준설, 골재 및 광물채취가 이미 이루어진 지역의 건설공사

③ 복토 이전의 지형을 훼손하지 않은 범위에서 시행하는 건설공사

④ 기존 산림지역에서 시행하는 입목·죽의 식재, 벌채, 솎아베기

05 강희안의 「양화소록(養花小錄)」에 대한 개괄적인 내용과 언급된 식물 10종

1. 개요

① 양화소록은 조선 세조 때 강희안이 쓴 국내 최초의 원예전문서적으로 진산세고 4권 1책 중 권4에 수록되어 있고 17종의 꽃과 나무, 괴석을 다룸

② 정원식물 특성 및 기르는 법과 화목별로 등급과 기준을 제시함

2. 개괄적인 내용과 언급된 식물 10종

1) 개괄적인 내용

① 국내 최초의 원예전문서적

② 진산세고 4권 1책 중 권4에 수록

③ 정원식물 특성 및 기르는 법 설명

④ 화목별로 등급과 기준 제시

2) 언급된 식물 10종

① 노송(老松), 만년송(萬年松) : 소나무

② 오반죽(烏班竹) : 대나무

③ 국화(菊花)

④ 매화(梅花)

⑤ 서향화(瑞香花)

⑥ 치자화(梔子花) : 치자나무

⑦ 연화(蓮花) : 연꽃, 홍련과 백련 식재방법

⑧ 석류화(石榴花) : 석류나무

⑨ 사계화(四季花) : 월계화, 봄가을에 걸쳐 꽃이 피는 장미종류

⑩ 자미화(紫薇花) : 백일홍, 배롱나무

06 설계도면(Engineering Drawing)과 시공상세도(Shop Drawing)

1. 개요

① 시공상세도는 시공자가 목적물의 품질 및 경제성·안전성 확보를 위해 공사 진행단계별로 현장 여건에 적합한 시공방법, 순서 등을 구체적으로 작성하는 도면임

② 실시설계도는 공사 진행에 필요한 사항을 설계자가 기본설계 내용을 바탕으로 구체적으로 작성하는 도면임

③ 정부는 공공공사의 시공상세도를 국제적 추세에 맞추어 시공단계에서 작성하여 설계의 전문성을 높이고, 시공성과 경제성을 확보하고자 10개 용역사업(도로, 철도, 수자원, 하천 등)을 대상으로 시범사업을 실시한 후 2010년부터 모든 공사에 적용하기로 함

2. 시공상세도 작성과 승인

구분		특징
실시설계 단계	실시설계 (Engineering Drawing) ↓	• 설계자 : 시공상세도 작성부문은 제외하고 설계, 도면에 Note(主記) 및 시방서에 시공상세도 작성목록 명기, 시공상세도 작성으로 인한 철근 등 수량오차의 범위 명기 • 발주자 : 동 내용 확인 및 설계 준공 • 시공상세도 작성 지침 및 분야별 예시도면을 참고하여 실시설계도면 작성
시공단계	시공상세도 (Shop Drawing) 작성/보완 공사시행 (Construction) ↓	• 시공자 : 도면검토·시공상세도 작성, 구조적 안정성, 수량오차 등 확인 후 발주청에 제출 • 발주자 : 감리자의 승인, 중요사항은 발주청장 승인 • 설계자 : 주요 사항에 대한 자문 • 시공단계 　－시공상세도 작성 지침 및 분야별 예시도면과 실시설계도면, 시방서 참고 　　→ 시공상세도 작성 　－발주처 또는 감리원의 승인을 얻은 후 시공 　－작성 원칙 : 정확성, 평이성, 명확성, 정돈성
준공단계	준공도면 (As built Drawing)	• 시공자 : 시공상세도를 포함한 준공도면 등 준공서류 제출 • 발주자 : 준공처리

07 '한국조경헌장'의 제정 배경 및 주요 내용

1. 개요

① 한국조경헌장은 조경의 범위나 영역, 역할에 대한 불명확한 범위에 대한 문제를 인식하여 조경을 재정의하고, 고유한 가치를 공유하며 새로운 좌표를 제시하고자 선포됨
② 주요 내용은 조경의 가치, 조경의 영역, 조경의 대상, 조경의 과제 등을 제시함

2. 제정 배경 및 주요 내용

구분		내용
제정 배경	조경의 재정의	• 조경의 범위나 영역, 역할 • 토지와 경관을 계획 · 설계 · 조성 · 관리하는 문화적 행위
	고유한 가치 공유	• 건강한 사회의 척도 • 행복한 삶의 기반
	새로운 좌표 제시	• 생태적 위기에 대처하는 실천적 해법 • 공동체 형성을 위한 소통의 장 마련 • 예술적 · 창의적 경관 구현 • 지속가능한 환경을 다음 세대에게 물려주기
주요 내용	조경의 가치	• 자연적 · 사회적 · 문화적 가치 제시 • 조경의 정신, 목표 등
	조경의 영역	• 정책, 계획, 설계, 시공, 운영관리, 연구, 교육으로 세분화 • 각 영역에서 조경이 해야 할 업무범위 · 방향 제시
	조경의 대상	• 정원, 공원, 녹색도시 기반시설, 역사문화유산, 산업유산, 재생공간 • 교육공간, 주거단지, 공공복지공간, 여가관광공간 • 농어촌공간, 수자원 및 체계, 생태복원공간
	조경의 과제	• 복잡한 도시문제를 해결하는 전문지식과 기술 축적 • 관련 분야와의 협력을 통한 융합적, 통합적 계획 · 설계 · 관리 • 조경가의 직업윤리 확립과 질 높은 조경서비스 제공

08 공원일몰제

1. 개요

① 개인의 사유재산을 장기간 제약하는 미집행 도시계획시설에 대해 20년 이상 미조성된 도시공원을 2020년 7월까지 지자체가 매입하지 않으면 공원에서 해제처리되는 제도임

② 해결방안으로는 국가도시공원 조성, 민간공원추진자제도, 입체도시계획, 민자유치 활성화 등이 있음

2. 문제점 및 해결방안

구분		내용
문제점	대규모 도시공원 해제처리	• 1999년 공원일몰제 도입 • 2020년 미매입, 미조성시 일괄 용도 해제 • 약 85%의 도시공원 해당 추정
	부족한 재정상태	• 집행권한을 지차체로 전환함으로써 중앙정부 책임 미약 • 국가예산 편성 미미 • 지자체 예산만으로 조성여력 부진
해결방안	국가도시공원 조성	• 집행권한을 중앙정부로 재이관 • 국가예산을 편성하여 도시공원 조성
	민간공원추진자제도	• 민간이 공원관리청에 기부채납시 개발 허용 • 10만 m² → 70% 공원설치시 30% 주거·상업시설 개발
	입체도시계획	• 공원부지 내 도시계획시설 중복 결정 • 공원, 상가, 주차장 등을 설치하여 편의 유도
	민자유치 활성화	• 사회기반시설에 대한 민간투자법을 활용 • BTL, BTO 등의 방식 적용

09 엔지니어링 대가기준 원가산정 시 추가업무

1. 개요

① 엔지니어링 대가의 산출은 실비정액가산방식을 적용하는 것이 원칙이나, 발주청이 실비정액가 산방식을 적용함이 적절하지 않을 경우 공사비요율에 의한 방식을 적용함

② 공사비요율에 의한 방식을 적용하는 기본설계·실시설계 및 공사감리의 업무범위외의 추가 업무는 법규 제17조에 따름

2. 추가업무(제17조 추가업무비용)

구분	내용
제14조의 업무범위에 포함되지 않는 업무	• 발주청의 요구에 의한 추가업무 • 엔지니어링사업자의 책임에 귀속되지 않는 사유의 추가업무 • 그 밖에 발주청의 승인을 얻어 수행한 추가업무
위 항에 따른 추가업무의 종류	• 각종 측량 • 각종 조사, 시험 및 검사 • 공사감리를 위하여 현장에 근무하는 기술자의 제비용 • 주민의견 수렴 및 각종 인·허가에 필요한 서류 작성 • 입목축적조사서 등 각종 조사서 작성 • 사전재해영향검토, 자연경관영향검토, 생태환경조사 등 사전환경성 검토 • 문화재 지표조사 • 전파환경 분석 및 보고서 작성 • 운영계획 등 각종 계획서 작성 • 통신장비의 운용 및 인터페이스 등 통신소프트웨어 분석 • 수리모형실험 및 수치모델 실험 및 시뮬레이션 • LEED, IBS, TAB 및 EMP 등 각종 공인인증을 위한 업무 • BIM설계업무(추가 성과품을 제공하는 경우) • 모형제작, 투시도 또는 조감도 작성 • 제14조 업무범위에 해당하지 않는 보고서 작성, 복사비 및 인쇄비 • 용지도 작성비 및 보상물 작성비(용지비 및 보상물 감정업무 제외) • 항공사진 촬영(원격조정무인헬기 포함) • 특수자료비(특허, 노하우 등의 사용료) • 홍보영상 제작 • 관련 법령에 따라 계약상대자의 과실로 인하여 발생한 손해에 대한 손해배상 보험료 또는 손해배상 공제료 • 그 밖에 위 각 호에 준하는 추가업무

10 겨우살이(Mistletoe)의 병징 및 방제방법

1. 개요

① 겨우살이(Mistletoe)는 국내 전 지역에 서식하며 활엽수(참나무, 동백나무, 느릅나무, 자작나무, 돌배나무, 벚나무, 팽나무 등)에 기생하면서 수목에 피해를 줌
② 국내에는 겨우살이류, 붉은겨우살이, 참나무겨우살이, 동백나무겨우살이, 꼬리겨우살이 등 5종이 서식하고 있음

2. 병징 및 방제방법

구분		특징
병징		• 다른 나무의 가지나 줄기에 침입하여 물과 양분을 흡수하는 기생성 종자식물임 • 광합성을 통해 양분을 충족하는 반기생성 상록관목임 • 교목의 큰 가지에 새 둥지 형태로 기생함 • 착생 부위는 방추형으로 부풀고, 착생 부위에서 가지의 끝부분까지 위축되며 고사함 • 피해 수목은 수세가 약해지고, 심하면 고사하게 됨
방제방법	전염 방지	• 겨우살이가 발생된 가지는 착생 부위 밑 30cm 이상까지 제거 • 지오판 도포 후 제거
	수목 제거	• 감염이 심한 나무는 겨우살이 종자 확산 방지를 위해 제거 • 소각 처리
	겨우살이 제거	• 꽃이 피고 열매가 열리기까지는 시간 필요 • 주기적인 겨우살이 제거

11 공사계약 이행 중 계약상대자의 부도로 계약 해지 시 새로운 계약대상자 선정방법

1. 개요

① 공사계약 이행 중 계약상대자의 부도로 계약이 해지된 경우에는 계약 이행에 관한 연대보증인에게 보증이행 청구를 통하여 공사가 이행되도록 하여야 함

② 연대보증인이 없거나 보증이행이 어려운 경우에는 계약담당공무원이 계약의 목적과 성질, 규모 등을 고려하여 수의계약을 하거나 새로운 입찰을 통해 계약자를 선정할 수 있음

2. 새로운 계약자 선정 방법

1) 연대보증인이 있는 경우

① 연대보증인의 보증 시공
  ㉠ 계약담당공무원은 연대보증인에게 보증이행 청구(회계예규 공사계약 일반조건 제48조)
  ㉡ 계약 이행 연대보증인은 지체 없이 보증이행의무 이행
  ㉢ 부도 전 발생한 설계변경이나 계약금액의 증액 변경 등은 회계예규 공사계약 일반조건에 따라 계약 보증금 추가 납부
  ㉣ 연대보증 이행 시 공사물량 증감 또는 물가변동에 따른 증감사항이 발생할 경우 변경사항은 연대보증사와 변경계약 체결

② 공사채권채무검사(공사타절검사) 실시
  • 감리용역계약내용(조건 포함)인지 검토하여 정산 검사실시 후 정산집행

2) 연대보증인이 없거나 보증 시공을 하지 않는 경우

담당공무원이 당해 계약의 목적 · 성질 · 규모 등을 고려하여 필요하다고 인정되는 경우에 수의계약을 하거나 새로운 입찰 실시(국가를 당사자로 하는 계약에 관한 법률 시행령 제28조 제2항)

12 섬생물지리이론

1. 개요

① 섬생물지리이론(Island Biogeography)은 섬에서 살고 있는 생물인 동물과 식물이 지리학적 생김새인 거리나 면적에 따라 어떻게 변화되는지에 대해 연구하는 이론임

② 1972년 다이아몬드는 섬생물지리이론을 응용하여 생태적으로 더 건강한 서식처를 제안하여 보호구 설계지침을 만듦

2. 섬생물지리이론

1) 섬의 종수와 고립성

① 섬의 면적에 비례

② 육지로부터의 거리에 반비례

③ 결국 같은 면적의 육지에 비해 종수가 적음

2) 종의 정착과 사멸

① 면적 > 고립성 > 형성연도순으로 영향을 줌

② 종은 대수함수 형태로 증가, 감소

③ 섬이 작을수록, 본토의 해변에서 멀리 떨어질수록 종수 감소

3) 응용

① 1972년 다이아몬드에 의한 보호구 설계지침

② 생태적으로 더 건강한 서식처 제안

ㄱ 서식처 면적(A) : 적은 것보다 넓을수록

ㄴ 개수(B) : 동일면적시 여러 개보다 하나의 큰 서식처일 때

ㄷ 거리(C, D)

• 서식처간 거리가 짧을수록

• 서식처간 동일거리로 떨어져 있을수록

ㄹ 연결성(E) : 이동통로가 있는 경우

ㅁ 형태(F) : 길쭉한 모양보다는 원형일 때

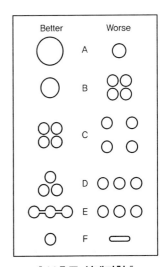

‖ 보호구 설계지침 ‖

13 벚나무 빗자루병의 병원균, 병징 및 방제방법

1. 개요

① 장미과의 벚나무는 우리나라에 약 20여 종이 서식하고 있으며, 관상적 가치로 인해 우리나라 가로수의 약 22%를 차지하고 있음

② 벚나무 빗자루병은 가지 한 부분에서 가느다란 가지가 많이 생겨 마치 그 모습이 빗자루모양 같다고 해서 붙여진 이름임

2. 벚나무 빗자루병

구분		내용
병원균		• 병원균은 곰팡이균의 일종인 자낭균(진균, Taphrina Wiesneri)으로 포자는 병든 가지에서 나온 잎의 뒷면에 형성되며, 바람 등에 날려 전파됨 • 파이토플라스마, 마이코플라스마, 바이러스 등
병징		• 병원균 포자(흰색가루)는 이른 봄 병든 가지에서 나온 신초 잎의 뒷면에 주로 나타남 • 꽃눈이 잎눈으로 계속 분화하는 병으로 가지의 일부분이 혹 모양으로 부풀어 커지고 나무 전체에 빗자루모양의 가지가 생기면서 꽃이 피지 않고, 열매도 열리지 않음 • 잎이 쭈글쭈글해지고 흑갈색으로 변하며, 심한 경우 나무가 고사함
방제 방법	소각 처리	• 겨울휴면기에 병든 가지를 잘라 소각처리 • 잘라낸 부분에는 지오판 도포제 도포
	화학적 방제	• 살균제인 테부코나졸 수화제 살포 • 잎이 나기 시작하는 시기부터 7일 간격으로 2~3회 수관 살포
	수세 회복	• 시비, 가지치기 등 • 나무의 수세 회복

‖ 빗자루병 증상 ‖

출처 : https://blog.naver.com/kohj007/221512553079

구분	문항	기 출 문 제
1교시	1	식물생태계의 천이순서와 대표수종
	2	수목 전정의 미관, 실용, 생리적 목적
	3	「수목원 · 정원의 조성 및 진흥에 관한 법률」에서 규정하는 정원의 구분과 정의
	4	「자전거 이용시설의 구조 · 시설 기준에 관한 규칙」에 의한 포장 및 배수기준
	5	구조물 설치 시 흙의 동상현상(frost heave)의 피해방지를 위한 조치
	6	비탈면 녹화 시 도입할 수 있는 향토초본 및 목본류 각 5종의 식물특성
	7	한지형 잔디의 병충해와 방제방법
	8	중금속으로 오염된 토양을 정화하기 위한 식물재배정화법(Phytoremediation)
	9	도시공원의 야영장 유형과 조성 시 고려사항
	10	지하도로 상부의 공원화 목적 및 고려사항
	11	경사형 지붕녹화 시 고려사항
	12	경복궁 자경전 십장생 굴뚝의 구성요소 및 상징성
	13	물가변동의 조정요건 및 조정기준일
2교시	1	최근에 제정된 「조경진흥법」의 의의와 주요 내용을 열거하고, 앞으로 조경계가 이 법을 기반으로 나아가야 할 방향에 대하여 설명하시오.
	2	성능기준에 대해 정의하고, 조경포장에 요구되는 대표적 성능 4가지를 들어 설명하시오.
	3	소양강다목적댐의 조경적 관점에서 현황 SWOT 분석 후 이용활성화 방안에 대하여 설명하시오.
	4	생태계보전협력금사업의 계획, 시공 및 유지 관리적 측면에서 개선사항을 설명하시오.
	5	공원조성 및 관리과정에서의 주민참여방안과 이를 위한 조경가의 역할에 대하여 설명하시오.
	6	NCS(국가직무능력표준)의 개발목적과 그중 조경분야의 직무개발내용에 대하여 설명하시오.
3교시	1	서울역 고가도로의 공원화 방향에 대해 국내외 사례를 설명하고, 본 프로젝트의 추진 배경, 문제점 및 바람직한 계획방향에 대하여 설명하시오.
	2	조경분야 건설기준인 조경설계기준 및 표준시방서의 정비 연혁을 설명하고, 발전방향에 대하여 설명하시오.
	3	공공시설물 경관디자인을 정체성, 연계성 및 조형성의 관점에서 설명하시오.
	4	오픈스페이스에서 발생하는 자연재해의 유형별 기준에 대하여 설명하시오.
	5	산지형 근린공원에서 우수(빗물)의 유출로 인해 발생하는 문제점과 개선방안을 설명하시오.
	6	목재 퍼걸러(그늘시렁)에서 수직재(기둥)와 수평재(보)의 구조계산 과정을 단계별로 비교하여 설명하시오.
4교시	1	현 시점에서 조경업의 발전을 위한 부문별 현안과 대응전략에 대해서 설명하시오.
	2	공공복지 차원에서 조경가 또는 조경 관련 단체에서 할 수 있는 프로그램을 각각 3가지 제시하시오.
	3	저류지 공원화 사례를 유형별로 구분하여 설명하고, 조성 및 유지관리상 주의해야 할 점에 대하여 설명하시오.
	4	비탈면녹화의 목적과 시공 전 고려사항에 대하여 설명하시오.
	5	석축옹벽인 메쌓기 및 찰쌓기 공법의 특성을 비교하여 설명하시오.
	6	「어린이놀이시설 안전관리법」에 의한 설치검사와 정기시설검사의 차이점에 대하여 설명하시오.

01 식물생태계의 천이순서와 대표수종

1. 개요

① 식물생태계의 천이란 생물군집의 시간경과에 따른 연속적 변화를 의미하고, 시간의 순차성, 수분의 유무에 따라 천이의 유형이 달라짐

② 일반적인 천이의 순서는 나지 > 지의류, 선태류 > 초원 > 저목림(관목림) > 양수림 > 혼합림 > 음수림으로 나타남

2. 천이순서와 대표수종

1) 나지 > 지의류, 선태류

① 나지는 식생이 나타나지 않음

② 곰팡이와 조류, 고사리 등

2) 초원 > 저목림(관목림)

① 사바나 초원 같은 잔디, 지피초화류

② 총상형의 수형을 가진 개나리, 철쭉 등

3) 양수림 > 혼합림 > 음수림

① 볕이 잘 드는 곳에 잘자라는 소나무, 오리나무 등

② 양수와 음수가 동시에 혼재하는 혼합림

③ 식물군집의 극성상 주목, 비자나무, 참나무 등

02 수목 전정의 미관적, 실용적, 생리적 목적

1. 개요

① 수목의 전정은 정지작업으로 조경수의 건전한 발육을 도모하기 위한 가지나 줄기 제거작업을 말함
② 수목 전정은 수목관상, 개화결실, 생육상태 조절 등을 위한 미관적·실용적·생리적 목적을 위해 실시함

2. 전정의 목적

목적	내용
미관적	• 불필요한 줄기나 가지를 제거하여 건전한 생육 도모 • 수목이 갖는 본래의 미 추구
실용적	• 지엽이 생육 양호 • 방화수, 방풍수, 방음수, 차폐수 등의 목적 달성
생리적	• 도장지, 역지, 혼합지 등 정리하여 통풍, 채광 양호 　→ 병충해 방지, 풍해와 설해에 대한 저항력 높임 • 수목활력을 높이고, 개화결실 촉진, 좋은 활착상태 유지

「수목원 · 정원의 조성 및 진흥에 관한 법률」에서 규정하는 정원의 구분과 정의

1. 개요

① 수목원 및 정원의 조성 · 운영 및 육성에 필요한 사항을 규정함으로써 국가적으로 유용한 수목유전자원의 보전 및 자원화를 촉진하고, 정원을 체계적으로 관리하여 국민의 삶의 질 향상과 국민경제의 발전에 이바지함을 목적으로 함

② 이 법은 기존 법 내에 정원 개념을 도입하고 정원의 조성 및 운영주체에 따라 정원을 구분하며, 정원에 대한 정책추진 및 활성화를 위하여 정원전문가 교육과정 인증제도를 도입하는 한편, 정원산업 개발촉진 및 창업지원 등 정원진흥정책 추진을 위한 법적 근거를 마련하고자 함

③ 수목원 및 정원은 그 조성 및 운영주체에 따라 국립수목원, 공립수목원, 사립수목원, 학교수목원과 국가정원, 지방정원, 민간정원, 공동체정원으로 구분됨

2. 정원의 구분

구분	정의
국가정원	• 국가가 조성 · 운영하는 정원 • 순천만정원 1호 지정 추진
지방정원	• 지방자치단체가 조성 · 운영하는 정원 • 성남시 중앙공원, 엑스포 주변 정원
민간정원	• 법인 · 단체 또는 개인이 조성 · 운영하는 정원 • 미로정원, 커뮤니티정원
공동체정원	• 다양한 단체 등이 공동으로 조성 · 운영하는 정원 • 국가 또는 지방자치단체와 법인, 마을 · 공동주택 또는 일정지역 주민들

「자전거 이용시설의 구조·시설 기준에 관한 규칙」에 의한 포장 및 배수기준

1. 개요

① 자전거 이용시설의 구조·시설 기준에 관한 규칙은 자전거 이용 활성화에 관한 법률에 의거하여 자전거 이용시설의 구조와 시설에 관한 기술적 기준을 규정함을 목적으로 함
② 자전거도로의 포장은 포장재 고유의 색상을 유지하고, 포장면의 물이 고이지 않도록 1.5~2% 이하의 횡단경사를 설치하여야 함

2. 포장 및 배수기준

구분		특징
포장기준	색상	별도의 색상 포장 없이 포장재 고유의 색상 유지
	이용자 안전 확보	• 자전거도로와 만나는 지점은 눈에 띄도록 짙은 붉은색으로 포장 • 자전거도로 시작지점과 끝지점, 일반도로와의 접속구간, 교차로 등
	차선	• 중앙분리선의 경우 노란색 • 양측면의 경우 흰색으로 표시
	구조	• 자동차의 횡단을 허용하는 자전거도로 해당 • 자동차의 중량 등을 고려하여 결정
배수기준	경사	• 물이 고이지 않도록 1.5~2% 이하의 횡단경사 설치 • 투수성 자재 사용 시 배제

05 구조물 설치 시 흙의 동상현상(frost heave)의 피해방지를 위한 조치

1. 개요

① 흙의 동상현상(frost heave)이란 0℃ 이하의 기온이 지속될 경우 지반의 물이 동결하여 Ice Lence 를 형성하는 현상을 말함

② 구조물 설치 시 피해방지를 위한 조치로는 지하수 차단, 단열층 설치, 치환공법 등이 있음

2. 피해방지조치

1) 지하수 차단

① 지하수위 저하

② 모관수 상승을 방지하는 층을 두어 동상방지

2) 단열층 설치

① 스티로폼 등 단열재료 활용

② 상부의 흙에 동결이 잘되지 않는 재료 삽입

3) 치환공법

① 동결심도 깊이 80%까지 치환

② 200 통과량 10% 미만 모래, 쇄석

06 비탈면 녹화 시 도입할 수 있는 향토초본 및 목본류 각 5종의 식물특성

1. 개요

① 비탈면 녹화 시 자연환경을 고려한 복원목표에 적합한 설계와 시공을 유도하기 위해서는 토질 분석에 의한 안정검토가 이루어진 상태에서 토질, 지역기후, 생태적 여건 등을 종합적으로 고려하고 주변에서 생육하고 있는 향토초본 및 목본류 등을 적극적으로 활용해야 함

② 녹화 가능한 초본 및 목본류는 국내에서 오랜 세월에 걸쳐 다른 품종과 교배되지 않고 자생하여 온 식물, 목본을 말함

2. 식물 특성

구분		식물특성	
향토초본	쑥	• 다년초이고 빠른 피복속도 • 제초의 문제가 적은 곳에 사용	• 지하경으로 번식하여 군집 형성
	비수리	• 관목형 초본 • 발아가 빠르고 쑥과의 경쟁에서 우월	• 참싸리 대용 또는 일부 대체가능종
	달맞이	• 제방이나 길가, 유휴지에서 자생 • 초기 조성속도가 느림	• 발아율 양호하고 건조에 강함
	새	• 척박한 토양에서 생육가능 • 발아가 늦고, 초기 생육이 느려 양잔디와 혼파	• 장기적인 경사지 토양보전에 양호
	야생화류	• 감국, 쑥부쟁이, 금계국 등 • 국내산 수급이 어려워 중국산으로 대체되고 있음 • 자생종을 중심으로 파종 유도	
목본류	붉나무	• 천근성 수종으로 바위틈에서도 자람 • 단풍이 아름다움	• 파종으로 번식 용이
	소나무	• 소나무 순림지역이 아니면 인위적 파종 요구 • 조경적 가치 월등	• 초기 생장이 느림
	참나무류	• 식생천이 단계 중 자연스럽게 나타나는 수종 • 심근성 수종으로 암반틈새에서는 관목형으로 자람 • 종자파종	
	참싸리	• 뿌리가 실새 뻗이 도양보전능력이 높음 • 척박지에서 생육 가능하고 암이 많은 지역도 가능 • 초본과 혼용하여 조기경관 회복 시 사용	
	병꽃나무	• 낙엽활엽관목으로 개나리와 비슷 • 도시조경에 이용 가능 • 비탈녹화용이나 훼손지 녹화용으로 이용가치 높음	

07 한지형 잔디의 병충해와 방제방법

1. 개요

① 한지형 잔디의 병충해는 병반지역의 잔디가 적갈색으로 변하는 황색마름병(옐로패치병)과 눈과 같은 저온성 곰팡이에 의해 나타나는 설부병 등이 있음

② 방제방법으로는 치환이나 답압금지 등의 경종적 방제법과 살균제를 처리하는 화학적 방제법으로 나뉨

2. 병충해와 방제방법

구분		특징
황색마름병 (옐로패치병)	경종적 방제	• 초겨울에 생리활성제 사용하여 질소결핍 방지 • 겨울철 관수, 과습으로 환기 필요
	화학적 방제	• 예방 위주의 방제 • 발병 후 방제 시 잔디생육이 불량한 시기이므로 회복이 더딤 • 약제처리는 10월 하순 늦가을, 시비 직후
설부병	경종적 방제	• 만성적 발생장소에 질소질 비료 사용 줄이기 • 차량이나 사람에 의한 답압 주의
	화학적 방제	• 늦은 겨울이나 이른 봄의 치료적 목적보다 가을철 예방적인 목적으로 사용 권장 • 침투이행성 살균제의 경우 잎 생육이 완전히 멈추기 전 사용 • 접촉성 살균제는 늦은 가을, 첫 눈 직전 사용

08 중금속으로 오염된 토양을 정화하기 위한 식물재배정화법 (Phytoremediation)

1. 개요

① 식물재배정화법은 식물을 이용하여 오염토양 및 지하수를 정화시키는 자연친화적인 환경정화 기술로 중금속이나 영양염류를 체내에 많이 축적하는 능력을 가진 식물을 식재하여 오염물질을 정화한 후 수확하여 처리하는 방법임

② 부산물 생성이 적으며 환경친화적인 공법이나 중금속에 의한 식물독성이 나타나는 경우 적용하는 데 어려움이 있음

2. 장단점

1) 장점

① 현장적용성 우수
② 기타 생물학적 공정에 비해 경제적인 기술
③ 저농도 오염물질이 넓은 지역에 퍼져 있을 경우 효과적
④ 부산물 생성이 적으며 친환경적 공정
⑤ 토양이 부지 내 유지되고 추가적인 처리가능

2) 단점

① 식물뿌리가 닿는 얕은 지역에만 적용가능
② 고농도 오염물질일 경우 완전 폐기 한계
③ 늦은 공정처리속도
④ 분해생성물의 독성 여부 및 생분해도 불명확
⑤ 중금속에 의한 식물독성이 나타나는 경우 적용의 어려움

09 도시공원의 야영장 유형과 조성 시 고려사항

1. 개요

① 도시공원 내 야영장이 난립하면서 이용객 안전과 환경오염이 우려되는 가운데 시설수준에 따라 특급야영장, 우수야영장, 보통야영장, 기본야영장으로 세분화할 수 있음

② 고려사항으로는 기반시설(영지면적, 주차수용력, 전기, 가로등), 안전(소방, 안전장비, 대비계획), 위생(화장실, 개수대, 세면대), 입지환경(연중 개방기간, 시설상태, 녹지율) 등이 있음

2. 유형과 고려사항

구분		특징
유형	특급야영장	• 야영장비 일체 대여 • 전기 이용이 가능한 대형영지 제공 • 가족단위 야영객 이용이 편리한 곳 • 피크닉 시설, 무선인터넷, 온수 샤워장
	우수야영장	• 편의시설 상태, 녹지율 우수 • 응급상황 발생 시 신속하게 대응 가능 • 예약시스템, 샤워장
	보통야영장	• 기반시설과 안전장비 구축
	기본야영장	• 최소한의 기반시설만 제공
고려사항	기반시설	• 영지면적, 영지구획, 주차수용력, 전기, 가로등
	안전	• 소방시설, 안전장비, 대비계획
	위생	• 화장실, 개수대, 세면대
	입지환경	• 연중 개방기간, 시설상태, 쾌적성, 녹지율

10 지하도로 상부의 공원화 목적 및 고려사항

1. 개요

① 지하도로 상부는 넓은 의미의 옥상조경영역으로 녹화공간이 부족한 도심지 내 오염이나 위험요소가 많은 도로를 지하화하여 로드 다이어트(road diet)하고 상부공간을 공원화함으로써 녹지나 커뮤니티 공간, 새로운 기회요소의 오픈스페이스로 활용가능함

② 지하도로 상부 공원화시킬 경우 고려사항으로는 기존 차량통행에 대한 배려, 안전사고에 대비한 철저한 품질관리, 공사장관리가 필요함

2. 목적 및 고려사항

<table>
<tr><th colspan="2">구분</th><th>내용</th></tr>
<tr><td rowspan="3">목적</td><td>대규모 도로의 지하화</td><td>• 대기오염, 자동차 등의 위험요소 배제
• 시민의 안전 확보</td></tr>
<tr><td>지상부의 녹지가 포함된
다목적 공간 확보</td><td>• 볼거리, 즐길거리, 먹을거리가 복합된 오픈스페이스 조성
• 지역단절 해소</td></tr>
<tr><td>환경복원</td><td>• 자연기능회복과 생태계 복원
• 인근 하천이나 산림과의 연계</td></tr>
<tr><td rowspan="3">고려사항</td><td>기존 차량통행</td><td>• 지하차도를 단계별로 구분 시공
• 기존 차량통행이 차단되지 않도록 계획</td></tr>
<tr><td>품질관리</td><td>• 지상부, 지하부 구분에 따른 각 영역별 적정하중 확보
• 설계, 자재, 제품, 공정 내 품질향상, 원가절감
  －식생기반이 우수한 녹지 조성
  －하자발생 최소화</td></tr>
<tr><td>공사장관리</td><td>• 기존 차도와 대상지 사이의 안전성 확보
• 차로 폭 감축에 따른 안전사고 대비한 안전시설 설치
• 경계석, 방호울타리 설치 등</td></tr>
</table>

경사형 지붕녹화 시 고려사항

1. 개요

① 경사형 지붕녹화는 옥상이나 벽면녹화의 일부로 식물의 생육조건이 열악한 조건 내 생물서식기반을 조성해줌으로써 녹지공간이 부족한 도심지의 녹화율을 높이기 위한 대안책임

② 경사형 지붕녹화는 토양유출방지책의 구조적 기반재와 내건성의 새덤류를 이용한 무관리형 지붕녹화방안 중 하나임

2. 고려사항

구분	특징
식재	• 저관리형, 내건성 수종 선정 • 관목 : 댕강나무류 등 • 지피식물 : 새덤류, 멕시코돌나물, 로즈마리 등
구조	• 구배로 인한 토양이 유실되지 않도록 주의 • 토양유출방지책 : 합성수지투수관 $\phi 200$ + 내부토양 채움 • 구배조정 : T100mm 발포 스티롤
하중	• 신축건물 or 기존 건물 내 설치 여부 확인 필요 • 방수, 단열재 압축강도는 녹화조성과 점적하중 배치 시 주의 • 구성층 조성 시 재료를 임시적으로 적치 시 범위 내 적용하중 적용

배수 및 방수	• 토양의 투수/보수성 및 배수층의 성능 등을 녹화 전 충분히 검토
	• 건축물 자체 구배, 배수구 위치선정 오류 등의 배수불량 시
	  −집중강우에 의한 토양구조 파괴
	  −수목 전도 피해 야기
	  −건축물의 내구성 저하

12 경복궁 자경전 십장생 굴뚝의 구성요소 및 상징성

1. 개요

① 흥선대원군이 조대비(신정왕후, 효명세자의 비)를 위해 지어드린 자경전의 뒷마당에 있는 보물 810호로 꽃무늬담에 연하여 설치된 조선시대 굴뚝임

② 굴뚝 주무늬의 주제는 해, 산, 물, 구름, 바위, 소나무, 거북, 사슴, 학, 불로초, 포도, 대나무, 국화, 새, 연꽃 등이며 둘레는 학, 나티, 당초문 등이 배치되어 있고, 특이하게 문자(목숨 수, 기쁠 희) 문양이 새겨짐

2. 구성요소별 상징성

상징성	구성요소 및 특징
장수	• 배, 바위, 거북 등 십장생 • 길흉문자 중 목숨 수(壽) • 대비인 이용주체의 배려
자손의 번영	• 포도, 당초문양 • 열매, 나뭇잎이 많은 수종을 선별 • 대대손손 변성하기를 바라는 의미
벽사	• 나티, 불가사리 • 악귀를 막는 상서로운 짐승 선정 • 질병, 액운을 막아줌
행복	• 길흉문자 중 기쁠 희(囍) • 웃으며 오래오래 살기를 희망

13 물가변동의 조정요건 및 조정기준일

1. 개요

① 물가변동에 따른 계약금액 조정은 계약체결 후 일정 기간이 경과된 시점에서 계약금액을 구성하는 각종 품목 또는 비목가격이 급격하게 상승, 하락된 경우 계약금액을 증감 조정해주는 제도임

② 계약을 체결한 날로부터 90일 이상 경과하고, 조정사유가 발생한 날로부터 90일 이내에는 이를 다시 조정하지 못함

2. 조정요건 및 조정기준일

1) 품목조정률이 100분의 3 이상 증감된 경우

① 계약금액 내 모든 품목등락을 개별적으로 계산하여 등락율 산정

② 원가계산에 의한 예정가격 계약 시 적용

③ 수많은 품목의 등락률을 매 조정 시마다 계산해야 하므로 복잡

④ 품목이 적고 조정횟수가 많지 않을 때 적합

   • 단기, 소규모, 단순공종

2) 지수조정률이 100분의 3 이상 증감된 경우

① 비목을 유형별로 정리한 비목군을 편성하여 가중치 부여

② 비목군별로 생산자물가 기본 분류지수 등을 대비하여 산출

③ 원가계산에 의한 예정가격 계약 시 적용

④ 생산자물가 기본분류지수, 수입물가지수 등 이용

   → 조정률 산출 용이

⑤ 평균가격의 지수를 사용하므로 물가변동내역과 차이가 있음

⑥ 구성비목 많고, 조정횟수가 많은 경우 적합

   • 장기, 대규모, 복합공종

구분	문항	기 출 문 제
1교시	1	유네스코 세계유산의 등재요건인 '탁월한 보편적 가치(OUV ; Outstanding Universal Value)'의 개념
	2	회전교차로(round-about)의 구조형식과 원형녹지대의 조경기법
	3	로렌스 핼프린(L. Halprin)의 모테이션(Motation) 개념
	4	시각자원평가방법인 VRM(Visual Resource Management)
	5	네트워크 공정표인 PERT와 CPM의 차이점
	6	석지, 석연지, 물확의 개념 비교
	7	생물다양성협약(CBD ; Convention on Biological Diversity)
	8	자연환경보전법상의 생태자연도 등급기준
	9	건설기술진흥법상의 건설공사 시공기준으로서 시방서의 분류 및 내용
	10	한국조경헌장에서의 '조경' 정의와 가치
	11	도시공원 및 녹지 등에 관한 법률에서 정한 '공원시설'의 종류
	12	건설표준품셈에 명시된 '품의 할증'
	13	배롱나무의 생육적 특성과 중부지방에서의 관리방안
2교시	1	한국 전통마을의 '범죄예방디자인(CPTED)'의 측변을 설명하시오.
	2	쌈지공원, 마을마당, 한평공원의 도입배경과 주요 특정을 설명하시오.
	3	장기 미집행공원의 현황 및 해소방안을 제시하시오.
	4	대도시 산림지역의 둘레길 조성 목표, 개념, 노선 선정기준, 편의시설 및 안내체계 구축에 대하여 설명하시오.
	5	산림경관을 대상으로 사이먼(Simonds, 1961)과 리턴(Litton, 1974) 등이 구분한 경관분석방법의 형식적 유형을 설명하시오.
	6	석재판 붙임의 설치공법별(습식, 건식, GPC) 표준단면을 제시하고, 장단점을 설명하시오.
3교시	1	조선 왕릉의 입지를 선정할 때 고려했던 다양한 측면을 설명하시오.
	2	봄(3~6월)에 개화하는 자생초화류(10종)의 생육적 특성을 설명하시오.
	3	건축법상의 '대지의 조경'과 '대지 안 공지'를 비교하여 설명하시오.
	4	텃밭 중심 도시농업을 생태적 측면에서의 문제점과 토지 이용 효율성을 고려한 개선방안을 제시하시오.
	5	실시설계와 시공의 관계 속성에 대하여 설명하고, 설계와 시공의 불일치현상에 대한 요인별 원인과 해결방안을 제시하시오.
	6	국제공모를 통해 제시된 대형공원의 생태적 설계 개념과 기법에 대하여 사례를 들어 설명하시오.
4교시	1	포스트모더니즘 작가 중 미니멀리즘 · 해체주의 조경작가 3인의 설계이론 및 대표작을 설명하시오.
	2	우리나라 전통공간에서 연못의 입수기법과 출수기법에 대하여 간략한 모식도를 작성하여 설명하시오.
	3	한국 조경산업을 구성하는 공사업과 설계용역업 각각의 제도변천과정과 향후 영역 확대방안에 대하여 설명하시오.
	4	최근 시행 중인 '가로정원(street garden)'의 개념과 특정을 기존의 가로녹지 조성방법과 비교하여 설명하시오.
	5	조경설계의 '전통정원의 재현'에서 전통의 개념, 재현의 의미, 바람직한 재현방향에 대하여 설명하시오.
	6	부적기 식재공사 시 하자율 저감을 위한 조경수 생산방안과 유통구조의 개선점에 대하여 설명하시오.

유네스코 세계유산의 등재요건인 '탁월한 보편적 가치 (OUV ; Outstanding Universal Value)'의 개념

1. 개요

① 탁월한 보편적 가치는 문화유산과 자연유산에 나누어 제시되었으나 세계유산위원회에서 10개 기준으로 통합하여 결정함

② 위원회는 완전성, 진정성, 보편성이 있는 10개 기준 중 하나 이상을 충족시킬 경우 탁월한 보편적 가치 있는 것으로 간주함

2. OUV의 개념

1) 완전성

① 인간의 창의성으로 빚어진 걸작

② 인류가치의 중요한 교환

③ 현존하거나 유일한, 독보적 증거

2) 진정성

① 최상의 자연현상, 독보적 자연미, 미학적 중요성을 지닌 지역

② 지구 역사상 주요단계를 보여주는 탁월한 사례

③ 생태적, 생물학적 과정을 보여주는 탁월한 사례

3) 보편성

① 인류역사의 중요한 단계를 예증

② 인간의 전통적 정주지, 토지 이용, 바다 이용 등

③ 중요한 사건이나 문화작품과 직접 또는 유형적으로 연관

회전교차로(round-about)의 구조형식과 원형 녹지대의 조경기법

1. 개요

① 회전교차로는 교차로 중앙에 원형 교통섬을 두고 교차로를 통과하는 자동차가 이 원형 교통섬을 우회하도록 하는 평면교차로의 일종임

② 회전교차로의 구조형식은 회전교차로의 규모, 진출입부, 회전차로, 교통섬에 의해 결정됨

③ 원형녹지대는 우선적으로 상대방 교통의 이동시야 확보와 도심지 내 우수 확보를 위한 조경기법이 도입되고 있음

2. 구조형식과 조경기법

구분		특징
회전교차로의 구조형식	회전교차로의 규모	• 내접원의 직경으로 결정 • 교차로의 면적, 설계속도, 진입차로수 등에 의해 결정
	진출입부	• 진출입각, 반경, 폭원 등의 기준 • 부가차로 설치 여부 등을 검토
	회전차로	• 폭원, 반경, 차로수 검토 • 회전차로수는 진입부 중 가장 많은 차로수를 가진 곳을 기준
	교통섬	• 교차로의 규모와 회전차로수에 따라 결정 • 회전교차로의 효율적인 운영을 위해 중요한 기하구조 요소 • 중앙교통섬과 분리교통섬으로 세분화
원형녹지대 조경기법	시야확보	• 상대방의 이동경로를 볼 수 있도록 식재 • 관목 위주의 쿠션 식재, 경재식재
	우수확보	• 교통섬 녹지를 낮춰 빗물정원 도입 • 수생식물 식재

03   로렌스 핼프린(L. Halprin)의 모테이션(Motation) 개념

1. 개요

① 로렌스 핼프린은 기능이 죽은 도시를 대상으로 환경파괴 없이 재구성함으로써 공간의 형태보다는 시계에 보이는 사물의 상대적 위치를 기록한 조경설계가임

② 모테이션(motation)이란 움직임(movement)과 부호(notation)를 결합하여 인간행동의 움직임 표시법을 고안함

2. 모테이션 개념

1) 환경적 요소의 부호화

① 건물, 수목, 지형 등을 기록

② 공간형태보다는 사물의 상대적 위치 기록

③ 움직임(movement)＋부호(notation)

2) 진행중심적

① 진행에 따라 변화하는 경관

② 수직, 수평 요소 기록＋시간요소 첨부

3) 적용사례

① 폐쇄성이 낮은 공간

② 교외, 캠퍼스 등

04 시각자원 평가방법 VRM(Visual Resource Management)

1. 개요

① 미국 토지관리국의 시각자원 관리체계는 공공토지의 아름다운 경관을 관리하기 위해 자연경관을 변화시킬 수 있는 활동에 대해 경관영향을 최소화하고 보존할 수 있는 관리방법을 제안함
② VRM 체계는 시각자원목록법(Visual Resource Inventory)과 대비성 측정법(Contrast Rating System)으로 구성

2. VRM

1) 시각자원 목록법

① 경관의 관리등급 4등급으로 구분
   ㉠ 경관미(Scenic Quality)
   ㉡ 경관민감도(Sensitivity Level)
   ㉢ 조망거리(Distance Zones)
   ㉣ 위 세 가지 기준으로 등급 산정 후 계획 수립

② 자원관리계획 과정에서 시각적 자원을 고려할 수 있는 정보제공

2) 대비성 측정법

① 현재 경관에 새로운 계획 시행 시 경관영향을 평가하는 방법
② 국내 환경영향평가의 경관부분 내용과 유사

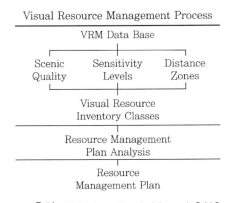

출처 : BLM Handbook Manual 8410

05 네트워크 공정표인 PERT와 CPM의 차이점

1. 개요

① 네트워크 공정표는 일정계획을 네트워크로 표시하고 동그라미와 화살표로 표시하여 공정표를 작성함

② 네트워크 공종표의 종류에는 일정 중심의 PERT와 비용 중심의 CPM으로 세분화됨

2. 차이점

구분	PERT	CPM
개발	미해군	건설공사(플랜트)
목적	공기 단축	비용 절감
대상 사업	경험이 없는 신규사업, 비반복사업, 작업표준이 불확실한 사업	경험이 있는 사업, 반복사업, 작업표준이 확립된 사업
시간 추정	〈3점 추정〉 $$t_\alpha = \frac{t_0 + 4t_m + t_\rho}{6}$$ 여기서, t_0 : 낙관시간, t_p : 비관시간 신규사업을 대상으로 하기 때문에 3점 추정 시간을 위하여 확률계산	〈1점 추정〉 $$t_c = t_m$$ 여기서, t_c : 소요시간, t_m : 정상시간 경험이 있는 사업을 대상으로 하기 때문에 정상시간치로 소요시간 추정
일정 계산	• 결합점(Event) 중심 • 일정계산 복잡	• 작업(Activity) 중심 • 일정계산 용이 • 작업 간 조정 용이
주공정	TL−TE = O 여기서, TL : 최지시간, TE : 최조시간	TF−FF = O 여기서, TF : 총여유, FF : 자유여유

06 석지, 석연지, 물확의 개념 비교

1. 개요

① 석지는 직육면체의 돌을 파서 물을 담고 의미를 부여하여 연못을 설치할 수 없는 공간에 주로 배치함

② 석연지는 이러한 석지에 연꽃을 심어 불당 앞이나 사군자를 기리는 사대부 주택정원 앞마당에 설치함

③ 물확은 주변에서 구할 수 있는 돌덩어리를 조금 가공하여 중앙에 큰 홈을 파고 물을 담아 정원 내 점경물로서 역할을 함

2. 개념 비교

구분	특징
석지	• 물을 담아두는 도구나 용기의 총칭 • 장방형의 형태로 물만 담기도 하고, 연꽃을 띄우기도 함 • 궁궐이나 민가주택 정원에서 주로 볼 수 있음
석연지	• 물을 담을 수 있게 만든 연꽃 모양의 석지 • 장방형의 석지 내의 연꽃 식재 • 부처님을 상징하여 불교에서 많이 배치
물확	• 크지 않은 돌덩이를 조금 가공하여 홈을 파고 물을 담음 • 파란하늘, 구름, 처마 등의 영상을 투영 • 의미를 투영하여 함월지, 낙하담 등의 명칭 부여 • 다양한 돌형상을 반영하여 정원 내 배치

07 생물다양성협약(CBD ; Convention on Biological Diversity)

1. 개요

① 생물다양성협약은 생물다양성의 보전과 생물자원의 지속가능한 이용, 생물자원 이용으로 얻어지는 이익의 공정하고 공평한 배분에 목적이 있음
② 주요내용은 환경영향평가 도입, 개발사업의 생물에 대한 악영향 최소화, 상호합의된 유전자원 이용 등이 있음

2. 주요내용

1) 국가적 전략 수립

① 생물다양성 보전 및 지속가능한 이용 목적
② 환경영향평가 도입

2) 개발사업의 생물피해 최소화

① 생물피해 평가
② 교육 및 대중 홍보

3) 상호합의된 유전자원 이용

① 각 당사국 합의에 따른 기술접근과 기술이전
② 유전자원 이용에 따른 이익의 공정한 배분

08 자연환경보전법상의 생태자연도 등급기준

1. 개요

① 생태자연도는 자연환경보전법에 의거 전국 자연환경의 생태적 · 경관적 가치, 자연성에 따라 등급화하여 표시한 지도를 말함

② 생태자원도의 등급기준은 1등급(보전), 2등급(훼손 최소화), 3등급(개발) 권역과 별도관리지역 (법률상 보호지역)으로 구분하여 생태적 가치를 평가함

2. 등급기준

구분	기준
1등급권역	• 멸종위기 야생동식물 서식지, 도래지 • 생태축 또는 주요 생태통로 • 생태계 경관 우수 지역 • 생물다양성 풍부한 지역, 자연원시림, 고산초원 • 자연상태의 하천, 호소, 강하구, 갯벌, 해안
2등급권역	• 1등급 기준에 준하는 지역, 장차 보전가치가 있는 지역 • 1등급 외부지역으로 1등급권역 보호 필요 지역
3등급권역	• 1등급, 2등급, 별도 관리지역 외의 지역 • 개발 또는 이용의 대상이 되는 지역
별도관리지역	• 타 법률에 따라 보전되는 지역 • 산림유전자원 보호림, 자연공원, 백두대간 보호지역 • 천연기념물 지정 및 보호구역, 야생동식물 보호구역 • 수산자원 보호구역, 습지 보호지역 • 생태 · 경관 보전지역

09 건설기술진흥법상의 건설공사 시공기준으로서 시방서의 분류 및 내용

1. 개요

① 공사의 진행을 위해 도면상에 기재할 수 없는 사항들을 문서화한 것으로 재료의 질, 치수나 규격, 시공방법, 제품의 성능, 기술적 요구사항 등을 규정함
② 현장설명서 > 공사시방서 > 설계도면 > 표준시방서 > 물량내역서 순으로 적용이 난해한 경우 발주자(감리) 지시에 따름

2. 시방서의 분류 및 내용

분류	내용
표준시방서	• 1975년 조경공사 표준시방서 제정(국토교통부) • 시설물별 표준시공기준 • 용역업자가 공사시방서 작성 • 공사시방서를 작성하기 위한 기초자료로 강제성 없음
전문시방서	• 표준시방서 기준으로 하는 종합적인 시공기준 • 시설물 공종별 시공이나 공사시방서 작성 • 전 공정을 포함한 세부적인 시공기준 제시
공사시방서	• 표준시방서, 전문시방서 기준 • 개별공사의 특수성, 지역 여건, 공사방법 등을 고려 • 설계도면에 표기하기 어려운 세부적 내용 등을 기술 : 시공방법의 정도, 설비, 검사, 재료의 종류 · 품질 • 건설공사 도급계약서류로 강제성 부여

10 한국조경헌장에서의 '조경' 정의와 가치

1. 조경의 정의

① 한국조경헌장 내에서 정의한 조경은 환경을 설계, 조성, 관리하는 문화적 행위로서 생태적 위기에 따른 실천적 해법을 제시하고 공동체 소통의 장을 마련함

② 지속가능한 환경을 다음 세대에 물려주는 것은 조경의 책임이자 과제로 조경헌장을 통해 조경을 재정의하고, 가치공유 및 새로운 좌표를 제시하고자 함

2. 조경의 가치

구분	내용
자연적 가치	• 조경은 다양한 동식물종의 공생 중시 • 자연은 현세대와 미래세대가 보존하고 관리해야 할 대상 • 자연과 인간 사이의 부조화를 해소하고 자연치유
사회적 가치	• 삶의 터전은 유한한 공간이자 공공자원 • 시민의 공공적 행복을 우선 고려 • 사회적 약자를 배려하고 평등한 공공환경 조성
문화적 가치	• 인류의 인문적 자산은 조경의 토대 • 역사성, 지역성, 문화적 다양성, 창의적 예술정신 지향

11 도시공원 및 녹지 등에 관한 법률에서 정한 '공원시설'의 종류

1. 개요

① 도시공원 및 녹지 등에 관한 법률은 도시에서의 공원녹지의 확충 · 관리 · 이용 및 도시녹화 등에 필요한 사항을 규정함으로써 쾌적한 도시환경을 조성하고자 함
② 공원시설은 조경시설, 휴양시설, 유희시설, 운동시설 등 도시공원의 효용을 다하기 위해 설치되는 시설을 말함

2. 공원시설의 종류

구분	기능	시설종류
기반시설	공간의 물리적 환경 구축	도로, 광장
조경시설	경관 향상을 위해 설치	화단, 분수, 조각 등
휴양시설	이용자의 휴식 제공	휴게소, 긴 의자 등
유희시설	유아, 어린이들을 위한 공간 조성	그네, 미끄럼틀 등
운동시설	이용자들의 체력 증진	테니스장, 수영장, 궁도장 등
교양시설	문화적 체험공간 제공	식물원, 동물원, 수족관, 박물관, 야외음악당 등
편익시설	이용자들의 편리한 이용 증진	주차장, 매점, 화장실 등
공원관리시설	공원을 관리하기 위한 기본시설	관리사무소, 출입문, 울타리, 담장 등
도시농업시설	도시농업을 하기 위해 설치하는 시설	실습장, 체험장, 학습장, 농자재 보관창고 등
기타	국토교통부령으로 정하는 시설	도시공원의 효용을 다하기 위한 시설

12 　건설표준품셈에 명시된 '품의 할증'

1. 개요

① 품의 할증은 적정공사비 산정을 위해 공사규모, 현장조건 등을 감안하여 적용하고 품셈 각 항목별 할증이 명시된 경우 우선 적용

② 품의 할증은 인력품 적용이 원칙이나 작업능률 저하로 인해 건설기계의 사용시간이 늘어나는 경우 기계품에도 적용 가능함

2. 품의 할증

구분	내용
작업할증률	• 군작전지구 내 20% 가산 • 도서지구, 공항 등 50% • 야간작업 시 25% • 10m² 이하 소단위 건축공사 50%
열차빈도별 일반 할증률	• 13회 미만 14% • 14~18회 25% • 19회 이상 37%
지세지형별 할증률	• 야산지 25%, 소택지나 논 50% • 물이 있는 논 20%, 주택가 15% • 도로 : 2차선 30%, 4차선 25%, 6차선 20% • 강건너기 50%, 계곡건너기 30%
위험 할증률	• 교량상 작업 15~70% • 고소작업 지상(비계틀 사용) 10m 10%, 20m 20% • 지하 4m 이하 10% 등
건물층수별 할증률	• 지상층 2~5층 이하 1% • 지하 1층 1% • 지하 2~5층 2% 등

13 배롱나무의 생육적 특성과 중부지방에서의 관리방안

1. 개요

① 배롱나무는 주로 관상용으로 여름철 붉은 꽃을 피우는 낙엽활엽교목으로 전통적으로 부귀를 상징하는 수목임

② 중부지방에서는 겨울철 동해에 대한 추위 관리가 필요하며 살충과 살균을 위해 유황을 칠하기도 함

2. 중부지방 관리방안

1) 동해방지

① 볏집, 새끼 마대감기 등 피복작업

② 병충해 관리, 전정시기, 비료시기 고려
  ㉠ 초봄 시 생육성장에 도움
  ㉡ 장마 후 비료투여 시 비대성장으로 동해 발생빈도 높음

2) 살충과 살균(유황 칠하기)

① 수목의 생육기에는 살포하지 않고 겨울에 살포
  • 1월 중순부터 2월 하순경 최적기
② 겨울의 해충이나 병원균 퇴치
③ 뿌리 손상에 유의

구분	문항	기 출 문 제
1교시	1	플러드 공원(flood park)
	2	일시적 경관
	3	옥외에 설치되는 주차장의 유형
	4	인공지반 생육 식재토심(성토층/배수층 구분)
	5	전통 마을숲
	6	멀칭재의 장단점(5가지)
	7	정원치유
	8	조경수의 점적식 관수
	9	우리나라 가뭄발생 유형과 인공지반 조경수목 생장
	10	적심(摘心, pinching)
	11	오염토양 정화기술방법으로서의 토양경작법(landfarming)
	12	건설공사 예정금액의 규모별 건설기술자 배치기준
	13	전략환경영향평가의 세부 평가항목
2교시	1	중부지방의 도시화된 지역에 조선시대 민가의 전통한옥마을을 조성코자 한다. 방위에 따른 건축물 외부공간의 전통적인 지형적·생태학적 식재방안을 설명하시오.
	2	녹지면적이 부족한 대도시의 인공지반 상부에 도시녹화를 도시농업으로 대체하고 있는 사례가 빈번하다. 이에 대한 도시녹지의 기능적 문제점을 제시하고, 도시녹화에 반(反)하지 않는 도시농업 설치방안을 설명하시오.
	3	바닷가 완충림의 생태학적 식재기법에 대하여 설명하시오.
	4	수직적 다층구조 조경식재 이후 식물 성장패턴에 따른 숲 변화를 그림과 함께 설명하시오.
	5	식엽성 해충을 3종류 쓰고, 그 피해현상 및 방제방법에 대하여 각각 설명하시오.
	6	비오톱 지도의 작성방법 및 활용분야에 대하여 설명하시오.
3교시	1	한국의 전통정원문화를 널리 알리고자 외국의 여러 장소에 한국전통정원을 조성하고 있다. 일본의 오사카 지방에 창덕궁 후원의 부용정 주변을 모델로 한국전통정원을 조성코자 할 때 조성방안을 설명하시오.
	2	노후화된 도심의 재건축 아파트 단지 조경공간계획의 실상과 문제점을 열거하고, 그 해결방안을 설명하시오.
	3	도심지 가로수 식재 기본구상과 기본계획을 그림을 그려 설명하시오.
	4	생태보전습지의 탐방객 밀도가 생물서식에 미치는 영향과 적정 유지대책에 대하여 설명하시오.
	5	「주택건설기준 등에 관한 규정」에 따른 공동주택단지의 주민공동시설 설치 총량제 실시의 영향을 설명하시오.
	6	「경관법」에 의거 일정 규모 이상의 개발사업 시행 시 거쳐야 하는 경관심의 대상, 심의기준 등에 대하여 설명하시오.
4교시	1	경사지에 조경 구조물 설치공간을 확보하며 배면(背面)의 토사붕괴를 방지할 목적으로 석축을 시공할 때 시각적 경관을 고려한 석축공사에 대하여 설명하시오.
	2	우수유출 저감시설의 종류와 각각의 기능 및 장·단점에 대하여 설명하시오.
	3	조경수목 하자 발생 원인과 하자 발생 최소화 방안에 대하여 설명하시오.
	4	조경식재 시 안전관리방안에 대하여 설명하시오.
	5	「자전거 이용시설 설치 및 관리지침」에 의한 자전거도로의 포장 종류별 특성 및 자전거도로에서 요구되는 기능에 대하여 실명하시오.
	6	산지형 근린공원의 우수처리계획 수립방안을 설명하시오.

01 플러드 공원(flood park)

1. 개요

① 플러드 공원(fload park)은 기후변화에 따른 빗물량 변화에 유동성 있게 대처할 수 있도록 근린 공원이나 소공원, 어린이 공원 등에 적용될 수 있으며 빗물을 일시적으로 저장한 후 바깥수위가 낮아질 때 방류할 수 있도록 함

② 유형으로는 물을 상시적으로 저류할 수 있는 공원과 일시적으로 저류할 수 있는 공원으로 나뉠 수 있으며 물을 저류하는 공간범위에 따라 계획공간 요소가 달라질 수 있음

2. 공원유형

구분		특징
상시 저류공원	면적기준	• 평상시 일정량 물 저류 • 공원면적 50% 이하 저류공간 설치 • 저류공간 중 60% 이내, 생태습지 도입
	계획공간요소	• 습지, 데크, 산책로 • 수위표시계, 사이렌 등
일시 저류공원	면적기준	• 평상시 건조상태 유지 • 공원면적 50% 이내 저류공간 설치 • 저류공간 중 40% 이내, 다목적 공간 도입
	계획공간요소	• 운동장, 다목적 용지 • X-Game장, 암벽등반 등

02 일시적 경관

1. 개요

① Litton에 의한 산림경관 유형으로는 파노라믹 경관, 지형경관, 위요경관, 초점경관의 거시적 경관과 관계경관(터널경관), 세부경관, 일시적 경관의 세부적 경관으로 나눠볼 수 있음

② 일시적 경관이란 기상변화에 따른 경관의 분위기, 동물의 일시적 출현 등으로 나타나는 경관으로 비어 있거나 사용되지 않은 공간을 일시적으로 점유하여 기존 목적과 달리 임시, 과도기적으로 사용되는 것을 의미함

2. 사례

구분	내용
기상변화	• 불특정지역의 기상조건에 따라 나타나는 경관 • 안개, 비오는 풍경
계절감	• 봄, 여름, 가을, 겨울의 계절을 느낄 수 있는 특수경관 • 설경, 단풍
시간성	• 특정 시간에만 노출되는 희소 경관 • 일출, 일몰, 철새들의 군무

03 옥외에 설치되는 주차장의 유형

1. 개요

① 국토의 계획 및 이용에 관한 법률 시행령에 의거 도시계획시설 중 교통시설에 해당되는 주차장
은 노상주차장, 노외주차장, 부설주차장으로 세분화됨

② 주차장은 원활한 교통의 흐름을 위해 주간선도로 교차로나 진출입구보다는 대중교통수단과 연
계되는 지점에 설치하는 것이 좋음

2. 유형

구분	내용
노상주차장	• 도로노면이나 교통광장의 일정 구역에 설치 • 일반 이용에 제공되는 것 • 20대 이상인 경우 1면 이상 장애인주차장 설치
노외주차장	• 도로노면이나 교통광장 외의 장소 설치 • 일반 이용에 제공되는 것 • 50대마다 1면 이상 장애인주차장 설치
부설주차장	• 주차수요를 유발하는 시설에 부대하여 설치 • 해당 건축물의 이용자나 일반 이용에 제공되는 것 • 장애인주차장 주차대수는 자치단체조례에 따라 2~4% 적용

인공지반 생육 식재토심(성토층/배수층 구분)

1. 개요

① 인공지반이란 인위적으로 자연적인 지반상태와 유사한 재료적, 형태적 여건을 조성해주는 것으로 식물이 생육하기에 어려운 환경조건을 의미함

② 생육 식재토심은 배수층의 두께를 제외한 다음 초화류 및 지피식물, 소관목, 대관목, 교목에 따라 자연토양과 인공토양으로 구분되어 제시됨

③ 배수층은 물이 모일 수 있도록 2% 이상의 기울기를 주고, 두께는 식재토심에 따라 10~25cm를 확보하며 굵은 자갈, 잔자갈, 굵은 모래 등을 사용함

2. 생육 식재토심

구분	자연토양(cm)	인공토양(cm)	배수층(cm)
초화류 및 지피식물	15	10	10
소관목	30	20	15
대관목	45	30	20
교목	70	60	25

05 전통 마을숲

1. 개요

① 전통마을숲이란 나무 한그루 혹은 군식으로 조성된 마을 주변에 조성된 산림 또는 수목으로 산림을 보호하고 지역주민들의 생활환경 개선을 목적으로 조성됨

② 도로와 접한 도로형, 마을 진입 부근의 마을입구형, 계곡이나 하천변의 제방형, 산의 경사지나 평야지의 동산형 등으로 분류됨

2. 유형

유형	특징
도로형	• 도로와 접해 많은 사람들이 용이하게 접근할 수 있는 숲 • 휴게소, 소공원화 진행
마을입구형	• 산과 산을 이어주는 형태 • 지형에 따라 다양한 형태 • 수구막이
제방형	• 계곡이나 하천변 홍수범람 방지용 • 수로를 따라 선의 형태 • 인간간섭 정도에 따라 숲의 질 천차만별
동산형	• 산의 평야지, 경사지, 전답 중앙에 위치 • 주로 방풍역할, 식재수종 다양 • 두꺼운 선 모양이나 타원형

06 멀칭재의 장단점(5가지)

1. 개요

① 멀칭재란 바크, 색자갈, 왕겨, 비닐 등의 특정재료를 이용하여 토양피복 후 식물생육을 증진시키는 조경재료로 식물생육단면 내 최상위층을 구성함

② 토양수분 유지, 구조개선, 비옥도 증진과 같은 긍정적 측면이 있는 반면 배수불량으로 인한 습해, 부패되지 않는 재료일 경우 토양오염문제 등이 발생할 수 있음

2. 장단점

구분		내용
장점	토양수분 유지	• 지표면 수분 증발억제 • 여름철 토양온도를 낮춤으로 인해 수분 유지
	구조개선	• 멀칭재료 부식으로 유기물화 • 긍정적 화학작용
	비옥도 증진	• 유기물 함양 증대 • 미생물 생육 양호 → 근계발달
단점	습해	• 과다한 멀칭 사용으로 배수불량 • 원활하지 않은 물빠짐으로 뿌리썩음현상 발생
	토양오염	• 부식되지 않는 인공재료 사용 시 • 식물정착 후 반드시 제거작업 필요

07 정원치유

1. 개요

① 정원치유란 식물을 이용하여 인간의 육체적 재활과 정신적 회복을 추구하는 일련의 행위를 총 칭하는 용어를 뜻함
② 식물의 개화, 결실 등 성장의 변화를 교감하면서 공감각적 체험을 통해 책임감과 자긍심 등의 치유가 가능함

2. 효과

구분		특징
실내도입 시	공기정화	• 실내 온·습도 조절 • 미세먼지 등의 필터 역할
	정서안정	• 식물을 키우면서 자신감과 자부심 증대 • 심적 여유와 인내심 학습
	원예치료	• 신체활동을 통한 균형감각, 근력 증진 • 식물을 통한 테라피 효과
치료 접목 시	사회적 효과	• 역할과 권리 인지 • 책임감과 자립성 고취
	정서적 효과	• 자신감과 자부심 • 자제력과 창의력 양성
	신체적 효과	• 균형감각, 근력 강화 • 오감을 통한 심리적 안정감 유지

08 조경수의 점적식 관수

1. 개요

① 조경수에 있어 관수란 수목생육에 필수적인 수분을 공급하여 수목이 이용가능한 모관수를 제공 해주는 것을 말함

② 관수는 침수식, 도랑식, 스프링클러식, 점적식 관수, 지하관개법 등이 있는데, 이 중 점적식 관수 는 물방울을 이용하여 분사하는 방식으로 관수효율이 높음

2. 점적식 관수

구분	내용
방법	• 일정 간격으로 설치한 작은 구멍이나 가는 튜브의 선단 이용 • 소량씩 지표면 또는 지중에 물방울 적하 　－지표면 내 전체 관수 시 증발하면 다습화 → 병해 발생 많음
장점	• 상시 적은 수량으로 균일하게 관수 • 물의 유효이용 도모 → 관수효율 90% 이상 • 가격 저렴
단점	• 물이 중력방향으로 흐르기 때문에 횡확산이 적음 • 뿌리나 줄기가 넓게 자라는 수목의 경우 수분부족 현상 발생 우려

09 우리나라 가뭄의 발생 유형과 인공지반 조경수목 생장

1. 개요

① 가뭄은 물 사용 목적과 가뭄 특성에 따라 기상가뭄, 농업용수가뭄, 생활 및 공업용수가뭄 등 3가지 유형으로 분류됨

② 가뭄유형에 따라 대기권, 수목 자체, 토양환경 내의 수분요구도가 달라지므로 인공지반 내 조경수목 식재 시 생장에 막대한 영향을 줄 수 있음

2. 가뭄유형에 따른 조경수목 생장

유형	특징
기상학적 가뭄	• 강수 부족으로 인한 발생 • 높은 온도, 바람, 많은 일조량, 구름감소 • 수목의 증발산량 촉진 　－수액, 수분증발산억제제 투여
농업적 가뭄	• 토양수분 감소 　－멀칭재, 토양개량제 사용 • 식물성장 저하, 생산량 감소
수문학적 가뭄	• 지하수위 저하 • 모세관수, 중력수 확보 부족 　－인위적 추가 관수 필요

10 적심(摘心, pinching)

1. 개요

① 소나무나 잣나무 등의 부정아를 자라게 하는 수목관리방법으로 적아와 적심이 있는데, 적심은 가지신장을 억제하기 위해 신초의 끝부분을 따버리는 작업을 말함

② 순이 크기 전인 4~5월경 새순 2~3개를 남기고 손으로 제거하는데, 이는 잔가지를 형성케 하고, 안정적인 수형유지와 원하고자 하는 수형을 단기간 유지할 수 있음

2. 적심

1) 시기

① 순이 크기 전(4~5월경)

② 소나무, 잣나무, 전나무, 가문비나무 등

2) 방법

① 순자르기 : 신초의 끝부분을 따버림

② 중심순을 포함하여 손으로 제거

3) 효과

① 지나치게 자라는 가지신장 억제

② 잔가지 형성, 수형의 유지, 수형을 단기간에 유도

11 오염토양 정화기술방법으로서의 토양경작법(landfarming)

1. 개요

① 오염토양 정화기술방법에는 토양경작법과 식물재배정화법 등의 생물학적 처리방법과 토양수세법, 토양세척법 등의 물리화학적 처리방법, 소각법, 유리화법 등의 열적 처리방법이 있음

② 이 중 생물학적 처리방법인 토양경작법은 오염토양을 굴착하여 지표면에 깔아놓고 정기적으로 뒤집어줌으로써 공기를 공급해주는 호기성 생분해 공정을 말함

2. 방법

1) 오염물질 처리

① 굴착된 토양 내 호기성 미생물의 활성화

- 토양두께를 약 1.5m 이하로 얇게 펼침

② 공기, 영양물질, 유기물질, 물 등 첨가

2) 오염물질 분해 가속화

① 탄화수소를 분해할 수 있는 미생물을 토양에 추가

② 최적 pH 6.5~7.5, 최적온도 25~40℃

ⓐ 온도 감소 시 미생물 성장과 대사속도 감소

ⓑ 온도는 매우 중요한 영향인자

3) 전처리

① 넓은 부지 소요

② 휘발성 물질인 경우 대기 중에 휘발돼 대기오염 야기

ⓐ 하우스 덮개 필요

ⓑ 하우스 내 배기가스의 경우 바이오 필터로 정화 후 대기 방출

③ 비휘발성 물질은 대부분 생물학적 반응을 통해 진행

ⓐ 저분자 생성물로 변형되거나 처리

ⓑ 장기간의 처리기간 요구

12 건설공사 예정금액의 규모별 건설기술자 배치기준

1. 개요

① 건설산업기본법 규정에 의거하여 건설기술자 배치는 공사예정금액 규모에 따라 기술사, 특급기술자, 중급기술자, 초급기술자 등의 기준이 달라짐
② 다만 건설공사의 시공기술상 특성을 감안하여 도급계약 당사자 간의 합의에 따라 공사현장에 배치할 건설기술자의 자격종목, 등급, 인원수를 따로 정했을 경우 그에 따름

2. 배치기준

공사예정금액의 규모	건설기술자의 배치기준
700억 원 이상	1. 기술사
500억 원 이상	1. 기술사 또는 기능장 2. 특급기술자 • 시공관리업무에 5년 이상 종사한 자
300억 원 이상	1. 기술사 또는 기능장 2. 기사 자격취득 후 10년 이상 종사한 자 3. 특급기술자 • 시공관리업무에 3년 이상 종사한 자
100억 원 이상	1. 기술사 또는 기능장 2. 기사 자격취득 후 5년 이상 종사한 자 3. 특급기술자, 고급기술자(3년 이상 경력 보유) 4. 산업기사 자격취득 후 7년 이상 종사한 자
30억 원 이상	1. 기사 이상 자격취득자로서 3년 이상 실무에 종사한 자 2. 산업기사 자격취득 후 5년 이상 종사한 자 3. 고급기술자, 중급기술자(3년 이상 경력 보유)
30억 원 미만	1. 산업기사 이상 자격취득자로서 3년 이상 실무에 종사한 자 2. 중급기술자, 초급기술자(3년 이상 경력 보유)

13 전략환경영향평가의 세부 평가항목

1. 개요

① 전략환경영향평가는 사전환경성 검토가 개편된 환경평가유형으로 환경계획의 적정성 및 입지 타당성 등을 검토하여 국토의 지속가능한 발전을 도모함
② 전략환경영향평가의 세부 평가항목은 평가대상계획 위계에 따라 구분되어 규정되는데 정책계획과 개발기본계획에 대한 평가항목으로 세분화됨

2. 세부 평가항목

구분		특징
정책계획에 대한 평가항목	환경보전계획과의 부합성	• 국가 환경정책 • 국제환경 동향·협약·규범
	계획의 연계성·일관성	• 상위 계획 및 관련 계획과의 연계 • 계획목표와 내용과의 일관성 • 공간계획의 적정성
	계획의 적정성·지속성	• 수요 공급 규모의 적정성 • 환경용량의 지속성
개발기본계획에 대한 평가항목	계획의 적정성	• 상위계획 및 관련 계획과의 연계성 • 대안 설정·분석의 적정성 • 자연환경의 보전 　－생물다양성·서식지 보전, 지형 및 생태축의 보전 　－주변 자연경관에 미치는 영향, 수환경의 보전
	입지의 타당성	• 환경용량의 지속성 　－환경기준 부합성, 환경기초시설의 적정성 　－자원·에너지 순환의 효율성 • 사회, 경제, 환경과의 조화성 : 환경친화적 토지이용

구분	문항	기 출 문 제
1교시	1	옥상조경에 적용 가능한 노출형 방수공법
	2	병징(Symptom)과 표징(Sign)
	3	젠트리피케이션(Gentrification)의 의미와 사례, 부작용 및 해결방안
	4	생태면적률 공간유형 중 녹지와 관련된 유형(6가지)
	5	콘크리트 배합설계(Mixing Design)
	6	스카이사이클(Skycycle)
	7	T/R율과 C/N율
	8	콘크리트 혼화재로 사용하는 플라이애시(Fly Ash)의 장점(5가지)
	9	식재 설계 시 고려하여야 할 잡초의 특성(3가지)
	10	유상곡수(流觴曲水)
	11	양이온치환능력(CEC)
	12	봄, 여름, 가을에 관상가치가 있는 다년생초화류(계절별 5종류)
	13	취병(翠屛)
2교시	1	「수목원・정원의 조성 및 진흥에 관한 법률」에 따른 국가정원의 지정요건에 대해 설명하시오.
	2	실적공사비를 활용한 적산의 목적과 방법, 효과에 대해 설명하시오.
	3	내후성 강판의 성질, 재료의 장・단점과 시공된 사례 등을 설명하시오.
	4	수목의 충해관리방법 중 생물학적 방제법에 대해 설명하시오.
	5	인공습지의 조성 목적과 방법을 설명하시오.
	6	조경에서 대나무의 상징적 의미, 종류, 생태적 특성, 적정 생육환경 및 양호한 경관조성을 위한 유지관리 방법 등을 설명하시오.
3교시	1	주택단지 내 자연생태환경 조성을 위한 인공계류를 조성하려 할 때 구조 및 기능에 대해 설명하시오.
	2	LID(Low Impact Development)공법 중 식생수로의 설계기준과 적용 후 장단점에 대해 설명하시오.
	3	놀이의 정의와 기능, 좋은 놀이터와 나쁜 놀이터에 대해 설명하고, 현재 우리나라 놀이터의 개선방향에 대해 논하시오.
	4	한국의 전통요소 중의 하나인 서원의 발생과 공간구조 및 정원의 기능에 대해 설명하시오.
	5	도시지하공간 개발에 대한 필요성, 유형, 환경적 문제점 및 개선방안에 대하여 사례를 들어 설명하시오.
	6	옥상녹화 조성 시 식물 선정의 고려사항과 유지관리방안을 설명하시오.
4교시	1	레인가든(Rain Garden)의 필요성 및 효과, 조성 전 체크리스트, 레인가든의 효과적인 조성방안을 예시도 및 단면도를 그려서 설명하시오.
	2	공정거래위원회가 제정・발표한 「조경식재업종 표준하도급계약서」의 주요 내용을 설명하시오.
	3	「도시공원 및 녹지 등에 관한 법률」에 따른 녹지 중 완충녹지의 규모에 대해 설명하시오.
	4	인공으로 건설된 댐 혹은 저수지 비탈면 수위변동구간의 환경적 특성 및 식생조성방안에 대하여 설명하시오.
	5	도시지역 내 우수저류 침투시스템의 설치목적과 시공방법에 대해 설명하시오.
	6	녹색인증의 세부항목은 조경특성을 충분히 반영하지 못하였다. 조경분야에서 담당할 생태환경분야의 비오톱(Biotop)과 조경디자인과의 관계에 대해 설명하시오.

01 옥상조경에 적용 가능한 노출형 방수공법

1. 개요

① 옥상조경은 건축법상 인공지반 조경 중 지표면에서 높이가 2m 이상 되는 곳에 설치한 조경으로 발코니에 설치하는 화훼시설을 제외한 나머지를 말함
② 적용 가능한 노출형 방수공법은 건물의 지붕, 발코니 등 우수나 습기로부터 보호를 하기 위한 공사로 우레탄 방수, 시멘트 액체방수, 노출형 시트방수가 있음

2. 노출형 방수공법

종류	특징
우레탄 방수	• 구조물의 표면에 원하는 두께의 방수층을 인위적으로 형성 • 고무를 주재료로 여러 번 도포하여 방수층 형성 • 방수면 정리 후 프라이머 도포 > 1차 칠 > 2차 칠 > 코팅제 작업 • 외부노출에 강하고 신축성이 좋음 • 장시간 효과를 보기 위해서는 3년씩 재시공 필요
시멘트 액체방수	• 시멘트 몰탈과 물을 혼합하여 방수층 형성 • 1종, 2종으로 유형구분 　－기본적으로 2회 시공 원칙이나 2종방수 시 1회 시공 • 저렴한 공사비, 시공 간편 • 콘크리트 구조체에 균열이 생기면 쉽게 파괴, 외부 영향 높음
노출형 시트방수	• PVC형 노출형 시트를 이용 • 시트를 덮어 새로운 층을 형성 후 방수 • 휴대용 열풍기를 이용하여 시트를 녹여 접착 • 접착식보다 밀실하게 시공하여 물 차단율 높음 • 고가의 장비, 숙련공의 시공도에 따라 결과물 다름

02 병징(Symptom)과 표징(Sign)

1. 개요

① 병징(Symptom)이란 병원체 또는 환경요인에 의해 세포, 조직, 기관 등에 이상이 생겼을 경우 비정상적 모습으로 육안 관찰 가능한 증상임

② 표징(Sign)이란 전염성 병과 비전염성 병을 구분하기 위한 기준으로 육안 또는 돋보기로 관찰 가능한 증상임

2. 병징과 표징

1) 병징

① 병원체 또는 환경요인에 의해 식물기관의 이상 발현

② 외부로 드러나는 비정상적 모습 관찰 가능

• 시듦, 마름, 색조변화, 궤양, 부후, 빗자루 형상 등

2) 표징

① 전염성 병과 비전염성 병을 구분하기 위한 기준

② 전염성 병의 경우

㉠ 육안이나 돋보기로 관찰 가능한 병원체

㉡ 곰팡이 원인 시 식별 가능

㉢ 세균이나 바이러스 원인 시 광학현미경, 전자현미경 확인

③ 비전염성 병의 경우

• 병징이 유사한 모습일 때 표징을 살펴보면 뚜렷한 차이 발견 가능

④ 균사체, 포자, 자낭, 균핵 등

03 젠트리피케이션(Gentrification)의 의미와 사례, 부작용 및 해결방안

1. 의미와 사례

① 젠트리피케이션은 둥지내몰림이라는 뜻으로 구도심이 번성하고, 중산층이 몰리면서 임대료가 오르게 되어 원주민이 내몰리는 현상으로 파악됨

② 국내사례로는 경리단길, 해방촌, 이화여대 뒷골목 등 매스미디어나 대형 프랜차이즈의 범람, 부동산 가치 상승에 따라 원주민들이 변화하는 환경을 이기지 못하고, 내몰리는 사례들이 많아지고 있음

2. 부작용 및 해결방안

1) 구도심 활성화에 따른 부정적 효과

① 투기자본 증가

② 지가 상승에 따른 임대료 상승

③ 지역서비스 이용비용 증가

④ 경제적 불평등 혜택에 따른 공동체 갈등

2) 민관협력단체를 통한 갈등 해소

① 원주민 고용비율, 업종 제한 등 상업에 대한 규제 필요

② 지가 상승 규제, 임대료 상승률 제한

③ 주민갈등을 위한 퍼실리테이터 도입

④ 공동의 이익추구를 대변해 줄 사회적 기업 유치

04 생태면적률 공간유형 중 녹지와 관련된 유형(6가지)

1. 개요

① 생태면적률이란 다양한 관점의 환경적 가치를 단편적으로 제어하는 개별지표에서 복합적으로 판단할 수 있는 통합지표로서의 환경계획지표를 선정함
② 생태면적률 공간유형 중 녹지와 관련된 유형은 지반 차이, 옥상녹화 토심, 벽면녹화 유무에 따라 세분화됨

2. 녹지 관련 유형

1) 지반 차이(3가지)

① 자연지반녹지 : 가중치 1.0
  • 자연지반이 손상되지 않아 식물상, 동물상 잠재력 보유
② 인공지반녹지
  ㉠ 90cm 이상일 때 가중치 0.7
  ㉡ 90cm 미만일 때 가중치 0.5(최소 토심 40cm)
  ㉢ 인공지반 상부 녹지

2) 옥상녹화 토심(2가지)

① 40cm 이상일 때 가중치 0.6
② 40cm 미만일 때 가중치 0.4(최소 토심 20cm)
③ 옥상녹화시스템이 적용된 공간

3) 벽면녹화 유무(1가지)

① 최소 토심 20cm 확보
② 최대 10m 높이까지 산정
③ 창이 없는 벽면이나 옹벽의 녹화

05 콘크리트 배합설계(Mixing Design)

1. 개요

① 콘크리트 배합은 시멘트, 잔골재, 굵은 골재, 혼화재 등의 혼합비율로 그 구성이 다르므로 장소나 용도 등에 따라 맞는 배합설계를 해야 함
② 배합설계는 절대용적배합, 표준계량용적배합, 현장계량용적배합, 임의계량용적배합, 중량배합 등으로 달라짐

2. 배합설계

배합표시방법	내용
절대용적배합	• 각 재료를 콘크리트 1m³당 절대용적(*l*)으로 표시한 배합 • 배합의 기본이 되고 가장 중요한 요소
표준계량용적배합	• 콘크리트 1m³당 재료량을 시멘트는 포대 수, 골재는 다져진 상태의 표준용적으로 표시한 배합
현장계량용적배합	• 콘크리트 1m³당 재료량을 시멘트는 포대 수, 골재는 다져지지 않은 상태의 표준용적으로 표시한 배합
임의계량용적배합	• 현장계량용적 배합과 유사한 방법 • 계량과정에서 로더, 유압식 백호 등 종래의 표준계량용적배합과 다른 임의용적배합 계량방식이 적용된 배합
중량배합	• 각 재료를 콘크리트 1m³당 중량(kg)으로 표시한 배합 • 레미콘 제조에 주로 이용 • 절대용적배합 재료량 × 비중

06 스카이사이클(Skycycle)

1. 개요

① 스카이사이클이란 미세먼지 등 대기오염과 교통체증 등의 도시문제를 해결하고자 자전거 친화적 환경을 구축한 도심 내 자전거 전용 입체도로를 말함

② 스카이사이클은 악화되는 도시문제를 해결해주고, 입체적 토지이용과 친환경적 운송수단인 자전거 이용률을 증가시킬 수 있다는 장점이 있으나 예산확보 문제와 자전거 운행 시 해결해야 할 과제들이 있으므로 신중한 고려가 필요함

2. 유용성과 한계점

구분		특징
유용성	도시문제 해결	• 미세먼지 등의 대기오염 • 교통체증 완화
	자전거 이용률 증가	• 친환경 운송수단으로서 환경친화적 수단 • 근거리, 중거리 출퇴근 시 유용
	효율적 토지이용	• 가용면적에 대한 부담률 경감 • 입체적 계획으로 보행자와 자전거 운행자의 안전 보장
한계점	예산확보	• 정부와 지자체의 막대한 부담률 가중 • 가장 우선적으로 선행되어야 할 과제
	자전거 운행 시 위험성 내재	• 보통 일반건물 3층 높이에서 운행 • 강한 바람에 노출될 가능성 높음 • 스카이사이클까지 도달하는 데 필요한 경사로 접근성

07 T/R율과 C/N율

1. 개요

① T/R율은 지상부(T)와 지하부(R)의 비율을 말하며 지상부와 지하부에 가해지는 비료나 양분의 수치가 균형에 가까워야 식물체의 성장에 유용함

② C/N율이란 식물의 경우 토양에서 뿌리가 수분과 양분을 흡수하여 물관을 타고 식물의 각 기관으로 공급되고, 잎에서는 탄소동화작용에 의해 만들어진 탄수화물이 체관을 타고 뿌리에 공급되는 비율을 말함

2. T/R율과 C/N율

구분			내용
T/R율	수령 (T/R율 ↑)		• 지상부는 줄기생장 증가 • 뿌리는 새뿌리 대체
	재배법		• 지상부 전정 시 뿌리에 영향 • 강전정만 피하면 생장의 균형 변화 미미
	토양조건 (T/R율 ↑)		• 양분과 수분 풍부할 때 • 깊게 뿌리를 뻗지 않아도 쉽게 흡수 가능
C/N율	수체등급 Ⅰ	탄소화물 > 질소	• 영양생장량 불량, 결실량 극소량 • 조기낙엽, 강한 여름철의 전정이 원인
	수체등급 Ⅱ	탄소화물 과도, 질소 과다	• 영양생장량 강, 결실량 불량 • 질소 과다시비, 강전정
	수체등급 Ⅲ	적정	• 영양생장량 적당, 결실량 양호 • 권장사항
	수체등급 Ⅳ	탄소화물 < 질소	• 영양생장량 불량, 결실량 감소 • 시비 부족, 관리소홀

08 콘크리트 혼화재로 사용하는 플라이애시(Fly Ash)의 장점(5가지)

1. 개요

① 플라이애시는 보일러 연도가스로부터 채취한 석탄재로서 콘크리트 혼화재 용도로 사용하는 재료임

② 장점으로는 워커빌리티 증진, 콘크리트의 장기강도 증진, 초기강도 저하, 수화열 저감, 알칼리 골재반응 억제효과 등이 있음

2. 장점

구분	내용
워커빌리티 증진	• 화학혼화제에 의한 분산효과가 좋아짐 • 유동성 증진
콘크리트의 장기강도 증진	• 일반적으로 28일 기준 • 장기재령에서의 강도증진 발현
초기강도 저하	• 시멘트 대체재로 사용한 경우 시멘트량 감소에 따름 　－물시멘트비와 반비례 관계 • 수화반응이 일어나지 않게 함
수화열 저감	• 콘크리트 온도상승 저감 • 조직의 치밀화
알칼리 골재반응 억제효과	• 항복치가 낮고 분말도 조정으로 점성이 높음 • 균열억제에 유효함

09 식재 설계 시 고려하여야 할 잡초의 특성(3가지)

1. 개요

① 잡초란 자연적으로 발생하여 수목이나 초화류, 작물 등의 수량이나 품질을 저하시키므로 이용 가치가 적고 미관을 저해함

② 식재 설계 시 고려해야 할 잡초의 특성은 같은 토양 내에서 서식하는 식물과 잡초가 공생과 경쟁이 유도될 수 있도록 생존력, 번식력, 보비력 등을 파악해야 함

2. 잡초의 특성

구분	특성
생존력 (발아능력)	• 토양은 종자은행(seed bank) • 보통 표토 3~5cm 이내의 종자들 • 미리 발아시켜 제거해주면 효과적 • 광발아성 : 피복식물이나 그늘 제공 −자생식물을 이용한 리빙멀칭(living mulching)
번식력	• 생명력과 번식력이 월등히 높음 −초기 방제 필요 • 바람, 물, 동물, 인간 등을 통해 공간적 전파 • 휴면 등을 통한 시간적 전파
보비력	• 잡초를 그대로 경운하면 토양유기물 증가 −단백질, 무기질 등 각종 미네랄 함유 −식물에게 좋은 영양분 제공원 활용 • 풀멀칭을 활용한 잡초의 생장 억제 • 퇴비로 적용

10 유상곡수(流觴曲水)

1. 개요

① 유상곡수란 휘돌아 흐르는 물에 술잔을 띄워 시를 지어 읊는 일종의 풍류놀이를 즐기기 위한 구조물임
② 국내사례로 고규려의 안학궁, 경주 포석정지, 창덕궁 옥류천 C자형, 민가 내 이도선가 유상곡수거가 있음

2. 국내사례

구분	특징
고구려 안학궁	• 고구려 장수왕 • 성 밖 후원의 연못 조성 • 곡지 형태의 물도랑 • 자연지형에 맞춰 폭 조절 • 경석 배치
경주 포석정지 31~33cm 21~23cm	• 문화재 사적 1호 • 수로 길이 22m, 폭 31cm, 깊이 21~23cm • 전복모양, 46개의 화강석 각석 • 입수구 6, 출수구 4, 안쪽 12, 바깥쪽 24개
창덕궁 옥류천	• 창덕궁 후원 소요정 앞, 인조 때 조성 • 소요암 C자형 곡수거 • 북악의 계곡 → 어정 → 소요암 → 곡수거 • 돌아나온 물이 다시 폭포가 되어 떨어짐

11 양이온 치환능력(CEC)

1. 개요

① 양이온치환능력(Cation Exchange Capacity, CEC)는 토양입자 중 토양 교질(soil colloid) 작용으로 양이온을 흡착하는 능력을 말함

② 양이온치환능력은 토양이 영양소를 보유하고, 내보내고, 흡수할 수 있는 능력치를 말하고, 부식토와 점토 내의 양이온 보유력을 판단하는 척도로 사용될 수 있음

2. 토양양분 보유능력 척도

구분	특징
양이온치환능력이 높은 경우	• 토양이 갖고 있는 음전기의 총합 　－양이온보유력 판단기준 • 양분보유능력이 커짐 　－유기물과 점토함량이 많을수록 • 염류집적이 없고, 외부변화에 저항력 높음
양이온치환능력이 낮은 경우	• 양분보유능력이 낮은 척박한 땅 • 미량원소와 다량원소 간의 불균형 　－식물의 결핍증상과 연관 • 유기물 공급, 객토 등의 자구책 마련 필요

12 봄, 여름, 가을에 관상가치가 있는 다년생초화류(계절별 5종류)

1. 개요

① 다년생초화류는 여러해살이 또는 숙근초라 불리며 파종 후 2년 이상 생육하는 초화류로 봄, 여름, 가을에 꽃과 잎을 볼 수 있음

② 봄에 피는 원추리, 수선화, 작약 등, 여름에 피는 벌개미취, 상록패랭이 등, 가을에 피는 구절초, 산국, 감국 등 계절별로 피는 종류가 다르므로 적재적소에 식재가 필요함

2. 다년생초화류 종류

계절별 종류			생육적 특성		
			개화시기	특징	꽃색
봄	1	원추리	3~4월	연한 잎을 식용	주황색
	2	수선화	3월	10~50cm	노란색
	3	작약	5~6월	산지자생	붉은색
	4	꽃잔디	4~6월	높이 10cm 정도	백색, 붉은색
	5	메리골드	2~5월	높이 30~60cm	노란색
여름	1	벌개미취	6~10월	한국 특산 식물	연보라색
	2	상록패랭이	6~8월	석죽화, 대란	분홍색
	3	옥잠화	7~9월	관상용으로 재배	흰색
	4	비비추	7~8월	산나물	흰색 또는 보라색
	5	산구절초	7~10월	산야자생	연보라색
가을	1	구절초	9~10월	꽃이 풍성	흰색, 연분홍색
	2	산국	10~11월	식물 전체 흰털	노란색
	3	감국	10~11월	산야자생	노란색
	4	갯개미취	9~10월	염생식물	흰색
	5	쑥부쟁이	9~10월	키 1m 이상	연보라색

13 취병(翠屏)

1. 개요

① 취병은 비취빛의 병풍으로 살아있는 식물을 이용하여 만든 병풍 형태의 생물을 말하며 동선 유도, 시선 차단 등을 위한 가변형 가림시설임
② 종류는 대나무형, 영롱담형, 바자울형 등으로 다양하며 형태나 가지방향 조정 등의 지속적 관리를 필요로 함

2. 조성기법

1) 틀짜기

① 대나무 이용
② 사각의 담 같은 틀
③ 닥나무 껍질로 고정

2) 수목식재

① 취향, 목적에 따른 수종 선정
② 가지가 연한 수종
③ 대나무, 사철, 패랭이, 범부처꽃 등

3) 종류

① 대나무형 : 대나무를 두 줄로 엮어 고정
② 영롱담형 : 고리버들 엮음
③ 바자울형 : 사랑마당 입구 배치

구분	문항	기 출 문 제
1교시	1	'한국조경헌장'에서 규정한 '조경'과 '조경설계'
	2	인간적 척도(human scale)
	3	경복궁 교태전 후원의 아미산
	4	토양 삼상(三相)의 개념 및 구성
	5	뉴욕의 로우라인 프로젝트(Lowline Project)
	6	연결녹지
	7	수명이 길어 보호수로 지정되거나 마을입구의 정자목으로 권장하는 활엽교목(20가지 이상)
	8	덴마크의 슈퍼킬렌(Superkilen)
	9	건설폐기물의 정의 및 종류
	10	형태 지각(perception)에 관한 '도형(figure)과 배경(ground)' 원리
	11	2017년 7월부터 확대 적용되는 "어린이놀이시설 안전검사 의무대상 범위(장소)"
	12	샤이고미터(shigometer)
	13	생물학적 저류지(bioretention)
2교시	1	국가직무능력표준(NCS)에서 규정한 '조경프로젝트 개발'(능력단위) 중 '사업성 검토하기'(능력단위요소)의 수행준거를 설명하시오.
	2	환경부에서 추진하는 "생태놀이터 조성 가이드라인"에 대하여 설명하시오.
	3	국토계획 표준품셈의 조경특화계획 중 '환경 · 생태복원계획'의 정의와 주요 업무내용을 단계별로 설명하시오.
	4	조경공간에 조성되어 있는 각종 조경시설물의 적절한 유지관리를 위하여 연간계획을 수립하고자 한다. 시설물관리에 필요한 항목을 정기관리, 부정기관리 및 중간점검으로 구분하여 설명하시오.
	5	조경수목이 부패하거나 큰 상처가 났을 경우 치료하는 방법으로 외과수술이 시행되고 있다. 수간의 외과수술목적과 외과수술 과정에 대하여 설명하시오.
	6	수목생육 기반환경 조성 시 토양개선을 위한 토양개량제의 종류와 특성을 설명하시오.
3교시	1	녹색건축인증을 위한 공동주택 심사기준 중 생태환경(대지 내 녹지공간 조성)의 평가항목별 평가목적, 평가방법 및 산출기준에 대하여 설명하시오.
	2	2016년에 산림청에서 발표한 '제1차 정원진흥기본계획(2016~2020년)'의 주요내용 중 계획 수립 배경, 비전과 목표 및 추진전략 등에 대하여 설명하시오.
	3	공원녹지의 운영관리방법 중 직영관리와 위탁관리에 대하여 적용업무를 설명하고, 각각의 장점과 단점을 비교 설명하시오.
	4	건설공사의 공사비 구성을 표준품셈(원가계산방식)과 표준시장단가(실적단가)로 구분하여 산정기준을 설명하시오.
	5	역사경관 보전관리를 위한 제도 및 역사문화자산을 활용한 도시재생방법을 제시하시오.
	6	공원녹지기본계획의 중요성과 주요내용 및 기초조사 내용과 방법에 대하여 설명하시오.
4교시	1	장기미집행 도시공원의 해소방안으로 최근에 지자체에서 시행하고 있는 '민간공원 조성특례사업'에 대하여 조경분야의 관점에서 본 사업추진 목적과 문제점 등을 설명하시오.
	2	최근에 전국적으로 활발히 개최되고 있는 여러 형태의 정원박람회(또는 정원문화박람회)의 종류와 특징을 개략적으로 설명하고 박람회의 효과와 사후 관리방안에 대하여 설명하시오.
	3	조경수목은 여러 가지 요인에 의하여 피해를 받지만, 수목의 피해원인을 규명하기 위해서는 피해가 발생한 상황을 먼저 조사해야 한다. 피해원인의 정확한 진단을 위한 피해발생상황을 조사항목별로 구분하여 설명하시오.
	4	공원에 적용하는 "장애물 없는 생활환경(BF ; Barrier Free)인증" 기준 범주에는 '보행의 연속성' 항목이 있다. 평가항목과 평가기준에 대하여 설명하시오.
	5	조경포장에 요구되는 성능기준과 재료별 특성에 대하여 설명하시오.
	6	건축물의 "범죄예방 설계 가이드라인" 중 조경설계 관련 일반적 범죄예방 설계기준에 대하여 설명하시오.

01 '한국조경헌장'에서 규정한 '조경'과 '조경설계'

1. 개요

① 조경은 건강한 환경을 형성하기 위해 인문과학적 지식을 응용하여 토지와 경관을 계획, 설계, 조성, 관리하는 문화적 행위임

② 조경설계는 계획안을 구체적으로 구현하는 창작행위로서 계획설계, 기본설계, 실시설계, 감리의 과정으로 나눌 수 있음

2. 조경과 조경설계

구분		특징
조경	자연적 가치	• 자연과 사람 사이의 부조화 해소 • 상처받은 자연을 건강하게 치유
	사회적 가치	• 사회적 약자를 배려 • 누구에게나 평등한 공공환경 조성
	문화적 가치	• 역사성, 지역성, 문화적 다양성 존중 • 창의적 예술정신 지향
조경설계	계획설계	• 공간의 구획, 동선배치 • 각 공간의 의미와 요소 배치
	기본설계	• 구체적인 시설물과 식재계획 • 공간의 이용자층과 시설들의 연계
	실시설계	• 공간을 구현하기 위한 실제 도면 • 시설물별 상세도와 시방서 등 작성
	감리	• 설계 구현을 위한 마지막 공정 • 도면화 요소들을 각 공간에 잘 실행될 수 있도록 검사

02 인간적 척도(human scale)

1. 개요

① 인간척도란 인간의 크기에 비해 너무 크거나 너무 작지 않은 규모로서, 친밀감, 편리함을 느끼는 크기를 말함
② 사회적 동질성 부여, 물리적 편리함 제공, 정신적 안정감 확보 등을 위하여 적용함
③ 휴먼스케일은 환경계획 시 인간이 쾌적함을 느낄 수 있는 적정한 경관 규모 설정에 이용됨

2. 인간척도 유형

구분	특징
신체척도	• 생활용구, 제품 디자인 시 적용 • 인체공학적 접근
보행척도	• 보행규모에 의한 공간 크기 결정 • 버스정류장, 걷기 편한 거리
감각척도	• 시각, 청각, 후각, 미각, 촉각 • 수종 선정, 조각물 배치, 안내판 위치 선정 시 적용 • 대상물의 절대적 크기 결정
기계척도	• 자동차를 타고 생활하는 생활권 규모의 기준 • 기능주의, 표준화 작업 시 적용

03 경복궁 교태전 후원의 아미산

1. 개요

① 교태전은 경복궁 내 왕비의 침전으로 후원에는 경회루 방지 조성 시 파낸 흙을 쌓아 아미산을 조성하였음
② 아미산 후원에는 4단의 화계가 있으며 각 단에는 해시계, 물확 등의 조경 점경물과 화목류 위주의 관목식재, 최상단에는 교목 위주로 식재되어 있음

2. 아미산 후원

계단구성	특징
1단	• 연화형 수조 • 신선사상을 상징하는 괴석 배치
2단	• 앙구일구(해시계) • 물확에 물을 담아 의미 부여 : 함월지, 낙하담
3단	• 굴뚝 4기 : 당초문, 소나무, 매화, 모란 등 • 왕과 신하, 행복과 장수, 사군자의 고고한 선비 상징
4단	• 1~3단 매화, 모란 등 화관목 위주 식재 • 4단 배나무, 느티나무 등 원림 조성

04 토양 삼상(三相)의 개념 및 구성

1. 개념

① 토양은 조경식물의 기반이자 인간 및 생물이 살아가는 데 있어 가장 기초적인 환경조건으로 고상, 액상, 기상 비율 50 : 25 : 25 비율이 최적임

② 토양단면은 L.F.H의 O(유기물)층, 용탈층인 A층, 집적층인 B층, 모재 C층, 모암 R층으로 구성되고, 이 중 O층과 A층 일부인 10~15cm를 표토라 함

2. 토양삼상의 구성

1) 구성

① 고상, 액상, 기상으로 구성

② 삼상비 50 : 25 : 25 최적

③ 고상 : 무기물과 유기물로 구성

④ 액상 : 토양수분

 • 결합수(화합수), 중력수, 모세관수, 흡습수

⑤ 기상 : 토양 공기

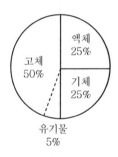

▎토양삼상비 ▎

2) 삼상의 불균형

① 토양 고결화로 배수불량지 형성

② 토양 단립화, 유효수분 부족

③ 식물 성장에 불리

④ 조경 하자 발생의 원인

⑤ 물리적 · 화학적 개선 필요

05 뉴욕의 로우라인 프로젝트(Lowline Project)

1. 개요

① 하이라인(Highline) 프로젝트와 대칭되는 로우라인(Lowline) 프로젝트는 지하에 공원을 조성하는 계획임

② 새로운 도시재생 접근방법으로, 부족한 도심지 내 지하공간을 활용함으로써 인간활용공간이 확장된다는 긍정적 측면이 부각되기도 하지만 지하공간 내 채광, 지하수위 등 고려해야 할 사항 또한 많음

2. 유용성과 한계점

1) 지하공간 내 또 하나의 자연공간 조성

① 태양광을 끌어들여 녹색식물 생존, 생육 가능

② 실제 거대 녹지를 이식하여 적용

③ 새로운 지생태계 창출

2) 인간활용공간 확장

① 지하에 시민이 쉴 수 있는 공원

② 도심지 속 유휴지의 효율적 토지이용

③ 도시공간의 입체적 활용 가능

3) 지하 특성상 고려사항

① 구조문제 해결 우선

② 태양광 특수 수집장치 고안

③ 대규모 건설을 위한 예산 확보

06 연결녹지

1. 개요

① 녹지는 도시공원 및 녹지 등에 관한 법률에 의거하여 도시지역 내 자연환경 보전, 개선, 향상 등의 쾌적한 도시환경 형성을 위해 설치함
② 연결녹지는 도시공해나 재해, 경관향상 등의 목적인 완충녹지나 경관녹지와는 달리 공원, 하천, 산지를 연결하여 도시민에게 여가휴식을 제공함

2. 기능

구분	특징
주변환경과 유기적 연결	• 파편화된 경관 내에서 동식물의 생태통로 　－야생동물 roadkill, bird strike 방지 • 대규모 경관 창출 및 향상 • 도시의 기능 및 환경개선
그린뱅킹 역할	• 녹색자원의 가치환산 • 경제적 이익 창출
도시민의 정서함양	• 도시민의 녹색치유, 힐링장소 제공 • 녹색갈증 해소 　－그린 인프라스트럭처 확보 　－녹시율, 녹피율, 녹적률 제고

07 수명이 길어 보호수로 지정되거나 마을 입구의 정자목으로 권장하는 활엽교목(20가지 이상)

1. 개요

① 노거수는 나무의 수령이 오래된 당산목, 정자목 등의 거목으로 선조들의 삶과 역사적 사건이나 내용 등과 연관되어 보호수로 지정되기도 함

② 주로 권장되는 상록교목으로는 소나무, 향나무, 측백나무 등이 있고, 활엽교목으로는 느티나무, 팽나무, 이팝나무, 푸조나무, 느릅나무 등이 있음

2. 활엽교목

구분		특징
1	느티나무	괴목, 산기슭, 골짜기, 마을 부근 입지
2	팽나무	수피 흑회색, 인가 근처 평지에서 잘 자람
3	이팝나무	봄철 흰색 꽃이 아름다운 정원수, 공원수, 가로수
4	푸조나무	줄기가 곧고 수관은 우산모양, 바람에 강하고 병충해에 강함
5	물푸레나무	산기슭이나 골짜기 물가 호습성 수종
6	느릅나무	전국 계곡 부근, 줄기 어두운 회색, 약재로 이용
7	왕벚나무	꽃잎이 아름다워 봄철 인기수종, 내조성은 강하나 병충해에 약함
8	모과나무	열매의 향기가 좋으나 신맛이 강함
9	물오리나무	사방공사 후 전국적으로 분포
10	은행나무	살아있는 화석, 열매 식용
11	왕버들나무	전통공간 내 노거수 지정수가 많음
12	고욤나무	마을 부근에서 많이 자람
13	회화나무	학자수, 은행, 느티, 팽, 왕버들과 함께 국내 5대 거목
14	피나무	숲속 골짜기에서 잘 자람. 개화시기 6월
15	모감주나무	염주나무, 바닷가 군락을 이루는 경우가 많음
16	멀구슬나무	5월 개화, 자주색 꽃, 열매는 구충제로도 쓰임, 정원수 활용
17	단풍나무	생장속도 빠르고 맹아력이 좋음
18	뽕나무	조선시대 귀한 수종, 치료제 활용
19	박달나무	신성시한 수목, 단군왕검신화 등장, 가구재, 곤봉 등 이용
20	말채나무	10m 높이의 겨울에 잎이 지는 수목

08 덴마크의 슈퍼킬른(Superkilen)

1. 개요

① 공공미술로 문화재생을 시킨 사례로 꼽히는 덴마크의 슈퍼킬른은 침체된 지역을 살리고 지역적 장소성과 지역활성화의 주역이 됨
② 지역주민이 참여하고 지역정체성이 반영된 공간 내에 사람들이 모여 쇠퇴하던 도심지가 재활성 화되기도 하지만 투어스피케이션이 발생할 수 있으므로 계획초기 주거지역과 관광지역에 대한 종합적 고려가 필요함

2. 유용성과 한계점

1) 지역정체성 반영

① 다양한 이민자들을 반영한 광장의 상징물
② 60개국 이상의 수집물건과 복제품 이용

2) 공간사용자들의 직·간접적 참여

① 기획단계부터 조성에 이르기까지 참여유도
② 지역주민 접촉과 투표 참여 활용
  • Bottom-up 방식의 도시재생

3) 투어스피케이션 발생

① 광장 내 각종 축제 개최 → 소음과 오염문제 심각
② 방문객과 지역주민 간의 갈등 심화
③ 수많은 민원 발생, 집값 하락, 이주민 발생

09 건설폐기물의 정의 및 종류

1. 정의

① 건설폐기물이란 건설산업기본법에 의거 건설공사로 인해 건설현장에서 발생하는 5톤 이상의 폐기물을 말함

② 건설폐기물은 고철이나 블록, 포장재와 같이 재활용할 수 있는 재료와 유기물이 많은 토양과 같이 쓰레기로 처리해야 하는 재료로 나뉘어짐

2. 종류

구분	종류	처리
재활용	철근	고철처리를 통해 환전
	블록, 포장재	경계, 계단용 재료
	파쇄된 콘크리트	포장재료, 맹암거
	고사목, 목재	멀칭재료
	재활용 고무매트, 재활용 플라스틱 수목보호 홀덮개 · 지지대, 재생플라스틱 배수관, 파쇄 콘크리트 포장재 등	조경공간 내 동일 소재로 활용 가능
쓰레기	재활용이 어려운 재료, 오염토양	
	유기물이 많은 토양 → 수목생육 지장 ×, 지반침하 유발 가능	
	공장, 환경위해시설(기존 부지) → 환경오염(토양, 수질) 여부 확인	

10 형태 지각(perception)에 관한 '도형(figure)과 배경(ground)' 원리

1. 개요

① 형태심리학자 루빈은 도형과 배경 등의 원리를 제시하면서 돋보이는 것을 도형, 그 밖의 것을 배경이라 함
② 게슈탈트 이론은 형태심리학으로 베르타이머는 도형조직의 원리를 6가지로 제시함
③ 카오스 이론은 자연은 넓고 복잡해서 혼돈과 무질서로 변한다는 이론으로 프랙탈 기하학과 함께 환경계획 분야에 응용되고 있음

2. 도형과 배경

1) 루빈의 잔 – 도형과 배경 원리 제시

① 도형(Figure)

ㄱ 돋보이는 것
ㄴ 물건과 같은 성질(thing)
ㄷ 일정한 형태
ㄹ 가깝게 느껴짐

② 배경(Ground)

ㄱ 배경, 백그라운드
ㄴ 물질과 같은 성질(substance)
ㄷ 형태 없음

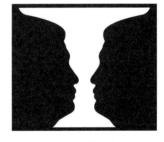

‖ 루빈의 잔 ‖

2) 도형과 배경의 역전

① 보는 사람에 따라 도형, 배경 다르게 보임
② Scale의 차이

11 **2017년 7월부터 확대 적용되는 "어린이놀이시설 안전검사 의무대상 범위(장소)"**

1. 개요

① 어린이놀이시설 안전관리법은 어린이들이 편안하게 놀이기구를 사용할 수 있도록 효율적인 안전관리체계를 구축함으로써 어린이의 안전사고를 미연에 방지함을 목적으로 함

② 신설되는 7개 장소를 확대함으로써 안전관리 사각지대에 놓은 어린이 놀이시설에서 어린이들이 안심하고 뛰어놀 수 있는 기반을 구축함

2. 의무대상범위

1) 물놀이형 어린이놀이시설 관리주체

① 물을 활용하는 기간 동안 안전관리요원 배치

　㉠ 인명구조요원 자격증 소지

　㉡ 심폐소생술−응급처치 등 교육을 받은 요원 배치

② 안전성 확보가 필요하다고 인정되는 경우 시설개선비용 일부 지원

③ 불합격 어린이 놀이시설의 범위 규정

2) 의무대상

① 종교시설

② 주상복합아파트

③ 야영장

④ 공공도서관

⑤ 박물관

⑥ 자연휴양림

⑦ 하천변

12 샤이고미터(shigometer)

1. 개요

① 샤이고미터(shigometer)는 수목의 활력도를 측정하는 기계로 형성층의 수분 함량과 이온농도를 전기저항치로 나타냄

② 사용 시 주의할 점은 진단방법에 따라 진단결과가 상이할 수 있으므로 사용 전 올바른 숙지가 필요하고, 결과해석을 위한 숙련자의 확인이 필요함

2. 사용 시 주의사항

1) 진단방법

① 나무의 전기저항치 측정
  - 수목의 활력과 고사 여부, 부후도 검사

② 조사자, 조사시기, 수종에 따라 진단결과 상이

2) 사용방법

① 측정량 $k\Omega$로 표시
  - 건강한 나무 $10k\Omega$, but 죽은 나무에서도 수치가 높게 나옴

② 검은색 고무망치 활용
  - ㉠ 나무에 바늘을 꽂을 수 없으므로
  - ㉡ 못박듯이 일정 깊이까지 서서히 박기

3) 결과해석

① 동일개체 내에서는 방위에 따른 수목활력도 차이 미미

② 휴면기 수치 > 생장기 수치

③ 흉고직경과 활력도 반비례관계
  - 흉고직경이 커지면 전기저항은 낮아짐

13 생물학적 저류지(bioretention)

1. 개요

① 생물학적 저류지는 토양여과, 침투, 저류 등 우수를 조절하는 소규모 저류시설로 주거지역, 공원, 도로변 등 다양한 장소에서의 적용이 가능함

② 생물학적 저류지는 변화하는 도심지 내 기후변화의 대응책 중 하나로 우수를 저류하고, 쿨링효과를 줄 수 있으나 상시 유지관리가 필요하기에 주의를 요함

2. 유용성과 한계점

1) 우수 저류

① 우수의 지하침투로 지하수위 확보

② 식재에 의한 여과작용으로 오염수 정화

③ 도시강우의 지연효과

2) 쿨링효과

① 기후변화로 인한 열섬현상 완화

② 도시기온 저감

3) 상시 유지관리

① 다량의 토양에 의한 여과는 저감효과 미미

② 사면의 안전도와 누수 방지

③ 저류지 호안 침식 방지

④ 침전물 주기적 제거

구분	문항	기 출 문 제
1교시	1	"어린이 놀이시설의 시설기준과 기술기준"상의 부지선정 기준
	2	국내 정원박람회의 특성
	3	산업안전보건관리비
	4	퍼실리테이션(Facilitation)
	5	세계중요농업유산제도(GIAHS)
	6	생태계의 자가설계(Self – Design)
	7	패럴랙스 효과(Parallax Effect)
	8	코티지 가든(Cottage garden)
	9	명승 소쇄원(瀟灑園)
	10	소성지수(Plastic Index)
	11	뿌리돌림의 목적과 방법
	12	행동유도성(Affordance)
	13	「도시공원 및 녹지 등에 관한 법률 시행규칙」에 의한 저류시설의 입지기준
2교시	1	조달청 훈령상 '조경수목'의 규격을 기술하고, 현장 적용에 있어서 문제점 및 개선방안을 설명하시오.
	2	자연경관을 보전·관리하기 위한 법규와 지정기준을 제시하고, 조경가의 관점에서 고려해야 할 항목에 대해 설명하시오.
	3	"민간공원 조성 특례사업 가이드라인"에 제시된 '사업의 준비'와 '계획의 결정 및 고시' 내용에 대하여 설명하시오.
	4	서울역 고가도로의 공원화 사업('서울로 7017')의 주요 내용과 향후 유지관리 시 발생될 수 있는 문제점과 대책을 제시하시오.
	5	산지형 공원 내 경사지에 목재데크를 설치하기 위한 콘크리트 기초 및 목재기둥의 시공기준에 대하여 설명하시오.
	6	한국 전통 산사(山寺)의 세계유산적 가치를 설명하시오.
3교시	1	조경식재공사에서의 설계변경 사례를 들고 원인과 대책을 설명하시오.
	2	해체주의(Deconstruction) 관점에서 한국 전통 조경의 구현방법에 대하여 설명하시오.
	3	「수질 및 수생태계 보전에 관한 법률 시행규칙」에 의한 물놀이형 수경시설의 수질기준 및 관리기준에 대하여 설명하시오.
	4	도시공원 및 녹지의 환경조절(環境調節) 기능에 대하여 설명하시오.
	5	「일반농산어촌개발사업」의 '농촌중심지활성화사업'의 개요와 기능별 사업내용 중 경관·생태사업의 세부적 사업내용을 예시하고 설명하시오.
	6	조경분야에서 BIM(Building Information Modeling)의 활용방안에 대하여 설명하시오.
4교시	1	국가직무능력표준(National Competency Standards)의 개념과 조경분야의 세분류상 '조경시공'의 능력단위에 대하여 설명하시오.
	2	지질공원 개념의 형성 및 국내 도입과정과 「자연공원법」상 지질공원의 인증기준에 대하여 설명하시오.
	3	석축 옹벽을 보수할 때, 점검항목과 파손형태 및 보수방안에 대하여 설명하시오.
	4	'자연공원 삭도(索道) 설치·운영 가이드라인'에서 제시하는 자연친화적 삭도 설치 및 운영을 위한 고려사항에 대하여 설명하시오.
	5	「조경진흥법」에 따른 '조경진흥기본계획'의 내용에 대해 설명하고, 최근 제1차 기본계획(안) 공청회에서 제기된 주요 이슈에 대하여 논하시오.
	6	서울 '광화문광장 재구조화'를 위한 계획 과정에서 예상되는 이슈를 제시하고, 이에 따른 계획의 방향에 대하여 설명하시오.

"어린이 놀이시설의 시설기준과 기술기준"상의 부지선정 기준

1. 개요

① 어린이놀이기구 안전인증 관련 법률이 「어린이제품안전특별법」으로 변경됨에 따라 용어를 수정하고, 충격흡수용 표면재의 환경안전기준 적용기한을 연장 및 물을 이용한 놀이기구 안전기준 신설 등을 반영하고자 함

② 어린이놀이시설의 설치 시 권고사항 중 부지선정 기준은 사용자의 입지를 고려하고, 안전하며 배수가 용이한 부지여야 함

2. 부지선정 기준

기준	특성
사용자의 주거지역과 가까운 부지	• 도보로 접근성이 용이한 지역 • 주민편의시설이 있는 곳 －주민복지시설, 실외화장실 등
안전한 부지	• 놀이시설 주변에 사용자의 안전을 위협하는 요소가 없어야 할 것 • 주민들이 어린이들이 노는 모습을 쉽게 모니터링 가능 • 차량 통행이 많은 곳과 확실하게 분리된 장소
배수가 용이한 부지	• 어린이 안전이 보장되는 곳 －웅덩이 등의 위험지역 배제 • 적절한 배수구배, 관리가 가능한 곳

02 국내 정원박람회의 특성

1. 개요

① 국내 정원박람회는 2010년 경기정원문화박람회를 시작으로 봄과 가을, 지역 내 문화행사로서 확산되어오고 있음

② 국내 정원박람회는 낙후된 지역을 재활성화시킬 수 있는 도시재생 기능과 공원의 재활방향으로 긍정적 측면도 있지만 전국적으로 비슷한 주제로 혼재된 양상을 띄기도 함

2. 특징

구분	특징
도시재생	• 지역의 낙후된 여건 개선 • 지역 홍보를 통한 지역 재활성화 추진 • 순천만 정원박람회
공원 활성화	• 이용자들에게 다양한 경험기회 제공 • 홍보 위주로 프로그램과 연계 부족 • 지속적 운영과 관심 필요
내재된 문제	• 지역적 장소성 부재 • 비슷한 테마로 다양성 부족 • 불명확한 주제로 흔한 경관 창출

03 산업안전보건관리비

1. 개요

① 산업안전보건관리비는 건설현장에 투입되는 근로자들의 안전과 안전시설 설치 등에 지출되는 항목들의 합계를 말함

② 건설공사 내 산업안전보건관리비에 대해 발주자가 처음 공사원가계산서에 명시한 금액 그대로 이용할 수 있도록 낙찰률과 안전관리비의 관계를 끊어버림으로써 근로자들의 안전이 보장될 수 있도록 조치를 취함

2. 주요내용

1) 계상기준

구분	대상액 5억 원 미만인 경우 적용비율(%)	대상액 5억 원 이상 50억 원 미만인 경우		대상액 50억 원 이상인 경우 적용비율(%)	별표5에 따른 보건 관리자 선임 대상 건설공사의 적용비율(%)
		적용 비율(%)	기초액		
일반건설공사(갑)	2.93%	1.86%	5,349,000원	1.97%	2.15%
일반건설공사(을)	3.09%	1.99%	5,499,000원	2.10%	2.29%
중건설공사	3.43%	2.35%	5,400,000원	2.44%	2.66%
철도, 궤도신설공사	2.45%	1.57%	4,411,000원	1.66%	1.81%
특수 및 기타 건설공사	1.85%	1.20%	3,250,000원	1.27%	1.38%

2) 계상 및 사용기준

① 발주자가 공사계약서에 금액조정 없이 반영

 • 입찰공고 등에 고지

② 설계변경 등 공사금액 변동 시

 • 산업안전보건관리비 조정 계상할 경우

 → 낙찰률이 배제될 수 있도록 새로운 기준 마련

③ 계산식

 ㉠ 설계변경에 따른 안전관리비 = 설계변경 전 비용+증감액

 ㉡ 안전관리비 증감액 = 설계변경 전 비용×대상액의 증감비율

 ㉢ 대상액의 증감비율 = {(설계변경 후 대상액−변경 전 대상액) / 변경 전 대상액}×100

04 퍼실리테이션(Facilitation)

1. 개념

① 퍼실리테이션(Facilitation)이란 특정 목적을 가진 사람들이 이해관계 사람들의 갈등을 원만하게 해결할 수 있도록 중립적 위치에서 소통의 장을 기획하고, 합의적 결론에 도달할 수 있도록 실행하는 활동을 말함

② 퍼실리테이션의 역할은 토론에 참가한 다양한 이해관계자 간의 소통의 장을 설계하고, 대안들을 제시해주며 모든 이들의 발언권을 보장해줘야 함

2. 역할

구분	특징
소통의 장 설계자	• 명확한 목표의식 : 목적이 분명해야 함 • 참석자 list up • 다양한 회의기법에 대한 지식과 노하우 필요
다양한 경로를 안내하는 전략가	• 중간의 돌발상황에 유연한 대처 • 목적에 맞는 대안 설정 • 적절한 토론 연장이나 종료 제시
소통을 촉진시키는 지휘자	• 다양한 이해관계의 사람들의 조율 • 다수의 의견이 제안될 수 있도록 편안한 분위기 유도 • 참여자 간의 원활한 기회제공

05 세계중요농업유산제도(GIAHS)

1. 개요

① 세계중요농업유산제도(GIAHS)는 국제연합식량농업기구(FAO)가 2002년 전 세계적으로 계승해야 할 전통적 농업활동, 경관, 생물다양성, 토지이용과 관련된 내용을 지정함
② 국내사례로는 청산도 구들장 논, 제주 밭담, 하동군 녹차밭이 지정되었고, 시스템의 고유성, 대표성과 정황성, 수행성 등이 확보될 때 인정받음

2. 인증기준

기준	특징
시스템의 고유성	• Globally Important Agricultural Heritage Systems • 시스템의 특징, 지속성, 세계적 중요성 포함 • 고유한 정체성 형성 　－역사와 전통, 가족과 공동체, 정주지와 소속감 등
대표성과 정황성	• 지리적, 제도적으로 대표할 만한 사례 • 개발적용성 포함 • 지역공동체의 지식, 기술, 관습 등
수행성	• 살아있는 유산이므로 보존이 아닌 보전 대상 • 프로젝트를 이행하는 능력 • 국제협약, 파트너십 등

06 생태계의 자가설계(Self – Design)

1. 개요

① 생태계는 자가설계(Self – Design) 능력을 지니고 있고, 이는 주어진 기후대에 적합한 식물상, 동물상, 환경조건 등에 따라 변화됨

② 자가설계는 생태계 구조와 기능에 의해 결정되고 자연에 의해 스스로 복원되거나 인간의 간섭에 의해 안정된 생태계를 유지하려는 성질임

2. 주요내용

구분	내용
Forcing Function	• 생태계의 구조와 기능 결정 • 강제함수 조절 　– 인간의 간섭으로 자가설계방향 전환 가능
생태계의 천이	• 나지부터 시작하여 극성상 유도 　– 시간 흐름에 따라 자연스러운 변천과정 • 식물상 변화부터 동물상, 환경조건 변화 • 순차성, 수분 유무, 방향성에 따라 달라짐
인간의 자가설계 참여	• 초기 생물종 투입 • 환경에 적합한 수종 도입 • 강제함수의 변형 • 생태계 내 물질순환 활용 　– 환경오염 저감 유도

07 패럴랙스 효과(Parallax Effect)

1. 개요

① 패럴랙스 효과(Parallax Effect)는 시차개념을 관찰지점의 변화에 의해서 생기는 물체의 시각적 이동으로 패럴랙스 요소가 있을 때 얻는 공간의 입체감 효과를 말함

② 수목의 주간을 활용하여 가려진 경관(Filtered Landscape)과 가려지지 않은 열린 경관(Opened Lanscape)으로 나눌 수 있으며 식재 설계 시 적용가능함

2. 패럴랙스 효과

구분	특징
가려진 경관 (Filtered Landscape)	• 패럴랙스 요소가 근경에 위치 • 중경 또는 원경이 나뉘어 지각 　－근경 영향권에서 시각적 선호도 높음 • 열린경관에 비해 흥미롭고 매력적인 경관연출
열린 경관 (Opened Lanscape)	• 패럴랙스 요소가 없는 경우 • 주대상이 노출되어 바로 지각 • 개방감과 열린 시야 제공 　－장면별, 조망거리에 따른 영향력 높음

08 코티지 가든(Cottage garden)

1. 개요

① 코티지 가든(Cottage garden)은 영국의 정원기법 중 하나로 자연스러움을 추구하는 규정화되어 있지 않은 스타일임

② 향토식물을 활용하여 초본류, 관목, 교목 등의 조화를 이루고, 지역성이나 전통성을 느낄 수 있는 벽돌이나 석재 등의 자연재료를 활용하여 고풍스러운 시골정원의 분위기를 연출함

2. 조원기법

1) 디자인기법

① 인위적이지 않은 자연스러움에 집중

② 불규칙성, 조화로운 컬러 조합, 관리최소화

③ 식이성 야채 및 약초원 병행

2) 재료

① 향토수목, 생울타리 기법 적용

② 지역색을 나타내는 천연재료

- 벽돌, 석재 등 자연재료 활용

3) 적용식물

① 장미와 덩굴식물

② 생울타리 : 가축 울타리, 사생활 보호, 실용적 용도

③ 꽃과 허브 : 제비꽃, 튤립, 세이지, 타임 등

④ 과일 : 사과, 배, 라즈베리 등

09 소쇄원(瀟灑園)

1. 정의

① 소쇄원은 전남 담양군에 위치하며 조경조의 제자 양산보가 기묘사화를 계기로 낙향하여 50여 년에 걸쳐 조성된 조선시대 대표적인 별서정원임

② 주요공간은 대봉대와 계류, 광풍각과 제월당, 화계와 담장 등으로 구성되어 있으며 각 공간의 식 재와 시설물에 의미를 부여하고, 철학을 투영함

2. 공간구성

1) 대봉대와 계류

① 봉황이 내려앉는 곳, 오동나무 식재
  • 태평성대 기원, 앞에 애양단 입지
② 다섯 번을 굽이쳐 흐름, 오곡문

2) 광풍각과 제월당

① 소쇄원의 중심권역
② 광풍각 : 방문하는 손님을 위한 방
③ 제월당 : 주인이 기거하며 생활하는 방

3) 화계와 담장

① 매대 : 우리나라 최초의 직선 화계
② 담장 : 토석담으로 담 위에 기와를 얹음
③ 지당 : 장방형의 상지와 하지, 중간에 수차 배치

10 소성지수(Plastic Index)

1. 개요

① 물체에 힘을 가했을 때 모양이 변화되고, 힘을 제거한 후에도 원래의 모습으로 복원되지 않는 성질을 가소성이라고 함

② 소성지수(Plastic Index)란 토양이 소성을 나타내는 최소 수분함량과 최대 수분함량의 차이를 말함

2. 활용

1) 세립토 특성 파악

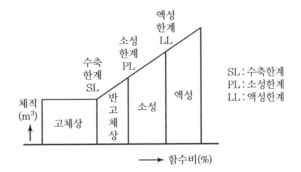

① 소성지수 (PI) = 액성한계(LL) − 소성한계(PL)

② 액성한계(LL ; Liquid Limit)
  ㉠ 점성상태의 함수비
  ㉡ 액체상태의 최소 수분함량

③ 소성한계(PL ; Plastic Limit)
  ㉠ 소성상태의 순간 함수비
  ㉡ 소성상태의 최대 수분함량

2) 도로포장공사의 품질기준

① 노상 동상방지층 PI < 10, 보조기층 PI < 6, 입도조정기층 PI < 4

② 모래 PI = 0, 실트 PI = 10, 점토 PI = 50

11 뿌리돌림의 목적과 방법

1. 목적

① 뿌리돌림은 수목의 뿌리와 지상부 균형을 유지하고, 뿌리의 노화현상을 방지하며 수목도장을 억제시켜 줌
② 또한 수목의 발육을 증진시켜 주고, 꽃눈 수를 증가시켜 결실되는 열매의 양을 많게 하고 이식률을 증가시킴

2. 방법

구분	특성
교목	• 근원직경 5~6배의 원을 그리고, 40~50cm 구덩이 파기 • 사방으로 뻗은 굵은 뿌리 몇 개만 남기고 단근 • 절단면은 지하를 향하도록 직각으로 자름
관목, 생울타리, 일음수	• 관목의 경우 강하게 단근 • 생울타리, 지엽밀생수목의 경우 　－꽃과 열매, 차폐를 위한 일음수 • 이른 봄 눈이 움직이기 전 단근과 시비 • 뿌리의 신장효과 증대

12 행동유도성(Affordance)

1. 개요

① 행동유도성(Affordance)은 특정한 형태나 이미지가 행동을 유도하거나 특정한 행동을 용이하게 하는 성질을 말함
② 지역명소 내 한복, 교복체험 등의 체험활동을 유도한다거나 앉고 싶은 벤치 형태 등의 시설물 형태에서도 볼 수 있음

2. 사례

구분		특징
체험활동 유도	경복궁 한복체험	• 국내외 이용객들이 한복을 입고 접할 수 있는 기회 제공
	이화동 벽화마을 내 교복체험	• 시간여행 모티브 • 경관을 향유하며 시대풍미
시설물 형태 유도	벤치	• 사람들이 앉아보고 싶도록 만든 형상
	아이디어 상품	• 행동규칙을 알려주지 않아도 직관적 유추 가능 • 물병의 손가락 걸이 • 우산고리의 작은 홈(비닐봉지 걸이) • 양문의 고리 　-넓은 판 : pull 　-수직 손잡이 : push

13 「도시공원 및 녹지 등에 관한 법률 시행규칙」에 의한 저류시설의 입지기준

1. 개요

① 저류시설은 빗물을 일시적으로 저장한 후 바깥수위가 낮아진 뒤 방류하기 위한 시설로서 방재시설 중 하나임

② 저류시설은 입지유형에 따라 on-site형과 off-site형으로 구분할 수 있고, 저류방식에 따라 on-line형과 0ff-line형으로 나뉘어짐

③ 입지기준은 주변환경에 따른 수문, 유역 등의 관련 인자들을 검토해야 하고, 붕괴의 위험이 있거나 오염시설 여부에 따라 달라질 수 있음

2. 입지기준

구분	입지기준
Positive	• 주변지형, 지질, 수문 등 검토 • 자연유하가 가능한 곳 • 공원 및 방재 기능을 동시에 충족
Negative	• 붕괴위험지역, 급경사지, 지반붕괴지역 • 자연훼손지역 • 오수유입 예상지역

13 114회 문제 용어해설

구분	문항	기 출 문 제
	1	갯벌의 기능 및 가치
	2	공정표(횡선식, 네트워크식)
	3	습지보전법에 의한 습지지역의 지정
	4	감축대상 7대 온실가스와 온난화지수
	5	산림경제와 임원경제지의 판축기법
	6	시각적 흡수성(Visual absorption)
1교시	7	표준생태계(참조생태계, Reference Ecosystem)
	8	경관분석기법 중 Leopold의 방법
	9	독일의 Kleingarten과 러시아의 Dacha
	10	명승 환벽당
	11	농약 사용 대상(사용목적)에 따른 분류(6가지)
	12	진달래, 철쭉, 산철쭉의 비교
	13	「도시공원 및 녹지 등에 관한 법률」상 녹지의 분류와 역할
	1	「자연공원법」에 의한 자연공원의 유형 및 지정기준에 대하여 설명하시오.
	2	생태계서비스 개념 및 공원·녹지분야의 생태계서비스지불제 도입방안에 대하여 설명하시오.
2교시	3	15~17C 르네상스 시대 이탈리아의 조경사에 대하여 설명하시오.
	4	논습지의 중요성과 활성화 방안에 대하여 설명하시오.
	5	도시재해의 유형을 구분하고, 조경 측면에서 제도적, 기술적 해결방안에 대하여 설명하시오.
	6	자연형 연못 조성 시 가장자리(edge) 공사에 대하여 단면도를 제시하고 설명하시오.
	1	통합물 관리방향을 설명하고, 조경전문가 참여방안에 대하여 논하시오.
	2	기후변화 대응전략을 완화(저감) 및 적응으로 구분하고, 조경분야 적용방안에 대하여 설명하시오.
	3	제주 화산섬과 용암동굴의 세계자연유산으로서의 가치, 특성 및 체계적 활용방안에 대하여 설명하시오.
3교시	4	한반도 통일을 대비하여 효율적인 북한 산림녹화사업에 대하여 설명하시오.
	5	IPM(Integrated Pest Management, 해충종합방제)에 대하여 설명하시오.
	6	수목이 성장함에 따라 뿌리가 포장 등을 올리고 손상시킬 수 있어 이에 대한 뿌리 절단(전정) 시 수목의 반응에 미치는 요소를 설명하시오.
	1	『국토기본법』에 의한 국토계획 체계와 『국토의 계획 및 이용에 관한 법률』에 의한 도시·군계획체계를 설명하시오.
	2	수변공간 조성을 위한 강우패턴과 첨두홍수량의 관계를 설명하고, 생태적 전이지대로서의 수위변동구간의 특징을 설명하시오.
4교시	3	『도시재생 활성화 및 지원에 관한 특별법』 개정안(2017년 12월)의 주요 내용과 조경분야의 기대효과에 대하여 설명하시오.
	4	제4차 산업혁명을 맞아 드론을 활용한 조경사례와 조경산업에 융합되는 발전방안에 대하여 설명하시오.
	5	멸종위기 야생생물 보호 및 관리정책의 방향에 대하여 설명하시오.
	6	조선시대 궁궐 배식의 기본개념 및 수목의 명칭(한자명 병기)과 특징을 10가지로 구분하여 설명하시오.

01 갯벌의 기능 및 가치

1. 개요

① 갯벌은 밀물과 썰물에 의해 잠기고, 드러나는 모래 점토질로 구성되어 있는 공간으로 자연의 콩 팥으로 불림
② 갯벌은 바다의 오염원을 정화시켜주고, 홍수를 통제하는 수문학적 기능 및 어류나 저서형 대형 무척추동물 등의 먹이처이자 서식처임

2. 기능 및 가치

구분	내용
수질정화기능	• 수생식물과 토양에 의한 탈질, 흡착, 침전기능 • 햇빛 산란에 의한 오염물질 산화효과 • 염생식물에 의한 식생여과대 작용
수문학적 기능	• 홍수를 통제하고 지하수 함량 • 태풍에 의한 육지지역 피해 감소 • 자연댐 역할
생태적 기능	• 야생동식물의 먹이처, 서식처 • 생물종다양성 증진 • 추이대 역할

02 공정표(횡선식, 네트워크식)

1. 개요

① 네트워크 공정표는 일정계획을 네트워크로 표시하고 동그라미와 화살표로 표시하여 공정표를 작성함
② 횡선식 공정표는 막대그래프로 단순공정에 주로 사용하고, 네트워크식 공정표는 복잡하고 후속작업 파악이 필요한 공정에 주로 사용함

2. 비교

1) 횡선식 공정표

① 공사의 착공과 준공의 기일과 상호관계 파악 가능
② 단순공정, 시급한 공사 → 대형공사는 적용 안 됨
③ 작성이 쉽고 공사의 개략적 내용 파악 용이
④ 작업의 선후관계, 세부사항 표기 난해

2) 네트워크식 공정표

① 작업의 선행작업과 후속작업 파악 가능
② 복합공정, 시일을 요하는 공사, 중요한 공사
③ 중점관리 가능, 전체공정 파악 가능
④ 작성이 어려워 숙련도가 필요하고, 수정이 어려움
⑤ PERT(일정 중심), CPM(비용 중심)

03 습지보전법에 의한 습지지역의 지정

1. 개요

① 습지보전법은 습지의 효율적 보전·관리에 필요한 사항을 정하여 생물다양성을 보전하고, 국제 협약의 취지를 반영하여 국제협력의 증진에 기여함
② 특별히 보전할 가치가 있는 지역을 습지보호지역으로 지정하고, 그 주변지역을 습지주변관리지역, 습지개선지역으로 지정할 수 있음

2. 습지지역의 지정

구분	특징
습지보호지역	• 자연 상태가 원시성을 유지하고 있거나 생물다양성이 풍부한 지역 • 희귀하거나 멸종위기의 야생생물 서식지 • 특이한 경관적, 지형적, 지질학적 가치를 지닌 지역
습지주변관리지역	• 습지보호지역의 완충지역 • 학습과 교육을 위해 부분적 통제와 관리 필요 　－간척사업, 공유수면매립사업 등 습지위해행위 시 승인 필요 • 생태계 교란 야생생물, 해양생태계 교란생물 금지
습지개선지역	• 습지보호지역 중 습지가 심하게 훼손된 지역 • 훼손이 심화될 우려가 있는 지역 • 습지생태계의 보전 상태가 불량한 지역 중 개선가치가 있는 지역 　－인간의 간섭을 통한 인위적 관리 필요

04 감축대상 7대 온실가스와 온난화지수

1. 개요

① 지구대기를 오염시켜 온실효과를 일으키는 감축대상 7대 온실가스는 이산화탄소, 메탄, 이산화질소, 수소불화탄소, 과불화탄소, 육불화황, 삼불화질소

② 지구온난화지수는 이산화탄소, 메탄 등의 온실가스가 지구온난화 영향에 얼마나 주는지 측정하는 지수로 20년, 50년, 100년 주기 자료를 활용함

2. 7대 온실가스와 온난화 지수

1) 7대 온실가스

구분	지구온난화지수(GWP)
이산화탄소(CO_2)	1
메탄(CH_4)	21
이산화질소(N_2O)	310
수소불화탄소(CFCs)	150~11,700
과불화탄소(PFCs)	6,500~9,200
육불화황(SF_6)	23,900
삼불화질소(NF_3)	17,200

2) 지구온난화지수

① Global Warming Potential

② 이산화탄소 1kg 비교 시

→ 특정가스 1kg이 지구온난화에 얼마나 영향을 주는지 계산

③ 화석연료의 사용이 많아지면 온실가스 배출량 증가

→ 태양열, 수력, 지열 등 신재생에너지 사용 권장

05 산림경제와 임원경제지의 판축기법

1. 개요

① 기초공법 중 하나인 판축기법은 삼국시대부터 통일신라, 고려, 조선시대에 이르기까지 발전되면서 견고해졌음

② 판축은 기초 지점의 땅을 파고, 잡석을 깔아 다진 다음 좋은 백토를 깔아 다지고, 잡석을 15cm가량 깔고 그 위에 흙을 깔아 다지는 방법을 반복하는 방식

2. 판축기법

1) 지반개량이나 보강공법

① 연약지반을 단단히 하는 방법

② 기반하부를 구조물보다 더 넓게 파내기

③ 공극을 줄이며 다지는 반복작업

2) 판축두께

① 수평을 유지하며 매우 단단

② 점질토와 사질토를 교대로 축조

③ 중국의 공법 전수 : 이명중의 영조방식(기술서)

3) 설치위치

① 지반침하가 없는 암반 위가 최상

② 평지의 퇴적토 위에 기초 설치 시

• 지반을 단단히 다진 후 작업 실시

06 시각적 흡수성(Visual absorption)

1. 개요

① 시각적 흡수성(Visual absorption)은 눈으로 인식되는 정도로 수목이나 건물 등 바로 인지되는 정도를 말함
② 주거지 개발, 도로, 송전선 설치 등에 따른 영향을 분석하며 부정적 영향을 최소화하고, 경관수용력에 따른 개발을 유도하여 시각적 질을 향상시키는 데 그 목적이 있음
③ 따라서, 물리적 환경이 지닌 시각적 특성은 특이성 정도를 말하므로 자연경관일수록 인지가 낮아지고, 도시경관일수록 뚜렷해짐

2. 특성

1) 시각적 투과성과의 관계

① 투과성이 높이면 시각적 영향이 크므로 시각적 흡수성은 낮음
② 시각적 투과성은 식생의 밀집 정도와 지형적 위요 정도에 따라 결정
③ 시각적 영향은 토지이용이 물리적 환경에 미치는 영향을 말함

2) 시각적 영향이 큰 지역

① 시각적 투과성이 크고,
② 시각적 복잡성은 낮고,
③ 시각적 흡수력이 낮은 지역
  • 자연경관 > 도시경관

07 표준생태계(참조생태계, Reference Ecosystem)

1. 개요

① 교란이 거의 없어서 온전한 생태적 상태를 보유하고 있는 생태계를 표준생태계 또는 참조생태계(Reference Ecosystem)라고 함
② 생태계 생물상의 구조와 기능은 자연성에 따라 참조상태를 나타낼 수 있기에 교란 정도에 따라 RC, MDC, LDC, BAC 4가지 유형으로 구분함

2. 유형

종류	특징
RC (Reference Condition for Biological Integrity)	• 인위적으로 교란되지 않은 자연적 상태 • 생태적, 생물학적 온전성 유지 • 과거, 현재 모두 절대적 자연, 원시상태
MDC (Minimally Disturbed Condition)	• 최소한의 인위적 교란이 있지만, 온전성에 가까운 상태 • 인간교란이 없는 경우는 거의 불가능 • 최소 교란의 의미로서 오염영향의 역치를 넘지 않음
LDC (Least Disturbed Condition)	• 최소한의 인간 영향은 있지만 가장 좋은 상태 의미 • 지역 간 생태적 상태 비교가 가능 • 지역마다 기준이 다를 수 있음
BAC (Best Attainable Condition)	• 최적의 관리, 최소한의 교란 예상 가능 • 관리목표, 기술, 토지이용 등에 따라 예측 • 현재 존재하지 않지만 합당한 관리를 통해 이룰 수 있는 참조상태

08 경관분석기법 중 Leopold의 방법

1. 개요

① 경관의 심미적 요소를 계량화하는 방법으로 경관평가를 정량화하고자 하는 방법 중 하나임

② Leopold는 스코틀랜드 하천을 낀 계곡경관을 대상으로 특이성을 계산하여 상대적 경관가치를 분석하고자 함

2. Leopold의 방법

1) 대상지역 선정

① 스코틀랜드 하천을 낀 계곡경관 12곳

② 계곡경관을 특이성 정도에 따라 순위 매김

2) 관련인자 도출

① 46개의 관련인자 선정

㉠ 물리적 인자(14)

㉡ 생태적 인자(14)

㉢ 인간이용 및 흥미인자(18)

② 중요하다고 생각되는 인자 추출

3) 계곡특성과 하천특성 계산

09 독일의 Kleingarten과 러시아의 Dacha

1. 개요

① 고령화가 심각한 농촌인구문제를 해결하기 위해 독일의 클라인가르텐(Kleingarten), 러시아의 다차(Dacha)를 조성하여 체류형 주말농장을 조성해 분양하거나 임대해주고 있음

② 독일의 클라인가르텐의 경우 도시근교에서 먹거리 마련과 건강을 위한 공간으로 발달하였고, 러시아의 다차는 도시농업, 시민농원으로 사용됨

2. 클라인가르텐과 다차

1) 클라인가르텐

① 독일의 도시근교에 입지

② 도시빈민층의 먹거리 마련과 건강증진
　　㉠ 도시 빈민들에게 토지 임대
　　㉡ 정원이 없는 도시민들에게 제공

③ 녹색공간이면서 소형 주말가족농장으로 이용

2) 다차

① 러시아의 시민농원
② 채소밭, 과수원이 딸린 별장
③ 여름과 가을을 보내는 전원주택
④ 주말휴식처이자 식량공급처
⑤ 자연경관이 좋은 위치에 입지
　　• 강변, 호숫가, 숲속 등

10 명승 환벽당

1. 개요

① 국가지정문화제 명승 제 107호이자 광주광역시 기념물 제1호인 환벽당은 조선시대 김윤제가 후학을 가르치던 장소임

② 조선시대 대표적인 사림문화의 중심으로 식영정과 환벽당은 형제의 정자, 소쇄원, 식영정, 환벽당은 일동지삼승이라고 불릴 정도로 역사적 가치가 뛰어남

2. 조원양식

1) 건축물

① 환벽당 : 푸름을 사방에 두름의 의미

② 조선시대 대표적 누정문화

- 송강 정철이 벼슬에 오르기 전 공부했던 곳

③ 정면 3칸, 측면 2칸의 팔작지붕 형태

- 왼쪽 2칸은 온돌방, 오른쪽 1칸은 대청마루

2) 정원기법

① 자연풍광이 수려한 지역에 입지

- 무등산, 원효계곡

② 주변에 10개의 누정 배치

- 소쇄원, 독수정, 송강정 등

③ 자미탄 : 배롱나무 군식

④ 조대, 용소, 쌍송

11 농약 사용 대상(사용목적)에 따른 분류(6가지)

1. 개요

① 농약은 농작물에 해로운 벌레, 잡초 등을 제거하거나 농작물이 잘 자랄 수 있게 도움을 주는 약품을 말함

② 농약은 사용목적, 즉 사용대상에 따라 살균제(미생물), 살충제(해충), 살비제(응애류), 살선충제(선충), 살서제(설치류), 제초제(잡초)로 분류됨

2. 분류

구분	특징	종류
살균제	• 미생물로부터 농작물 보호 • 농산물의 질적 향상과 양적 증대	• 살포용 살균제, 종자 소독제, 토양 살균제 등
살충제	• 해충방제에 사용	• 독제, 직접접촉제, 침투성 살충제 등
살비제	• 곤충은 살충효과 없음 • 응애류에 대한 효력만 있음	• 디코폴, 아미트라즈, 클로펜테진
살선충제	• 식물뿌리에 기생하는 선충 방제	• 메틸브로마이드, 클로로피크린
살서제	• 해를 가하는 설치류 방제 • 쥐, 두더지, 기타 설치류	• 인화아연, 프라톨, 와르파린
제초제	• 잡초 제거 시 사용 • 제초기능, 사용시기에 따라 구분	• 선택성, 비선택성 • 토양처리용, 생육처리용

12 진달래, 철쭉, 산철쭉의 비교

1. 개요

① 조경식재공사 시 사용되는 관목종류로 진달래, 철쭉, 산철쭉이 사용되나 생김새나 이름이 비슷하여 구분하기가 쉽지 않음
② 진달래는 잎이 나오기 전 꽃이 피지만, 철쭉과 산철쭉의 경우 잎이 나옴과 동시에 꽃이 핌

2. 비교

1) 진달래

① 잎이 나기 전 개화 : 3~4월
② 꽃색 : 연분홍 혹은 거의 흰색, 연달래로 부름
③ 잎에 반점이 없음
④ 꽃받침이 보이지 않음
⑤ 산기슭 볕이 잘 드는 곳

2) 철쭉

① 잎과 꽃이 동시에 핌 : 4~5월
② 꽃색 : 연분홍색
③ 잎이 5장 돌려나기
④ 꽃받침이 보임
⑤ 산중 교목의 하부수종

3) 산철쭉

① 잎과 꽃 동시에 핌 : 4~5월
② 꽃색 : 자홍색
③ 잎이 어긋나고 피침형, 반상록성
④ 꽃받침이 보임
 • 철쭉에 비해 열매에 털이 많음
⑤ 산중 계곡가, 바위틈

13 「도시공원 및 녹지 등에 관한 법률」상 녹지의 분류와 역할

1. 개요

① 녹지는 「도시공원 및 녹지 등에 관한 법률」에 의거하여 도시지역 안에서 자연환경 보전, 개선, 향상, 도시공해나 재해방지를 통한 쾌적한 도시환경 형성을 위해 설치함

② 녹지의 기능에 따라 공해, 재해 방지를 위한 완충녹지, 도시 내 자연환경 보전 향상을 위한 경관녹지, 공원, 하천, 산지를 연결하는 연결녹지가 있음

2. 녹지의 분류와 역할

구분	역할
완충녹지	• 대기오염, 소음, 진동, 악취 등 방지 　－최소폭 10m 이상 설치 • 각종 사고나 자연재해 방지 　－완충대 역할
경관녹지	• 도시 내 자연환경 보전, 향상 　－쾌적한 도시환경 형성 • 도시경관의 개선, 향상 　－생태계 보전 및 보호
연결녹지	• 공원, 하천, 산지를 연결 • 도시민 여가, 휴식을 제공

‖ 녹지의 구분 ‖

구분	문항	기 출 문 제
1교시	1	조경공사 설계변경 조건
	2	식이식물의 개념과 곤충별(5종) 선호 식이식물
	3	조경시설재료의 일반적 요구 성능
	4	범죄예방을 위한 도시공원의 계획 · 조성 · 유지관리 기준
	5	장애물 없는 생활환경(BF) 인증의 유효기간과 공원 내부 보행로 평가항목
	6	도시농업공원
	7	스마트 녹색도시
	8	수목의 단풍생리
	9	한국의 누(樓)와 정(亭)의 특징비교
	10	한국의 전통정원에 나타나는 수경관의 구성요소
	11	「조경설계기준(KDS)」의 유형별 식재밀도
	12	관급자재 관리비 계상기준
	13	수생식물의 수질정화 기작(Mechanism)
2교시	1	수목이식 시 하자율을 줄일 수 있는 방법에 대하여 설명하시오.
	2	전통포장재료의 종류와 특징을 설명하시오.
	3	시대 변화에 따른 하천의 가치 변화와 조경적 관점에서의 패러다임 변화에 대하여 설명하시오.
	4	단풍나무의 외형적, 생태적 특성을 설명하고, 단풍나무과(科) 수목 3종의 종명(학명)의 의미를 설명하시오.
	5	공공시설 경관(색채) 관련 주요 국가정책 및 관련계획과 「공공디자인 진흥에 관한 법률」의 주요내용을 설명하시오.
	6	은행나무의 관리계획(번식, 전정, 이식, 시비, 병해충 방제 등)과 연간관리표를 작성하시오.
3교시	1	옥호정도(玉壺亭圖)에 나타난 옥호정(玉壺亭)의 공간구성과 특징을 설명하시오.
	2	녹지관리를 일반적 관리기법과 생태적 관리기법으로 구분하여 설명하시오.
	3	일몰제에 대비한 도시공원 조성에 대한 해소방안이 '18년 4월 마련된 바, 장기미집행도시계획시설(공원)의 조성을 위한 추진경과와 문제점, 해소방안에 대해 설명하시오.
	4	조경재료로 사용되는 석재의 표면가공방법을 설명하시오.
	5	공원, 녹지공간에 적용 가능한 빗물관리시설을 침투, 여과, 유도시설로 구분하고 공간별 활용방안을 제시하시오.
	6	도시농업의 정의 및 유형과 입지조건에 따른 도시텃밭 계획 시 설계기준을 설명하시오.
4교시	1	한국 전통정원의 화계와 연못조성, 수목배식에 대한 표준시방을 작성하시오.
	2	시민참여형 마을정원만들기의 개념, 선정기준 및 기대효과에 대해 설명하시오.
	3	토양오염지의 식생기반 조성방법에 대해 설명하시오.
	4	「2018년 국토교통부 주요업무 추진계획」의 6대 정책목표 중 균형발전 실천과제와 조경가의 참여분야를 설명하시오.
	5	미세먼지 저감을 위한 도시녹화방향 및 식재기법을 "입체녹화" 중심으로 설명하시오.
	6	공사계약 일반조건의 하도급 대가 직접지급에 대하여 설명하고, 건설산업 일자리 개선대책과 관련한 "임금직불 전자적 대금지급시스템"에 대하여 설명하시오.

01 조경공사 설계변경조건

1. 개요

① 조경공사 시 발생하는 설계서 상의 수목공사와 시설물공사 등의 문제점을 파악하여 발주처에 제출함

② 설계서는 불가피한 이유로 재료가 변경되었거나 현장여건과의 불일치, 물량의 변경, 발주처의 요구사항 반영 등으로 조경공사 중 변경될 수 있음

2. 설계변경조건

구분	내용
불가피한 재료 변경	• 설계시기와 실제 공사시기의 차이로 인한 재료가격의 변화 • 공사비의 부담 • 다른 재료로 대체
현장여건과 불일치	• 지상 및 지하 지장물 위치 미고려 • 배수가 잘 안되는 지역 : 맹암거 추가 설치 • 가로등, 맨홀 등의 위치 파악 후 현장 내 재배치
물량의 변경	• 기존 재료수량의 증가 또는 감소 　－수량만 변경 가능 　－노무비, 재료비, 경비 등의 변동 불가 • 신규 재료 도입 　－새로운 공법이나 재료가격의 적용 　－일위대가 추가한 후 내역서 작성
발주처의 요구사항 반영	• 설계서의 없는 내용 추가 • 기존 설계내용 삭제 • 민원, 하자 등

02 식이식물의 개념과 곤충별(5종) 선호 식이식물

1. 식이식물 개념

① 식이식물이란 식물의 잎이나 꽃, 열매 등이 곤충이나 조류, 동물 등의 먹이로 제공될 수 있는 지피초화류, 관목, 교목 등을 말함

② 식이식물종에 따라 초식성 곤충은 크게 특식종(specialist), 번식종(generalist)으로 구분하거나 광식성(polyphagous), 협식성(oligophagous) 및 단식성(monophagous)으로 나눔

2. 곤충별 선호 식이식물

	종류	내용
1	남방부전나비	• 유충 : 괭이밥, 아그배나무 • 성충 : 쥐꼬리망초, 토끼풀, 쥐오줌풀 • 4~10월, 특히 7~8월 많이 채집
2	물결부전나비	• 유충 : 팥, 완두, 강남콩 • 성충 : 쥐꼬리망초, 재배종 콩과식물 • 5월, 8월 10월 채집
3	설악산부전나비	• 유충 : 낭아초 • 성충 : 벌노랑이, 사철쭉 • 8~10월 소수 관찰
4	먹부전나비	• 유충 : 바위솔, 땅채송화 • 성충 : 둥근바위솔, 꿩의 비름 • 4~9월 전역에서 관찰
5	흰불나방	• 뽕나무, 미류나무 • 버즘나무, 네군도단풍 • 사과나무

03 조경시설재료의 일반적 요구성능

1. 개요

① 조경시설재료는 재료별로 특성이 다양하며 각 재료마다 장단점을 가지고 있으므로 모든 조건을 만족하는 재료를 찾기는 불가능함
② 그러므로 보편적 조건을 충족시키는 재료를 선정하되 공사의 특성, 예산, 사용목적, 공간성격 등을 고려하여 적합한 것을 선택해야 함
③ 일반적으로 요구되는 성능으로는 사용목적에 부합되는 품질, 내구성, 미관, 대량생산과 공급, 가공 및 운반용이, 가격경제성, 친환경성이 확보되는 것을 권장함

2. 일반적 요구성능

구분	특징
구조성	• 겨울철 결빙에 대한 저항성 • 일정 하중 지탱
내구성	• 외부환경 및 기후에 대한 내구성 • 시간경과에 따른 내마모성, 내화학성 • 풍화, 탈색, 노화 등 3년 이상
친환경성	• 오염방지 효과를 가질 수 있는 방오성 • 온도 저감 및 대기오염정화 　－음이온블록, 규사블록 • 신재생에너지 활용 　－압전포장 : 운동에너지를 전기력으로 변환 　－운동에너지를 전기에너지로 바꾸는 단위운동시설

04 범죄예방을 위한 도시공원의 계획 · 조성 · 유지 관리기준

1. 개요

① 아파트 · 학교 · 공원 등 도시생활공간 내에서 설계 단계부터 범죄를 예방할 수 있도록 다양한 안전시설 및 수단을 적용한 환경설계를 통한 범죄예방기법이 도입되고 있음

② 그중 도시공원 내 범죄예방 계획, 조성, 관리의 기준 5가지로는 자연적 감시, 접근통제, 영역성 강화, 활용성 증대, 유지관리기법이 있음

2. 범죄예방을 위한 계획, 조성, 관리의 기준

구분	특징
자연적 감시	• 내외부에서 시야를 최대한 확보 • 밀식 · 차폐형 수목보다는 관목형 수목 식재 • 공공장소 시설 내부를 볼 수 있도록 투명유리로 제작
접근통제	• 이용자들을 일정한 공간으로 유도하거나 통제 • 이용자 동선 유도로 일탈적인 접근으로 거부 • 진입이 용이한 후미진 공간에는 각종 식물을 심어 정원 조성
영역성 강화	• 공적인 장소임을 분명하게 표시될 수 있는 시설 등 배치 • 공간의 책임의식 부여와 이용을 위한 공간 및 시설계획 • 주출입구, 산책로, 어린이놀이터 내 CCTV, 가로등 설치
활용성 증대	• 다양한 계층의 이용자들이 다양한 시간대에 이용 가능 • Barrier—free Design & Universal Design 도입
유지관리	• 안전한 공원 환경의 지속적 유지 고려 • 자재 선정과 디자인 적용 제고

05 장애물 없는 생활환경(BF) 인증의 유효기간과 공원 내부 보행로 평가항목

1. 개요

① 장애물 없는 생활환경(BF) 인증의 유효기간은 본인증의 경우 5년으로 매개시설, 유도 및 안내시설, 위생시설, 편의시설, BF보행의 연속성, 종합평가 6개로 세분화됨

② 예비인증의 경우 본인증 전까지 효력이 유지 가능하나 인증 완료 후 1년 이내에 본인증을 진행하지 않을 시 효력은 사라짐

③ 공원 내부 보행로 평가항목으로는 BF보행로 지정, 보행안전공간, 단차, 기울기, 바닥마감, 자전거도로와의 접점, 보행유도의 연속성 7가지 항목으로 100점 만점에 28점에 해당됨

2. 평가항목

범주		평가항목	평가기준	분류번호	배점
BF 보행의 연속성	공원 내부 보행로	BF보행로의 지정	내부 산책로 중 출입구–공원시설 간을 연결하는 주요보행로를 BF보행로의 지정 평가	P5–01–01	2
		보행안전 공간	내부 보행로에서 수직 수평의 3차원적인 무장애 보행공간의 확보 평가	P5–01–02	6
		단차	공원 내의 모든 보행로 및 접근로의 단차 평가	P5–01–03	1
		기울기	보행로 등의 진행방향 및 좌우기울기의 경사 평가	P5–01–04	5
		바닥 마감	미끄럽지 않은 바닥 재질 및 마감의 평탄한 정도와 미끄럼방지설비 설치 평가	P5–01–05	2
		자전거 도로와의 접점	자전거와의 접점 없이 연속적인 안전보행로의 확보 평가	P5–01–06	2
		보행유도의 연속성	시각장애인 등을 배려한 보행유도의 연속성을 위한 장치나 시설계획 평가	P5–01–07	10

06 도시농업공원

1. 개요

① 도시농업공원은 텃밭과 공원의 융합된 개념으로서 채소와 작물을 심어 도시민에게 교육과 체험을 제공하는 장소임

② 공원 대비 저렴한 유지관리비용이나 마을의 공동체 정원으로서 긍정적 역할을 하기도 하지만 작물재배 시 특정인에게 소유되거나 농작물이 없는 겨울철 미관이 좋지 않는 문제 등이 있음

2. 유용성과 한계점

구분		특징
유용성	관련법 제정	• 도시공원 및 녹지 등에 관한 법률의 공원유형으로 포함 • 도시농업 부지 확보 가능성 높음 −장기미집행부지 대안

	용이한 유지관리	• 타 공원 대비 조성비용과 관리비용 절감
		  −텃밭 이용자들이 관리비용 부담
		  −지자체 비용 절감
		• 다양한 시설 설치 가능

	공동체 커뮤니티 공간 창출	• 주민들의 소통의 공간 • 수확하고, 나누는 즐거움 체험
한계점	특정인의 점유	• 텃밭 분양 시 점유자에게 혜택 • 다수를 위한 공간이 될 수 없음
	겨울철 불량경관 제공	• 작물이 재배되지 않는 시기 • 관리소홀로 이어질 수 있음 • 점유자들에 의한 쓰레기 오염

07 스마트 녹색도시

1. 개요

① 스마트 녹색도시란 스마트에너지, AI 활용 등 미래기술이 접목된 데이터 기반의 스마트도시와 친환경녹색도시가 결합된 미래지향적 도시임

② 국가적으로는 국가 온실가스 감축로드맵을 설정하여 친환경 녹지공간 등을 활용한 저탄소 체제로의 에너지 전환이 필요함

2. 발전방향

1) 국가 온실가스 감축로드맵

① 설비효율 개선과 신재생에너지 확대

② 기존건축물 에너지성능 향상

③ 건물에너지 정보인프라 구축

2) 에너지 전환

① 기존 원자력, 화력발전소 의존

  • 신재생에너지 활용

② 효율적 활용도 중요

  ㉠ 제로에너지건물

  ㉡ 단열과 기밀 중심의 패시브하우스

③ 저탄소체제로의 전환 필요

④ 지능형교통체계(ITS) 운영

  • IT기술기반 첨단교통운영시스템 구축

3) 친환경 녹지공간 활용

① IOT와 연계된 녹지네트워크 확대

② IT 융합기술로 물순환 토털관리시스템 구축

③ 도심공간 내 바람길숲 조성

08 수목의 단풍생리

1. 개요

① 수목의 단풍은 조경설계 시 고려해야 하는 중요 요소로서 시간변화, 경관미, 심리적 안정 등 공간을 향유하는 인간에서 중요한 역할을 함
② 수목의 단풍기작은 식물체 스스로를 보호하기 위함이나 단풍나무 자체의 유전적 변종, 겨울 준비를 위한 월동준비 과정 등으로 설명할 수 있음

2. 단풍생리

구분	내용
식물체 보호	• 줄기에서 포도당 이동 　－안토시안 형성 • 자외선으로부터의 피해 방지 　－안토시안의 자외선 흡수 　－연약한 잎이나 줄기가 붉어지는 것 • 성숙체가 될수록 엽록소에 의해 녹색으로 변화
유전적 변종	• 계절과 상관없이 붉은색을 띄는 종 • 녹색 종으로부터의 변종이 많음 　－단풍나무 개량종인 공작단풍이나 홍단풍 • 안토시안과 공존하는 엽록소와 광합성 병행
월동준비 과정	• 떨켜층 형성 : 낙엽의 원인 • 타로틴, 크산토필과 같은 색소 형성 　－노란색 혹은 붉은색의 단풍 형성

09 한국의 누(樓)와 정(亭)의 특징비교

1. 개요

① 한국의 누와 정은 배산임수의 명당지에 입지하여 뛰어난 자연환경과 좋은 교육환경의 제공으로 휴식공간과 학습공간 등으로 많이 이용됨
② 누와 정의 특징은 주로 입지, 성격, 이용자, 규모, 형태, 단청의 유무, 설치위치, 현판의 주로 쓰는 글자 등에서 차이가 남

2. 특성비교

구분	누	정
입지	공공적, 군사적, 관 내에 설치	개인적, 휴식, 아무 데나 설치
성격	연회, 군사, 감시, 모임(대규모)	경치(감상용), 휴식, 모임(소규모)
이용자	공공기관	남녀노소
규모	2층(계단 이용) 1층 : 문의 성격, 2층 : 관망	1층으로 된 고상식 마루
형태	장방형	사각(애련정), 부채꼴(관람정) 아형(부용정), 육각형(향원정), 청의정(초정), 팔각형(중국풍)
단청의 유무	○	궁 ○ / 민가 ×
설치위치	궁궐, 도성(방화수류정), 관아, 서원, 사찰	강, 계곡, 산마루, 못 주위, 못 안, 집안
글자	光, 風, 觀, 望 (널리 이롭게 하라는 뜻)	愛, 松 (군자의 도)

10 한국의 전통정원에 나타나는 수경관의 구성요소

1. 개요

① 한국의 전통정원에 나타나는 수경관은 돌아다니며 감상하는 회유식보다는 정원 한쪽에 정자를 위치시켜 보고, 느끼는 수경관 자체에 의미를 투영함

② 수경관을 구성하는 주요요소로는 음양오행사상이나 신선사상 등을 의미하는 섬을 입지시키고, 수목과 시설물 등의 첨경물로 장식함

2. 수경관의 구성요소

구성요소			특징
섬	방지원도	천원지방설	• 음양오행사상, 국내 대부분의 형태
	방지방도	토지숭배사상	• 식량을 얻을 수 있는 가치 부여
	삼신산 (봉래, 방장, 영주)	신선사상	• 신선의 유유자적한 삶을 투영
수목	복숭아, 수양버들		• 무릉도원을 희망
	소나무	유교사상	• 선비의 고고함 상징
	연꽃	삼불선의 꽃	• 불교(부처님), 유교(주돈이의 애련설), 도교
시설물			• 석가산, 괴석, 석함 – 신선사상 • 정자의 기둥과 받침돌 – 음양오행사상

11 「조경설계기준(KDS)」의 유형별 식재밀도

1. 개요

① 조경설계기준(Korean Design Standard)에 의한 유형별 식재밀도는 교목, 관목, 잔디, 지피 및 초화류로 나눌 수 있음

② 녹지조성수준은 공간과 기능을 고려하여 설계자가 적절히 조정하고, 완성형의 식재기준은 100m² 당 교목 13주(3.5~5m 간격), 소교목 16주(화목 포함), 관목 66주(2~3주/m) 및 묘목의 양 등을 결정함

③ 잔디 및 초화류 식재는 화형과 초장에 따라 대형, 중형 및 소형으로 구분하지만, 암석원이나 꽃시계 경우 필요한 양에 따라 달리 적용가능함

2. 유형별 식재밀도

1) 교목과 관목, 잔디

조성 수준	규격	수량			비고
		교목	관목	잔디(m²)	
상	대	0.5~1.0	1~15	1	이용빈도가 높은 주요 시설물의 주변, 기념공간
상	중대	0.2~0.5	0.5~1.2	1	
중상	대	0.2~0.5	0.5~1.2	1	가로녹지 등 보행자 및 차량의 통과빈도가 높은 지역
중상	중	0.2~0.5	0.5~1.2	1	일반공원 주변 등
중	중	0.15~0.3	0.3~0.8	1	
중하	중	0.1~0.5	0.3~0.8	1	

2) 지피초화류

일년초			구근류		
구분	종류	식재 간격(cm)	구분	종류	식재 간격(cm)
소형	메리골드	10 × 15	소형	크로커스	7.5
소형	데이지	12 × 15	소형	튤립	15
중형	팬지	15~20	중형	아이리스	15
중형	맨드라미	20	중형	수선화	18
중형	피튜니아	25	중형	아네모네	18
중형	샐비어	30	중형	히아신스	21
대형	꽃양배추	50~60	대형	백합	36

12 관급자재 관리비 계상기준

1. 계상원칙

① 관급자재 관리비는 계약예규「예정가격 작성기준」계상기준을 원칙으로 공사현장에서 보관 및 관리의 소요비용 발생 시 설계내역에 반영함

② 도급자 설치 관급자재 중 현장 내 보관 후 설치하는 자재에 대하여 관급자재의 양, 현장 수급상황 등을 고려하여 설계자가 산정하고, 계상방법은 설계 시 소요비용을 직접 계상함

2. 계상기준

1) 현장 내 보관 후 설치자재

① 철근콘크리트용 봉강, 시멘트, H형강

② 포천석(판재), 고흥석(판재)

③ 미장벽돌, 콘크리트벽돌, 자기질타일, 도기질타일 등

2) 보관관리 소요비용

① 보관비용과 관리비용으로 계상

② 보관비용

    ㉠ 현장 반입 시부터 보관에 소요되는 비용

    ㉡ 창고 사용료, 보관부지 임대료

    ㉢ 받침목, 덮개 천막 등의 재료비 및 설치비 등

    ㉣ 반복 사용 시 손료 개념 적용

③ 관리비용

    ㉠ 도난, 파손, 훼손 방지 등에 소요되는 관리비용

    ㉡ 인건비, CCTV사용료 등

3) 불포함 내용

① 소운반비용

    ㉠ 식섭공사비로 산성

    ㉡ 해당 공종에 별도 계상 처리

13 수생식물의 수질정화 기작(Mechanism)

1. 개요

① 수생식물은 식물체의 뿌리, 잎, 줄기로 구성되어 있고, 기관이 수표면, 수중, 땅속 중 어느 곳에 위치하는지에 따라 정수식물, 부엽식물, 부유식물, 침수식물로 나뉘어짐
② 수생식물은 통기조직으로 구성되어 있어 식물체 자체가 물에 뜨고, 수층 내 질소와 인을 빨아들여 정화시킴으로써 수질정화 과정을 거침

2. 매커니즘

구분	특징
수질정화 과정	• 유기물의 산화 • 영양염류의 흡수 • 탈질작용
질소 제거 메커니즘	• 식물체 내 호흡용 기관 활용 　－대기가스 근계로 이동 　－뿌리 주변 토양 내 호기성 미생물 발달 • 질산화, 탈질화 과정 병행 　－탈질에 의해 질소 대기 중 방출
인 제거 메커니즘	• 유기물 분해과정 시 유기인 → 무기인 전환 • 부착생물 등에 쉽게 재흡수 • 다시 유기인 형태로 전환 　－수층 내 인 부족

참고문헌

Ⅰ 참고문헌

강서병 외, 자연환경관리기술사, 한솔아카데미, 2009

고정희, 감성정원, 환경과 조경, 2007

국토해양부(현 국토교통부), 도로비탈면 녹화공사의 설계 및 시공지침, 2009

국토교통부, 설계기준 KDS, 2016

김귀곤 외, 자연환경 생태복원학 원론, 아카데미서적, 2004

김두환 외, 골프코스 설계 시공 관리 및 경영, KGB컨소시움, 2006

김명수, "환경복원에서 복원생태학, 경관생태학, 보전생물학의 역할", 한국환경복원녹화기술학회지, 2003

김보미 외, 자연환경 보전 · 복원관리, 보문당, 2012

김보미, "순천만 조류공원 계획기준 도출 및 조성계획", 서울대학교 석사논문학위논문, 2010

김수봉 외, 환경계획(이론과 실제), 홍익출판사, 2002

김신 외, "보차공존도로의 평가에 관한 연구 ; 덕수궁길을 중심으로", 대한건축학회지, 2003

김영진, 농림수산고문헌비요, 한국농촌경제연구원, 1982

김재근, 생태조사방법론, 보문당, 2004

김종원 외, 보전생물학 입문, 월드사이언스, 2006

김종원, 녹지생태학, 월드사이언스, 2006

김창환, 한국산 나비류와 그 식이식물 분포에 관한 연구. 곤충연구지. 10:35-124p. 1984

나명하외, "국내의 천연기념물 보존 관리 실태", 한국전통조경학회지, 2010

노재현, 열린경관과 가려진경관의 이미지와 선호도 비교; 패럴랙스 효과 유무를 중심으로. 한국조경학회지. 35(4) 105-118p. 2007

문석기 외, 생태공학, 보문당, 2004

문석기 외, 환경계획학, 보문당, 2005

민병미, 초식성 곤충유충과 선호 식이식물의 관계. 한국생태학회. 163-168p. 1997

배정한, 현대조경설계의 이론과 쟁점, 도서출판 조경, 2004

변우혁 외, 도시숲 이론과 실제, 이채, 2010

신상섭, "우리나라의 유상곡수연 유적곡수거에 관한 기초연구", 한국전통조경학회지, 1997

우부명, 훼손지환경녹화공학, 서울대학교출판부, 2003

원제무, 녹색으로 읽는 도시계획, 도서출판 조경, 2010

윤상준, 정원박람회의 기원과 유형, Landscape Review, 2013

이규목 외, 현대조경작가연구, 도서출판 누리에, 1998

이동근 외, 경관생태학, 보문당, 2005

이동근 외, 도시숲 녹색건전성 향상방안 및 도시숲 모니터링 연구, 산림청, 2008

참고문헌

이명우, 키워드를 중심으로 한 조경학의 이해, 기문당, 2012

이상석, 조경재료학, 일조각, 2013

임승빈, 조경이 만드는 도시, 서울대학교출판부, 1998

임승빈 외, 조경계획설계, 보문당, 2002

임승빈, 환경심리와 인간행태 ; 친인간적 환경설계연구, 보문당, 2007

임승빈, 경관분석론, 서울대학교출판부, 2009

전미경 외, 조경의 이해 ; 조경이란 무엇인가, 기문당, 2010

정재훈, 한국의 옛조경, 대원사, 1990

정재훈, 한국전통조경, 도서출판 조경, 2005

조세환, "랜드스케이프 어바니즘 관점에서 본 도시재생전략연구", 한국조경학회지, 2010

찰스왈드하임 외, 랜드스케이프 어버니즘, 도서출판 조경, 2007

최승윤 외, 식이식물의 종류가 흰불나방(Hyphantria cunea)의 용체중 및 포란수에 미치는 영향.
　　　　　한국응용곤충학회지. 59-64p. 1965

최재군, 조경 · 자연환경관리 법규해설, 2012

홍광표 외, 한국의 전통조경, 동국대학교 출판부, 2001

한국조경학회, 조경관리학, 문운당, 1999

한국조경학회, 조경시공학, 문운당, 2003

한국조경학회, 조경설계기준, 기문당, 2007

한국조경학회, 조경공사 표준시방서, 2008

한국조경학회, 한국조경헌장, 2013

환경부, 하천복원가이드라인, 청문각, 2002

환경부, 생태면적률 적용지침, 2005

환경부, 생태통로 설치 및 관리지침, 2010

환경부 수생태계 참조하천 선정 및 활용방안 마련 연구(Ⅱ), 2017

LH, 녹색건축 인증(G-SEED) 업무지침, 2013

Diamond, J. M, "Biogeographic kninetics; estimation of relaxation times for avifaunas of
　　　　　southwest Pacific island". Proc Nat. Acad. Sci. USA, 1972

Forman, "Land Mosaics". Cambridge university press, 1995

Ⅱ 참고 웹사이트

http://www.ecoearth.or.kr
http://www.moleg.go.kr
http://www.mltm.go.kr
http://www.me.go.kr
http://www.biotope.co.kr
http://www.cdg.go.kr
http://cgg.cha.go.kr
http://royaltombs.cha.go.kr
http://parks.seoul.go.kr/template/common/park
http://royaltombs-office.cha.go.kr
http://www.kfri.go.kr
http://blog.naver.com/hongdolry
https://blog.naver.com/eomwg
https://cafe.naver.com/greenteeth/41

김 보 미
- 조경기술사
- 문화재수리기술자
- 자연환경관리기술사

조경기술사의 길을 제시해주는

조경기술사 Mind Map Book

발행일 | 2014. 10. 5   초판 발행
          2019. 5. 10   개정 1판1쇄

저 자 | 김보미
발행인 | 정용수
발행처 | 예문사

주 소 | 경기도 파주시 직지길 460(출판도시) 도서출판 예문사
T E L | 031) 955 - 0550
F A X | 031) 955 - 0660
등록번호 | 11 - 76호

정가 : 40,000원

ISBN 978-89-274-3137-4 13520

이 도서의 국립중앙도서관 출판예정도서목록(CIP)은 서지정보유통
지원시스템 홈페이지(http://seoji.nl.go.kr)와 국가자료공동목록시
스템(http://www.nl.go.kr/kolisnet)에서 이용하실 수 있습니다.
(CIP제어번호 : CIP2019016156)